U0891890

"十四五"职业教育国家规划教材

Gongcheng Celiang

工程测量

(第5版)

(第1~4版为李仕东主编)

陈立春　主　编
魏　斌　王　坤　副主编
许娅娅　主　审

人民交通出版社股份有限公司
北　京

内 容 提 要

本书为“十四五”职业教育国家规划教材。全书共十一章，分别为：绪论，水准测量，角度测量，距离测量与直线定向，GNSS测量简介，小区域控制测量，大比例尺地形图测绘及应用，道路中线测量，路线的纵、横断面测量，道路施工测量，公路桥梁与隧道施工测量。

本书可作为高等职业院校道路桥梁工程技术及相关专业教材，也可供工程技术人员和测绘工作者学习参考。

本书配有视频、动画、慕课等资源，读者可免费扫码观看；本书配有课件和课后习题答案，教师可通过加入“职教路桥教学研讨群”（QQ：561416324）获取。

图书在版编目(CIP)数据

工程测量 / 陈立春主编. — 5版. — 北京 : 人民交通出版社股份有限公司, 2021.6 (2025.9 重印)

ISBN 978-7-114-17173-4

Ⅰ.①工… Ⅱ.①陈… Ⅲ.①工程测量—高等职业教育—教材 Ⅳ.①TB22

中国版本图书馆CIP数据核字(2021)第051385号

“十四五”职业教育国家规划教材

书　　名：工程测量（第5版）
著 作 者：陈立春
责任编辑：任雪莲
责任校对：赵媛媛
责任印制：张　凯
出版发行：人民交通出版社股份有限公司
地　　址：（100011）北京市朝阳区安定门外外馆斜街3号
网　　址：http://www.ccpcl.com.cn
销售电话：（010）85285911
总 经 销：人民交通出版社股份有限公司发行部
经　　销：各地新华书店
印　　刷：北京中石油彩色印刷有限责任公司
开　　本：787×1092　1/16
印　　张：17.5
字　　数：400千
版　　次：2002年7月　第1版
　　　　　2005年4月　第2版
　　　　　2009年6月　第3版
　　　　　2015年12月　第4版
　　　　　2021年6月　第5版
印　　次：2025年9月　第5版　第9次印刷　总第54次印刷
书　　号：ISBN 978-7-114-17173-4
定　　价：48.00元

第5版 前·言

Preface

“工程测量”是交通土建类专业的专业技术基础课程，其主要任务是培养学生具有工程测量方面的基本知识和操作技能，使学生掌握交通土建工程领域中的高程控制测量、平面控制测量、地形测量、线路测量与施工测量的基本方法，具备熟练操作常规测绘仪器、新型测绘仪器和工程软件的技能；是一门既有理论又有实践，实践比重较大，注重对学生动手能力以及运用国家现行工程技术规范、标准解决工程实际问题能力培养的课程。

《工程测量》前四版由李仕东教授主编，第一版于2002年7月出版，历经三次改版，第4版于2015年11月出版。截至2021年，本教材累计印刷近40次，发行量近30万册，先后被教育部评定为普通高等教育“十一五”国家级规划教材、“十二五”职业教育国家规划教材、“十四五”职业教育国家规划教材。

《工程测量》(第4版)出版至今已有5年多时间，随着测绘技术的发展，全站仪、电子水准仪等所谓的新型测绘仪器已成为常规测绘仪器，全球导航卫星系统(GNSS)的普遍应用，测绘数据的自动采集、数字化成图技术也已成为常规的测绘方法。为了使教材内容符合新技术、新设备、新工艺的发展需要，同时使教材更能符合立德树人这一根本任务，编者对本教材进行第4次修订。

本次教材修订过程中，编写组认真学习领会教育部2019年发布的《高等职业院校专业教学标准》和2020年发布的《职业院校教材管理方法》等相关文件精神，在吸收第4版教材使用期间各职业院校任课教师建议和经过多家企业调研的基础上确定此次修订原则，即在保持原教材体例大框架的前提下，此次修订重点放在新型测量仪器的使用、数据处理的程序设计、数字化成图的方法、中国元素与专业课内容的融入以及工程测量新方法等方面，在此基础上对原教材内容进行删减、整合和补充。

编写组在此次修订过程中力求突出以下特点：

1. 突出知识技能培养，体现职教特色

此次教材修订按照知识传授与技能培养并重的原则，根据交通土建工程中的测量工作任务,考虑职业院校学生特点,对教材内容在知识结构和能力设计上进行调整。每一章都可以作为一个独立的工作任务进行教学设计;亦可根据本教材所附参考课程标准对各章重组后进行项目设计;在每章前面都注明本章学习目标和技能目标,内容紧扣人才培养目标,做到理论与实践相结合,有利于学生实践能力的培养;删除了理论性较强的测量误差基本知识一章,将误差理论融入各项实际工作中;根据工作任务对角度测量和全站仪测量技术两章进行整合;将专业精神、职业精神和工匠精神融入教材内容,强化学生职业素养养成和专业技术积累。

2. 融入中国测绘发展,凸显中国元素

此次教材修订以国产新型测绘仪器和北斗导航系统为切入点,展示中国测绘领域高速发展现状。将原教材中索佳电子水准仪和全站仪介绍改为国产南方测绘DL-202型电子水准仪和NTS-360系列全站仪;将珠穆朗玛峰高程改为2020年我国测绘工作者最新测得数据;在确定地面点位坐标系内容中增加国家2000坐标系介绍;将GPS测量简介调整为GNSS测量简介,增加北斗卫星导航系统发展历程及其服务理念。

3. 融合岗位和证书标准,内容整体更新

此次教材修订紧跟测绘工作发展趋势和行业人才需求,对原教材老旧内容进行删减和替换。删除原教材微倾式水准仪和光学经纬仪构造与检校、倾斜地面钢尺量距和视距测量、经纬仪测图等目前工程上已经不用的部分,替换为自动安平水准仪、数字水准仪和全站仪对应的工作内容;根据测量员岗位工作需要增加用Excel软件进行水准和导线平差计算、用CASS软件进行数字地形图绘制、二等水准测量、施工测量放样方法和中线放样例题等内容。通过内容整体更新,使教材内容更符合测量员工作岗位要求。

此次教材修订过程中,充分考虑国家"1+X证书"制度工作需要,将第四批通过的广州南方测绘科技股份有限公司的"测绘地理信息数据获取与处理"职业证书标准有机融入教材内容,结合职业技能证书考证要求,系统化设计内容,做到课证融通。

4. 校企合作双元开发,产教深度融合

此次教材修订团队成员全部为双师型教师,该团队曾获吉林省级优秀教学团队称号。主编陈立春教授为交通运输部监理工程师、试验检测工程师,有多年企业工作经历和工程建设经验;先后获得省级教学成果奖4项,以及"吉林省长白山技能名师"和"长春市师德标兵"等荣誉称号;主持"数字化测图技术"省级精品课程建设。副主编魏斌为地理信息系统应用工程师,有多年公路勘察设计及野外测绘工作经历,获省级教学成果奖2项,主持"工程测量"省级精品资源在线课程。副主编王坤教授为遥感专业博士、地理信息系统应用工程师,获省级教学成果奖2项和"吉林省高校科研春苗人才”称号。参编古文光，高级工程师，多年从事公路勘察设计工作，参与多项省级地方行业标准的编制工作。校企合作的编写团队，保证了教材的先进性、针对性和适用性。

5. 配套教学资源丰富，搭建网络平台

围绕深化教学改革和“互联网+职业教育”发展需求，此次修订对教材配套的多媒体课件进行了同步更新，并增配了教学动画和视频等数字化资源，更有助于教师教学和学生学习。此外，由吉林交通职业技术学院制作的在“智慧树”平台发布的“工程测量”（吉林联盟）慕课资源，搭建了课程网络学习平台，有利于教师授课和学生线上线下学习，方便师生之间、学生之间交流互动。读者可登录“智慧树”平台（http://www.zhihuishu.com），搜索“工程测量（吉林联盟）”，即可进行学习。

此次修订后全书共十一章，由吉林交通职业技术学院的陈立春、魏斌、王坤以及中国诚通东方（吉林）实业有限公司古文光共同参与修订工作，陈立春担任主编，魏斌、王坤担任副主编，长安大学的许娅娅教授担任主审。具体修订分工如下：陈立春修订第三、四、七、九章和全书的学习目标和技能目标，魏斌修订第一、五、六章和课程标准，王坤修订第二、八章，古文光修订第十、十一章。全部例题和课后习题由吉林交通职业技术学院李佳桐、杨帆进行修订。

本教材在修订过程中，参考和引用了大量有关文献资料，在此对原作者表示由衷的感谢！

由于编者水平有限和测绘技术的迅速发展，本书可能存在谬误和不足之处，诚挚希望广大读者在使用过程中给予批评指正，以便进一步补充、修改和完善。

编　者
2020 年 12 月

本教材配套资源索引

续上表

教材内容		配套资源编号及名称	教材页码
章	节		
第四章 距离测量与直线定向	第四节　直线定向	4-4-1　直线定向-坐标方位角概念	71
		4-4-2　直线定向-三北方向及关系	71
		4-4-3　直线定向-坐标方位角推算	71
		4-4-4　直线定向-象限角概念	72
第五章 GNSS 测量简介	第一节　GNSS 系统的组成	5-1-1　GPS 测量系统介绍-测量用户	74
		5-1-2　GPS 测量系统介绍-地面控制站	74
		5-1-3　GPS 测量系统介绍-GPS 卫星星座	74
	第三节　GNSS 定位原理	5-3-1　GPS 差分定位-坐标测量	81
		5-3-2　GPS 差分定位-实时差分	81
		5-3-3　GPS 差分定位-基线测量	81
		5-3-4　CORS 网络和测量工作原理	81
	第四节　GNSS-RTK 测量	5-4-1　GNSS-RTK 的一般构造与安置	84
第六章 小区域控制测量	第二节　导线测量	6-2-1　闭合导线计算	102
		6-2-2　三联空中导线测量过程	102
	第三节　GNSS 测量	6-3-1　GNSS 仪器安装及一般操作	112
		6-3-2　GNSS-RTK 放样测量	112
		6-3-3　GNSS 操作演示 2	112
		6-3-4　GNSS 操作演示 3	112
		6-3-5　GNSS 操作演示 4	112
		6-3-6　GNSS 操作演示 5	112
		6-3-7　GNSS 手簿二维操作仿真演示	112
	第五节　高程控制测量	6-5-1　四等水准测量	117
		6-5-2　三四等水准测量-水准测量记录及误差检核	117
		6-5-3　三四等水准测量-三、四等级水准测量步骤	117
		6-5-4　全站仪三角高程测量	121
		6-5-5　三角高程测量原理-双差对高程测量精度影响分析	121
		6-5-6　三角高程测量原理-双向三角高程测量	121
		6-5-7　三角高程测量原理-单向三角高程测量	121

续上表

教材内容		配套资源编号及名称	教材页码
章	节		
第七章 大比例尺地形图测绘及应用	第一节　地形图的基础知识	7-1-1　地形图识读-地物识读	130
		7-1-2　等高线原理	134
		7-1-3　地形特征-山脊线	134
		7-1-4　地形特征-山谷线	134
		7-1-5　地形图识读-地貌识读	134
	第二节　数字地形图测绘	7-2-1　地形测量	139
		7-2-2　全站仪地面数字测图	139
		7-2-3　CASS 地形图绘制步骤	143
第八章 道路中线测量	第四节　圆曲线的测设	8-4-1　偏角法测设平曲线-偏角法细部点放样原理	168
		8-4-2　偏角法测设平曲线-偏角法细部放样模拟	168
		8-4-3　偏角法测设平曲线-主点放样过程	168
		8-4-4　偏角法测设平曲线-主点里程计算	168
		8-4-5　偏角法测设平曲线-圆曲线要素及计算	168
	第六节　缓和曲线的测设	8-6-1　带缓和曲线的圆曲线测设	179
		8-6-2　GPS-RTK 测设公路曲线	179
		8-6-3　缓和曲线坐标计算	182
第九章 路线的纵、横断面测量	第一节　基平测量	9-1-1　基平测量	193
	第二节　用水准仪进行中平测量	9-2-1　中平测量	194
	第四节　路线的纵断面图	9-4-1　道路纵断面测量成果	198
	第五节　路线横断面测量	9-5-1　道路横断面测量过程	200
第十章 道路施工测量	第一节　公路施工放样的任务	10-1-1　公路路线施工放样目的	204
	第二节　施工测量的基本方法	10-2-1　点放样	205
		10-2-2　距离放样的一般方法 1	205
		10-2-3　距离放样的一般方法 2	205
		10-2-4　距离放样的一般方法 3	205
		10-2-5　距离放样的一般方法 4	205
		10-2-6　距离放样的一般方法 5	205
		10-2-7　用正倒镜分中法进行水平角放样	206
		10-2-8　纵坡放样	207
		10-2-9　已知坡度线放样	207
		10-2-10　高程放样	207

续上表

教材内容		配套资源编号及名称	教材页码
章	节		
第十章 道路施工测量	第三节　点的平面位置测设	10-3-1　全站仪极坐标法点位放样	210
		10-3-2　全站仪点位放样及其操作	211
		10-3-3　角度交会法放样平面	211
		10-3-4　极坐标放样-极坐标放样演示	211
		10-3-5　全站仪放样-全站仪放样模拟	211
		10-3-6　极全站仪放样-直接键入设置放样角坐标放样	211
		10-3-7　全站仪放样-利用内存数据设置后视点	211
		10-3-8　线段放样-线段放样过程演示	211
	第四节　公路路线施工测量	10-4-1　路面中线放样	216
		10-4-2　路面结构层放样	216
第十一章 公路桥梁与隧道施工测量	第二节　桥梁施工控制测量	11-2-1　桥位控制网布设	224
	第四节　隧道施工测量	11-4-1　隧道工程测量	238

二、资源使用方法

1. 扫描封面上的二维码(注意此码只可激活一次);
2. 关注“交通教育出版”微信公众号;
3. 公众号弹出“购买成功”通知,点击“查看详情”,进入后即可查看资源;
4. 也可进入“交通教育出版”微信公众号,点击下方菜单“用户服务-开始学习”,选择已绑定的教材进行观看和学习。

目·录

Contents

第一章
CHAPTER ONE
绪　论

学习目标

1. 了解测量学的任务及其分类、工程测量学研究的内容；
2. 掌握测量基准面分类及定义；
3. 掌握地面点位的坐标系统分类及定义；
4. 掌握地面点位高程系统的表示方式；
5. 了解测量工作的程序与原则。

第一节　测量学及其在公路建设中的应用概述

一、测量学及其任务

测量学是研究地球的形状和大小以及确定地面点位的科学，是研究对地球整体及其表面和外层空间中的各种自然和人造物体上与地理空间分布有关的信息进行采集、处理、管理、更新和利用的科学和技术。它的任务包括测绘和测设两个部分。

测绘是指使用测量仪器和工具，通过实地测量和计算得到一系列测量信息，通过把地球表面的地形绘成地形图或编制成数据资料，供经济建设、规划设计、科学研究和国防建设使用。

测设是指把图纸上规划设计好的建筑物、构造物的位置在地面上用特定的方式标定出来，作为施工的依据。测设又称施工放样。

二、测量学的分类

测量学按照研究范围和对象的不同，可划为如下几个分支学科。

1. 大地测量学

大地测量学是研究和测定地球的形状、大小和重力场，地球的整体与局部运动、地面点的几何位置及其变化的理论和技术的科学。由于全球导航卫星系统(GNSS)、卫星激光测距(SLR)、甚长基线干涉(VLBI)和卫星测高(SA)等新技术的发展,使得大地测量从分维式发展到整体式,从静态发展到动态,从描述地球的几何空间发展到描述地球的物理-几何空间,从地表层测量发展到地球内部结构的反演,从局部参考坐标系中的地区性大地测量发展到统一地心坐标系中的全球性大地测量。大地测量又分为常规大地测量和卫星大地测量。

2. 摄影测量与遥感学

摄影测量与遥感学是研究利用电磁波传感器获取目标物的影像数据,从中提取语义和非语义的信息,并用图形、图像和数字形式表达目标物空间分布及其相互关系的科学。这一科学过去叫摄影测量学。摄影测量本身已完成了“模拟摄影测量”与“解析摄影测量”的发展历程,现在正进入“数字摄影测量”阶段。由于现代航天技术和计算机技术的发展,当代遥感技术可以提供比光学摄影所获得的黑白相片更丰富的影像信息,因此在摄影测量中引入遥感技术。遥感技术不仅自身在飞速发展,而且与卫星定位技术和地理信息技术相集成,已成为地球空间信息的科学与技术。

3. 地图制图学与地理信息工程

地图制图学与地理信息工程是研究用地图图形科学、抽象概括地反映自然界和人类社会各种现象的空间分布、相互关系及其动态变化,并对空间信息进行获取、智能抽象、存储、管理、分析、处理、可视化及其应用的科学。当今,随着计算机地图制图和地图数据库技术的快速发展,作为人们认知地理环境和利用地理条件的工具,地图制图学已经进入数字(电子)制图和动态制图的阶段,并且成为地理信息系统的支撑技术。地图制图学与地理信息工程已发展成为研究空间地理环境信息和建立相应的空间信息系统的科学。

4. 海洋测量学

海洋测量学是以海洋水体和海底为测绘对象,研究测量及海图编制的理论和方法的科学。同陆地测绘相比,海洋测绘具有其独特性,主要有:测量内容综合性强,要同时完成多种观测项目,需多种仪器配合施测;测区条件复杂,大多为动态作业;肉眼不能通视水域底部,精确测量难度较大等。因此,海洋测绘的基本理论、技术方法和测量仪器设备有许多不同于陆地测量之处。

5. 工程测量学

工程测量学是在研究工程建设和自然资源开发中进行的控制测量、地形测绘、施工放样和变形监测的理论和技术的科学。它是测量学在国民经济和国防建设中的直接应用。而现代工程测量已远远突破了仅仅为工程建设服务的狭隘概念,向着所谓“广义工程测量学”发展,正如瑞士苏黎世高等工业大学马西斯教授所指出:“一切不属于地球测量、不属于国家地图集范畴的地形测量和不属于公务测量的应用测量,都属于工程测量。”

现代工程测量的发展趋势和特点可概括为“六化”和“十六字”。

(1)“六化”是指:测量内外业作业的一体化,数据获取及处理的自动化,测量过程控制和系统行为的智能化,测量成果和产品的数字化,测量信息管理的可视化,信息共享和传播的网络化。

(2)“十六字”是指:精确、可靠、快速、简便、连续、动态、遥测、实时。

本教材主要介绍测量学在公路工程中的有关应用。

三、工程测量在公路建设中的应用(资源1-1-1)

测量工作对于国家的经济建设和国防建设具有非常重要的作用,在道路、桥梁和隧道工程建设中有着广泛的应用。公路工程测量是指公路建设在设计、施工和管理等各阶段所进行的各种测量工作。公路是一种位于自然界供汽车等交通运输工具运行的结构物,其位置受社会经济、自然地理和技术条件等因素制约。一条公路的优劣与驾驶员的判断和反应能力、乘客的感觉、适应汽车的性能、行车对公路的要求、道路本身的状况、公路所处的环境等因素密切相关。要建设一条能体现安全、迅速、经济、美观的公路,必须在调查研究、实地测量、掌握大量基础资料的前提下,提出具有一定技术标准、满足交通运输要求、经济合理的设计方案,然后经过现场施工而完成。其中,实地测量获取资料、施工测量对保证设计方案的准确实施是至关重要的。从理论上讲,公路路线以平、直最为理想。但实际上,由于受到地物、地貌、水文、地质及其他等因素的限制,路线必然有方向的转折和上、下坡的变化。

在公路建设中,为了选择一条安全、迅速、经济、美观、合理的路线,首先要进行路线勘测,即在沿着路线可能经过的范围内布设控制点,进行控制测量,测绘路线带状地形图、纵断面图,收集沿线地质、水文、资源等资料,作为纸上定线、编制比较方案和初步设计的依据。根据测量得到的数据资料进行路线选线。确定路线方案后,还要进行路线的详细测设,也就是进行路线的中线测量、纵断面测量、横断面测量和有关调查测量等,以便为路线设计提供准确、详细的外业资料。当路线跨越河流时,拟设置桥梁之前,应测绘河流两岸的地形图,测定桥轴线的长度及桥位处的河床断面,为桥梁方案选择及结构设计提供必要的数据。当路线穿越高山,采用隧道时,应测绘隧址处地形图,测定隧道的轴线、洞口、竖井等位置,为隧道设计提供必要的数据。

公路经过技术设计后,可得到其平面线形、纵坡、横断面及其他内容等的设计图纸和数据,据此即可进行公路施工。公路中线定测后,一般情况下要过一段时间才能施工。在这段时间内,部分标志桩可能被破坏或丢失,因此,施工前必须进行一次复测工作,以恢复公路中线的位置。此时需要将已设计好的图纸中的路线、桥涵和隧道等构造物,按规定的精度准确无误地测设于实地,即施工前必须进行的施工放样测量。施工过程中,要经常通过各种测量来检查工程的进度和质量。在隧道施工过程中要不断地进行贯通测量,以保证隧道的平面位置和高程正确贯通。道路、桥梁、隧道工程结束后,还要通过测量来检查竣工情况,即进行竣工验收,并通过必要的测量编制竣工图,以满足工程的验收、维护、加固以及扩建的需要。

在公路投入使用后的运营阶段,还要通过测量进行一些常规检查和定期进行变形观测,并进行必要的养护和维修,以确保道路、桥梁和隧道等构造物的安全使用。

可以说,道路、桥梁、隧道的勘测、设计、施工、竣工及养护维修的各个阶段都离不开测量技术。因此,作为一名从事道桥建设的技术人员,必须具备测量学的基本理论、基本知识和基本技能,才能为我国的交通运输事业多做贡献。

四、学习目标

根据公路工程的特点,结合我国交通运输事业的发展,学生在学习完该课程以后,要求

达到:

(1)掌握普通测量学及公路工程测量学的基本理论和基本方法。

(2)随着科技的发展,测量仪器不断地更新换代,要求不仅能正确地使用各种测量仪器和工具,而且要掌握各类仪器测量的原理,以便在将来的工作中能适时地应用每一种新型仪器和工具,适应测量方面新技术、新理论的发展。

(3)能采用不同的仪器、利用多种方法,正确地进行小区域大比例尺的地形测绘。

(4)在公路勘测、设计和施工中,具有正确应用地形图和有关测量资料的能力,如根据图纸能进行地形分析、施工前的放样分析等。

(5)掌握公路工程中公路中线测量、基平测量、中平测量、纵横断面图测绘以及施工放样的基本方法,能完成路基边桩、边坡、竖曲线以及涵洞的放样,能测定桥梁中线,能进行桥梁墩台的中心定位,了解隧道的有关测量方法,具有较强的测、算、绘的测量基本功。

第二节 地球的形状和大小

测量工作是在地球的自然表面上进行的,而地球自然表面有高山、丘陵、平原和海洋等,其形态是高低不平、很不规则的。为了确定地面点的位置和绘制地形图,有必要把直接观测的数据结果归化到一个参考面上,而这个参考面必须尽可能与地球形体的表面相吻合,因此认识地球的形体和学习与测量有关的坐标系的知识十分必要。

一、大地水准面(资源 1-2-1、资源 1-2-2)

尽管地球的表面高低不平、很不规则,甚至高低相差较大,如最高的珠穆朗玛峰高出海平面达 8848.86m(2020 年 12 月 8 日,中国国家主席习近平同尼泊尔总统共同宣布珠穆朗玛峰最新高程为 8848.86m),最低的太平洋西部的马里亚纳海沟深达 11034m(2020 年11 月10 日 8 时 12分,中国"奋斗者"号载人潜水器在马里亚纳海沟成功坐底,坐底深度为 10909m)。但即便是这样的高低起伏,相对于半径近似为 6371km 的地球来说,还是很小的。又由于海洋面积约占整个地球表面的 71%,陆地面积仅约占 29%,因此,可以把海水面延伸至陆地所包围的地球形体看作地球的形状。设想有一个静止的海水面,向陆地延伸而形成一个闭合曲面,该曲面称为水准面。水准面作为流体的水面,是受地球重力影响而形成的重力等势面,是一个处处与重力方向垂直的连续曲面。由于海水有潮汐,海水面时高时低,因此水准面有无数多个,将其中一个与平均海水面相吻合的水准面称为大地水准面,如图 1-1a)所示,大地水准面是测量工作的基准面。由大地水准面所包围的地球形体,称为大地体。

另外,我们将重力的方向线称为铅垂线。铅垂线是测量工作的基准线。

由于海水面是个动态的曲面,平均静止的海水面是不存在的。为此,我国在青岛设立验潮站,长期观察和记录黄海海水面的高低变化,取其平均值作为我国的大地水准面的位置(其高程为零),并在青岛建立了水准原点。

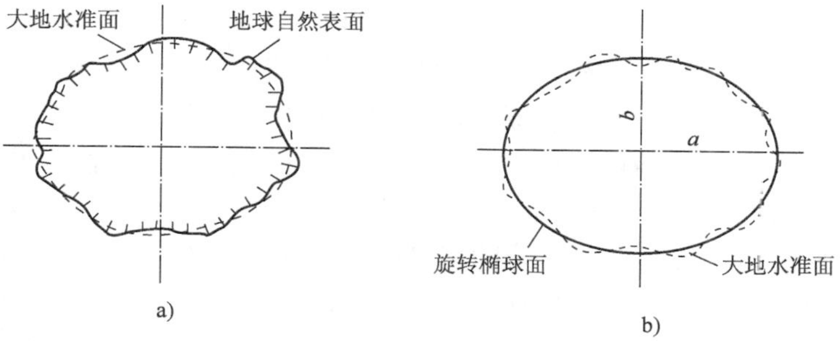

图 1-1　地球的自然表面、大地水准面和旋转椭球面

二、旋转椭球面

用大地体表示地球的形状是比较恰当的，但是由于地球内部质量分布不均匀，引起局部重力异常，导致铅垂线的方向产生不规则的变化，使得大地水准面上也有微小的起伏，成为一个复杂的曲面，如图 1-1b）所示。因此，无法在这个复杂的曲面上进行测量数据的处理。为了测量计算工作的方便，通常用一个非常接近于大地水准面，并可用数学式表示的几何形体来代替地球的形状作为测量计算工作的基准面，这一几何形体称为地球椭球，它由一个椭圆绕其短轴旋转而成，故地球椭球又称为旋转椭球。这样，测量工作的基准面为大地水准面，而测量计算工作的基准面为旋转椭球面，如图 1-1b）所示。

旋转椭球的形状和大小可由其长半轴 a（或短半轴 b）和扁率 α 来表示。我国 1980 年国家大地坐标系采用了 1975 年国际椭球，该椭球的基本元素为：

长半轴：　$a = 6378.140\text{km}$

短半轴：　$b = 6356.755\text{km}$

扁率：　$\alpha = \dfrac{a-b}{a} \approx \dfrac{1}{298.257}$

由于旋转椭球的扁率很小，因此当测区范围不大时，可近似地把旋转椭球视为圆球，其半径近似值为：$R = (2a+b)/3 \approx 6371\text{km}$。

第三节　地面点位的表示方法

测量工作的基本任务是确定地面点的空间位置。在一般工程测量中，确定地面点的空间位置通常需用三个量，即该点在一定坐标系下的三维坐标，或该点的二维球面坐标或投影到平面上的二维平面坐标，以及该点到大地水准面的铅垂距离（高程）。

一、确定地面点位的坐标系

地面点的坐标，根据不同的用途可选用不同的坐标系。下面介绍几种常用的坐标系。

1. 大地坐标系

用大地经度 L 和大地纬度 B 表示地面点投影到旋转椭球面上位置的坐标系,称为大地坐标系,亦称为大地地理坐标系。该坐标系是以参考椭球面和法线作为基准面和基准线。

如图 1-2 所示,NS 为地球的自转轴(或称地轴),N 为北极,S 为南极。过地面任一点与地轴 NS 所组成的平面称为该点的子午面。子午面与球面的交线称为子午线或称经线。国际公认通过英国格林尼治(Greenwich)天文台的子午面是计算经度的起算面,称为首子午面。过 F 点的子午面 $NFKSON$ 与首子午面 $NGMSON$ 所成的两面角,称为 F 点的大地经度。大地经度自首子午线向东或向西由 0°起算至 180°,在首子午线以东者为东经,可写成 0° ~ 180°E,以西者为西经,可写成 0° ~ 180°W。

垂直于地轴 NS 的平面与地球球面的交线称为纬线;通过球心 O 并垂直于地轴 NS 的平面,称为赤道平面。赤道平面与球面相交的纬线称为赤道。过 F 点的法线(与旋转椭球面垂直的线)与赤道平面的夹角,称为 F 点的大地纬度。在赤道以北者为北纬,可写成 0° ~ 90°N,在赤道以南者为南纬,可写成 0° ~ 90°S。

例如,我国首都北京位于北纬 40°、东经 116°,也可用 $B = 40°\text{N}$,$L = 116°\text{E}$ 表示。

用大地坐标表示的地面点,统称大地点。一般而言,大地坐标是由大地经度 L、大地纬度 B 和大地高 H 三个量组成,用以表示地面点的空间位置。

2. 地心坐标系

地心坐标系属于空间三维直角坐标系,用于卫星大地测量。由于人造地球卫星围绕地球运动,地心坐标系取地球质心为坐标原点 O,x、y 轴在地球赤道平面内,首子午面与赤道平面的交线为 x 轴,z 轴与地球自转轴相重合,如图 1-3 所示。地面点 A 的空间位置用三维直角坐标 x_A、y_A 和 z_A 表示。由于全球导航卫星系统的广泛应用,常规大地测量技术正在被卫星大地测量技术所取代。现在利用全球导航卫星系统进行的测量定位、航天、航空、航海、地面导航,客观上都需要以地心坐标系为参照系。

地心坐标和大地坐标可以通过一定的数学公式进行换算。

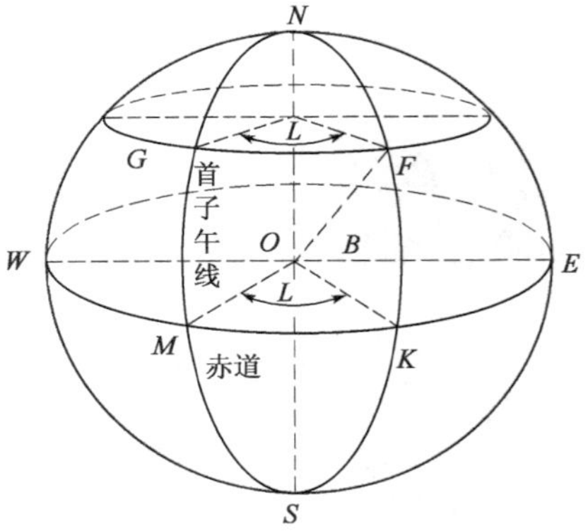

图 1-2 大地坐标系

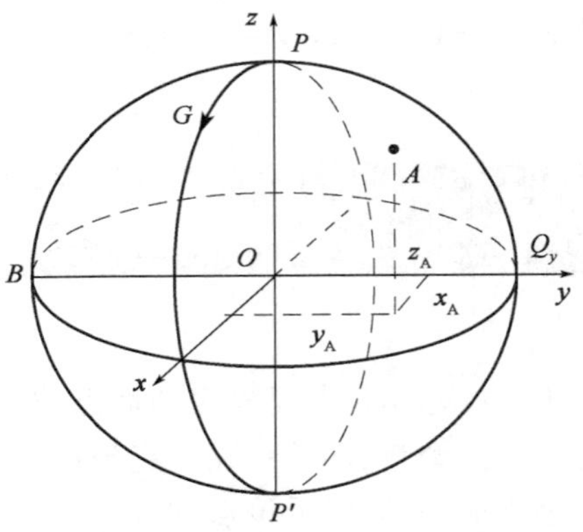

图 1-3 地心坐标系

3. 高斯平面直角坐标系(**资源 1-3-1 ~ 资源 1-3-4**)

在工程测量中,常将椭球坐标系按一定的数学法则投影到平面上,成为平面直角坐标系。

为满足工程测量及其他工程的应用,我国采用高斯(Gauss)投影法。

高斯投影法是将地球划分成若干带,然后将每带投影到平面上。如图 1-4 所示,投影带是从首子午线起,每隔经差 6°划一带(称为 6°带),自西向东将整个地球划分成经差相等的 60 个带,各带从首子午线起,自西向东依次编号,用数字 1、2、3…60 表示。位于各带中央的子午线,称为该带的中央子午线。

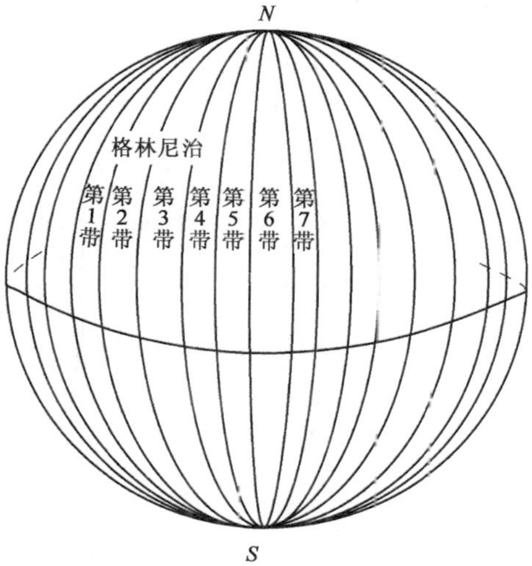

图 1-4 高斯投影分带

第一个 6°带的中央子午线的经度为 3°,任意带的中央子午线经度 L_0可按下式计算:

$$L_0 = 6N - 3 \tag{1-1}$$

式中:N——投影带的带号。

按上述方法划分投影带后,即可进行高斯投影。如图 1-5a)所示,设想用一个平面卷成一个空心椭圆柱,把它横着套在旋转椭球外面,使椭圆柱的中心轴线位于赤道面内并通过球心,而且使旋转椭球上某 6°带的中央子午线与椭圆柱面相切。在椭球面上的图形与椭球柱面上的图形保持等角的情况下,将整个 6°带投影到椭球柱面上。然后将椭球柱沿着通过南北极的母线切开并展成平面,便得到 6°带在平面上的影像,如图 1-5b)所示。中央子午线经投影展开后,是一条直线,以此直线作为纵轴,向北为正,即 x 轴;赤道是一条与中央子午线相垂直的直线,将它作为横轴,向东为正,即 y 轴;两直线的交点作为原点,则组成了高斯平面直角坐标系。

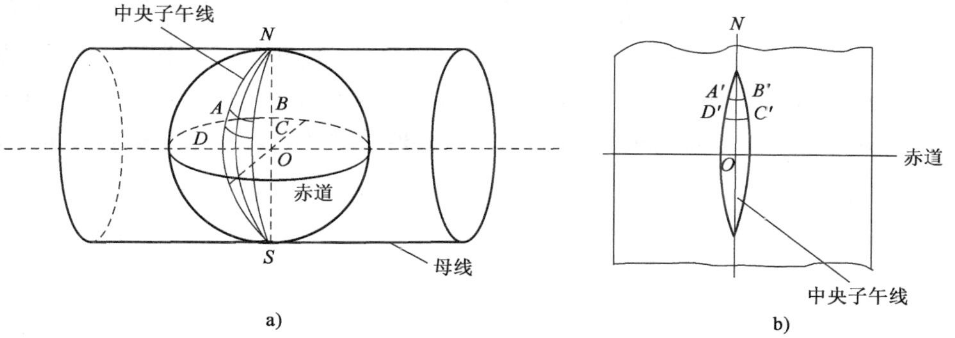

图 1-5 高斯投影

将投影后具有高斯平面直角坐标系的 6°带一个个拼接起来,便得到如图 1-6 所示的图形。

我国位于北半球,x 坐标均为正值,而 y 坐标则有正有负。为避免横坐标 y 出现负值,故规定把坐标纵轴向西平移 500km,如图 1-7 所示。另外,为了表明该点位于哪一个 6°带内,还规定在横坐标值前冠以带号,例如:$y_A = 20225760\text{m}$,表示 A 点位于第 20 带内,其真正的横坐标值为:$225760\text{m} - 500000\text{m} = -274240\text{m}$。

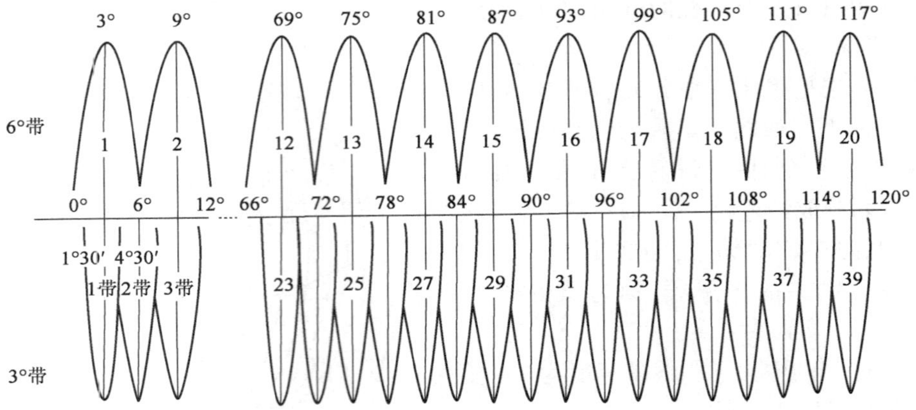

图 1-6　6°带和 3°带投影

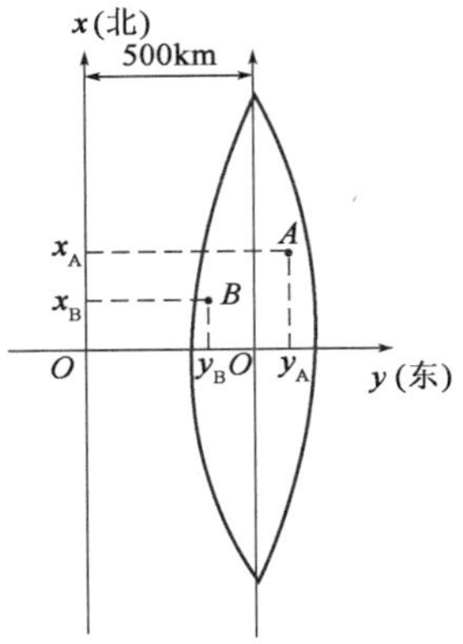

图 1-7　高斯平面直角坐标

高斯投影中,离中央子午线近的部分变形小,离中央子午线越远,变形越大。当测绘大比例尺图要求投影变形更小时,可采用三度分带投影法。它是从东经 1°30′起,自西向东每隔经差 3°划分一带,将整个地球划分为 120 个带,每带中央子午线的经度 L_0'可按下式计算:

$$L_0' = 3 \times n \tag{1-2}$$

式中:n——3°带的带号。

4. 独立平面直角坐标系

大地水准面虽然是曲面,但当测量区域较小(如半径不大于 10km 的范围)时,可以用测区中心点 a 的切平面来代替曲面,如图 1-8所示。地面点在切平面上的投影位置就可以用平面直角坐标来确定。测量工作中采用的平面直角坐标系如图 1-9 所示,以两条互相垂直的直线为坐标轴,两轴的垂点为坐标原点。规定南北方向为纵轴,并记为 x 轴,x 轴向北为正,向南为负;以东西方向为横轴,并记为 y 轴,y 轴向东为正,向西为负。地面上某点 P 的位置可用 x_P和 y_P表示。

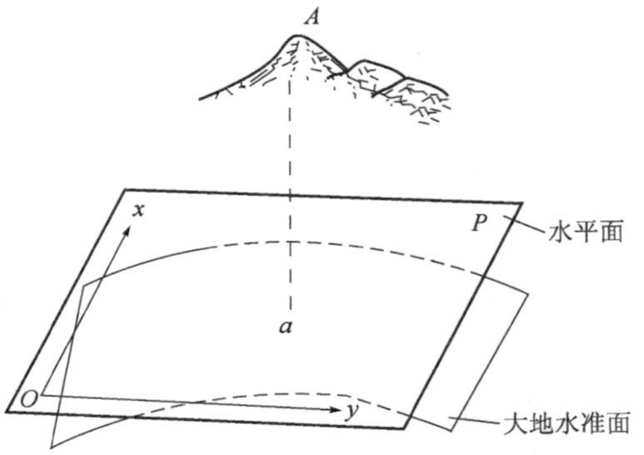

图 1-8　以切平面代替曲面

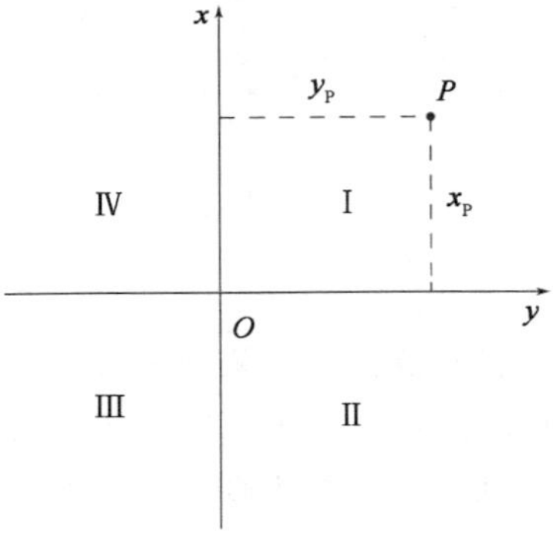

图 1-9　独立平面直角坐标系

平面直角坐标系中,象限按顺时针方向编号。

x 轴与 y 轴的规定与数学上的规定相反，其目的是为了定向方便（测量上以北方向为角度-坐标方位角起始方向），而且将数学上的公式直接照搬到测量的计算工作中，无需作任何变更。原点 O 一般选在测区的西南角，如图 1-8 所示，使测区内各点的坐标均为正值。

二、地面点的高程（资源 1-3-5、资源 1-3-6）

地面点到大地水准面的铅垂距离称为该点的绝对高程或海拔，通常以 H_i 表示。如图 1-10 所示，H_A 和 H_B 即为 A 点和 B 点的绝对高程。

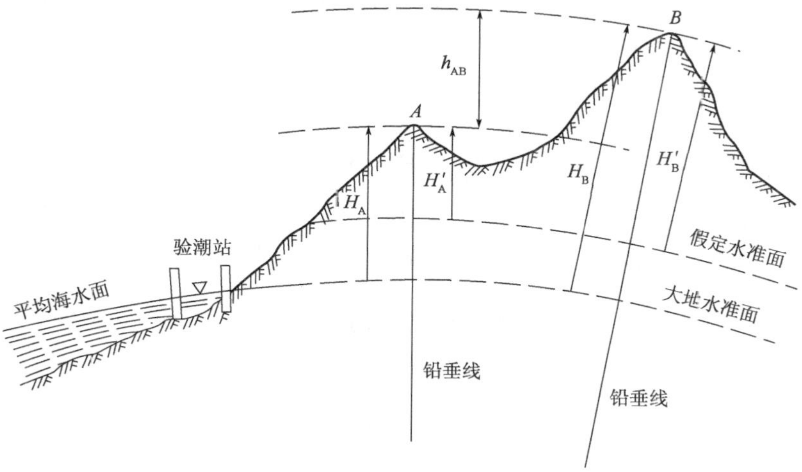

图 1-10 高程和高差

当个别地区引用绝对高程有困难时，可采用假定高程系统，即采用任意假定的水准面作为高程起算的基准面，地面点到假定水准面的铅垂距离，称为假定高程，如 H'_A 和 H'_B。

地面上两个点之间的高程差称为高差，通常用 h_{ij} 表示。如地面点 A 与点 B 之间的高差为 h_{AB}：

$$h_{AB} = H_B - H_A = H'_B - H'_A \tag{1-3}$$

由此可见，两点间的高差与高程起算面无关。

第四节 用水平面代替基准面的限度

由前述可知，测量工作的基准面是大地水准面，大地水准面是一个曲面。从理论上讲，将极小部分的水准面当作平面也是要产生变形的，但是由于测量和绘图也都含有不可避免的误差，因此，如果将某一测区范围内的水准面当作平面看待，其产生的误差不超过测量和绘图的误差，那么这样做是可以的，而且也是合理的。下面来讨论以水平面代替水准面时，对距离和高程的影响，以便限制水平面作为基准面时的范围。

一、对距离的影响

如图 1-11 所示,A、B、C 是地面点,它们在大地水准面上的投影点是 a、b、c,用该区域中心点的切平面代替大地水准面后,地面点在水平面上的投影点是 $a(a')$、b'、c'。现分析由此产生的影响。设 A、B 两点在水准面上的距离为 D,在水平面上的距离为 D',则两者之差为 ΔD,即用水平面代替水准面所引起的距离差异。在推导公式时,近似地将大地水准面视为半径为 R 的球面,则有:

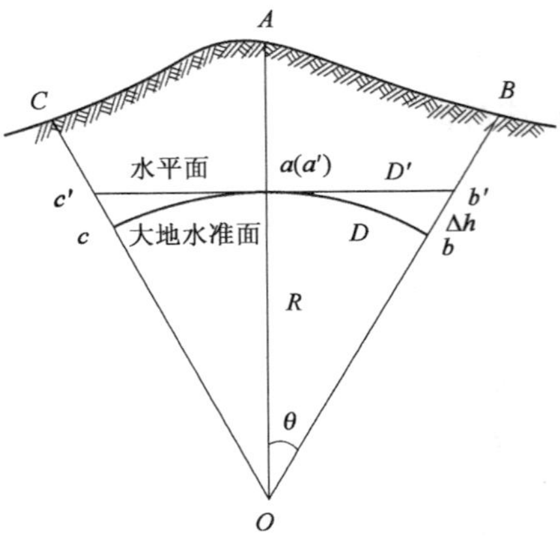

图 1-11 水平面代替水准面的影响

$$\Delta D = D' - D = R(\tan\theta - \theta) \tag{1-4}$$

将 $\tan\theta$ 展开成级数:$\tan\theta = \theta + \frac{1}{3}\theta^3 + \frac{1}{5}\theta^5 + \cdots$

因 θ 角很小,因此可略去三次以上的高次项,只取其前两项代入式(1-4)中,得:

$$\Delta D = R\left(\theta + \frac{1}{3}\theta^3 - \theta\right)$$

又因 $\theta = D/R$,故:

$$\Delta D = \frac{D^3}{3R^2} \tag{1-5}$$

或

$$\frac{\Delta D}{D} = \frac{D^2}{3R^2} \tag{1-6}$$

在上两式中,取地球半径 $R = 6371\text{km}$,当距离 D 取不同的值时,则得到不同的 ΔD 和 $\Delta D/D$,其结果列入表 1-1 中。

用水平面代替水准面的距离误差和相对误差　　表 1-1

距离 D(km)	距离误差 ΔD(cm)	相对误差 $\Delta D/D$	距离 D(km)	距离误差 ΔD(cm)	相对误差 $\Delta D/D$
10	0.8	1:1250000	50	102.6	1:49000
25	12.8	1:200000	100	821.2	1:12000

从表 1-1 可以看出,当 $D = 10\text{km}$ 时,所产生的相对误差为 1:1250000。这样小的误差,对精密量距来说是允许的。因此,在半径为 10km 的圆面积之内进行距离测量时,可以把水准面当作水平面看待,即可不考虑地球曲率对距离的影响。

二、对高程的影响

在图 1-11 中,地面上点 B 的高程应是铅垂距离 bB,如果用水平面作基准面,则 B 点的高程为 $b'B$,两者之差为 Δh,即为对高程的影响。从图 1-11 中可得:

$$\Delta h = bB - b'B = Ob' - Ob = R\sec\theta - R = R(\sec\theta - 1) \tag{1-7}$$

将 $\sec\theta$ 展开成级数： $\sec\theta = 1 + \frac{1}{2}\theta^2 + \frac{5}{24}\theta^4 + \cdots$

因 θ 角很小，因此只取其前两项代入式(1-7)，又因 $\theta = D/R$，得：

$$\Delta h = R\left(1 + \frac{1}{2}\theta^2 - 1\right) = \frac{1}{2}R \cdot \theta^2 = \frac{D^2}{2R} \tag{1-8}$$

取 $R = 6371\text{km}$，用不同的距离 D 代入式(1-8)，可得表 1-2 所列的结果。

用水平面代替水准面的高程误差

表 1-2

D(km)	0.1	0.2	0.3	0.4	0.5	1.0	2.0	5.0	10
Δh(cm)	0.08	0.31	0.71	1.26	1.96	7.85	31.39	196.20	784.81

从表 1-2 可以看出，用水平面作基准面对高程的影响是很大的。例如，距离为 200m 时就有 0.31cm 的高程误差，在 500m 时高程误差达 1.96m，这在测量中是不允许的。因此，就高程测量而言，即使距离很短，也应用水准面作为测量的基准面，即应考虑地球曲率对高程的影响。

第五节 测量工作的程序与原则

地球表面的各种形态(或简称为地形)，可分为地物和地貌两大类。地面上所有人工或自然形成的固定性物体称为地物，如河流、湖泊、道路和房屋等；地面上高低起伏的形态称为地貌，如山岭、谷地和陡崖等。下面以将地物和地貌测绘到图纸上为例，介绍测量工作的程序与原则。

一、测量工作的程序

图 1-12a)所示为一幢房屋，其平面位置由房屋轮廓线的一些折线所组成，如能确定 1 ~ 8 各点的平面位置，则这幢房屋的位置即可确定。图 1-12b)所示是一条河流，它的岸边线虽然很不规则，但弯曲部分可看成是由折线所组成，只要确定 9 ~ 16 各点的平面位置，这条河流的位置即可确定。至于地貌，其地势起伏变化虽然复杂，但仍可看成是由许多不同方向、不同坡度的平面相交而成的几何体。相邻平面的交线就是方向变化线和坡度变化线。只要确定出这些方向变化线与坡度变化线上转折点的平面位置和高程，地貌的形状和大小的基本情况也就反映出来了。因此，不论地物还是地貌，它们的形状和大小都是由一些特征点的位置所决定，这些特征点也称碎部点。

测量时，主要就是测定这些碎部点的平面位置和高程。测定碎部点的位置，其程序通常分为两步：

第一步为控制测量。如图 1-13a)所示，先在测区内选择若干具有控制意义的点 A、B、C…作为控制点。以精密的仪器和准确的方法测定各控制点之间的距离 D，各控制边之间的水平夹角 β，如果某一条边(如图 1-13 中的 $A \sim B$ 边)的方位角 α 和其中某一点(例如 A 点)的坐标已知，则可计算出其他控制点的坐标。另外，还要测出各控制点之间的高差，设点 A 的高程为已知，则可求出其他控制点的高程。

第二步为碎部测量。即根据控制点测定碎部点的位置,例如在控制点 A 上测定其周围碎部点 M、N…的平面位置和高程,最后用这些数据绘制成图,如图 1-13b)所示。

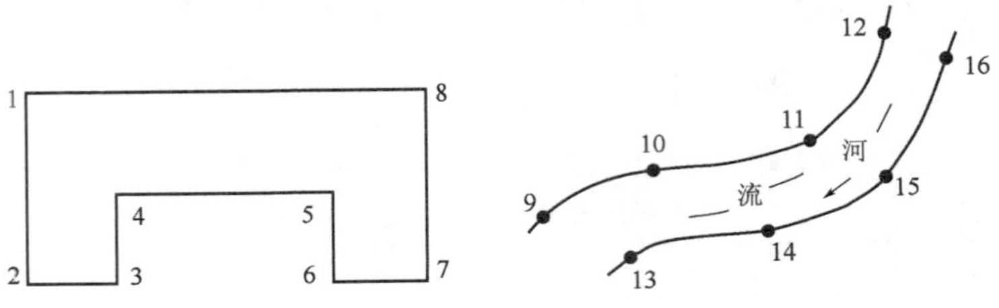

图 1-12 地物的轮廓线及碎部点

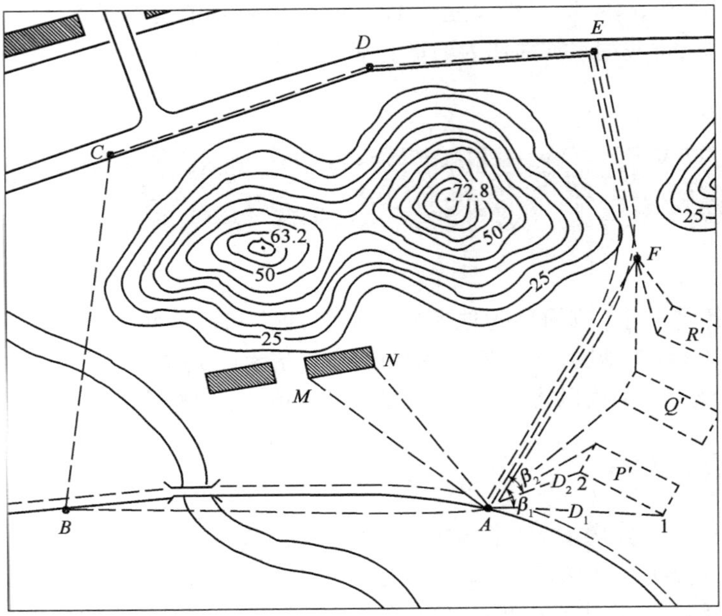

图 1-13 控制测量与碎部测量

二、测量工作原则(资源 1-5-1 ~ 资源 1-5-5)

以上例子说明,测量工作应遵循的原则是:

(1)在测量的布局上应遵循“从整体到局部”的原则,必须先进行总体布置,然后实施局部测量工作。

(2)在测量的次序上应遵循“先控制后碎部”的原则,先进行控制测量,对测区范围内的控制点以较高的精度先行测定其位置,以作为碎部测量的依据。

(3)在测量的精度上应遵循“由高级到低级”的原则,先布设高精度控制点,再由高级向低级逐级建立。

另外,当测定控制点的相对位置有错误时,以其为基础所测定的碎部点位也就有错误,而当碎部测量中有错误时,以此资料绘制的地形图也就有错误。由此看来,测量工作必须严格进行检核,前一步测量工作未做检核,不能进行下一步测量工作,故“步步有检核”是测量工作应遵循的又一个原则。它的优点是可以防止错漏发生,保证测量成果的正确性。

上述测量工作的程序和原则,不仅适用于测绘工作,也适用于测设工作。如图 1-13b)所示,欲将图上设计好的建筑物 P、Q、R 等测设于实地,作为施工的依据,须先于实地进行控制测量,然后安置仪器于控制点 A 和 F 上,进行建筑物测设。在测设工作中,也要严格进行检核,以防出错。

另外,无论控制测量、碎部测量和施工测设,其实质都是确定地面点的位置,而地面点的位置往往又是通过测量水平角(方向)、距离和高差来确定的。因此,高程测量、水平角测量和距离测量是测量学的基本工作,水平角(方向)、距离和高差是确定地面点位的三个基本要素。

思考题与习题

1. 测量学的研究对象和任务是什么?
2. 简述测量工作在公路工程建设中的作用。
3. 地球的形状近似于怎样的形体?大地体与参考椭球有什么区别?
4. 参考椭球的元素包括哪些?我国目前采用的椭球元素值是多少?
5. 若把地球看作圆球,其半径约有多大?
6. 测量工作的基准面和基准线指什么?
7. 确定地球表面上点的位置常用哪几种坐标系?
8. 什么叫水准面?什么叫大地水准面?测绘中的点位计算及绘图能否投影到大地水准面上进行?为什么?
9. 何谓绝对高程?何谓相对高程?
10. 假定某地水准面的绝对高程为 67.758m,测得一地面点的相对高程为 243.168m,试推算该点的绝对高程,并绘一简图加以说明。
11. 测量中的独立平面直角坐标系与数学中的平面直角坐标系有什么区别?为什么要这样规定?
12. 简述高斯投影的基本概念。
13. 高斯投影如何分带?为什么要进行分带?

14. 设某地面点的经度为东经130°25′32″,问该点位于6°投影带和3°投影带时分别为第几带?其中央子午线的经度各为多少?

15. 若我国某处地面点 A 的高斯平面直角坐标值为 $x = 3230568.55\text{m}$, $y = 38432109.87\text{m}$,问 A 点位于3°投影带的第几带?该带中央子午线的经度是多少?A 点在该带中央子午线的哪一侧?距离中央子午线多少米?

16. 说明测量工作中用水平面代替水准面的限度。若在半径为7km的范围内进行测量并用水平面代替水准面,则地球曲率对水平距离和高差的影响各为多大?

17. 确定地面点位的三个基本要素是什么?三项基本测量工作是什么?

18. 测量工作的基本原则是什么?

第二章
CHAPTER TWO

水准测量

学习目标

1. 了解水准测量的原理;
2. 掌握自动安平水准仪和电子水准仪的构造及操作方法;
3. 掌握普通水准测量的施测步骤;
4. 掌握水准路线成果整理的方法;
5. 掌握自动安平水准仪的检验与校正方法。

技能目标

1. 能够熟练操作自动安平水准仪和电子水准仪;
2. 能使用自动安平水准仪进行普通水准测量的实施和数据处理;
3. 能使用电子水准仪进行普通水准测量的实施和数据处理;
4. 能够进行自动安平水准仪的检验。

测定地球表面上点的高程的工作,称为高程测量。它是测量中的一项基本工作,也是测量三要素之一。高程测量的方法,按使用的仪器和施测的方法分为:水准测量、三角高程测量、气压高程测量和 GNSS 定位测量等形式。

平时我们说,这座楼多高、那座桥多高,往往是以当地地面为标准。但是,在国防和经济建设上必须有国家统一的标准来衡量地面上各点的高低。因此,为了统一全国的高程系统,我国采用与黄海平均海水面相吻合的大地水准面作为全国高程系统的基准面,设该面上各点的绝对高程(海拔)为零。新中国成立后,我国曾采用以青岛验潮站 1950—1956 年观测资料求得的黄海平均海水面作为高程的基准面,称为“1956 年黄海高程系”,并据此测得青岛观象山的国家水准原点的高程为 72.289m。1987 年我国国测〔1987〕365 号文规定采用“1985 年国家高程基准”,即用青岛验潮站 1953—1979 年验潮资料推算出的黄海平均海水面作为高程基准面,据此得出国家水准原点的高程值为 72.2604m。目前,全国均应以此水准原点高程为准。

从水准原点出发,国家测绘部门分别用一、二、三、四等水准测量,在全国范围内测定一系列水准点(代号为 BM,英文 Bench Mark 的缩写)的高程。根据这些水准点的高程,为地形测量而进行的水准测量,称为图根水准测量;为某一工程而进行的水准测量,称为工程水准测量。

本章主要介绍:水准测量的原理,水准仪的构造、使用、检校,水准测量的实施方法及成果检核、整理等。

第一节 水准测量的原理

水准测量的原理是利用水准仪提供的水平视线,通过竖立在两点上的水准尺读数,采用一定的计算方法,测定两点的高差,从而由一点的已知高程,推算另一点的高程。这是高程测量中精度较高且最常用的一种方法。

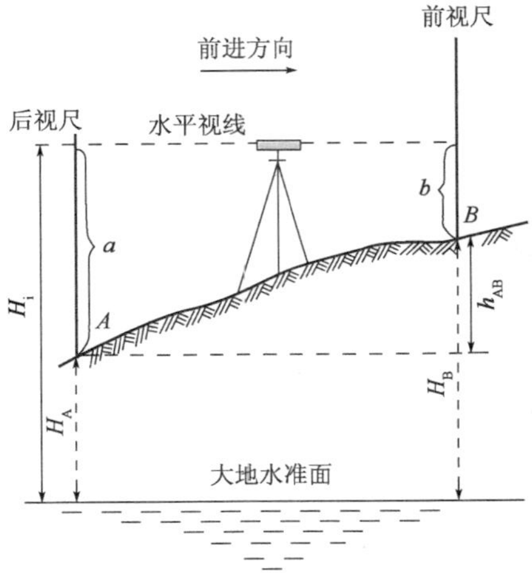

图 2-1 水准测量的原理

如图 2-1 所示,已知地面上 A 点高程为 H_A,欲求 B 点高程 H_B,则必须先测出 A、B 两点之间的高差 h_{AB}。将水准仪安置在 A、B 两点之间,利用水准仪建立一条水平视线,在测量时用该视线截取已知高程点 A 上所立水准尺之读数 a,称为后视读数;再截取未知高程点 B 上所立水准尺之读数 b,称为前视读数。观测是从已知高程点 A 向未知高程点 B 进行,则称 A 点为后视点,B 点为前视点。

由图 2-1 可知,A、B 两点之间的高差 h_{AB} 为:

$$h_{AB} = a - b \tag{2-1}$$

即两点间的高差等于后视读数减前视读数。从图 2-1 中可以看出,当 $a > b$ 时,h_{AB} 为正,当 $a < b$ 时,h_{AB} 为负。根据 A 点已知高程 H_A 和测出的高差 h_{AB},可得 B 点的高程 H_B 为:

$$H_B = H_A + h_{AB} = H_A + (a - b) \tag{2-2}$$

由图 2-1 可知,亦可通过仪器的视线高 H_i 求得 B 点的高程 H_B:

$$H_i = H_A + a$$

$$H_B = H_i - b \tag{2-3}$$

式(2-2)是利用高差 h_{AB} 计算 B 点高程,称为高差法。

式(2-3)是通过仪器的视线高程 H_i 计算 B 点高程,称为仪高法,又称视高法。若在一个测站上要同时测算出许多点的高程,则用式(2-3)计算更为方便。

第二节 水准测量的仪器和工具

水准测量使用的仪器和工具有水准仪、水准尺和尺垫。水准仪按其精度分为 $DS_{0.5}$、DS_1、DS_3等几个等级。代号中的“D”和“S”是“大地”和“水准仪”的汉语拼音的第一个字母，其下标数值意义为：仪器本身每公里往返测高差中数能达到的精度，以毫米(mm)计。如果“DS”改为“DSZ”，则表示该仪器为自动安平水准仪。

一、自动安平水准仪的构造

图 2-2 所示为 DSZ-A2 型自动安平水准仪，它主要由远望镜、圆水准器和基座三个基本部分组成。

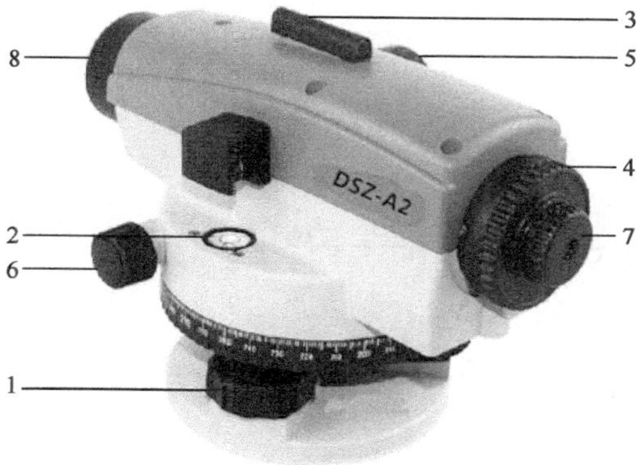

图 2-2 DSZ-A2 自动安平水准仪

1-脚螺旋；2-圆水准器；3-瞄准器；4-目镜对光螺旋；5-物镜对光螺旋；6-水平微动螺旋；7-目镜；8-物镜

1. 望远镜

自动安平水准仪的望远镜是用来瞄准水准尺并读数的，它主要由物镜、目镜、对光螺旋、十字丝分划板和补偿器等组成。图 2-3 所示为自动安平水准仪结构剖面图。物镜的作用是使远处的目标在望远镜的焦距内形成一个倒立的缩小的实像，当目标处在不同距离时，可调节对光螺旋，使成像始终落在十字丝分划板上，这时，十字丝和物像同时被目镜放大为虚像，以便观测者利用十字丝来瞄准目标。当十字丝的交点瞄准到目标上某一点时，该目标点即在十字丝交点与物镜光心的连线上，这条线称为视准轴，用 CC 表示，也称为视线。

当视准轴水平时，在水准尺上读数为 a，如图 2-4a) 所示。当视准轴倾斜一个角度 α 时，如图 2-4b) 所示，读数为 a'。为了使十字丝横丝的读数仍为视准轴水平时的读数 a，在物镜对光螺旋和十字丝分划板之间安装一个补偿器，通过望远镜光心的水平视线经过补偿器的光学元件后偏转一个 β 角，仍能成像于十字丝中心。该补偿器由固定在望远镜上的屋脊棱镜以及用金属丝悬吊的两块直角棱镜组成。当望远镜倾斜时，直角棱镜在重力摆作用下，做与望远镜相反的偏转运动,由于阻尼器的作用,很快会静止下来。

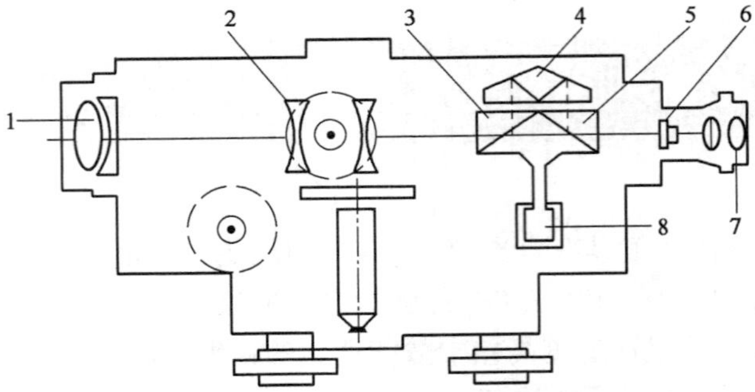

图 2-3 自动安平水准仪结构剖面图

1-物镜;2-物镜对光螺旋;3-直角棱镜;4-屋脊棱镜;5-直角镜;6-十字丝分划板;7-目镜;8-阻尼器

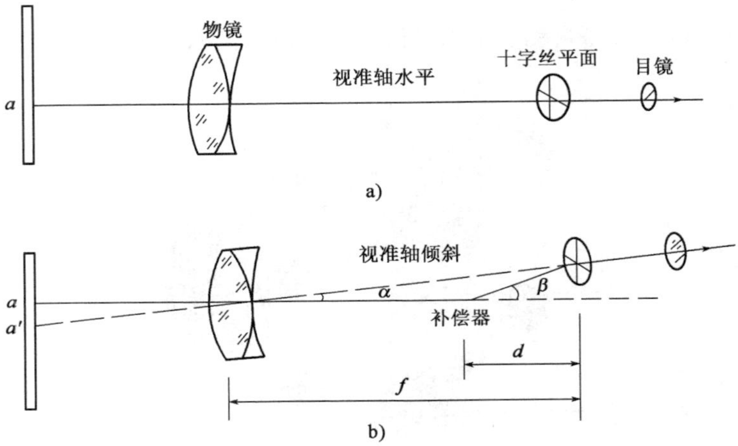

图 2-4 自动安平水准仪原理图

十字丝分划板用刻有十字丝的平面玻璃制成,装在十字丝环上,再用固定螺钉固定在望远镜筒内,如图 2-5 所示。

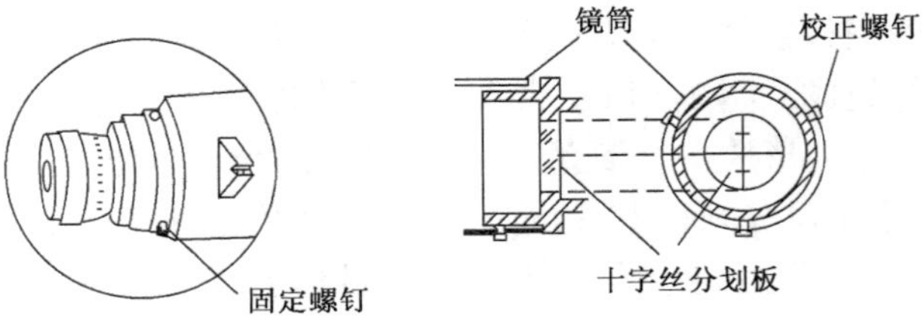

图 2-5 十字丝板装置

2. 圆水准器

自动安平水准仪与微倾水准仪相比,没有水准管,只有圆水准器。圆水准器由玻璃制成,呈圆柱状,如图 2-6 所示。圆水准器里面装有酒精和乙醚的混合液,其上部的内表面为一个半径为 R 的圆球面,中央刻有一个小圆圈,其圆心 O 是圆水准器的零点,通过零点和球心的连线

(*O* 点的法线)$L'L'$,称为圆水准器轴。当气泡居中时,圆水准器轴即处于铅垂位置。圆水准器的分划值一般为 $5'/2\sim10'/2$mm,灵敏度较低,只能用于粗略整平仪器,使水准仪的纵轴大致处于铅垂位置。

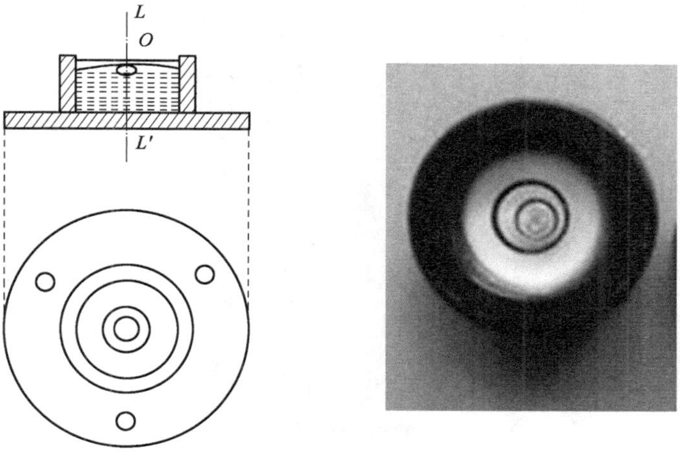

图 2-6　圆水准器

3. 基座

基座的作用是用来支撑仪器的上部,并通过连接螺旋将仪器与三脚架连接。基座有三个可以升降的脚螺旋,转动脚螺旋可以使圆水准器的气泡居中,将仪器粗略整平。

各等级水准仪的基本结构大致相同,但不同等级仪器的技术参数要求是不同的。表 2-1 中列出了不同等级水准仪的主要参数。

水准仪系列主要技术参数　　表 2-1

项目		水准仪等级			
		$DS_{0.5}$	DS_1	DS_3	DS_{10}
每千米水准测量高差中误差(mm)		±0.5	±1.0	±3.0	±10
望远镜	物镜有效孔径(mm)不小于	42	38	28	20
	放大倍数(倍)不小于	55	47	38	28
水准管分划值		10″/2mm	10″/2mm	20″/2mm	20″/2mm
主要用途(供参考)		一等水准测量	二等水准测量	三、四等水准测量 图根水准测量	工程水准测量

二、水准尺和尺垫

水准尺由干燥的优质木材、玻璃钢或铝合金等材料制成。水准尺有塔尺和双面尺两种,如图 2-7a)、b)所示,塔尺一般用在等外水准测量,如图 2-7a)所示,其长度有 3m、5m 和 7m 三种。塔尺可以伸缩,尺面分划为 1cm 或 0.5cm,每分米处注有数字,每米处也注有数字或以红黑点表示数,尺底为零。

双面水准尺,如图 2-7b)所示,多用于三、四等水准测量,其长度为 3m,为不能伸缩和折叠的板尺,而且两根尺为一对,尺的两面均有刻划,尺的正面是黑色注记,反面为红色注记,故又称红、黑面尺。黑面的底部都从零开始,而红面的底部一根为4.687m,另一根为4.787m。

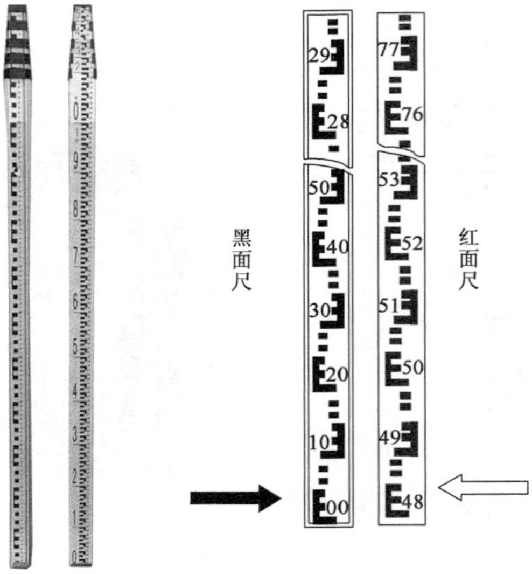

a)　　　　b)

图2-7　水准尺

a)塔尺;b)双面尺

尺垫为一个三角形或圆形的铸铁(也有用较厚铁皮制作的),上部中央有一突起的半球体,如图2-8所示,为保证在水准测量过程中转点的高程不变,将水准尺放在半球体的顶端。

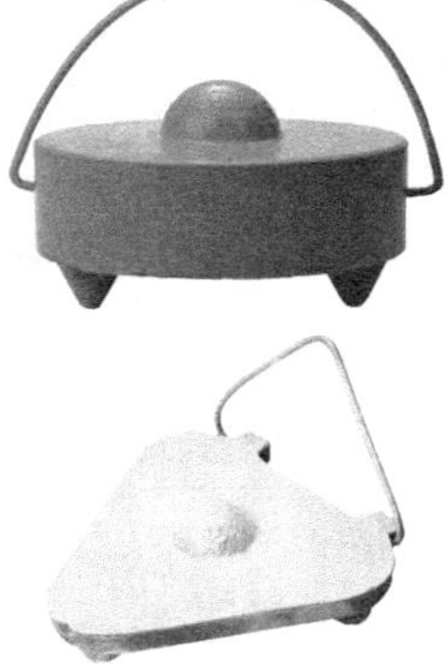

图2-8　尺垫

三、自动安平水准仪的使用(资源2-2-1)

自动安平水准仪使用的基本程序为:架设仪器、粗略整平、瞄准水准尺和读数。

1. 架设仪器

在架设仪器处,打开三脚架,通过目测,使架头大致水平且高度适中,约在观测者的胸颈部,将仪器从箱中取出,用连接螺旋将水准仪固定在三脚架上。注意,若在较松软的泥土地面,为防止仪器因自重而下沉,还要把三脚架的两腿踩实。然后,根据圆水准器气泡的位置,上下推拉、左右微转脚架的第三只腿,使圆水准器的气泡尽可能靠近圆圈中心的位置,在不改变架头高度的情况下,踩稳脚架的第三只腿。

2. 粗略整平(资源2-2-2)

为使仪器的竖轴处于大致铅垂位置,转动基座上的三个脚螺旋,使圆水准器的气泡居中。整平方法:如图2-9a)所示,气泡为未居中状态,双手按相反方向同时转动两个脚螺旋1、2,使气泡移动到与圆水准器零点的连线垂直于1、2两个脚螺旋的连线处,也就是气泡、圆水准器零点、脚螺旋3三点共线；然后按气泡居中方向转动脚螺旋3，如图2-9b）所示，使气泡居中，如图2-9c）所示。

注意：在转动脚螺旋时，气泡移动的方向始终与左手大拇指（或右手食指）运动的方向一致。

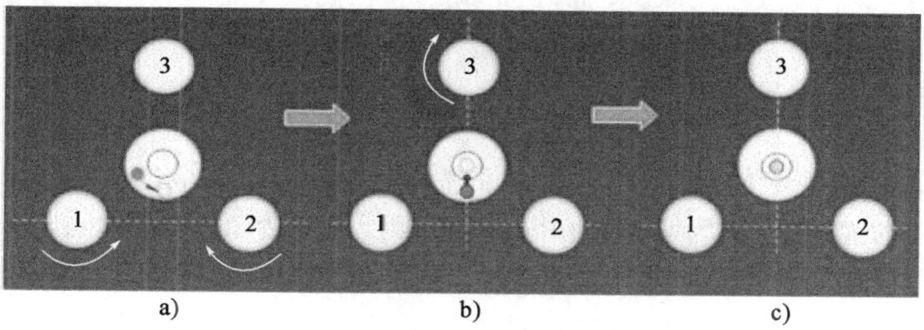

图2-9 圆水准器气泡居中方法

3. 照准水准尺

将仪器粗略整平后，即可用望远镜瞄准水准尺。基本操作步骤如下：

（1）目镜对光。将望远镜对向较明亮处，转动目镜对光螺旋，使十字丝调至最清晰为止。

（2）初步照准。用光学粗瞄器粗略地瞄准目标，同时转动望远镜，使十字丝和目标重合。

（3）物镜对光。转动望远镜物镜对光螺旋，直至看清水准尺刻划，再转动水平微动螺旋，使十字丝竖丝处于水准尺一侧，完成水准尺的照准。

（4）消除视差。当照准目标时，眼睛在目镜处上下移动，若发现十字丝和尺像有相对移动，这种现象称为视差。它将影响读数的精确性，必须加以消除。其方法是仔细调节对光螺旋，直至尺像与十字丝分划板平面重合为止，即当眼睛在目镜处上下移动，十字丝和尺像没有相对移动为止。**（资源2-2-3）**

4. 读数

如图2-10所示，用十字丝横丝在水准尺上读数，应读米、分米、厘米，毫米，其中毫米位为估读。因望远镜成像为正像，则应从下往上读，即读数从小往大读。图2-10a）中尺的读数为1.384m，图2-10b）中尺的读数为0.977m。

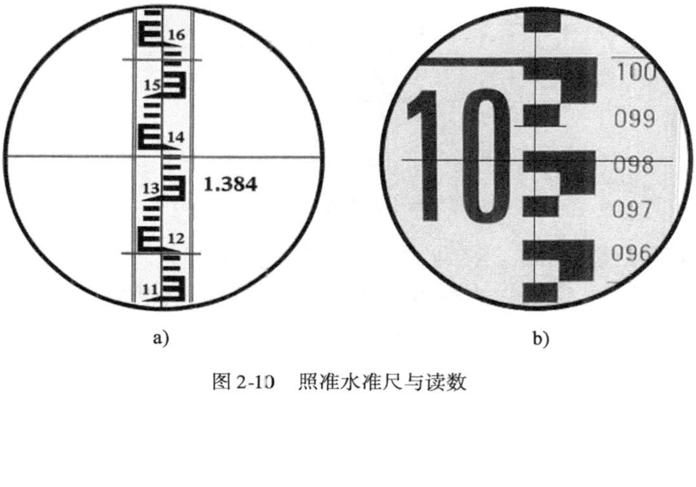

图2-10 照准水准尺与读数

第三节 水准测量实施

一、水准点

为了统一全国高程系统和满足各种测量的需要,测绘部门在全国各地设立并用水准测量方法获得其高程的固定点,称为水准点(Bench Mark),简记为BM。水准点有永久性和临时性两种。永久性水准点一般用混凝土制成标石,标石的顶部嵌有半球形的金属标志,其顶部标志着该点的高程。水准点标石的埋设处,应选在地质稳定牢固、便于长期保存又便于观测的地方。标石的顶部一般露出地面,如图2-11所示。但等级较高的水准点的标石顶面埋于地表下,使用时,按指示标记挖开,用后再盖上,如图2-12所示。

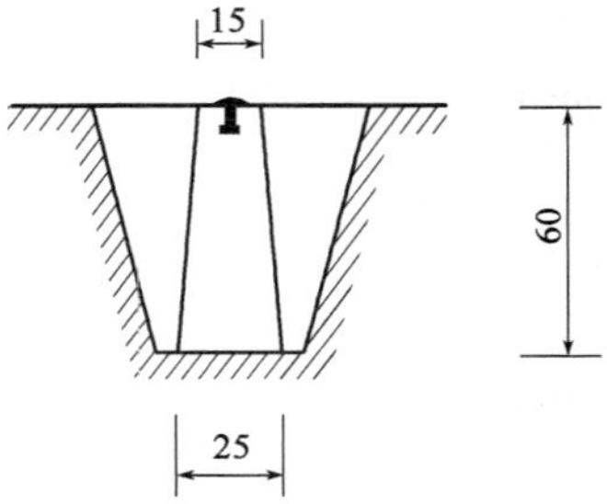

图2-11 水准点标石及埋设(尺寸单位:cm)

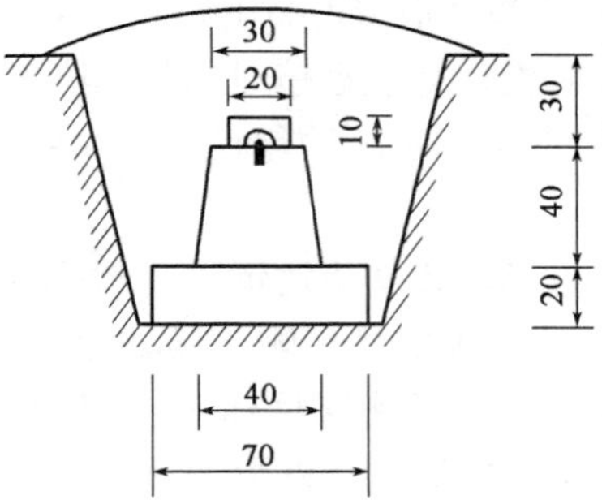

图2-12 高等级水准点标石及埋设(尺寸单位:cm)

永久性水准点也可以用金属标志,将其埋设在坚固稳定的永久性建筑物的基角上,称为墙上水准点,如图2-13所示。

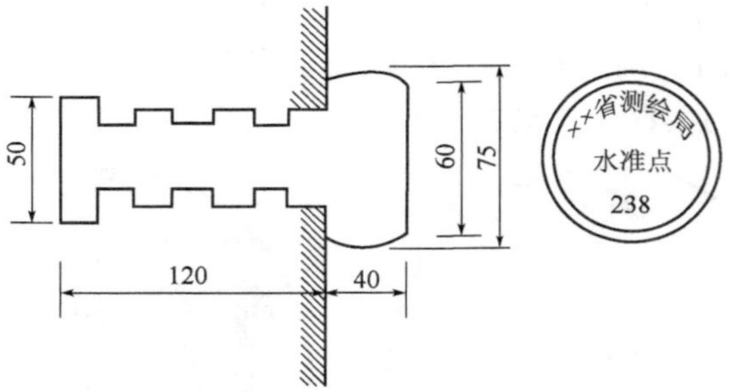

图2-13 墙上水准点(尺寸单位:mm)

临时性水准点可以用大木桩打入地面下,桩顶钉入顶部为半球形的铁钉。也可以利用地面上突出的坚硬岩石,或在建筑物的棱角处、电线杆上以及其他固定的、明显的、不易破坏的地物上,并用红油漆做出点的标志"$\oplus BM_i$"或"$\odot BM_i$"。

做好水准点标记后,还应在记录簿上绘制"点之记",即绘记水准点附近的草图或对点周围的情形加以说明,注明水准点的编号 i,一般在编号前加 BM 作为水准点的代号:BM_i。

二、实测方法(资源 2-3-1)

如图 2-14 所示,已知 A 点高程 H_A,现要求出 B 点高程 H_B。因两点的距离较远或高差较大,若安置一次仪器无法测出 A 点与 B 点的高差 h_{AB},此时可在两点间加设若干个临时立尺点,称为转点(以符号 ZD 表示),转点(ZD)是指在水准测量中既有前视读数,又有后视读数,只起传递高程作用的点。然后连续多次安置水准仪,测定两相邻点间的高差,最后取各个高差的代数和,即可得到 A、B 两点的高差。

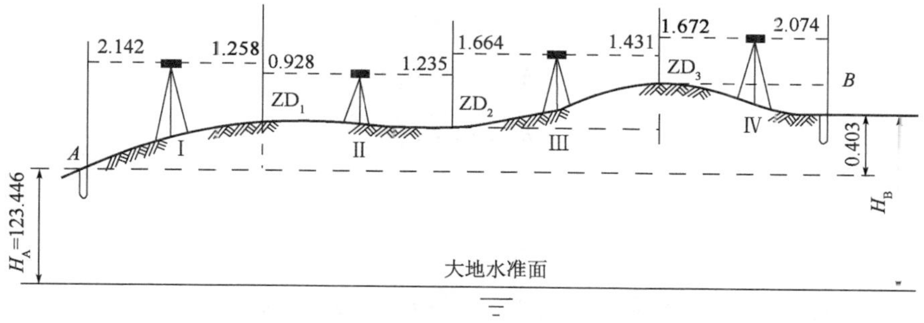

图 2-14 水准测量的实施(高程单位:m)

观测步骤如下:

(1)在已知高程 $H_A=123.446$m 的 A 点前方适当距离(根据水准测量的等级及地形情况而定)处选定一转点 ZD_1。

(2)两立尺员分别在 A、ZD_1 两点上立水准尺,观测员在距 A 和 ZD_1 点约等距离处(图 2-14 中Ⅰ处)安置水准仪。

(3)当视线水平后,观测员先读后视读数 $a_1=2.142$,再读前视读数 $b_1=1.258$。同时,记录员立刻将数据记录在水准测量手簿的相应表格中(表 2-2),并边记边复诵读数,以便观测员校核,防止听错记错。

水准测量手簿 表 2-2

工程名称:______ 地点:______ 仪器型号:______

日 期:______ 天气:______ 观 测 员:______ 记录员:______

测站	测点	水准尺读数(m)		高差(m)		高程(m)	备注
		后视读数 a	前视读数 b	+	−		
Ⅰ	A	2.142		0.884		123.446	已知
Ⅱ	ZD_1	0.928	1.258		0.307	124.330	
Ⅲ	ZD_2	1.664	1.235	0.233		124.023	
Ⅳ	ZD_3	1.672	1.431		0.402	124.256	
	B		2.074			123.854	
计算检核	Σ	6.406	5.998	+1.117	−0.709	$H_B-H_A=+0.408$	
	$\sum a_i-\sum b_i=+0.408$			$\sum h_i=+0.408$			

(4)观测员默认记录准确后，计算出 A 点和 ZD_1 点之间的高差：$h_1 = a_1 - b_1 = 2.142 - 1.258 = +0.884\text{m}$。到此，完成一个测站的工作。

(5)当第一测站完成后，将 A 点的水准尺移到在转点 1(ZD_1)前方适当位置处新选择的第二个转点(ZD_2)上。注意，此时原立在 ZD_1 上的水准尺不动，只需将尺面反转过来，便于仪器观测，仪器安置在距 ZD_1、ZD_2 约等距的Ⅱ处，进行观测、记录、计算，得出 ZD_1 和 ZD_2 的高差 h_2，完成第二个测站的工作。

(6)依此类推，测到 B 点。

这样便测得每一测站的高差 h_i：

$$
\begin{gathered}
h_1 = a_1 - b_1 \\
h_2 = a_2 - b_2 \\
h_3 = a_3 - b_3 \\
\vdots \\
h_n = a_n - b_n
\end{gathered}
$$

由图 2-14 可看出，将各测站的高差相加，便得到 $A \sim B$ 的高差 h_{AB}：

$$h_{AB} = h_1 + h_2 + h_3 + \cdots + h_n = \sum h_i = \sum a_i - \sum b_i \tag{2-4}$$

则地面点 B 的高程为：

$$H_B = H_A + h_{AB} = H_A + \sum h_i = H_A + (\sum a_i - \sum b_i) \tag{2-5}$$

三、水准测量的三项检核与成果计算

1. 计算检核

为校核高差计算有无错误，从式(2-4)不难看出，后视读数总和与前视读数总和之差，应等于高差的代数和，见表 2-2。

$$\sum h_i = +0.408\text{m}$$

$$\sum a_i - \sum b_i = +0.408\text{m}$$

上两式相等，说明高差计算无误。

最后，利用式(2-2)由 A 点的高程推算出 ZD_1 的高程 H_1、由 ZD_1 的高程推算出 ZD_2 的高程 H_2。依此类推，直至计算出 B 点高程 H_B：

$$
\begin{gathered}
H_1 = H_A + h_1 = 123.446 + 0.884 = 124.330(\text{m}) \\
H_2 = H_1 + h_2 = 124.330 - 0.307 = 124.023(\text{m}) \\
\vdots \\
H_B = H_{n-1} + h_n = 124.256 - 0.402 = 123.854(\text{m})
\end{gathered}
$$

而利用式(2-5)可不求转点的高程，直接得到 B 点的高程 H_B：

$$H_B = H_A + (\sum a_i - \sum b_i) = 123.446 + 0.408 = 123.854(\text{m})$$

高程计算是否有误可通过下式检核：

$$H_B - H_A = \sum h_i = h_{AB} \tag{2-6}$$

在表 2-2 中为： $123.854 - 123.446 = +0.408(\text{m})$

上式计算结果与前相等，说明高程计算无误。测点高程一般用式(2-5)可直接求得。

2. 测站检核

在连续水准测量中，只进行计算检核，无法保证每一个测站的高差无误，例如用计算检核无法查出测量过程中是否读错、听错、记错水准尺上的读数。因此，对每一测站的高差，还应采取相应的措施进行检核，以保证每个测站高差的正确性。通常采用下面两种方法进行测站检核：

1）双仪高法

双仪高法，又称变动仪器高法，是在同一个测站上用两次不同的仪器高度，测得两次高差进行检核。第一次仪器观测高差 $h' = a' - b'$。然后重新安置仪器，改变仪器高度，观测第二次高差 $h'' = a'' - b''$。当两次高差满足下列条件时：

$$h' - h'' = \Delta h \leqslant \pm 5\text{mm}$$

可取平均值 $h = (h' + h'')/2$，作为该测站高差；否则重测。当满足条件后，才允许搬站。

2）双面尺法

双面尺法是在同一测站用同一仪器高分别对红黑面水准尺读数，然后进行红黑面读数和高差的检核（见第六章第五节中三、四等水准测量的内容）。

3. 成果检核

计算检核只能发现计算是否有错，而测站检核只能检核每一个测站上是否有错误，不能发现立尺点变动的错误，更不能评定测量成果的精度，同时由于观测时受到观测条件（仪器、人、外界条件）的影响，随着测站数的增多使误差累积，有时也会超过规定的限差，因此应对其成果进行检核，即进行高差闭合差的检核。在水准测量中，由于测量误差的影响，使沿水准路线测得的起终点高差值与起终点的实际高差值不符，其二者之差值，称为高差闭合差，一般以 f_h 表示。高差闭合差的计算，因水准路线形式的不同而异。现分述如下。

1）闭合水准路线

如图 2-15a）所示，BM_1 为已知高程的水准点，1、2、3…为未知高程点。从已知高程的水准点 BM_1 出发，经过若干个未知高程点 1、2、3…进行水准测量，最后又回到已知水准点 BM_1 上，这样的水准路线称为闭合水准路线。在闭合路线中，高差的总和理论上应等于零，即：

$$\sum h_{理} = 0$$

若实测高差的总和不等于零，即为高差闭合差：

$$f_h = \sum h_{测} \tag{2-7}$$

2）附合水准路线

如图 2-15b）所示，BM_1、BM_2 为已知高程的高级水准点，从 BM_1 点出发，经过 1、2、3…若干个未知高程点进行水准测量，最后附合到另一高级水准点 BM_2 上，这样的水准路线称为附合水准路线。在附合水准路线中，理论上各段的高差总和应与 BM_1、BM_2 两点的已知高程之差相

等,如果不等,其差值为高差闭合差f_h:

$$f_h = \sum h_{测} - (H_2 - H_1) \tag{2-8}$$

或

$$f_h = \sum h_{测} - (H_{终} - H_{始}) \tag{2-9}$$

3)支水准路线(又称往返水准路线)

如图2-15c)所示,BM_1为已知高程的水准点,从已知水准点BM_1出发,沿选定的路线施测到高程未知的水准点1,其最终既不闭合也不附合,这样的水准路线,称为支水准路线。对于支水准路线,应进行往测(已知高程点到未知高程点)和返测(未知高程点到已知高程点),从理论上讲,往、返测高差的绝对值应相等,而符号相反。若往、返测高差的代数和不等于零,即为高差闭合差f_h,亦称较差。即:

$$f_h = \sum h_{往} + \sum h_{返} = \left|\sum h_{往}\right| - \left|\sum h_{返}\right| \tag{2-10}$$

对于支水准路线,应根据其等级限制其长度。

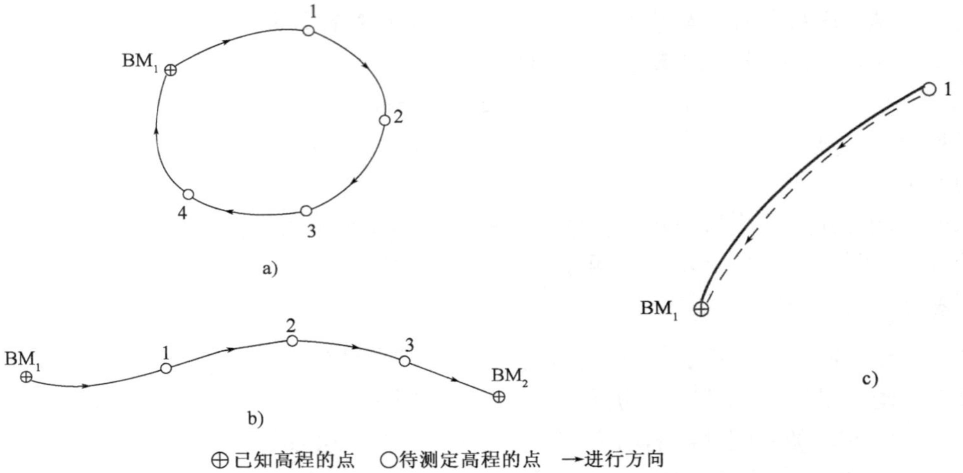

图2-15 水准路线的形式

上述水准路线中,当高差闭合差在容许范围内时,即$f_h \leqslant f_{h容}$($f_{h容}$为容许高差闭合差),认为精度合格,成果可用。若超过容许值,应查明原因,进行重测,直到符合要求为止。

水准测量的容许高差闭合差($f_{h容}$)是在研究了误差产生的规律和总结实践经验的基础上提出的。其值视水准测量的精度等级而定。例如,对于图根水准测量而言,容许高差闭合差规定为:

$$\begin{cases} f_{h容} = \pm 40\sqrt{L} \quad (\text{mm}) \quad (\text{适用于平原微丘区}) \\ f_{h容} = \pm 12\sqrt{n} \quad (\text{mm}) \quad (\text{适用于山岭重丘区}) \end{cases} \tag{2-11}$$

式中:L——水准路线长度,km;

n——整个水准路线所设的测站数。

应用式(2-11)时,需要注意的是,对于往返水准路线来说,式中路线长度L或测站数n均按单程计算。

4. 水准测量成果计算

若水准测量的外业测量数据经检核满足精度要求,就可以进行内业成果计算,即调整高差闭合差(将高差闭合差按误差理论合理分配到各测段的高差中去),最后求出未知点的高程。

1)附合水准路线高差闭合差的调整及各点高程的计算

如图 2-16 所示,BM_1、BM_2为两个已知高程的高级水准点,$H_1=204.286\text{m}$,$H_2=208.579\text{m}$。各测段的高差和长度如图 2-16 所示。附合水准路线成果计算,见表 2-3。

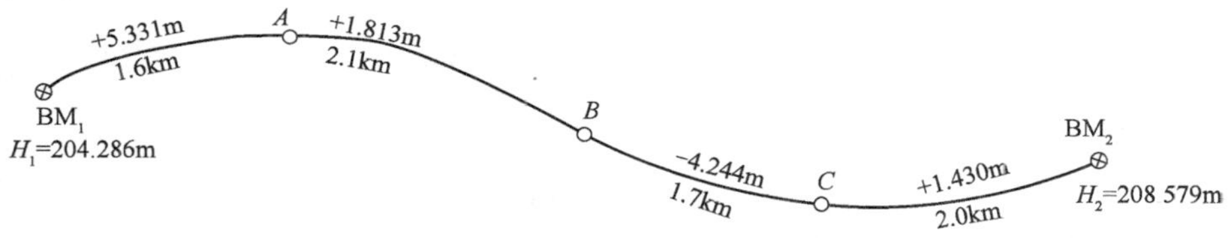

图 2-16 附合水准路线观测成果略图

水准测量成果整理 表 2-3

测段编号	点名	距离 L (km)	测站数 n	实测高差 (m)	改正数 (m)	改正后的高差 (m)	高程 (m)	备注
1	2	3	4	5	6	7	8	9
	BM_1						204.286	已知
1		1.6		+5.331	−0.008	+5.323		
	A						209.609	
2		2.1		+1.813	−0.011	+1.802		
	B						211.411	
3		1.7		−4.244	−0.008	−4.252		
	C						207.159	
4		2.0		+1.430	−0.010	+1.420		
	BM_2						208.579	已知
Σ		7.4		+4.330	−0.037	+4.239		
辅助计算	$f_h=+37\text{mm}$ $\Sigma L=7.4\text{km}$ $v_{每公里}=-f_h/\Sigma L=-5\text{mm/km}$ $f_{h容}=\pm 40\sqrt{L}=\pm 109\text{mm}$							

表 2-3 中按距离进行调整(适用于平坦地区)的具体计算步骤为:

(1)高差闭合差的计算。

水准路线高差闭合差:

$$f_h=\sum h_{测}-(H_2-H_1)=4.330-(208.579-204.286)=+0.037(\text{m})=+37\text{mm}$$

高差容许闭合差:

$$f_{h容}=\pm 40\sqrt{L}=\pm 40\sqrt{7.4}=\pm 109(\text{mm})$$

因 $f_h<f_{h容}$,所以符合精度要求,可进行调整。

(2)高差闭合差的调整。

高差闭合差的调整可将高差闭合差反符号按测段长度(平原微丘区)或测站数(山岭重丘区)成正比进行分配。设 v_i 为第 i 个测段的高差改正数,L_i 和 n_i 分别代表该测段长度和测站

数,则:

$$v_i = -\frac{f_h}{\sum L} \times L_i = v_{每公里} \times L_i$$

或

$$v_i = -\frac{f_h}{\sum n} \times n_i = v_{每站} \times n_i$$

为方便计算,可先计算每公里(或每站)的改正数 $v_{每公里}$ 或 $v_{每站}$,然后再乘以各测段的长度(或站数),即可得到各测段的改正数(见表 2-3 第 6 栏)。在该实测中,每公里的高差改正数为:

$$v_{每公里} = -\frac{f_h}{\sum L} = -\frac{37}{7.4} = -5(\mathrm{mm/km})$$

各段高差的改正数:

$$v_i = v_{每公里} \times L_i$$

改正数的总和应等于闭合差的反号。

(3)改正后的高差。

改正后的高差(表 2-3 中第 7 栏)应等于实测高差与高差改正数之和,即表 2-3 中第 5 栏加第 6 栏。改正后的高差代数和应与理论值($H_{终} - H_{起}$)相等;否则说明计算有误。

(4)高程的计算。

由已知点 BM_1 的高程,按式(2-2)依次推算 A、B、C 各点高程,填入表 2-3 中第 8 栏,最后计算出 BM_2 点的高程,应与已知值相等;否则说明高程推算有误。

2)闭合水准路线高差闭合差的调整及各点高程的计算

闭合水准路线高差闭合差的调整及各点高程的计算,均与附合水准路线相同,此处不再赘述。

3)支水准路线高差闭合差的调整及各点高程的计算

因支水准路线只求一个点的高程,如图 2-15c)所示的 1 点,其高差闭合差见式(2-10),故只取往返高差的平均值即可,平均高差的符号与往测的高差值的符号相同。即:

$$h = \frac{\sum h_{往} - \sum h_{返}}{2} \tag{2-12}$$

4)使用 Excel 软件进行水准测量成果计算

在实际工作中,应用 Excel 电子表格进行观测数据处理可大大提高工作效率,且观测数据越多,其优越性越显著。以图 2-16 为例,利用 Excel 软件进行水准测量成果计算,计算过程及结果如图 2-17 所示,步骤如下:

(1)计算测站、高差累加和

分别在 B13 和 C13 单元格中输入公式“=SUM(B3:B12)”和“=SUM(C3:C12)”。

(2)高差闭合差及高差闭合差容许值计算

高差闭合差:在 C16 单元格中输入“=C13-(F13-F3)”;其中 F3 为 BM_1 高程,F13 为 BM_2 高程。

高差闭合差容许值:在 E16 单元格中输入“=INT(12*SQRT(B13))”,满足精度要求。

(3)改正数

在 D4 单元格中输入“=-ROUND($C$16/$B$13*B4,3)”,向下拖动鼠标分别求出各段改正数。

(4)改正后高差

在 E4 单元格中输入“ = C4 + D4”,向下拖动鼠标分别求出各点改正后高差。

(5)高程计算

在 F5 单元格中输入“ = F3 + E4”,然后向下拖动鼠标分别求出各点高程。

水准测量成果整理

点号	距离（Km）	测段观测高差（m）	高差改正数（m）	改正后高差（m）	高程（m）	点号
BM1					204.286	BM1
	1.6	5.331	-0.008	5.323		
A					209.609	A
	2.1	1.813	-0.011	1.802		
B					211.411	B
	1.7	-4.244	-0.008	-4.252		
C					207.159	C
	2	1.43	-0.01	1.42		
BM2					208.579	BM2
Σ	7.4	4.33	-0.037	4.293	208.579	终
高差闭合差（m）=		0.037	<±	108	(mm)	

图 2-17　使用 Excel 进行水准测量成果整理

第四节 自动安平水准仪的检验与校正

本节主要介绍自动安平水准仪的检验与校正。如图 2-18 所示,图中 *CC* 为视准轴,*L′L′* 为圆水准器轴,*VV* 为仪器竖轴。自动安平水准仪必须满足下列条件:

(1)圆水准器轴 *L′L′* 平行于竖轴 *VV*;

(2)十字丝横丝垂直于竖轴;

(3)视准轴 *CC* 应与水平视线一致;

(4)水准仪在补偿范围内,应起到补偿作用。

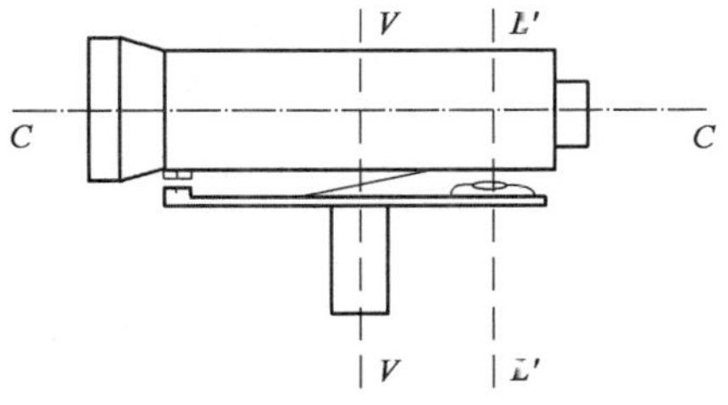

图 2-18　自动安平水准仪轴线

仪器在出厂前都经过严格检校,上述条件均能满足,但由于仪器在长期使用和运输过程中受到振动等原因,使上述各轴线之间的关系可能发生变化。为保证测量成果的质量,必须对水准仪进行检验校正。检校的内容如下:

一、圆水准器的检验与校正

目的:使圆水准器轴平行于仪器的竖轴。

1. 检验方法

首先,安置仪器,转动脚螺旋使圆水准器气泡居中,此时,圆水准器轴 $L'L'$ 处于垂直位置。然后将仪器绕竖轴旋转 180°,如果圆水准器气泡仍然居中,则表明条件满足;否则说明条件不满足,需要校正。

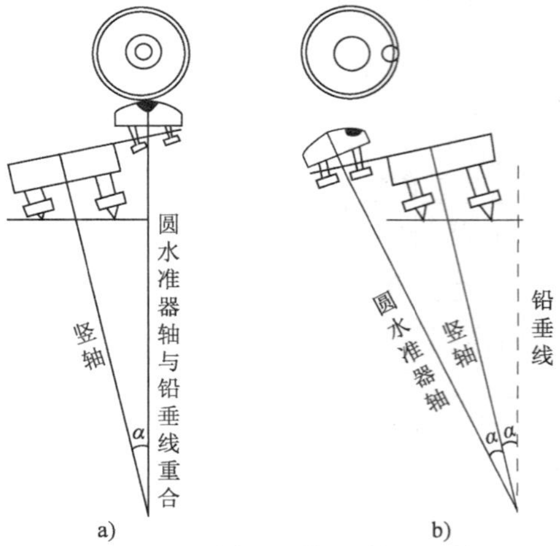

图 2-19 圆水准器轴不平行于竖轴

2. 校正方法

如果圆水准器轴 $L'L'$ 不平行于竖轴,如图 2-19a)所示,当圆水准器气泡居中时,圆水准器轴处于竖直位置,而竖轴却偏离竖直方向 α 角,将仪器绕竖轴转 180°,此时气泡偏垂直方向 2α,如图 2-19b)所示,校正时先拧松圆水准器下部中间的固定螺钉,然后调整圆水准器下部的三个校正螺钉,如图 2-20 所示。使气泡向中心位置移动到偏离量的一半,如图 2-21a)所示,偏离量的另一半用三个脚螺旋调整,最终使气泡居中,如图 2-21b)所示。这种检验校正需要重复数次,直到圆水准器旋转到任何位置气泡都居中为止,最后应注意拧紧固定螺钉。

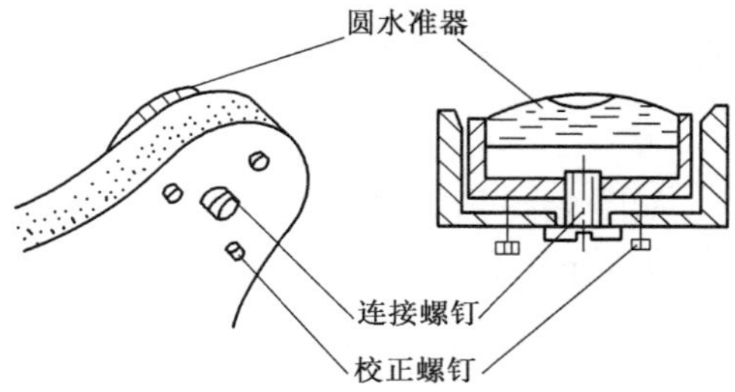

图 2-20 圆水准器校正螺钉

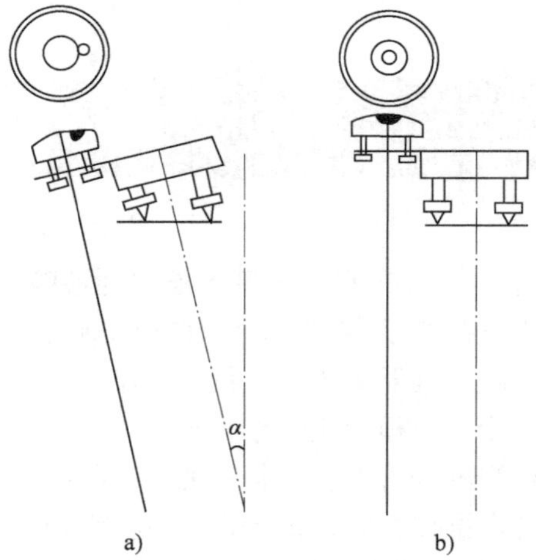

图 2-21 圆水准器校正原理

二、十字丝的检验与校正

目的:当水准仪整平后,十字丝的横丝应水平,即十字丝横丝垂直于竖轴。

1. 检验方法

首先,整平仪器,在望远镜中用十字丝横丝一端照准一明显的、固定的目标 P,拧紧水平制动螺旋,慢慢转动水平微动螺旋,从目镜中观察目标 P 移动,若目标 P 始终在十字丝横丝上移动，如图 2-22a）、b）所示，则条件满足，无需校正；若目标 P 不在横丝上移动，而发生偏离，如图 2-22c）、d）所示，则说明条件不满足，需要校正。

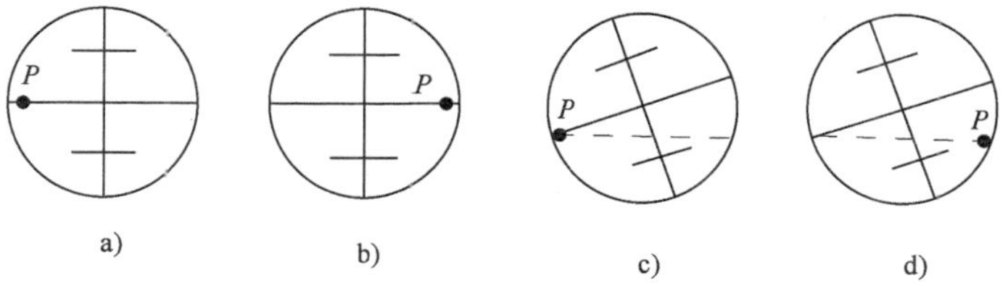

图 2-22　十字丝的检验

2. 校正方法

由于十字丝装置的形式不同，校正方法也有所不同。通常的方法是卸下目镜处十字丝环外罩，松开目镜筒固定螺钉，如图 2-23 所示，按横丝倾斜的反方向，微微转动十字丝环，再做检验，直到满足要求为止。最后再旋紧被松开的固定螺钉。

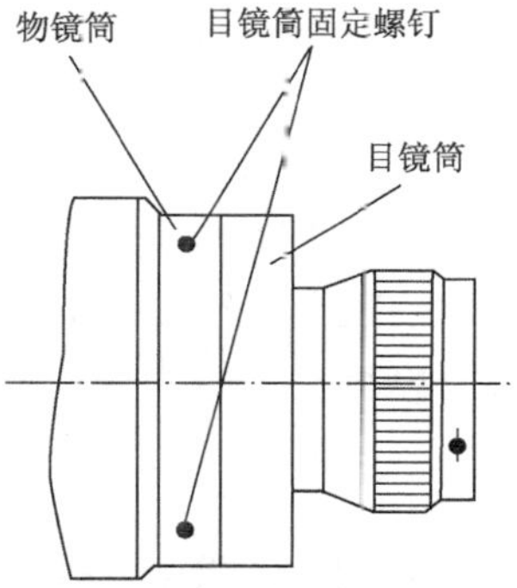

图 2-23　十字丝的校正

三、视线水平度（视准轴）的检验与校正

目的：使水准仪视准轴 CC 与水平视线一致。

1. 检验方法

在平坦的地面上选择 A、B、C 三点，并使其大致在同一条直线上，使 $AC = CB$，A、B 相距 60 ~ 80m，如图 2-24 所示。在 A、B 两点处分别打下木桩或安放尺垫，并在木桩或尺垫上竖立水准尺。先将水准仪置于 C 点处，经过整平后，分别读取 A、B 两点上的水准尺读数 a_1、b_1，则 A、B 两点的高差 $h_{AB} = a_1 - b_1$（一般应用两次仪器高法，所测结果满足要求，取高差平均值）。假设此时水准仪的视准轴不水平，即视线倾斜了 i 角（此误差又称为 i 角误差），分别引起 A、B 两尺的读数误差为 Δa 和 Δb，由于此时的仪器距两尺的距离相等，则根据几何原理：

$$\Delta a = \Delta b$$

由图 2-24 可得：

$$h_{AB} = a_1 - b_1 = (a + \Delta a) - (b + \Delta b) = a - b \tag{2-13}$$

这说明不论视准轴是否与水平视线一致，当水准仪置于两点中间时，测出的两点高差都是正确高差，不会受到 i 角误差的影响。

然后将水准仪搬到 B 点（或 A 点），置于距水准尺 2m 左右处，如图 2-24 所示，整平仪器后，分别读取 A 尺读数 a_2 和 B 尺读数 b_2，由于仪器距 B 尺很近，故仪器对 B 尺的读数可以忽略 i 角的影响，即将 b_2 看作视线水平时的读数，这时可求得视线水平时 A 尺上应有的读数 $a_2' = b_2 + h_{AB}$。如果实际读出的读数 a_2 与计算的 a_2' 相等，则满足条件；若不相等，则视准轴与水平视线不一致，存在 i 角，其值为：

$$i = \frac{a_2 - a_2'}{D_{AB}}\rho'' \quad (\rho'' = 206265'') \tag{2-14}$$

式中:D_{AB}——A、B 两点间的距离。

按规定,用于一、二等水准测量的仪器,$i \leqslant 15''$;用于三、四等水准测量的仪器,$i \leqslant 20''$。否则应进行校正。

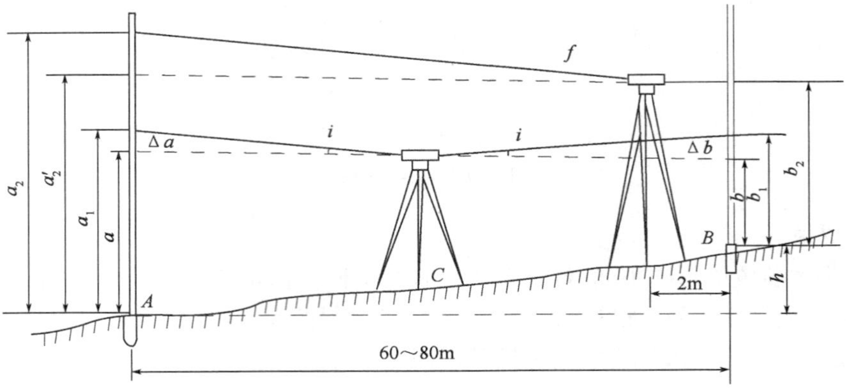

图 2-24 视准轴的检验

2. 校正方法

校正十字丝。拨十字丝的校正螺钉,使 A 点的读数从 a_2 改变到 a_2'。按下式计算 A 尺上的应有读数:

$$a_2' = b_2 + h_{AB}' \tag{2-15}$$

四、补偿器的检验与校正

目的:当仪器竖轴有微小倾斜时,通过补偿器的补偿后仍能读取正确读数。

1. 检验方法

在较平坦的地方选择 A、B 两点,AB 长约 100m,在 A、B 点各钉入一木柱(或用尺垫代替),将水准仪置于 AB 连线的中点处,并使两个脚螺旋中心的连线(为描述方便称为第一、二脚螺旋)与 AB 连线方向垂直。

首先用圆水准器将仪器置平,测出 A、B 两点间的高差 h_{AB},此值作为正确高差;升高第三个脚螺旋,使仪器向上(或下)倾斜,测出 A、B 两点间的高差 $h_{AB上}$;降低第三个脚螺旋,使仪器向下(或上)倾斜,测出 A、B 两点间的高差 $h_{AB下}$;升高第三个脚螺旋,使圆水准器气泡居中;升高第一个脚螺旋,使后视时望远镜向左(或向右)倾斜,测出 A、B 两点间的高差 $h_{AB左}$;降低第一个脚螺旋,使后视时望远镜向右(或向左)倾斜,测出 A、B 两点间的高差 $h_{AB右}$。

无论上、下、左、右倾斜,仪器的倾斜角度均由圆水准器气泡位置确定;四次倾斜的角度应相同,一般取补偿器所能补偿的最大角度。

将 $h_{AB上}$、$h_{AB下}$、$h_{AB左}$、$h_{AB右}$与 h_{AB}相比较,视其差数确定补偿器的性能;对于普通水准测量,此差数一般应小于 5mm。

2. 校正方法

调整有关重心调节器,使其满足条件。若经反复检验发现补偿器失灵,则应送工厂或检修车间修理。

第五节 电子水准仪及其使用

电子水准仪是 20 世纪 90 年代研制的、利用影像处理技术自动读取高差和距离,并自动进行数据记录的全数字化水准仪。它以新颖的测量原理、可靠的观测精度、简单的观测方法,获得了广泛的关注及应用。

本书以南方电子水准仪 DL-202 型为例(图 2-25),介绍电子水准仪的特点与结构、仪器的操作与使用方法。

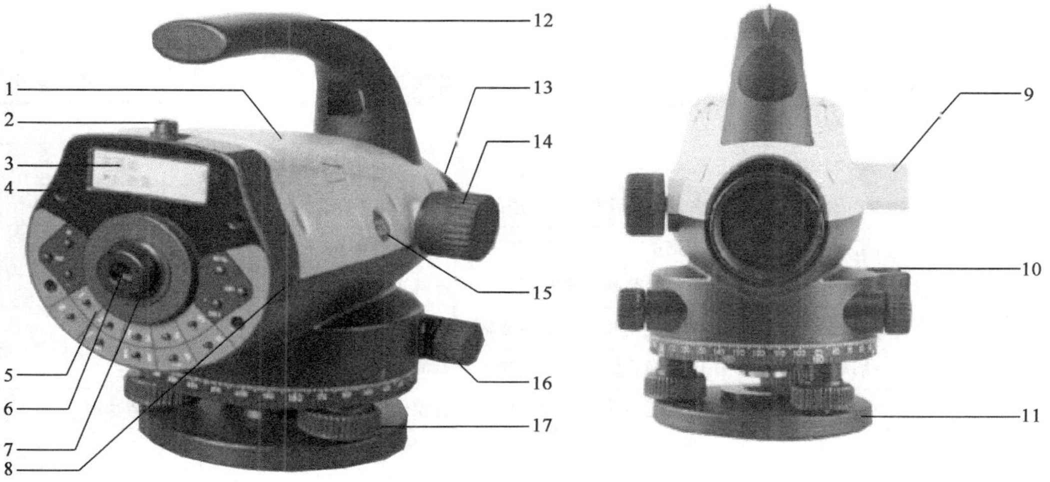

图 2-25　DL-202 型电子水准仪

1-电池;2-粗瞄器;3-液晶显示屏;4-面板;5-按键;6-目镜;7-目镜护罩;8-数据输出接口;9-圆水准器反射镜;10-圆水准器;11-基座;12-提柄;13-物镜;14-调焦手轮;15-电源开关/测量键;16-水平微动手轮;17-脚螺旋

一、电子水准仪的特点

DL-202 型数字电子水准仪有以下主要特点:

(1)操作简单,无疲劳观测及操作,只要照准标尺聚焦,按动测量键便可自动读数和测量距离与高差。即使聚焦欠佳也不会影响标尺读数,因为标尺读数在很大程度上并不依赖于标尺编码的清晰度,但调焦清晰后可以提高测量速度。

(2)内置自动补偿器,能改善和保证仪器的测量精度。

(3)测量时可采用电子自动读数,也可人工读数。水准尺可以倒立测定高处点的高度,仪器会自动识别标尺状态,并以负值表示。

(4)具有高差、高程(需预置后视点高程)、距离测量以及放样功能,并配有通信接口可与计算机连接,具有双向通信功能,或直接通过计算机操作。

(5)全自动、高精度,以电子方式量测条码尺,能保证最佳精度。

(6)能快速量测,提高工作效率和保证测量成果,能自动计算高差,显示屏可显示测定的正确高差、高程或距离等成果。

(7)电池使用时间约15h,充电时间约5h。

(8)自动存储,可选择仪器内存或SD卡存储,实现无纸化作业。

二、电子水准仪的结构

1. 仪器的结构

如图2-25所示,为南方生产的DL-202型数字电子水准仪的外观示意图。从外观上讲,它主要由望远镜、圆水准器、操作键盘、数据显示窗、数据输出接口、脚螺旋以及底盘等部分构成。

2. 操作键盘键功能(表2-4)

DL-202 操作键盘功能 表2-4

键符	键名	功能
POW/MEAS	电源开关/测量键	仪器开关机和用来进行测量
MENU	菜单键	在其他显示模式下,按此键可以回到主菜单
DIST	测距键	在测量状态下,按此键测量并显示距离
↑↓	选择键	菜单屏幕翻页或数据显示屏幕翻页
→←	数字移动键	查询数据时左右翻页或输入状态时左右选择
ENT	确认键	用来确认模式参数或输入显示的数据
ESC	退出键	用来退出菜单模式或任一设置模式,也可作输入数据时的后退清除键
0~9	数字键	用来输入数字
--	标尺倒置模式	用来进行倒置标尺输入,并应预先在测量参数下,将倒置标尺模式设置为"使用"
	背光灯开关	打开或关闭背光灯
.	小数点键	输入数据小数点

3. 显示屏显示内容

电子水准仪显示屏如图2-26所示,它显示当前模式、操作状态、测量数据以及电池电量等内容,使操作者能按提示完成整个测量工作。

4. 条码水准尺

条码水准尺是与电子水准仪配套使用的专用水准尺,它由玻璃纤维塑料制成,或用铟钢制成,尺面镶嵌在尺基上,全长2~4.05m。尺面上刻有宽度不同、黑白相间的码条——称为条码,如图2-27所示。该条码相当于普通水准尺上的分划和注记。条码水准尺附有安平水准器和扶手,在尺的顶端留有撑杆固定螺钉,以便用撑杆固定条码尺,使之长时间保持准确而竖直的固定状态,减轻作业人员的劳动强度,并提高测量精度。

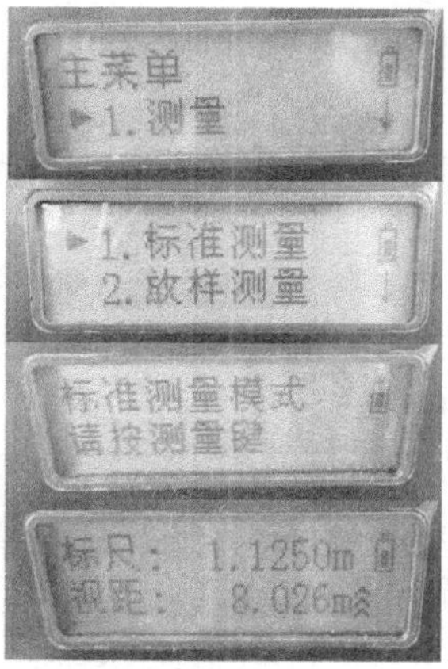

图 2-26 显示屏显示

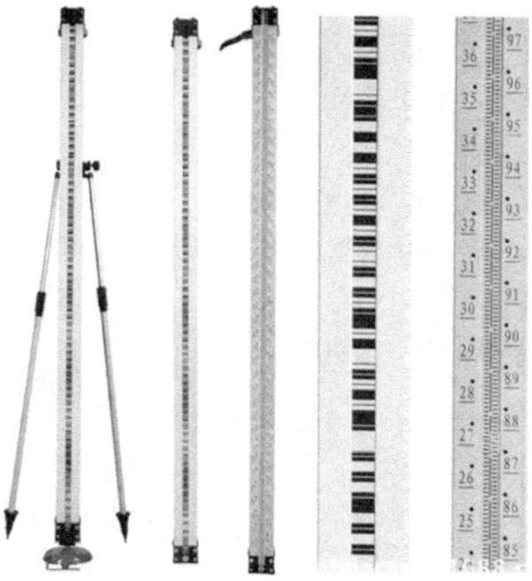

图 2-27 条码水准尺

三、仪器的操作与使用

电子水准仪可以完成标准测量、高差测量、线路测量、高程放样等多项测量工作。但由于各种型号电子水准仪的规格和性能不尽相同,因此在操作和使用上也有一定差异,要全面掌握一种型号的电子水准仪操作,须详细阅读其使用说明书。本书仅介绍 DL-202 型数字电子水准仪标准测量模式。

1. 测前的准备工作

(1)在使用仪器前,应检查电池的电量情况,如电量不足,应及时充电。

(2)设置仪器参数。根据测量的具体要求设置参数。参数设置完成后,关机亦不会改变原设置。

2. 测量模式

该模式只用来测量标尺读数和距离,而不进行高程计算。有关测量次数可以在"设置模式"中选择。采用多次测量的平均值,可以提高测量的精度。其操作过程与界面显示如表 2-5 所示。

电子水准仪操作过程及显示 表 2-5

操作过程	操作	显示
1. [ENT]键	[ENT]	主菜单 ▶测量
2. 按[▲]或[▼]选择标准测量并按[ENT]键	[ENT]	▶1. 标准测量 2. 放样测量
3. 当测量参数的存储模式设置为自动存储或手动存储时	[ENT]	是否记得数据? 是:ENT 否:ESC

续上表

操作过程	操作	显示
4. 输入作业名,按[ENT]键确认	[1] [ENT]	作业名 = >B1_
5. 瞄准标尺并调清晰,按[MEAS]键测量,多次测量时则最后一次为平均值,连续测量按[ESC]键退出	[MEAS]	标准测量模式 请按测量键
6. 按[▲][▼]查阅点号;存储后点号会自动递增	[▲][▼]	标尺:0.8050m 视距:8.550m
7. 按[ENT]键确认或[ESC]键退出	按[ENT]键继续测量或按任意键退出	点号:P1
8. 任何过程中连续按[ESC]键可退回主菜单	[ESC]退出	标准测量模式 请按测量键

第六节 水准测量的误差及注意事项

一、水准测量的误差

水准测量中产生的误差,包括仪器误差、观测误差以及外界条件影响导致的误差三个方面。

1. 仪器误差

(1)望远镜视准轴与水准管轴不平行误差。仪器经过校正后,还会有残余误差;仪器长期使用或受震动,也会使两轴不平行,这种误差属于系统误差,该项误差的大小与仪器至水准尺的距离成正比。因此,在观测时,只要将仪器安置在距前、后两测点相等处,即可消除该项误差的影响。

(2)水准尺误差。包括尺长误差、分划误差和零点误差。观测前,应对水准尺进行检验后方可使用。水准尺零点误差可通过在每个测段中设偶数站的方法来消除。

2. 观测误差

(1)整平误差。在水准尺上读数时,水准管轴应处于水平位置,如果精平仪器时水准管气泡没有精确居中,则水准管轴有一微小倾角,从而引起视准轴倾斜而产生误差。例如,设水准管分划值 $\tau=20''/2\text{mm}$,视线长度为 100m,如果气泡偏离中央 0.5 格,则引起的读数误差为:$0.5\times20\times100\times10^3/206265=5(\text{mm})$。

(2)读数误差。由于存在视差和估读毫米数的误差,这与人眼的分辨力、望远镜的放大倍数及视线的长度有关,所以要求望远镜的放大倍率在 20 倍以上,视线长度一般不得超过 100m。

(3)水准尺倾斜误差。测量时,应将水准尺扶直,当水准尺倾斜时,其读数总比尺子竖直时的读数大,而且视线越高,水准尺倾斜引起的读数误差越大,所以在高差大、读数大时,应特别注意要将尺扶直。测量时,可以采用"摇尺法"读数:在读数时,扶尺者将尺子缓缓向前后俯、仰摇动,尺上的读数也会缓缓改变,观测者读取尺上最小读数,即为尺子竖直时的读数。

3. 外界条件的影响

(1)仪器下沉的影响。由于测站处土质松软,使仪器下沉,视线降低,从而引起高差误差。减小这种误差的方法:一是尽可能将仪器安置在坚硬的地面处,并将仪器脚架踏实;二是加快观测速度,尽量缩短前、后视读数时间差;三是采用后、前、前、后的观测顺序。

(2)转点下沉的影响。将仪器搬到下一站尚未读后视读数的一段时间内,转点下沉,使该站后视点读数增大,从而引起高差误差。所以,应将转点设在地面坚硬的地方,或用尺垫。

(3)地球曲率和大气折光的影响。

①地球曲率的改正。不考虑地球曲率,用水平面代替大地水准面产生的测量误差,称为地球曲率影响,简称为球差。其改正数用 c 表示,可由式(1-8)计算:

$$c = \Delta h = \frac{D^2}{2R} \tag{2-16}$$

式中:R——地球曲率半径,近似取 6371km;

D——两点间的水平距离。

②大气折光的改正。由于大气的密度不均匀,一般情况下,越靠近地面,空气密度越大,视线受大气折光的影响总是呈一条向上拱起的曲线,由此产生测量误差,称为大气折光影响,简称气差。其改正数用 γ 表示。因大气折光受气温、气压、日照、时间、地表情况以及视线高度等诸多因素影响,所以,很难对其做精确计算。实际应用中采用如下近似公式:

$$\gamma = -K \cdot \frac{D^2}{2R} \tag{2-17}$$

式中:K——大气折光系数;

其余符号意义同前。

多年来,世界各国测绘界人士对大气折光系数 K 值进行了大量的试验研究,但是,由于大气折光受到所在地区的高程、地形条件、气候、季节、时间、地面覆盖物以及光线离地面高度诸多因素的影响,要精确地确定光线经过时的折光系数是难以做到的。

公路工程测量中,K 值可参照表 2-6 进行选取。一般情况下可取平均值,即 $K = 0.14$。

大气折光系数 表 2-6

地面	沙漠	平原、山区	森林	沼泽	水网、湖泊
平均 K 值	0.095	0.115	0.143	0.148	0.157

综合地球曲率和大气折光对高差的影响,可得到球、气两差改正数,用 f 表示。

$$f = c + \gamma = (1 - K)\frac{D^2}{2R} \tag{2-18}$$

消除地球曲率和大气折光的影响,同样应使前、后视距相等的方法,这样在计算高差时可将其消除或减弱。

(4)温度影响。水准管受热不均匀,会使气泡向温度高的方向移动。因此,观测时应注意为仪器撑伞遮阳,避免阳光对仪器的不均匀暴晒。

二、注意事项

水准测量中精度达不到要求而返工,多数由于测量人员对测量工作不够熟悉或不够细心所致。为此,要求测量人员除了要具备极强的责任心外,还应注意以下事项:

1. 观测

(1)观测前,应对仪器进行认真的检验和校正。

(2)将仪器放到三脚架上后,应立即把连接螺旋拧紧,以免仪器从脚架上掉下来,并做到人员不离开仪器。

(3)应将仪器安置在土质坚硬的地方,并将三脚架踏实,防止仪器下沉。

(4)水准仪距前、后视水准尺的距离应尽量相等。

(5)每次读数前,应严格消除视差,读数时要仔细、迅速、果断,大数(米、分米、厘米)不要读错,毫米数要估读正确。

(6)在晴天阳光下测量时,应撑伞保护仪器。

(7)迁站时,将三脚架合拢,一只手抱住脚架,另一只手托住仪器,稳步前进;远距离迁站时,应将仪器装箱,扣上箱盖,防止仪器受到意外损伤。

2. 记录

(1)记录员在听到观测员读数后,要将数据正确记入相应的栏目中,并边记边回报数字,得到观测员的默许,方可确定。记录资料不得转抄。

(2)记录的字体要清晰、端正。如果记录有误,不准用橡皮擦拭,应在错误数据上画斜线后再重新记录。

(3)每站高差应当场计算,检核合格后,方可通知观测员迁站。

3. 立尺

(1)立尺员必须将尺立在土质坚硬处,用尺垫时必须将尺垫踏实。

(2)水准尺必须立直,当尺上读数在1.5m以上时,应采用"摇尺法"读数。

(3)水准仪迁站时,作为前视点的立尺员,在活动尺子时,切记不能改变转点的位置。

思考题与习题

1. 简述水准测量的原理,并绘图加以说明。

2. 若将水准仪置于A、B两点间,在A点的水准尺上读数$a=1.305$m,在B点的水准尺上读数$b=0.872$m,请计算高差h_{AB},并说明B点与A点哪一点高?

3. 在水准测量时,为何要求前、后视距大致相等?

4. 水准路线布设形式有几种?

5. 简述自动安平水准仪主要组成部分及其操作步骤。

6. 什么叫视差?其产生的原因是什么?如何消除视差?

7. 水准测量有哪些误差来源?

8. 自动安平水准仪各轴线间应满足的几何条件有哪些？

9. 什么是水准测量中的高差闭合差？试写出各种水准路线的高差闭合差的一般表达式。

10. 转点在水准测量中起何作用？其特点是什么？

11. 在自动安平水准仪检校时，已知 A、B 两点间的距离为 80m，将仪器安置在 A、B 两点正中间的情况下，A 尺读数 $a_1 = 1.320$m，B 尺读数 $b_1 = 1.117$m。将仪器搬至 B 尺附近，对 B 尺读数 $b_2 = 1.446$m，A 尺读数 $a_2 = 1.695$m。问视准轴是否水平？若不水平，应如何校正？

12. 已知 BM_5 点的高程为 417.251m，由 BM_5 到 BM_6 进行水准测量，前、后视读数如图 2-28 所示，请设计表格进行记录，并计算 BM_6 点的高程 H。

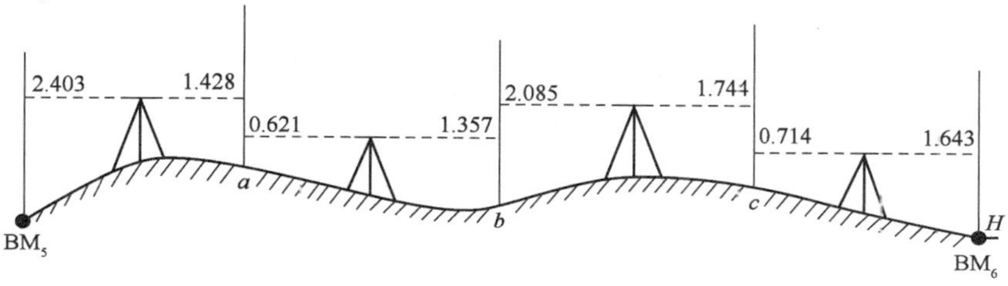

图 2-28 水准测量实施（高程单位：m）

13. 按表 2-7 中的数据，计算 B 点的高程，并进行计算检核。

水准测量观测记录 表 2-7

测站	测点	水准尺读数（m）		高差（m）		高程（m）	备注
		后视读数 a	前视读数 b	+	−		
Ⅰ	BM_A	1.486				123.446	已知
Ⅱ	ZD_1	0.835	0.989				
	ZD_2	1.202	0.738				
Ⅲ	ZD_3	1.314	1.118				
Ⅳ	BM_B		1.752				
计算检核	Σ					$H_B - H_A =$	
	$\Sigma a_i - \Sigma b_i =$			$\Sigma h_i =$			

14. 根据图 2-29 所示的观测成果，求出 A、B、C 三点的高程。

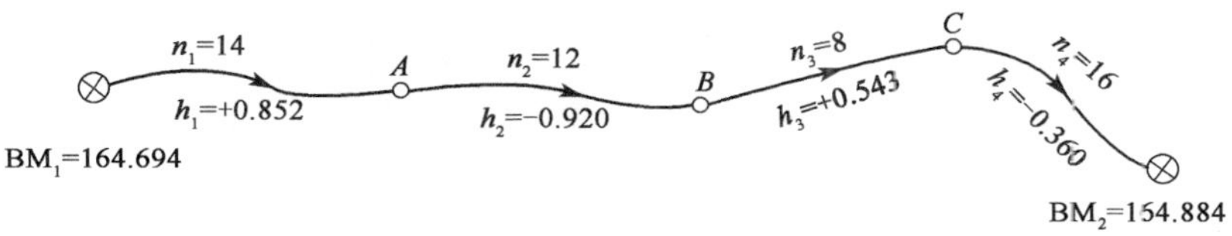

图 2-29 附合水准路线略图（尺寸单位：m）

注：n 为测站数

15. 图 2-30 所示为闭合水准路线的观测结果，已知 BM_A 点的高程为 144.330m，列表完成闭合水准路线成果计算，求出 1、2、3 点的高程。

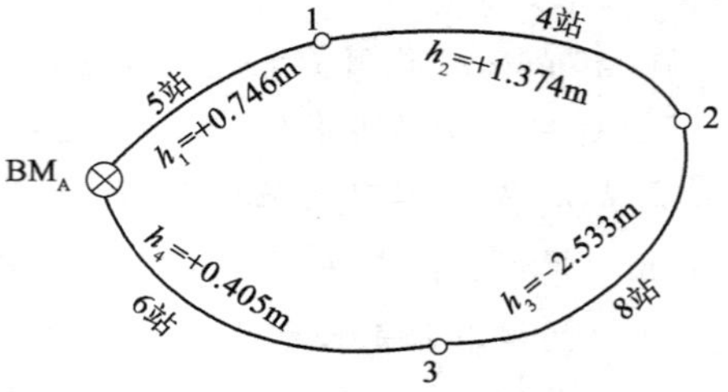

图 2-30 闭合水准路线观测示意图

第三章
CHAPTER THREE

角度测量

学习目标

1. 了解水平角和竖直角测角原理;
2. 掌握全站仪构造和基本操作方法;
3. 掌握水平角外业观测步骤、记录和计算方法;
4. 了解竖直角外业观测步骤、记录和计算方法;
5. 掌握全站仪检验方法。

技能目标

1. 能够熟练操作全站仪;
2. 能够用全站仪进行水平角测量并进行数据处理;
3. 能够进行全站仪各轴线几何关系的检验。

第一节 概述

测量中为了确定地面点的位置,需要进行角度测量。角度分为水平角和竖直角。一般在确定点的平面位置时要测量水平角;在某些情况下,为了测定高差或将倾斜距离换算成水平距离时要测量竖直角。

水平角是地面上从一点出发的两条直线之间的夹角在水平面上的投影所形成的夹角,通常以 β 表示。如图 3-1a)所示,地面上有高低不同的 A、O、B 三点,O 为测站点,A、B 为两个目标点,OA、OB 两方向线在水平面上的投影 O_1A_1、O_1B_1 的夹角 β 就是 OA、OB 两直线所组成的水平角。换言之,水平角 β 是过 OA、OB 方向的两个竖直平面所夹的二面角。水平角的取值范围是 $0° \sim 360°$。

竖直角是在同一个竖直平面内倾斜视线与水平线间的夹角,通常以 α 表示。倾斜视线在水平线的上方,称为仰角,用正号表示,如图 3-1b)中的 α_A;倾斜视线在水平线的下方,称为俯角,用负号表示,如图 3-1b)中的 α_B。

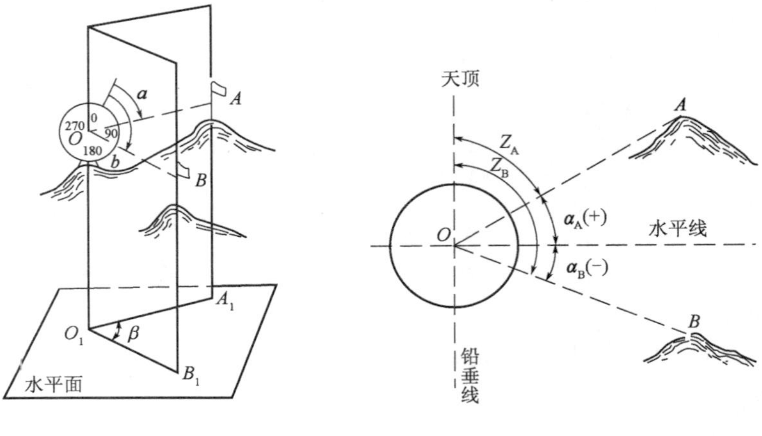

a)　　　　b)

图 3-1　角度测量原理

根据水平角和竖直角的定义,可以设想,为了测定水平角,须安置一个带有刻度的水平圆盘(称为水平度盘)。如图 3-1a)所示,圆盘上有顺时针方向的 0°~360°的刻线,圆盘中心位于角顶点 O 的铅垂线上,并在圆盘的中心位置上安置一个既能水平转动,又能在竖直面内做仰俯运动的照准设备,使之在通过 OA、OB 的竖直平面内照准目标,并在水平度盘上读得照准目标时的相应读数 a、b,则两读数之差即为水平角 β:

$$\beta = b - a \quad (\text{当 } b > a \text{ 时})$$

或

$$\beta = b + 360° - a \quad (\text{当 } b < a \text{ 时})$$

同理,若再设置一个带有刻度的竖直圆盘(称为竖直度盘),就可以测得竖直角 α。经纬仪正是根据这个基本原理而设计制造的。

经纬仪的种类很多,按读数系统的不同,可分为光学经纬仪和电子经纬仪等。光学经纬仪是利用几何光学的放大、反射、折射等原理进行度盘读数。电子经纬仪则是利用物理光学、电子学和光电转换等原理,通过显示屏显示度盘读数。后来,将电子经纬仪又增加了光电测距电子微处理器等器件,组成了能测角、测距和对观测数据进行初步处理的电子全站仪。

第二节　全站仪构造及其基本操作

电子全站仪是一种由机械、光学、电子等元件组合而成,可以同时进行角度测量和距离测量,并可进行有关计算的测量仪器。使用电子全站仪,由于只需要在测站上安置一次仪器,便可完成该测站上所有的测量工作,故称为全站型电子速测仪,简称“全站仪”。

早期的全站仪是将电子经纬仪与光电测距仪装置在一起,并可以拆卸、分离成经纬仪和测距仪两个独立的部分，称为分体式全站仪。后来改进为将光电测距仪的光波发射接收系统的光轴和经纬仪的视准轴组合为同轴的整体式全站仪，并且配置了电子计算机的微处理器和系统软件，使其具有将测量数据存储、计算、输入、输出等功能。通过输入输出设备，可以与计算机交互通信，使测量数据直接输入计算机，据此进行计算、编辑和绘图；测量作业所需要的已知数据也可以从计算机输入全站仪。一些全站仪将电荷耦合器件与传动马达相结合，使其具有对目标棱镜的自动识别、跟踪和瞄准功能。一些全站仪将全球卫星导航系统（GNSS）接收机与之结合，以解决仪器自由设站的定位问题。全站仪的这些功能，不仅使测量的外业工作高效化，而且可以实现整个测量作业的高度自动化。目前，电子全站仪已广泛用于控制测量、地形测量、施工放样等方面。**（资源 3-2-1）**

一般全站仪的功能组合框图如图 3-2 所示。其各部分的功能如下：

(1)测角部分。测角部分功能相当于电子经纬仪，有水平度盘和竖直度盘，可以测定水平角、竖直角和设置方位角。

(2)测距部分。测距部分功能相当于测距仪，用调制的红外光或激光按相位式或脉冲式测定斜距，并可算得平距和垂距。

(3)传感部分。传感部分是光电管传感器或电荷耦合传感器，其作用是使全站仪的总体性能和精度得到提高。

(4)数据处理。数据处理部分是一系列应用程序和存储单元，按输入的已知数据和观测数据算出所需的测量成果，并进行数据的存取。

(5)中央处理单元。中央处理单元接受输入指令和调度支配各部分的工作。

(6)输入输出。输入、输出部分包括键盘、显示屏和通信接口。通过键盘可以输入操作指令、数据和设置参数；显示屏可以显示出仪器当前的工作方式、观测数据和运算结果，并有参数设置和数据输入对话框；通信接口使全站仪能与计算机交互通信，传输数据。

(7)电源。电源部分是将可充电式的电池盒装入仪器内，供各部分用电需要。

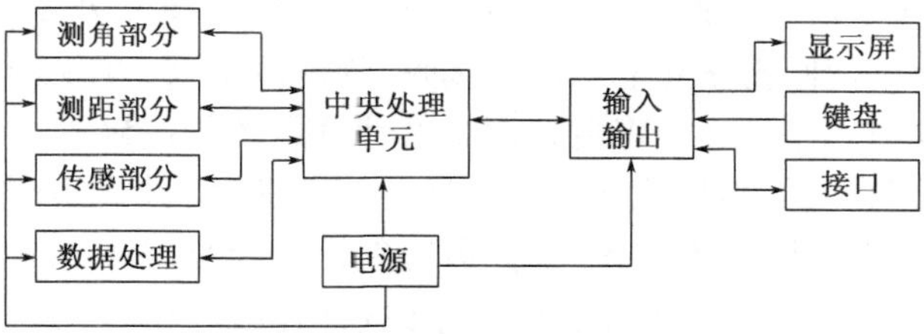

图 3-2 全站仪的功能组合框图

一、全站仪的构造

目前，全站仪在工程中基本得到普及，世界上许多著名测绘仪器厂商均生产各种型号的全站仪。例如：日本索佳（SOKKIA）、尼康（Nikon）、托普康（TOPCON）、宾得（PENTAX），瑞士徕卡（Leica），德国蔡司（Zeiss），美国天宝（Trimble），我国南方 NTS 系列、苏光 OTS 系列、RTS 系列等。各种不同品牌、型号的全站仪其外形和结构各不相同，但使用功能却大同小异。现以南方 NTS-360 系列全站仪为例进行介绍，如图 3-3 所示。

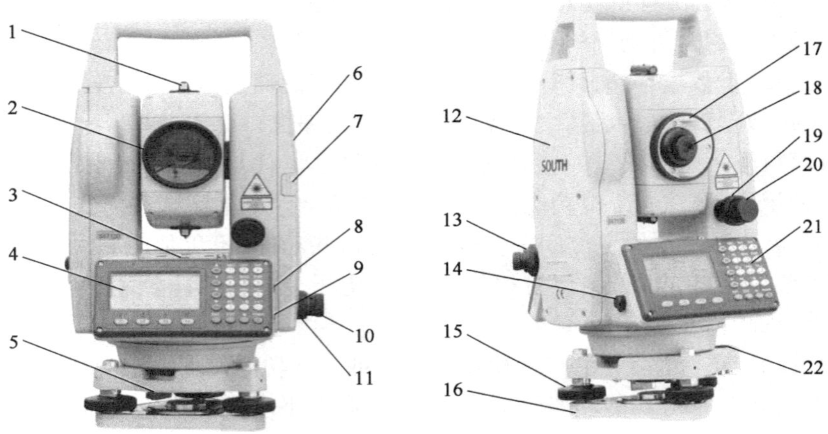

图 3-3 南方 NTS-360 系列全站仪构造

1-粗瞄器;2-物镜;3-管水准器;4-显示屏;5-基座锁定钮;6-电池;7-电池锁紧杆;8-SDF 接口;9-USB 接口;10-水平微动螺旋;11-水平制动螺旋;12-仪器中心标志;13-光学对中器;14-数据通信接口;15-整平脚螺旋;16-底板;17-望远镜把手;18-目镜;19-垂直制动螺旋;20-垂直微动螺旋;21-键盘;22-圆水准器

1. 照准部

照准部位于水平度盘的上方,主要用于照准目标。照准部的构件最多,主要由望远镜、垂直制微动螺旋、水平制微动螺旋、键盘、显示屏幕、竖直度盘、支架、照准部水准管、照准部旋转轴、横轴和光学对中器等组成。

(1)望远镜

全站仪采用的是同轴望远镜,实现了视准轴、测距光波的发射、接收光轴同轴化。同轴化的基本原理是:在望远物镜与调焦透镜间设置分光棱镜系统,通过该系统实现望远镜的多功能,即既可瞄准目标,使之成像于十字丝分划板,进行角度测量;同时其测距部分的外光路系统又能使测距部分的光敏二极管发射的调制红外光在经物镜射向反光棱镜后,经同一路径反射回来,再经分光棱镜作用使回光被光电二极管接收;为测距需要,在仪器内部另设一内光路系统,通过分光棱镜系统中的光导纤维将由光敏二极管发射的调制红外光传送给光电二极管接收,进而由内、外光路调制光的相位差间接计算光的传播时间,计算实测距离。同轴性使得望远镜一次瞄准即可实现同时测定水平角、垂直角和斜距等全部基本测量要素的测定功能。加之全站仪强大、便捷的数据处理功能,使得使用全站仪的测量极其方便。

(2)垂直制微动手轮

为控制望远镜的转动以便快速准确地照准目标,照准部上配有垂直制微动手轮。

(3)照准部水准管

照准部水准管用来精确整平仪器。水准管是由玻璃管制成,其上部内壁的纵向按一定半径磨成圆弧。如图 3-4 所示,管内注满酒精和乙醚的混合液,经过加热、封闭、冷却后,管内形成一个气泡。水准管内表面的中点 O 称为零点,通过零点作圆弧的纵向切线 LL 称为水准管轴。当气泡中点位于零点时,称为气泡居中,此时水准管轴水平。自零点

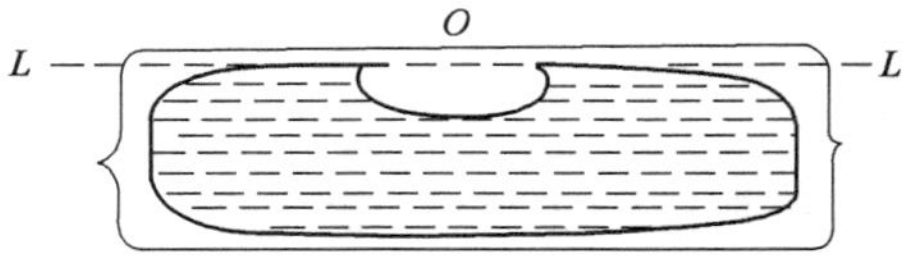

图 3-4 水准管

向两侧每隔 2mm 刻一个分划,分划值的实际意义可以理解为当气泡移动 2mm 时,水准管轴的倾斜角度,分划值越小则水准管灵敏度越高,用它来整平仪器就越精确。

(4)键盘和显示屏

键盘是全站仪在测量时输入操作指令或数据的硬件,全站型仪器的键盘和显示屏均为双面式,便于正、倒镜作业时操作。

图 3-5 是 NTS-360 电子全站仪的键盘。位于显示窗底部的 F1 ~ F4 四个键,称为软键,软键是指可以改变功能的键,其功能依不同的设置而定。

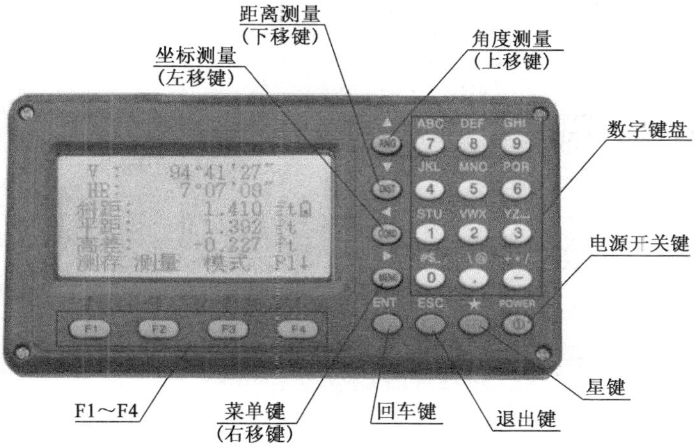

图 3-5 NTS-360 电子全站仪操作键盘

全站仪按键的主要功能见表 3-1。

全站仪按键主要功能 表 3-1

按 键	名 称	功 能
ANG	角度测量键	进入角度测量模式(▲光标上移或向上选取选择项)
DIST	距离测量键	进入距离测量模式(▼光标下移或向下选取选择项)
CORD	坐标测量键	进入坐标测量模式(◀光标左移)
MENU	菜单键	进入菜单模式(▶光标右移)
ENT	回车键	确认数据输入或存入该行数据并换行
ESC	退出键	取消前一操作,返回到前一个显示屏或前一个模式
POWER	电源键	控制电源的开/关
F1 ~ F4	软键	功能参见所显示的信息
0 ~ 9	数字键	输入数字和字母或选取菜单项
• ~ −	符号键	输入符号、小数点、正负号
★	星键	用于仪器若干常用功能的操作

(5)光学对中器

光学对中器是在架设仪器时,保证水平度盘的中心与地面上待测角的顶点(通常称为测站点)位于同一铅垂线上的装置。目前大多仪器采用激光对点装置。

(6)照准部旋转轴

照准部旋转轴的几何中心线,称为仪器的竖轴。照准部的旋转是其绕竖轴在水平面上的旋转。为控制照准部的旋转,仪器上装有水平制微动手轮。

全站仪测量内容对应的显示符号见表3-2。

测量内容对应的显示符号 表3-2

显示符号	内容	显示符号	内容
V%	垂直角(坡度显示)	Z	高程
HR	水平角(右角)	*	EDM(电子测距)正在进行
HL	水平角(左角)	m	以米为单位
HD	水平距离	PSM	棱镜常数(以mm为单位)
VD	高差	PPM	大气改正值
SD	斜距	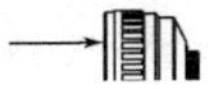	NTS-300R系列全站仪合作目标为棱镜
N	北向坐标	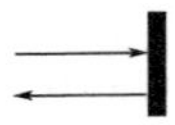	NTS-300R系列全站仪合作目标为反射板
E	东向坐标	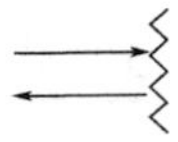	NTS-300R系列全站仪无合作目标

2. 水平度盘

水平度盘用于全站仪水平角观测。常用的水平度盘有光栅度盘和编码度盘。

(1)光栅度盘测角原理

光栅是刻制成许多宽度和间隔都相等的直线条纹的光学器件,即它是由许多等间隔的透光的缝隙和不透光的刻画线所组成。角度测量的光栅,是在度盘径向按等角距离刻制的辐射状的径向光栅。

(2)编码度盘测角原理

编码度盘类似于普通光学度盘的玻璃码盘,在此平面上分布着若干宽度相同的同心圆环。

3. 基座

基座部分主要由仪器的基座、脚螺旋、基座锁定钮、圆水准器和连接板组成。圆水准器用来粗略整平仪器,脚螺旋用以调节水准管气泡。

二、全站仪的辅助设备

全站仪要完成预定的测量工作,必须借助于必要的辅助设备。全站仪常用的辅助设备有:

三脚架、反射棱镜、温度计和气压表、打印机连接电缆、数据通信电缆、阳光滤色镜以及电池和充电器等。

(1)三脚架。用于测站上架设仪器,其操作与经纬仪相同。

(2)反射棱镜或反射片。测量时立于测点,供望远镜照准,其形式如图3-6所示。其中,图3-6a)为在三脚架上安置的棱镜;图3-6b)为测杆棱镜。在工程测量中,根据测程的不同,可选用单棱镜、三棱镜等。

(3)打印机连接电缆。用于连接仪器和打印机,可直接打印输出仪器内数据。

(4)温度计和气压表。提供工作现场的温度和气压,用于仪器参数设置。

(5)数据通信电缆。用于连接仪器和计算机进行数据通信。

(6)阳光滤色镜。对着太阳进行观测时,为了避免阳光对观测者视力造成伤害和仪器的损坏,可将翻转式阳光滤色镜安装在望远镜的物镜上。

(7)电池及充电器。为仪器提供电源。

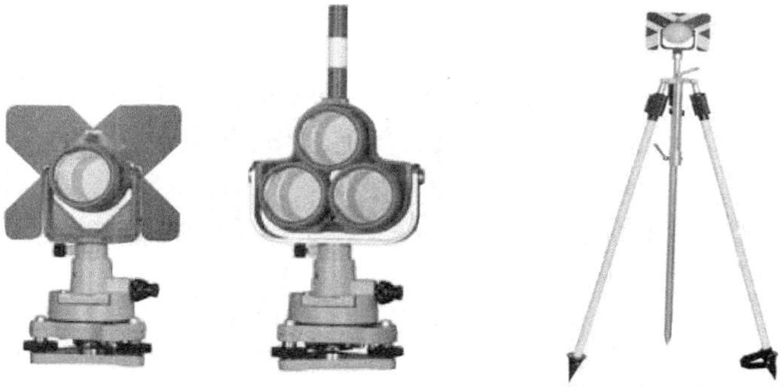

a) b)

图3-6 反射棱镜

三、全站仪的基本操作(资源3-2-2)

全站仪的操作包括安装电池、安置仪器、照准和读数。其中,对中和整平是在测站点上安置全站仪的基本工作。

1. 安装电池

将仪器安置在三脚架上,在使用仪器测量前首先应检查内部电池充电情况,如电力不足,需及时充电,要用仪器自带的充电器进行充电。整平仪器前应装上电池,因为装上电池后仪器会发生微小的倾斜。观测完毕须将电池从仪器上取下。

2. 安置仪器

(1)对中(**资源3-2-3、资源3-2-4**)

对中的目的是使全站仪水平度盘的中心(仪器的竖轴)与测站点位于同一铅垂线上,常用的对中方法有光学对中和激光对中。

光学对中器对中,其做法是:将仪器安置在测站点上,使架头大致水平,三个脚螺旋的高度适中(使其在中间位置最好),目估尽可能使仪器中心位于测站点的铅垂线上,踏实脚架腿。

转动光学对中器的目镜调光螺旋,使分划板的中心圈(有的采用十字丝)清晰,再拉出或推进对中器镜筒作物镜调焦,使测站点标志成像清晰;旋转脚螺旋使分划板中心对准测站点,然后用脚架的伸缩螺旋调整架腿高度,使圆水准器气泡居中,再用脚螺旋整平照准部水准管;用光学对中器观察测站点是否偏离分划板中心,如果偏离,稍微松开连接螺旋,在架头上移动仪器,分划板中心对准测站点后旋紧连接螺旋,重新整平仪器;直至在整平仪器后,分划板中心对准测站点为止。可以看出,使用光学对中器,对中和整平是同时完成的。

激光对中和光学对中大致相同,在此不多做介绍。

(2)整平(**资源 3-2-5 ~ 资源 3-2-7**)

整平的目的是使仪器的竖轴位于铅垂线方向上,即使水平度盘处于水平位置。整平通常由三个脚螺旋来完成,但由于脚螺旋的调整范围有限,若仪器的竖轴倾斜过大,则无法将其整平。因此,一般先用照准部上的圆水准器概略整平。这种概略整平应与仪器的对中同时进行,即挪动或踏实脚架时,须兼顾圆水准器的气泡使之大致居中,只有在已经对中和概略整平的基础上,方可进行精确整平。

精确整平的具体方法是:

(1)转动照准部,使照准部水准管与任意两个脚螺旋①、②的连线平行,如图 3-7a)所示,两手以相反方向旋转①、②两脚螺旋,使水准管气泡居中,气泡移动方向与左手大拇指转动方向一致。

(2)将照准部水平旋转 90°,如图 3-7b)所示,转动另一个脚螺旋③使水准管气泡居中。

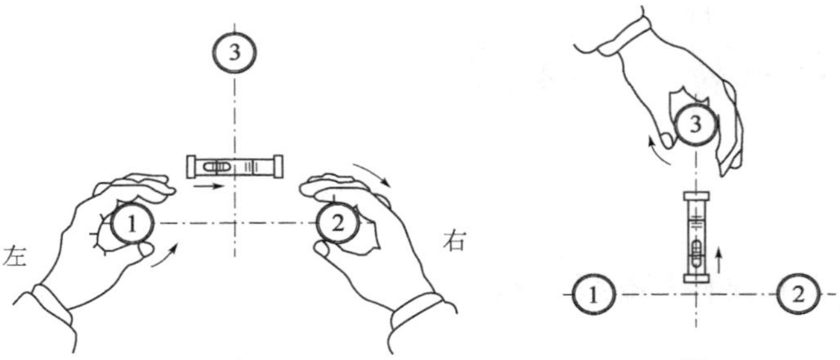

a) b)

图 3-7 照准部水准管整平方法

(3)以上操作要反复进行,直到照准部水平旋转至任意位置,水准管气泡均居中为止。

需要说明的是,此时的整平一般会破坏之前已完成的对中,因此,还应再次对中,只需稍稍松开中心连接螺旋,在架头孔径内平移仪器,使对中器分划板的中心圈(十字丝)与测站点标志的影像严格重合,拧紧中心连接螺旋。对中和整平是相互影响的,应反复进行,直至对中与整平同时满足要求为止。

3. 照准

照准的目的是使要照准的目标点在望远镜中的影像与十字丝的交点重合。照准时先调节望远镜的目镜对光螺旋,使十字丝清晰。然后,利用望远镜上的照门和准星或瞄准器粗略照准目标点,拧紧望远镜的制动螺旋和水平制动螺旋,进行物镜对光,使目标影像清晰,并消除视差。最后,转动水平微动螺旋和望远镜微动螺旋,使十字丝的交点与目标点重合。

使用全站仪时，在目标点架设反射棱镜（图3-6）供望远镜照准。在工程测量中，根据测程的不同，可选用单棱镜、三棱镜等。

4. 读数

(1) 开机和显示屏显示的测量模式

检查确认已安装内部电池，即可打开电源开关。电源开启后，主显示窗随即显示仪器型号、编号和软件版本，数秒后发生鸣响，仪器自动转入自检，通过后显示检查合格。数秒后接着显示电池电量情况，电量过低时，应关机更换电池。全站仪出厂时开机主显示屏显示的测量模式一般是水平度盘和竖直度盘模式，要进行其他测量可通过菜单进行选择。

(2) 设置仪器参数

根据测量的具体要求，测前应通过仪器键盘来选择和设置参数。主要包括：观测条件参数设置、日期和时钟的设置、通信条件参数的设置和计量单位的设置等。

(3) 其他方面

对于不同型号的全站仪，必要时，应根据测量的具体情况进行其他方面的设置。如：恢复仪器参数出厂设置、数据初始化设置、水平角恢复、倾角自动补偿、视准差改正及电源自动切断等。

将全站仪测量模式和参数设置好后，从显示屏中读取所需数据。

全站仪可以完成角度（水平角、垂直角）测量、距离（斜距、平距、高差）测量、坐标测量、放样测量、交会测量以及对边测量等多项测量工作。但由于各种型号全站仪的规格和性能不尽相同，因此在操作使用上的差异也很大。要全面了解、掌握一种型号的全站仪，须详细阅读其使用说明书，在此不一一介绍。

第三节 水平角观测

水平角的观测方法有多种，现仅介绍公路工程测量中最常用的两种方法：测回法和方向观测法。

一、测回法（资源3-3-1～资源3-3-3）

测回法是测角的基本方法，常用于两个方向之间的水平角观测。如图3-8所示，设 O 点为测站点（待测水平角的顶点），A、B 为两个观测目标，用测回法观测 OA、OB 所成水平角的步骤如下：

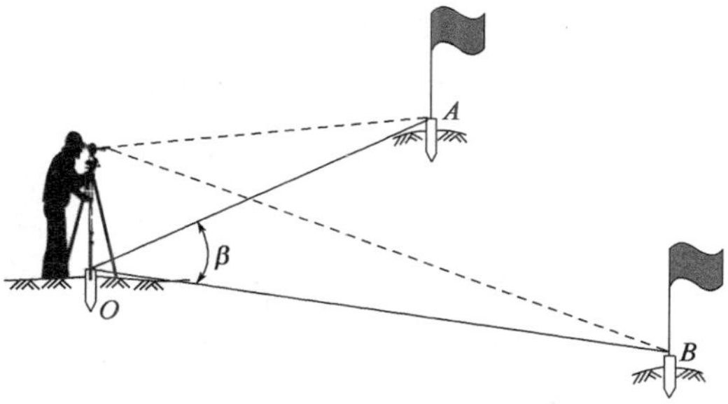

图3-8 测回法水平角观测

1. 安置仪器

在待测水平角顶点 O（称为测站点）上安置

全站仪,对中、整平。同时,在 A、B 点分别竖立棱镜。

2. 盘左观测

使仪器处于盘左状态,即当观测者面对望远镜目镜时,竖盘位于望远镜的左侧,此种仪器状态又称为正镜。观测时,先照准待测角左方目标 A,并通过键盘置零操作,将望远镜照准该方向时水平度盘的读数设置为0°00′00″,记为 $a_{左}$,并记入记录手簿(表3-3)。然后松开照准部制动螺旋,转动望远镜照准右方目标 B,读取水平度盘的读数,记为 $b_{左}$(如74°35′42″)并记入记录手簿(表3-3)。以上观测称为盘左半测回,又称上半测回。其水平角值按下式计算:

$$\beta_{左}=b_{左}-a_{左} \tag{3-1}$$

3. 盘右观测

纵转望远镜,使仪器处于盘右状态,即当观测者面对望远镜目镜时竖盘位于望远镜的右侧,此种仪器状态又称为倒镜。观测时,先照准待测角右方目标 B,读取水平度盘的读数,记为 $b_{右}$(如254°35′38″),并记入记录手簿(表3-3)。然后,松开照准部制动螺旋,转动望远镜照准左方目标 A,读取水平度盘的读数,记为 $a_{右}$(如180°00′02″)并记入记录手簿(表3-3)。以上观测称为盘右半测回,又称下半测回。其水平角值按下式计算:

$$\beta_{右}=b_{右}-a_{右} \tag{3-2}$$

需要指出的是,在应用式(3-1)和式(3-2)时,若 $b_{左}$(或 $b_{右}$)小于 $a_{左}$(或 $a_{右}$),则应在 $b_{左}$(或 $b_{右}$)上加360°。

测回法观测记录手簿　　表3-3

测站	盘位	目标	水平度盘读数(° ′ ″)	半测回角值(° ′ ″)	一个测回角值(° ′ ″)	备注
O	左	A	00 00 00	74 35 42	74 35 39	
		B	74 35 42			
	右	A	180 00 02	74 35 36		
		B	254 35 38			

4. 取平均值,求水平角

盘左、盘右两个半测回合称为一个测回。在一般工程测量中,通常要求两个半测回角值之差不得超过12″(即 $\Delta\beta=\beta_{左}-\beta_{右}\leqslant 12''$),否则,应重测。在满足要求的情况下,可取两个半测回角值的平均值作为一个测回的角值,即:

$$\beta=\frac{\beta_{左}+\beta_{右}}{2} \tag{3-3}$$

当测角精度要求较高,需要对一个角观测若干个测回时,为了减少度盘分划误差的影响,在各测回之间应进行水平度盘的配置。当观测 n 个测回时,将度盘位置依次变换为180°/n。例如,若观测两个测回,第一测回盘左起始方向的度盘位置应配置在0°00′00″处;而第二测回盘左起始方向的度盘位置则应配置在90°00′00″处。

二、方向观测法

方向观测法通常用于一个测站上照准目标多于3个的情况。如图3-9所示,设 O 为测站点,A、B、C、D 为目标点,在此情况下通常采用方向观测法,相关技术要求见表3-4。

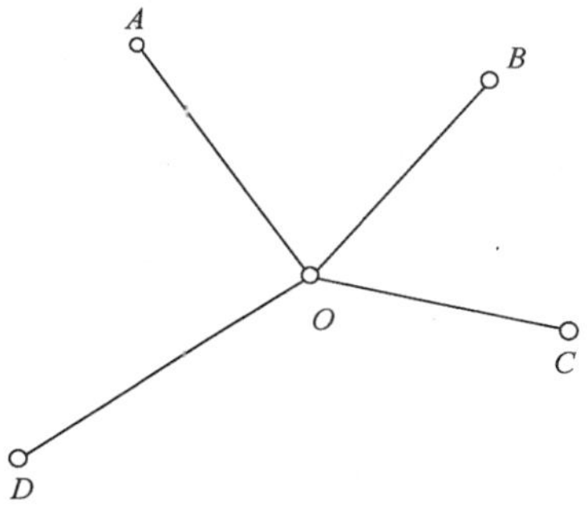

图3-9 采用方向观测法进行水平角观测

水平角方向观测法的技术要求 表3-4

等　级	仪器精度等级	半测回归零差(″)	一测回内2c互差(″)	同一方向值各测回较差(″)
四等及以上	1″级仪器	6	9	6
	2″级仪器	8	13	9
一级及以下	2″级仪器	12	18	12
	6″级仪器	18	—	24

1. 方向观测法的观测方法

(1)安置全站仪于测站点 O 上,对中、整平后使仪器处于盘左状态。照准起始方向(又称零方向)A,将水平度盘配置为所需读数,松开水平制动螺旋,读取水平度盘的读数(如0°02′42″),并记入记录手簿(表3-5)。

(2)按顺时针旋转照准部,照准目标 B,读取水平度盘的读数(如60°18′42″),并记入记录手簿(表3-5);同样,依次观测目标 C、D,并读取照准各目标时的水平度盘读数(如116°40′18″、185°17′30″)记入记录手簿;继续顺时针转动望远镜,最后观测零方向 A,并读取水平度盘的读数(如00°02′30″)记入记录手簿,此照准 A 称之为归零。此次零方向的水平度盘读数与第一次照准零方向的水平度盘读数之差称为归零差,若归零差满足要求,即完成了上半测回的观测。

(3)纵转望远镜,使仪器处于盘右状态,再按逆时针方向依次照准目标 A、D、C、B、A,称为下半测回。同上半测回一样,照准各目标时,分别读取水平度盘的读数并记入记录手簿。下半测回也存在归零差,若归零差满足要求,则下半测回结束。上、下半测回合称一个测回。

方向观测法观测记录手簿　　表 3-5

测站点	测回数	目标点	水平度盘读数		2c (″)	平均读数 (° ′ ″)	归零方向值 (° ′ ″)	各测回平均归零方向值 (° ′ ″)	水平角值 (° ′ ″)
			盘左 (° ′ ″)	盘右 (° ′ ″)					
1	2	3	4	5	6	7	8	9	10
O	1	A	00 02 42	180 02 42	0	(00 02 38) 00 02 42	00 00 00	00 00 00	60 15 56
		B	60 18 42	240 18 30	+12	60 18 36	60 15 58	60 15 56	56 21 32
		C	116 40 18	296 40 12	+6	116 40 15	116 37 37	116 37 28	68 37 19
		D	185 17 30	05 17 36	−6	185 17 33	185 14 55	185 14 47	
		A	00 02 30	180 02 36	−6	00 02 33			
	2	A	90 01 00	270 01 06	−6	(90 01 09) 90 01 03	00 00 00		
		B	150 17 06	330 17 00	+6	150 17 03	60 15 54		
		C	206 38 30	26 38 24	+6	206 38 27	116 37 18		
		D	275 15 48	95 15 48	0	275 15 48	185 14 39		
		A	90 01 12	270 01 18	−6	90 01 15			

为了提高测量精度，有时要观测若干个测回，各测回的观测方法相同。但是，应和测回法一样，需将各测回盘左起始方向读数进行配置，依次变换 $180°/n$(n 为测回数)。

2. 方向观测法的角值计算

观测完成后，需进行角值计算，现结合表 3-5 说明方向观测法的计算步骤。

(1)计算两倍照准误差 $2c$ 值

$$2c = 盘左读数 - (盘右读数 \pm 180°)$$

上式中，盘左读数大于 180°时取“＋”号，盘左读数小于 180°时取“－”号。按各方向计算出 $2c$ 值后，填入表 3-5 的第 6 栏。$2c$ 变动范围是衡量观测质量的一个指标。

(2)计算各目标的方向值的平均读数

照准某一目标时，水平度盘的读数称为该目标的方向值。

$$方向值的平均读数 = \frac{盘左读数 + (盘右读数 \pm 180°)}{2} \quad (式中的加减号取法同前)$$

计算结果填入表 3-5 中的第 7 栏。

需要说明的是：起始方向有两个平均值，应将此两均值再次平均，所得值作为起始方向的方向值的平均读数，填入表 3-5 中的第 7 栏的上方，并括以括号，如本例中的 00°02′38″和 90°01′09″。

(3)计算归零后的方向值(又称归零方向值)

将起始目标的方向值作为 00°00′00″，此时其他各目标对应的方向值称为归零方向值。计算方法：可将各目标方向值的平均读数减去起始方向的方向值平均读数(括号内的数)，即得各方向的归零方向值,填入表 3-5 中的第 8 栏。

(4)计算各测回归零方向值的平均值

当测回数为 2 个或 2 个以上时,从理论上讲,不同测回同一方向归零后的方向值应相等,但由于误差原因导致各测回之间有一定的差数,如该差数在限差之内,可取其平均值作为该方向的最后方向值,填入表 3-5 中的第 9 栏。

(5)计算各目标间的水平角值

在表 3-5 中的第 9 栏中,后一目标的平均归零方向值减去前一目标的平均归零方向值,即为两目标间的水平角之值,填入表 3-5 中的第 10 栏。

第四节 竖直角观测

一、竖直角的计算

竖直角也可用天顶距表示,如图 3-10 所示,天顶距是指视线所在竖面内,天顶方向(即竖直方向)与视线的夹角,通常以 z 表示,天顶距范围为 0° ~ 180°。竖直角的大小可由倾斜视线的竖盘读数与水平视线的应有读数(90°或 270°)相减求得。

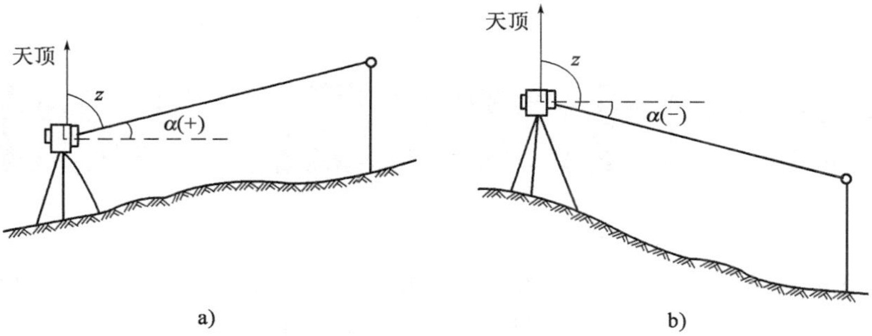

图 3-10 竖直角的测量

在观测竖直角前,首先判断物镜抬高(仰角)时,竖盘读数是增加还是减小,然后按下述方法进行计算:

物镜抬高(仰角)时,读数增大,则:

$$\alpha = \text{照准目标时竖盘的读数} - \text{视线水平时竖盘的读数}$$

物镜抬高(仰角)时,读数减小,则:

$$\alpha = \text{视线水平时竖盘的读数} - \text{照准目标时竖盘的读数}$$

上述方法,无论是盘左还是盘右,都是适用的。

二、竖直角的观测（资源 3-4-1）

由于望远镜视准轴水平时的竖盘读数为已知常数，故竖直角观测不必观测视线水平方向，只需观测目标点，并读得该倾斜视线方向的竖盘读数，即可按前述公式求得竖直角。因此，竖直角的基本观测方法是：

将全站仪安置在测站点上，对中、整平后，按下述步骤进行观测。

（1）盘左精确照准目标，使十字丝的中丝与目标相切，读取竖盘读数（如 59°29′48″），并记入记录手簿（表 3-6）。

（2）盘右精确照准原目标，使十字丝的中丝与目标相切，读取竖盘读数（如 300°29′48″），并记入记录手簿（表 3-6）。

竖直角观测记录手簿　　　表 3-6

测站	目标	盘位	竖盘读数（° ′ ″）	半测回竖直角（° ′ ″）	一测回竖直角（° ′ ″）	备　注
O	A	左	59 29 48	+30 30 12	+30 30 00	盘左 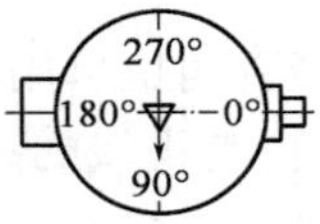
		右	300 29 48	+30 29 48		
	B	左	93 18 40	−3 18 40	−3 18 53	
		右	266 40 54	−3 19 06		

第五节　全站仪的检验与校正

要想测得正确可靠的水平角与竖直角，全站仪各部件之间必须满足一定的几何条件。仪器各部件间的关系，在制造时虽然已满足要求，但由于运输和长期使用，各部件间的关系必然会发生一些变化，故在测角作业前，应针对全站仪必须满足的条件进行必要的检验与校正。

如图 3-11 所示，全站仪的主要轴线有：竖轴 VV、横轴 HH、望远镜视准轴 CC 和照准部水准管轴 LL。由测角原理可知，观测角度时，全站仪的水平度盘必须水平，竖盘必须铅垂，望远镜上下转动的视准面（视准轴绕横轴的旋转面）必须为铅垂面。因此，全站仪应满足下列条件：

（1）照准部水准管轴垂直于仪器的竖轴（$LL \perp VV$）。

（2）十字丝竖丝垂直于仪器的横轴。

（3）望远镜的视准轴垂直于仪器的横轴（$CC \perp HH$）。

（4）仪器的横轴垂直于仪器的竖轴（$HH \perp VV$）。

（5）光学对中器的视准轴经棱镜折射后，应与仪器的竖轴重合。

在使用全站仪前，必须对以上各项条件按下列顺序进行检验，如不满足应进行校正。对校正后的残余误差，还应采取正确的观测方法消除其影响。

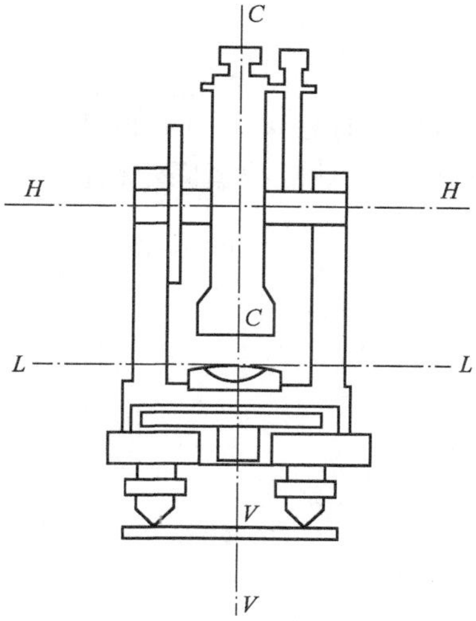

图 3-11 全站仪轴线

一、照准部水准管的检验与校正

检校目的:使照准部水准管轴垂直于仪器的竖轴,这样可以利用调整照准部水准管气泡居中的方法使竖轴铅垂,从而整平仪器。

1. 检验方法

架设仪器并将其大致整平,转动照准部,使水准管平行于任意两个脚螺旋的连线,旋转这两个脚螺旋,使水准管气泡居中,此时水准管轴水平。将照准部旋转 180°,若水准管气泡仍然居中,表明条件满足,无需校正;若水准管气泡偏离中心,表明两轴不垂直,需要校正。

2. 校正方法

首先,转动上述两个脚螺旋,使气泡向中央移动到偏离值的一半,此时竖轴处于铅垂位置,而水准管轴倾斜。用校正拨针拨动水准管一端的校正螺钉,使气泡居中,此时水准管轴水平,竖轴铅垂,即水准管轴垂直于仪器竖轴的条件满足。

校正后,应再次将照准部旋转 180°,若气泡仍不居中,应按上述方法再进行校正。如此反复,直至照准部在任意位置气泡均居中为止。

二、十字丝的检验与校正

检校目的:使竖丝垂直于横轴。这样观测水平角时,可用竖丝的任何部位照准目标;观测竖直角时,可用横丝的任何部位照准目标。显然,这将给观测带来方便。

1. 检验方法

整平仪器后,用十字丝交点照准一固定的、明显的点状目标,固定照准部和望远镜,旋转望远镜的微动螺旋,使望远镜物镜上下微动,若从望远镜内观察到该点始终沿竖丝移动,则条件满足,无需校正。否则,如图 3-12a) 所示,目标点偏离十字丝竖丝移动,说明十字丝竖丝不垂直于横轴,应进行校正。

2. 校正方法

卸下位于目镜一端的十字丝护盖,拧松4个固定螺钉,如图3-12b)所示,微微转动十字丝环,再次检验,重复校正,直至条件满足,然后拧紧固定螺钉,装上十字丝护盖。

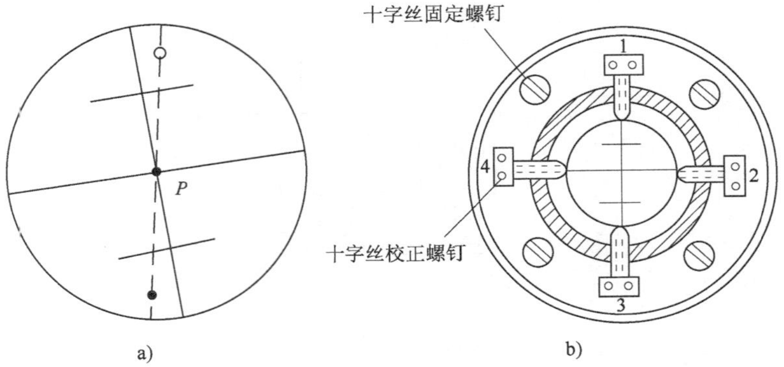

图3-12 十字丝的检验与校正

三、视准轴的检验与校正

检校目的:使视准轴垂直于横轴,这样才能使视准面成为平面,为其成为铅垂面奠定基础,否则,视准面将成为锥面。

1. 检验方法

视准轴是物镜光心与十字丝交点的连线。仪器的物镜光心是固定的,而十字丝交点的位置是可以变动的。所以,视准轴是否垂直于横轴,取决于十字丝交点是否处于正确位置。当十字丝交点偏向一边时,视准轴与横轴不垂直,形成视准轴误差。即视准轴与横轴间的交角与90°的差值,称为视准轴误差,通常用 c 表示。

如图3-13所示,在一平坦场地上,选择一直线 AB,长约100m。将全站仪安置在 AB 的中点 O 上,在 A 点竖立一标志,在 B 点横置一根刻有毫米分划的小尺,并使其垂直于 AB。仪器以盘左精确瞄准 A 点的标志,倒转望远镜瞄准横放于 B 点的小尺,并读取尺上读数 B_1。旋转照准部,以盘右再次精确瞄准 A 点的标志,倒转望远镜瞄准横放于 B 点的小尺,并读取尺上读数 B_2。如果 B_1 与 B_2 相等(重合),表明视准轴垂直于横轴,否则应进行校正。

2. 校正方法

由图3-13可以明显看出,由于视准轴误差 c 的存在,盘左瞄准 A 点到镜后视线偏离 AB 直线的角度为 $2c$,而盘右瞄准 A 点到镜后视线偏离 AB 直线的角度亦为 $2c$,但偏离方向与盘左相反,因此 B_1 与 B_2 两个读数之差所对的角度为 $4c$。为了消除视准轴误差 c,只需在小尺上定出一点 B_3,该点与盘右读数 B_2 的距离为 B_1B_2 长度的1/4。用校正针拨动十字丝左右两个校正螺钉,拨动时应先松一个再紧一个,使读数由 B_2 移至 B_3,然后紧固两校正螺钉。

此项检校亦需反复进行,直至 c 值不大于10″为止。

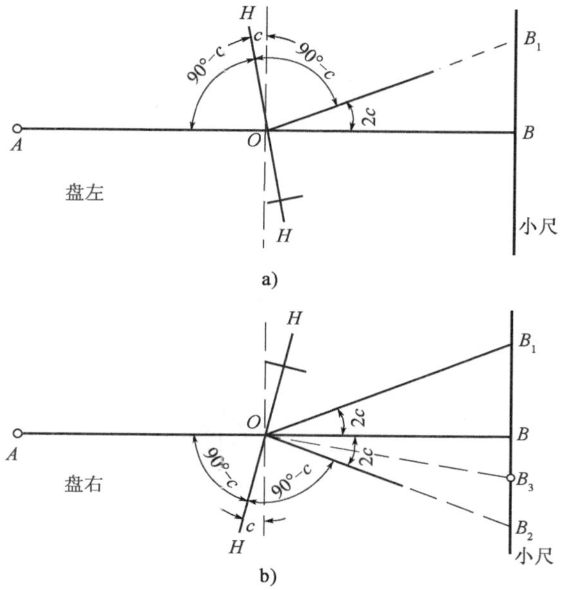

图 3-13 视准轴误差检验与校正

四、横轴的检验与校正

检校目的：使横轴垂直于竖轴，这样，当仪器整平后，竖轴铅垂、横轴水平、视准面为一个铅垂面。否则，视准面将成为倾斜面。

1. 检验方法

在离高墙 20～30m 处安置全站仪，用盘左照准高处的一明显点 M(仰角宜在 30°左右)，固定照准部，然后将望远镜大致放平，指挥另一人在墙上标出十字丝交点的位置，设为 m_1，如图 3-14a)所示。

将仪器变换为盘右，再次照准目标 M 点，大致放平望远镜后，用前述方法再次在墙上标出十字丝交点的位置，设为 m_2，如图 3-14b)所示。

如果 m_1、m_2两点不重合，说明横轴不垂直于竖轴，即存在横轴误差，需要校正。

2. 校正方法

取 m_1和 m_2的中点 m，并以盘右或盘左照准 m 点，固定照准部，转动望远镜抬高物镜，此时的视线必然偏离目标点 M，即十字丝交点与 M 点发生偏移，如图 3-14c)所示。调节横轴偏心板，使其一端抬高或降低，则十字丝交点与 M 点即可重合，如图 3-14d)所示，横轴误差被消除。

全站仪的横轴是密封的，一般仪器均能保证横轴垂直于竖轴的正确关系，若发现较大的横轴误差，一般应送仪器检修部门校正。

五、光学对中器的检验与校正

检校目的：使光学对中器的视准轴经棱镜折射后与仪器的竖轴重合，否则会产生对中误差。

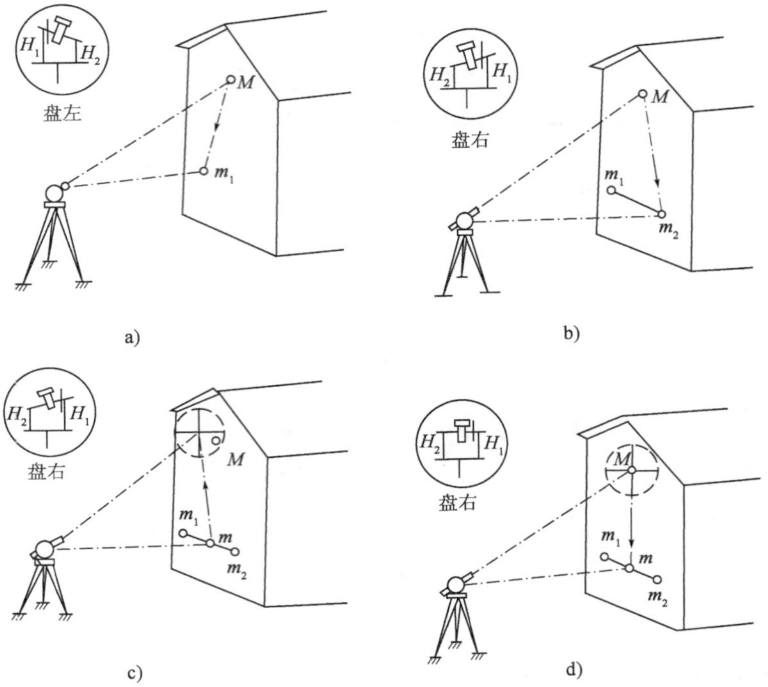

图 3-14　横轴的检验与校正

1. 检验方法

对全站仪严格整平后，在光学对中器下方的地面上放一张白纸，将对中器的刻划圈中心投绘在白纸上，设为 a_1 点；旋转照准部 180°，再次将对中器的刻划圈中心投绘在白纸上，设为 a_2 点；若 a_1 与 a_2 两点重合，说明条件满足，无需校正，否则说明条件不满足，需要校正。

2. 校正方法

在白纸上定出 a_1 与 a_2 连线的中心 a，打开两支架间的圆形护盖，转动光学对中器的校正螺钉，使对中器的刻划圈中心前后、左右移动，直至对中器的刻划圈中心与 a 点重合为止，此项校正亦需反复进行。

光学对中器的校正螺钉随仪器类型而异，有些校正的是使视线转向的折射棱镜；有些校正的是分划板。

第六节　角度观测的误差及注意事项

在角度测量中，仪器误差和各作业环节中产生的误差会对角度观测的精度产生影响，为了获得符合要求的角度测量成果，必须分析这些误差的影响，采用相应的措施将其消除或将其控制在容许范围之内。

一、角度观测的误差

与水准测量类似，角度测量误差亦来自仪器误差、观测误差和外界条件影响三个方面。

1.仪器误差

仪器误差的主要来源有两个方面：

(1)仪器制造、加工不完善所引起的误差。如照准部偏心差和度盘分划误差，属于仪器制造误差。照准部偏心差是指照准部旋转中心与水平度盘中心不重合，导致指标在刻度盘上读数时产生误差，这种误差可采取盘左、盘右取平均值的方法来消除。在全站仪中，无论是编码度盘还是光栅度盘，都要在度盘上按一定的规律均匀地刻制许多区间或光栅刻线，编码区间或光栅刻线之间的标准值与实际值之差就是度盘分划误差。就全站仪而言，此项误差一般很小，可在水平角观测中，采用不同测回之间变换度盘位置的方法来进一步减小其影响。

(2)仪器检校不完善的残余误差。全站仪各部件(轴线)之间，如果不满足应有的几何条件，就会产生仪器误差，即使经过校正，也难免存在残余误差。例如，视准轴不垂直于横轴、横轴不垂直于竖轴的残余误差对水平角观测的影响等。通过分析研究可知，这些误差均可采用盘左、盘右观测，然后取两次结果平均值的方法来消除。而十字丝竖丝不垂直于横轴的误差影响，每次观测时均可采用十字丝交点照准目标的观测方法予以消除。

对于无法用观测方法消除的照准部水准管轴不垂直于竖轴的误差影响，可在观测前进行严格校正，来尽量减弱其对观测的影响。

由于采取了这些措施，仪器误差对观测结果的影响实际上是很小的。

2.观测误差

观测误差是指观测者在观测和操作过程中产生的误差，例如对中误差、整平误差、标杆倾斜误差、照准误差和读数误差等。

(1)对中误差：在测站点上安置全站仪，必须进行对中。仪器安置完毕后，仪器的中心未位于测站点铅垂线上的误差，称为对中误差。对中误差对水平角观测的影响与待测水平角边长成反比。所以，当待测水平角的边长较短时，尤应注意仔细对中。

(2)整平误差：仪器安置未严格水平而产生的误差。整平误差导致水平度盘不能严格水平，竖盘及视准面不能严格竖直。它对测角的影响与目标的高度有关，若目标与仪器等高，其影响很小；若目标与仪器高度不同，其影响将随高差的增大而增大。因此，在丘陵、山区观测时，必须精确整平仪器。

(3)标杆倾斜误差(又称目标偏心误差)：是指在观测中，实际瞄准的目标位置偏离地面标志点而产生的误差。如图3-15所示，O为测站点，A为目标点(地面标志点)，边长为d，在目标点A处竖立标杆作为照准标志。若标杆倾斜，测角时未能照准标杆底部A而照准了B点，设B点至标杆底端A的长度为l，则照准点偏离目标而引起目标偏心差为：

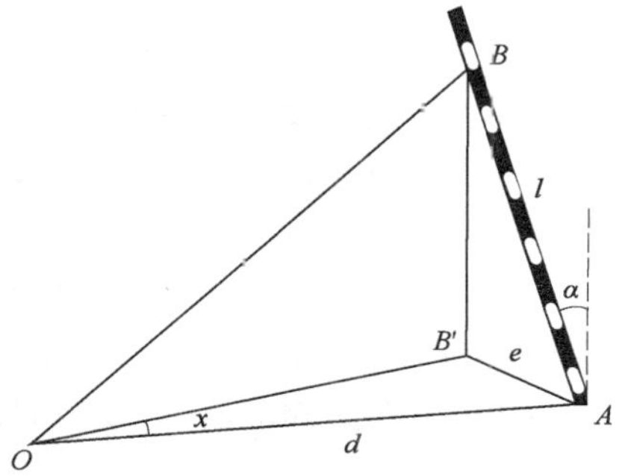

图3-15 标杆倾斜误差

$$e = l \cdot \sin\alpha$$

它对观测方向的影响为：

$$x = \frac{e}{d} = \frac{l \cdot \sin\alpha}{d} \tag{3-4}$$

由式(3-4)可知，x 与 l 成正比，与边长 d 成反比。所以，为了减小该项误差对水平角观测的影响，应尽量照准标杆的根部，标杆应尽量竖直，边长较短时，宜采用垂球对点，照准时以垂球线替代标杆。

标杆倾斜误差对竖直角观测的影响与标杆倾斜的角度、方向、距离以及竖直角大小等因素有关。由于竖直角观测时通常均照准标杆顶部，当标杆倾斜角大时，其影响不容忽略，故在观测竖直角时应特别注意竖直标杆。

(4)照准误差：影响照准精度的因素很多，如人眼的分辨角、望远镜的放大率、十字丝的粗细、目标的形状及大小、目标影像的亮度、清晰度以及稳定性和大气条件等。所以，尽管观测者已经尽力照准目标，但仍不可避免地存在不同程度的照准误差。此项误差无法消除，只能选择适宜的照准目标，在其形状、大小、颜色和亮度的选择上多下功夫，改进照准方法，仔细完成照准操作。这样，方可减少此项误差的影响。

3. 外界条件的影响

外界条件的影响很多，也比较复杂。如大风会影响仪器和标杆的稳定，温度变化会影响仪器的正常状态，大气折光会导致光线改变方向，地面辐射会加剧大气折光的影响，雾气使目标成像模糊，烈日暴晒会使仪器轴系关系发生变化，地面土质松软会影响仪器的稳定等，都会给测量带来误差。要想完全避免这些因素的影响是不可能的，为了削弱此类误差的影响，应选择有利的观测时间和设法避开不利的因素。例如，在雨后多云的微风天气下观测最为适宜，在晴天观测时，要撑伞遮住阳光，防止仪器被暴晒。

二、角度观测的注意事项

为了保证测角的精度，满足测量的要求，观测时必须注意下列事项：

(1)观测前应先检验仪器，发现仪器有误差时应立即进行校正，并在观测中采用盘左、盘右取平均值和用十字丝照准等方法，减小和消除仪器误差对观测结果的影响。

(2)安置仪器要稳定，脚架应踏牢，对中、整平应仔细，短边时应特别注意对中，在地形起伏较大的地区观测时，应严格整平。

(3)目标处架设的三脚架或棱镜杆必须对中整平。

(4)观测时，应严格遵守各项操作规定。例如：照准时应消除视差；进行水平角观测时，切勿误动度盘。

(5)进行水平角观测时，应以十字丝交点附近的竖丝照准目标根部。进行竖直角观测时，应以十字丝交点附近的横丝照准目标顶部。

(6)读数时应瞄准目标，观测时应及时记录和计算。

(7)各项误差值应在规定的限差以内，超限须重测。

思考题与习题

1. 什么是水平角？什么是竖直角？

2. 全站仪由哪些主要部分构成？各部分起什么作用？

3. 结合所使用的全站仪，简述仪器参数设置。

4. 分别叙述测回法与方向观测法观测水平角的步骤，并说明二者的适用情况。

5. 观测水平角时，为何有时要测多个测回？若测回数为 4，则各测回的起始读数应为多少？

6. 安置全站仪时，为什么必须进行对中、整平？如何操作？

7. 全站仪有哪些主要的轴线？它们之间应满足什么样的条件？如何检验？

8. 用一台 2″级全站仪，按测回法观测水平角，仪器安置于 O 点，盘左瞄准目标 A，水平度盘读数为 0°00′00″，顺时针转动望远镜瞄准目标 B，水平度盘读数为 135°47′26″；变换仪器于盘右，瞄准目标 B 时，水平度盘读数为 315°47′28″，逆时针转动望远镜瞄准目标 A，水平度盘读数为 180°00′08″，观测结束。请绘表进行记录，并计算所测水平角值。

9. 用一台 2″级全站仪，按方向观测法观测水平角（测两个测回），仪器安置于 O 点。第一测回：盘左按顺时针方向分别瞄准目标 A、B、C、D、A，对应的水平盘读数分别为 0°02′06″、51°15′42″、131°54′12″、182°02′24″、0°02′12″；盘右按逆时针方向分别瞄准目标 A、D、C、B、A，对应的水平盘读数分别为 180°02′06″、02°02′24″、311°54′00″、231°15′30″、180°02′00″；第二测回：按第一测回的步骤，盘左按顺时针方向分别瞄准目标 A、B、C、D、A，对应的水平盘读数分别为 90°03′30″、141°17′00″、221°55′42″、272°04′00″、90°03′36″；盘右按逆时针方向分别瞄准目标 A、D、C、B、A，对应的水平盘读数分别为 270°03′36″、92°03′54″、41°55′30″、321°16′54″、270°03′24″；请绘表进行记录，并分别计算两相邻目标点与 O 点所组成的水平角值。

第四章
CHAPTER FOUR
距离测量与直线定向

学习目标

1. 掌握钢尺量距外业观测和精度评价方法;
2. 掌握视线水平时距离测量原理及计算方法;
3. 掌握直线定向基本原理;
4. 掌握方位角及象限角定义及换算公式。

技能目标

1. 能够用钢尺和水准仪进行水平距离测量并进行精度评定;
2. 能够根据已知角值进行坐标方位角的推算;
3. 能进行方位角与象限角的换算。

距离测量是确定地面点位之间的长度测量,常用的距离测量方法有钢尺量距、视距测量和电磁波测距等。钢尺量距是用可卷曲的软尺沿地面丈量,属于直接量距;视距测量是一种利用望远镜内十字丝平面上的视距丝(即十字丝的上、下丝)装置,配合视距标尺(与普通水准尺通用),根据几何光学原理,同时测定两点间的水平距离和高差的方法,属于间接测距;电磁波测距是通过仪器发射光波或微波经过棱镜折射后返回被仪器接收,根据光波或微波的传播速度及发射接收所需时间测定距离的方法,亦属于间接测距。

钢尺量距也称为距离丈量,其工具简单,但易受地形条件限制,一般适用于平坦地区的测距。视距测量能克服地形条件限制,且操作方便快捷,但其测距精度低于直接丈量,且随着所测距离的增大而大大降低,适合于低精度的近距离(200m 以内)测量。电磁波测距与前两种测距方法比较,具有操作轻便、效率高、测距精度高、测程远等优点,已普遍应用于各种工程测量中。

第一节 钢尺量距

一、丈量工具

1. 钢尺

钢尺又称为钢卷尺，是钢制成的带状尺，尺的宽度为 10 ~ 15mm，厚约 0.4mm，长度有 20m、30m、50m 等数种。钢尺可以卷放在圆形的尺壳内，也有的卷放在金属尺架上，如图 4-1a）所示。

钢尺的基本分划为厘米，每厘米及每米处刻有数字注记，全长或尺端刻有毫米分划，如图 4-1b）所示。按尺的零点刻划位置，钢尺可分为端点尺和刻线尺两种，钢尺的尺环外缘作为尺子零点的称为端点尺，尺子零点位于钢尺尺身上的称为刻线尺。

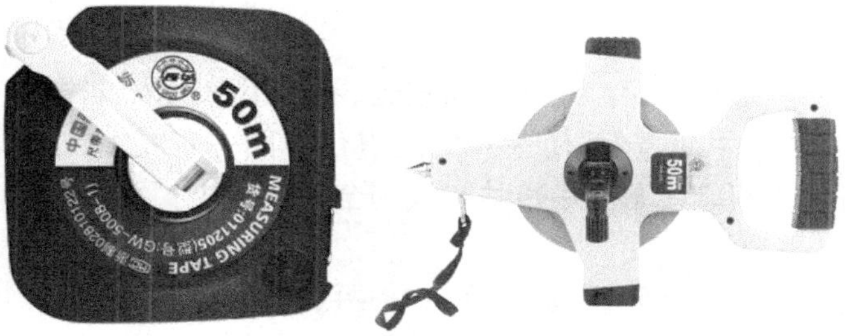

a）

b）

图 4-1 钢尺及其分划

2. 花杆

花杆又称为标杆，由直径 3 ~ 4cm 的圆木杆制成，杆上按 20cm 间隔涂有红、白油漆，杆底部装有锥形铁脚，主要用来标点和定线，常用的有长 2m、3m 两种，如图 4-2a）所示。另外，也有金属制成的花杆，有的为数节，使用时可通过螺旋连接，携带较方便。

3. 测钎

测钎用粗铁丝做成，长 30 ~ 40cm，按每组 6 根或 11 根，套在一个大环上，如图 4-2b）所示，测钎主要用来标定尺段端点的位置和计算所丈量的尺段数。

距离丈量的附属工具还有垂球，它主要用于对点、标点和投点。

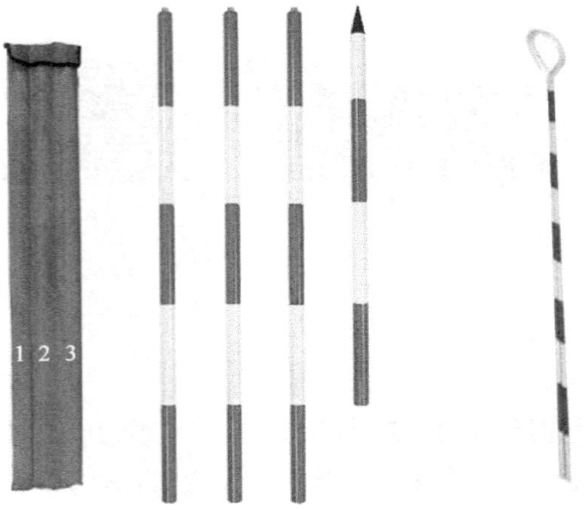

a) b)

图 4-2 花杆和测钎

二、测量方法

1. 直线定线

在距离丈量工作中,当地面上两点之间距离较远,不能用一尺段量完时,就需要在两点所确定的直线方向上标定若干中间点,并使这些中间点位于同一直线上,这项工作称为直线定线。按精度要求的不同,直线定线可分为目估定线和全站仪定线。

(1)目估定线

如图 4-3 所示,设 A、B 两点互相通视,要在 A、B 两点间的直线上标出 1、2 中间点。先在 A、B 点上竖立花杆,甲站在 A 点花杆后约 1m 处,目测花杆的同时,由 A 瞄向 B,构成一视线,并指挥乙在 2 点附近左右移动花杆,直到甲从 A 点沿花杆的同一侧看到 A、1、B 三支花杆在同一条线上为止。采用相同方法可以定出直线上的其他点。两点间定线,一般应由远到近进行。定线时,所立花杆应竖直。此外,为了不挡住甲的视线,乙持花杆应站立在垂直于直线方向的一侧。

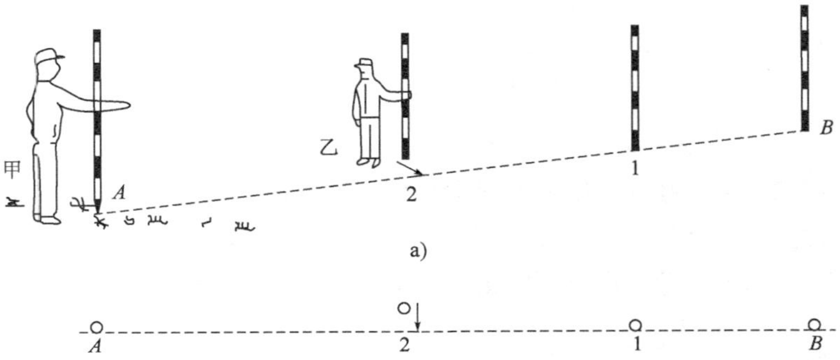

图 4-3 两点间目估定线

(2)全站仪定线

精确量距时,为保证量距的精度,需用全站仪定线。

如图4-4所示,欲丈量直线AB的距离,在清除直线上的障碍物后,在A点上安置全站仪对中、整平后,先照准B点处的花杆(或测钎),使花杆底部位于望远镜的竖丝上后固定照准部。在全站仪所指的方向上用钢尺进行概量,依次定出比一整尺段略短的A1、12、23…5B等尺段。在各尺段端点打下大木桩,桩顶高出地面3~5cm,用全站仪进行定线投影,在各桩顶上用记号笔和直尺画出AB方向线,再画出一条与AB方向垂直的横线,形成十字,十字中心即为AB线的分段点。

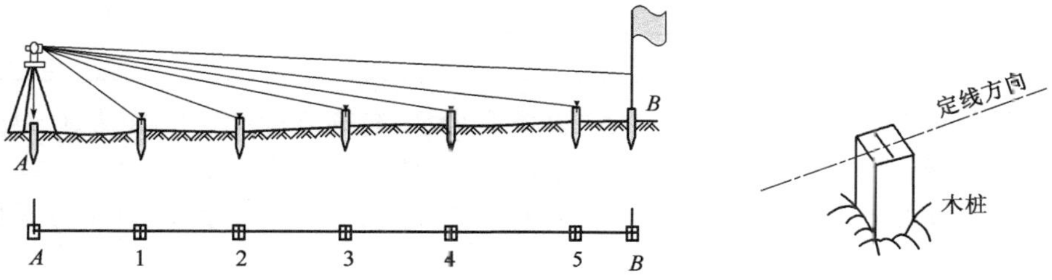

图4-4 全站仪定线

2.距离丈量

钢尺量距一般需要三个人,分别担任前尺手、后尺手和记录员的工作。

如图4-5所示,在平坦地面上丈量AB直线的距离。丈量前,先进行定线,丈量时,后尺手甲拿着钢尺的末端在起点A,前尺手乙拿钢尺的零点一端沿直线方向前进,将钢尺通过定线时的中间点,保证钢尺在AB直线上,不使钢尺扭曲,将尺子抖直、拉紧(30m钢尺用100N拉力,50m钢尺用150N拉力)、拉平。甲、乙拉紧钢尺后,甲把尺的末端分划对准起点A并喊“预备”,当尺拉稳拉平后喊“好”,乙在听到甲喊出“好”的同时,把测钎对准钢尺零点刻划并垂直插入地面,这样就完成了第一整尺段的丈量。甲、乙两人抬尺前进,甲到达测钎或画记号处停住,重复上述操作,量完第二整尺段。最后丈量不足一整尺段时,乙将尺的零点刻划对准B点,甲在钢尺上读取不足一整尺段值,则A、B两点间的水平距离D_{AB}为:

$$D_{AB}=n\times l+q \tag{4-1}$$

式中:n——整尺段数;

l——整尺段长;

q——不足一整尺段值。

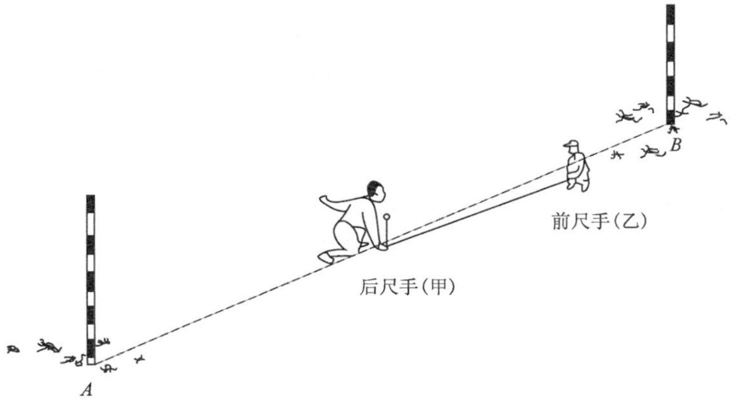

图4-5 平坦地面的距离丈量

在平坦地面上，钢尺沿地面丈量的结果就是水平距离；丈量结果记录在如表4-1的量距手簿上。

一般量距手簿　　表4-1

测线		观测值(m)			精度	平均值(m)	备注
		整尺段	非整尺段	总长			
AB	往	4×30	15.309	135.309	1/3500	135.328	
	返	4×30	15.347	135.347			

为了防止错误和提高丈量精度，一般需要往返丈量，在符合精度要求时，取往返丈量的平均距离为丈量结果。丈量的精度用相对误差来表示，即往返丈量长度的差值 $\Delta D = D_{AB} - D_{BA}$ 的绝对值与往返丈量的平均距离 $D_0 = (D_{AB} + D_{BA})/2$ 之比，通常用 K 表示，并将分子化为1，分母取两位有效数字即可。即：

$$K = \frac{|\Delta D|}{D_0} = \frac{1}{\frac{D_0}{|\Delta D|}} \tag{4-2}$$

相对误差的分母愈大，说明量距的精度愈高。一般情况下，平坦地区的钢尺量距精度应高于1/2000，在山区应不低于1/1000。

当所量直线位于倾斜地面时，根据地面的倾斜大小可以采用平量法或斜量法。本书对于斜量法不做介绍。

第二节　视距测量

视距测量是一种光学间接测定距离及高程的方法。它是一种利用水准仪望远镜内十字丝平面上的视距丝（即十字丝的上、下丝）装置，配合视距标尺（与普通水准尺通用），根据几何光学原理，同时测定两点间的水平距离和高差的方法。其测距精度较低，相对误差约为1/300，低于钢尺量距；测定高差的精度低于水准测量。

如图4-6所示，A、B 为地面上两点，为测定该两点间的水平距离 D 和高差 h，在 A 点安置仪器，B 点竖立视距尺。由于视线水平，则视准轴与视距尺垂直。由图可知，A、B 两点的水平距离为：

$$D = d + f + \delta \tag{4-3}$$

由 $\triangle MFN \sim \triangle m'Fn'$，得：

$$d = \frac{f \cdot n}{p}$$

代入上式得：

$$D = f \cdot \frac{n}{p} + f + \delta$$

式中：f——望远镜物镜的焦距；

n——视距丝(上、下丝)在 B 点的视距尺上读数之差;

p——望远镜内视距丝(上、下丝)的间距;

δ——望远镜物镜的光心至仪器中心的距离。

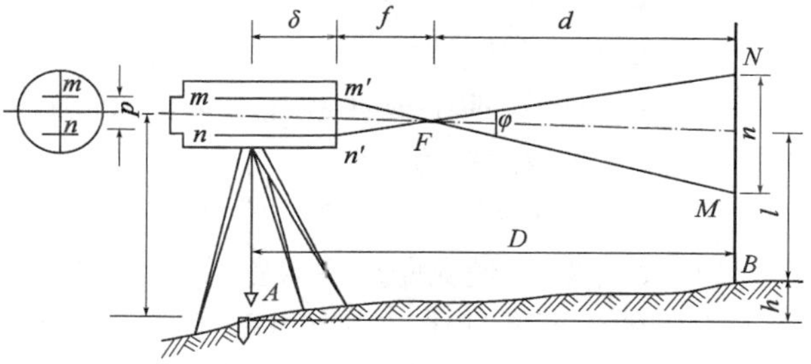

图 4-6 视线水平时的视距测量

令 $K=f/p$,称为视距乘常数;$C=f+\delta$,称视距加常数。则 A、B 两点的水平距离可写为:

$$D=K\cdot n+C \tag{4-4}$$

目前大多数厂家在对光学仪器进行设计制造时,使得 $K=100$,$C\to0$。故上式可写成:

$$D=100n \tag{4-5}$$

A、B 两点高差 h 的计算式可写为:

$$h=i-l \tag{4-6}$$

式中:i——仪器高;

l——望远镜十字丝的横丝在 B 点的视距尺上的读数。

第三节 光电测距

随着科学技术的发展,光电测距仪从体积庞大的单体仪器,改进为将光电发射和接收的光学系统,以及光调制器、脉冲计、相位计等微电子元件和望远镜组装在一起,成为同时可以测角和测距、使用更加方便的电子全站仪。全站仪的测距操作具体如下。

一、测量前准备工作

1. 参数设置

(1)棱镜常数等参数。由于光在玻璃中的折射率为 1.5 ~ 1.6,而光在空气中的折射率近似等于 1,也就是说,光在玻璃中的传播要比空气中慢,因此光在反射棱镜中传播所用的超量时间会使所测距离增大某一数值,通常称之为棱镜常数。棱镜常数的大小与棱镜直角玻璃锥体的尺寸和玻璃的类型有关,可按下式确定:

$$\mathrm{PC}=-\left(\frac{N_c}{N_R}a-b\right) \tag{4-7}$$

式中:PC——棱镜常数;

N_c——光通过棱镜玻璃的群折射率;

N_R——光在空气中的群折射率;

a——棱镜前平面(透射面)到棱镜顶的高度;

b——棱镜前平面到棱镜装配支架竖轴之间的距离。

实际上,棱镜常数已在厂家所附的说明书或在棱镜上标出,供测距时使用。在精密测量中,为减少误差,应使用仪器检定时使用的棱镜类型。

(2)大气改正。由于仪器作业时的大气条件一般与仪器选定的基准大气条件(通常称为气象参考点)不同,光尺长度会发生变化,使测距产生误差,因此必须进行气象改正(或称大气改正)。大气条件主要是指大气的温度和气压。南方 NTS 系列全站仪选用的气象参考点是:当温度 $f = +20℃$,气压 $P = 101.3\text{kPa}$ 时,大气改正的值为零。南方 NTS 系列全站仪可采用两种方式输入大气改正值:输入温度和气压计算大气改正值,直接输入大气改正值(10^{-6})。通常选用输入温度和气压的方式。

2. 返回信号检测

当精确地瞄准目标点上的棱镜时,即可检查返回信号的强度。在基本模式或角度测量模式的情况下进行距离切换(如果仪器参数"返回信号音响"设在开启上,则同时发出响声)。如返回信号无响声,则表明信号弱,应先检查棱镜是否瞄准,如果已精确瞄准,应考虑增加棱镜数。这对长距离测量尤为重要。

二、距离测量

(1)测距模式的选择。全站仪距离测量有精测、速测(或称粗测)和跟踪测等模式可供选择,故应根据测距的要求通过键盘预先设定。

(2)开始测距(斜距 S,平距 H,高差 V)。精确照准棱镜中心,按距离测量键,开始距离测量,此时有关测量信息(距离类型、棱镜常数改正、气象改正和测距模式等)将闪烁显示在屏幕上。短暂时间后,仪器发出一短声响,提示测量完成,屏幕上显示出有关距离值(斜距 S,平距 H,高差 V)。

三、光电测距误差分析

1. 光电测距的误差来源

(1)调制频率的误差

频率的相对误差使测定的距离产生相同的相对误差,由此产生的距离误差与距离的长度成正比。由于仪器使用过程中电子元件的老化,会使原来设置的标准频率发生变化。通过测距仪的定期检定,测定乘常数 R,对距离进行改正,主要为了消除仪器的频率误差。测距时是否需要进行这项改正,可视乘常数的大小、距离的远近和测距所需的精度而定。

(2)气象参数测定误差

距离的气象改正值与距离的长度成正比。测距时是否需要进行这项改正,可视气象参数与标准状态差别的大小、距离的远近和测距所需的精度而定。

(3)相位测定和脉冲测定的误差

在相位式测距仪中相位差测定的误差,或脉冲式测距仪中脉冲个数测定的误差,都影响距离测量的尾数,与距离的长短无关。误差的大小决定于仪器测相系统或脉冲计数系统的精度以及调制光信号在大气传输中的信噪比误差等。前者决定于仪器性能和精度,后者来源于测距时的自然环境,例如天气的阴晴、大气的透明度、杂散光的干扰等。

(4)反射器常数误差

与测距仪配套的反射器,其加常数都有确定的数值。例如,对于反射棱镜,一般加常数 $C=-30\text{mm}$;对于反射片,则加常数 $C=0$。在测距仪中可预先设置加常数,测距时可自动加以改正。但是,如果反射器与测距仪不配套,或设置有误,或瞄准不精确等原因,就会产生反射器常数误差。

(5)仪器和目标的对中误差

光测距是测定测距仪中心至棱镜中心的距离,因此仪器和棱镜的对中误差有多大,对测距的影响就有多大,与距离的长短无关。由此,对于仪器和棱镜的水准管和光学对中器,应事先进行检验和校正;测距时,应仔细地对测距仪和棱镜进行整平和对中。

2. 光电测距仪的精度指标

根据以上对光电测距误差来源的分析,各种误差来源中,一部分由仪器本身产生,另一部分由使用者的操作技术和测距的环境所引起。按各种误差的性质,一部分与所测距离成正比(上述前两种误差),另一部分与所测距离的长短无关(上述后三种误差)。这些误差形成光电测距的误差,或者说光电测距的精度决定于这些误差。在正确操作和正常环境下进行光电测距时,光电测距仪本身的误差是主要误差。

光电测距仪的标称精度是指测距仪本身引起的测距误差(用于厂商标明仪器本身的精度)。根据以上误差分析可知,其中仪器的测相误差、棱镜常数误差与测距的长短无关,称为常误差(或称固定误差),用"a"表示;而仪器的频率误差和正常大气状态下的气象因素误差则与测距的长度 D 成正比,称为比例误差,其比例系数用"b"表示。因此,测距仪的标称精度一般用下式表示:

$$m_D = \pm\sqrt{a^2+(D\cdot b)^2} \tag{4-8}$$

在仪器说明书中,比例系数 b 一般以百万分率(10^{-6})表示。例如 $a=5\text{mm}$,$b=5\text{mm/km}$,距离 D 的单位为千米(km)。例如各种全站仪的测距标称精度有:$\pm(5+5\times10^{-6}\cdot D)\text{mm}$,$\pm(3+2\times10^{-6}\cdot D)\text{mm}$,$\pm(2+2\times10^{-6}\cdot D)\text{mm}$ 和 $\pm(1+1\times10^{-6}\cdot D)\text{mm}$ 等。a、b 的数值越小,则测距仪的精度级别越高。

第四节 直线定向

确定一条直线方向的工作称为直线定向。要确定直线的方向,首先要选定一个标准方向作为直线定向的基本方向,如果测出了一条直线与基本方向线之间的水平夹角,该直线的方向即确定。

一、子午线

在工程测量工作中,通常是以子午线作为基本方向。子午线分真子午线、磁子午线、轴子午线三种。

1. 真子午线

通过地面上一点指向地球南北极的方向线就是该点的真子午线,它一般是用天文测量的方法测定,也可以用陀螺经纬仪测定。地球表面上任何一点都有它自己的真子午线方向,各点的真子午线都向两极收敛而相交于两极。地面上两点的真子午线间的夹角称为子午线收敛角,如图 4-7 中的 γ 角。收敛角的大小与两点所在的纬度及东西方向的距离有关。

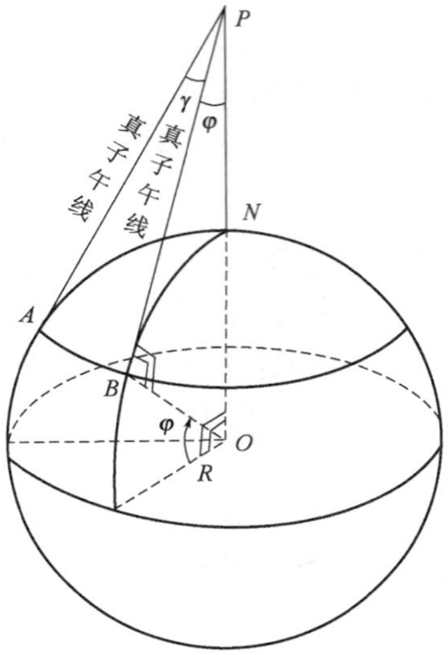

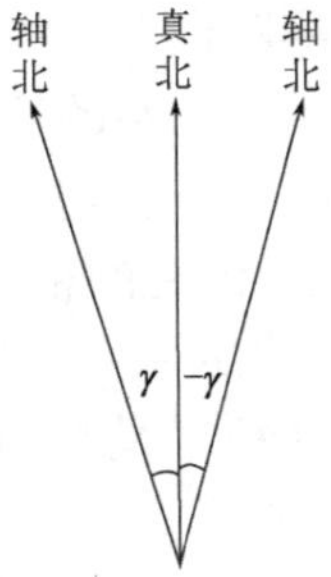

图 4-7 子午线收敛角

2. 磁子午线

地面上某点,磁针静止时所指方向称为该点的磁子午线方向,磁子午线方向可用罗盘仪测定。由于地球的磁南、北极与地球南、北极并不重合,因此地面上同一点的真子午线与磁子午线虽然相近但并不重合,其夹角称为磁偏角,用 δ 表示。当磁子午线在真子午线东侧时,称为东偏,δ 为正;当磁子午线在真子午线西侧时,称为西偏,δ 为负。磁偏角 δ 是随地点不同而变化的,因此磁子午线不宜作为精密定向的基本方向线。但是,由于确定磁子午线的方向比较方便,因而在独立地区和低等级公路仍可以利用它作为基本方向线。

3. 轴子午线(坐标子午线)

直角坐标系中的坐标纵轴所指的方向为轴子午线方向,或称为坐标子午线。由于地面上各点真子午线都指向地球的南北极,所以不同点的真子午线方向不是互相平行的,这给计算工作带来不便。因此在普通测量中一般均采用轴子午线作为基本方向。这样,测区内地面各点的基本方向都是互相平行的。

在中央子午线上，其真子午线方向和轴子午线方向一致；在其他地区，真子午线与轴子午线不重合，两者所夹的角即为中央子午线与某地方子午线所夹的收敛角 γ。如图 4-7b）所示，当轴子午线在真子午线以东时，γ 为正；反之，轴子午线在真子午线以西时，γ 为负。

二、方位角（资源 4-4-1、资源 4-4-2）

如图 4-8 所示，直线方向一般用方位角来表示。由子午线北方向顺时针旋转至直线方向的水平夹角称为该直线的方位角。方位角的角值范围为 0°～360°。

以真子午线北端起算的方位角称为真方位角，用 A 表示。

以磁子午线北端起算的方位角称为磁方位角，用 A_m 表示。

由坐标子午线（坐标纵轴）起算的方位角称为坐标方位角，用 α 表示。

如图 4-9 所示，根据真子午线方向、磁子午线方向、轴子午线方向三者的关系，三种方位角有以下关系：

$$A = A_m + \delta \quad (\delta\text{东偏为正，西偏为负}) \tag{4-9}$$

$$A = \alpha + \gamma \quad (\gamma\text{以东为正，以西为负}) \tag{4-10}$$

因此

$$A_m + \delta = \alpha + \gamma \tag{4-11}$$

$$\alpha = A_m + \delta - \gamma \tag{4-12}$$

1. 正、反坐标方位角

设直线 AB 前进方向的方位角 α_{AB} 为正坐标方位角，如图 4-10 所示，其相反方向的方位角 α_{BA} 则为反坐标方位角，同一直线正、反坐标方位角相差 180°，即：

$$\begin{cases} \alpha_{AB} = \alpha_{BA} \pm 180° \\ \text{或 } \alpha_{正} = \alpha_{反} \pm 180° \end{cases} \tag{4-13}$$

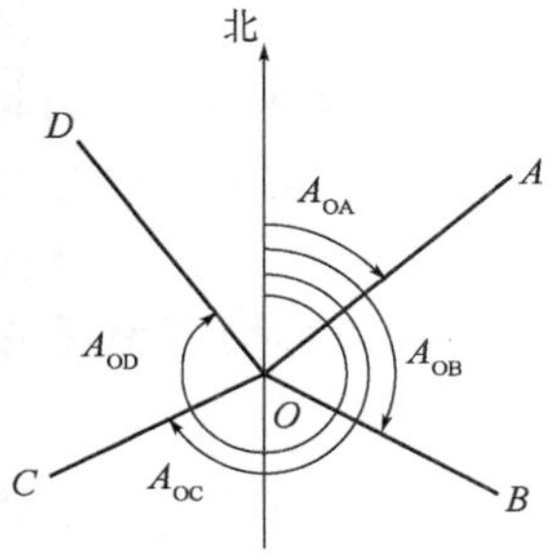

图 4-8 方位角图

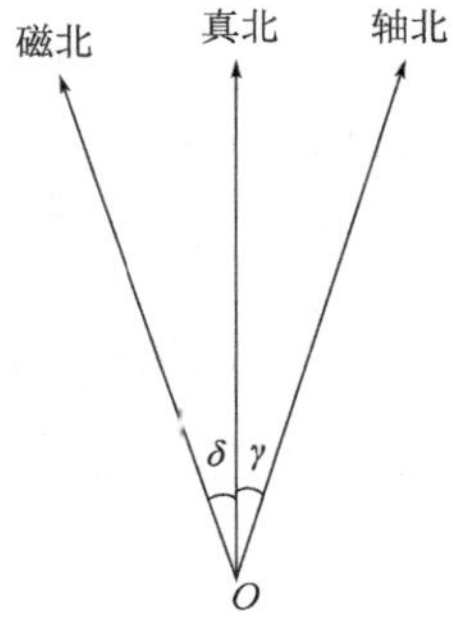

图 4-9 三北方向线

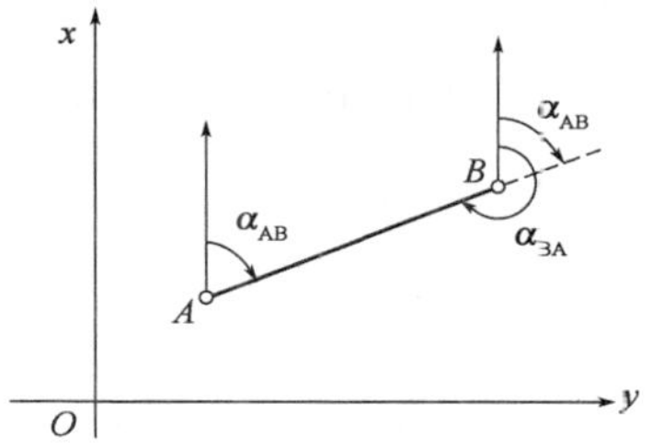

图 4-10 正、反方位角

2. 坐标方位角的推算（资源 4-4-3）

在实际测量工作中，我们并不需要去测定每条边的坐标方位角，而是通过观测直线间的水平夹角与已知坐标方位角的直线联测，利用同一平面直角坐标系内通过各点的坐标轴方向均互相平行，推算出各直线的坐标方位角。

如图 4-11 所示，若 AB 边的坐标方位角 α_{AB} 已知，又测定了各点的水平角 β_1 和 β_2（称为转折角)。转折角 β 有左角和右角之分,一般规定观测的水平角在推算路线前进方向的左侧称为左角,反之,称为右角。

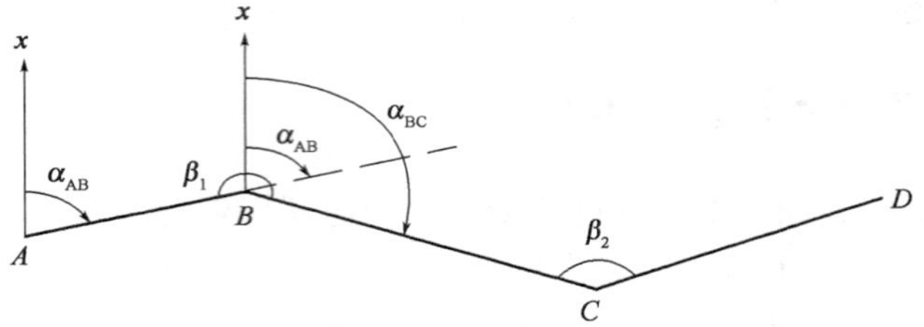

图 4-11 坐标方位角推算

(1)相邻两边坐标方位角的推算

观测的转折角 β_1 和 β_2 为左角,根据 AB 边已知的坐标方位角 α_{AB},依次推算其他各边的坐标方位角。由几何关系可得:

$$\alpha_{BC} = \alpha_{AB} + \beta_1 - 180^\circ$$
$$\alpha_{CD} = \alpha_{BC} + \beta_2 - 180^\circ$$
$$\vdots$$
$$\alpha_{i(i+1)} = \alpha_{(i-1)i} + \beta_i - 180^\circ \tag{4-14}$$

由此,当观测转折角为左角时,两相邻边坐标方位角的推算公式为:

$$\alpha_{前} = \alpha_{后} + \beta_{左} - 180^\circ \tag{4-15}$$

同理推得,当观测转折角为右角时,两相邻边坐标方位角的公式为:

$$\alpha_{前} = \alpha_{后} - \beta_{右} + 180^\circ \tag{4-16}$$

计算时,如果算出的方位角大于 360°,则减去 360°;如果算出的方位角小于 0°;则应加上 360°,使计算结果在 0°~360°的范围内。

(2)任意边坐标方位角的推算

将式(4-14)依次代入,可得:

$$\alpha_{i(i+1)} = \alpha_{AB} + \sum\beta - n \times 180^\circ \tag{4-17}$$

α_{AB} 为推算路线起始边的方位角,$\alpha_{i(i+1)}$ 为推算路线终边的方位角,也是推算线路中除起始边外的任意一边的方位角,这时,观测的转折角 β 为左角,可得任意边坐标方位角的推算公式为:

$$\alpha_{终} = \alpha_{始} + \sum\beta_{左} - n \times 180^\circ \tag{4-18}$$

同理,观测转折角 β 为右角时,可得任意边坐标方位角的推算公式为:

$$\alpha_{终} = \alpha_{始} - \sum\beta_{右} + n \times 180^\circ \tag{4-19}$$

3. 象限角(**资源 4-4-4**)

直线的方向还可以用象限角来表示。由坐标纵轴的北端或南端起沿顺时针或逆时针方向转至直线的锐角,称为该直线的象限角,用 R 表示,其角值范围为 0°~90°,如图 4-12 所示。根据象限角和坐标方位角的定义,可得到象限角和坐标方位角的关系,见表 4-2。

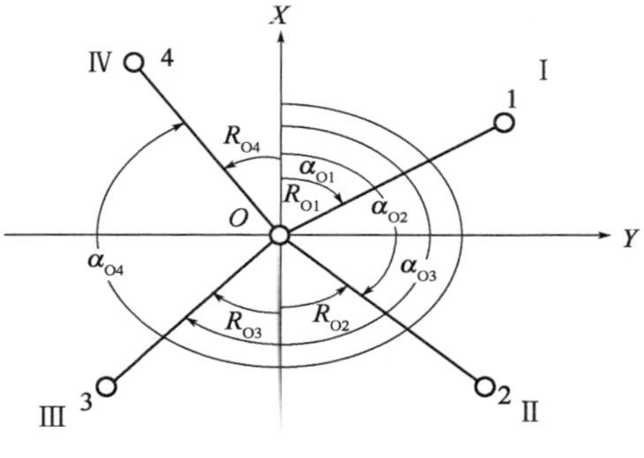

图 4-12 坐标方位角与象限角

象限角与坐标方位角的关系 表 4-2

象　限	坐标增量 ΔX、ΔY 的符号	坐标方位角与象限角的关系	象　限　角
Ⅰ	+、+	$\alpha_{01} = R_{01}$	北偏东(NE)
Ⅱ	-、+	$\alpha_{02} = 180° - R_{02}$	南偏东(SE)
Ⅲ	-、-	$\alpha_{03} = 180° + R_{03}$	南偏西(SW)
Ⅳ	+、-	$\alpha_{04} = 360° - R_{04}$	北偏西(NW)

思考题与习题

1. 何谓直线定线？

2. 简述在平坦地面上钢尺量距的一般步骤。评定量距精度的指标是什么？如何计算？

3. 什么叫视距测量？视线水平时距离测量计算公式是什么？

4. 什么叫直线定向？为什么要进行直线定向？

5. 测量上作为定向依据的基本方向线有哪些？

6. 什么叫真子午线、磁子午线、坐标子午线？

7. 直线定向与直线定线有何区别？

8. 什么叫方位角？什么叫真方位角、磁方位角、坐标方位角、象限角？

9. 同一直线的正反方位角有什么关系？

10. 象限角与方位角之间的关系是什么？

11. 用钢尺丈量 AB 两点间的距离，往测为 172.32m，返测 172.35m，试计算量距的相对误差。

12. 用钢尺丈量一直线段距离，往测丈量的长度为 326.40m，返测为 326.50m，现规定其相对误差不应大于 1/2000，试问：①此测量成果是否满足精度要求？②按此规定精度要求，若丈量 500m 的距离，往返丈量最大可允许相差多少？

13. 如图 4-13 所示，已知 AB 边坐标方位角为 $\alpha_{AB} = 149°40'00''$，又测得 $\angle 1 = 168°03'14''$，$\angle 2 = 145°20'38''$，求 BC、CD 边的坐标方位角。

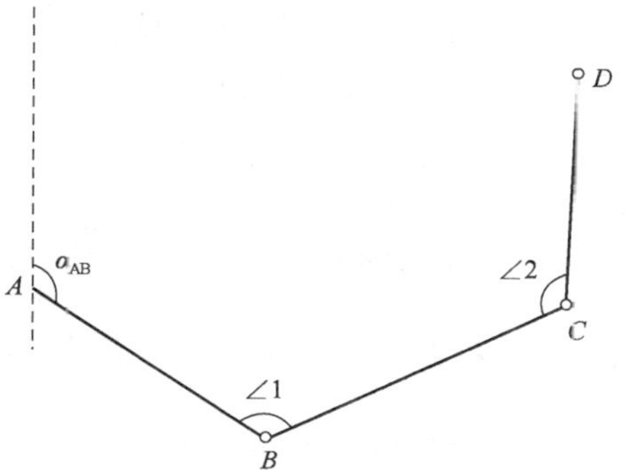

图 4-13　第 13 题图

第五章
CHAPTER FIVE

GNSS测量简介

学习目标

1. 掌握 GNSS 系统组成和常用坐标系;
2. 了解 GNSS 定位原理;
3. 了解 GNSS 工作原理;
4. 掌握 GNSS 测量作业模式。

技能目标

1. 能够熟练进行 GNSS 外业操作;
2. 能够熟练进行 RTK 手簿操作。

第一节 GNSS 系统的组成

GNSS 是 Global Navigation Satellite System 的缩写,译为“全球导航卫星系统”。GNSS 是所有在轨工作的卫星导航系统的总称,目前主要包括美国 GPS 全球定位系统、俄罗斯 GLONASS 全球导航卫星系统、欧盟 GALILEO 卫星导航系统、中国北斗卫星导航系统,全部建成在轨卫星数量达到 100 颗以上。除此之外,还包括 WAAS 广域增强系统、EGNOS 欧洲静地卫星导航重叠系统、DORIS 星载多普勒无线电定轨定位系统、PRARE 精确距离及其变率测量系统、QZSS 准天顶卫星系统、印度 GAGAN 辅助同步轨道增强导航系统、IRNSS 印度区域导航卫星系统。

一、GPS 全球定位系统(资源 5-1-1 ~ 资源 5-1-3)

全球定位系统(Global Positioning System,GPS),是美国国防部于 1973 年 12 月正式批准陆、海、空三军共同研制的第二代卫星导航定位系统。该系统可提供全天 24h 全球定位服务。

它是利用导航卫星发射的信号来进行测时和测距，具有在海、陆、空进行全方位实时三维导航与定位能力的新一代卫星导航与定位系统，能为用户提供高精度的七维信息（三维位置、三维速度、一维时间）。全球定位系统（GPS）的建成是导航与定位史上的一项重大成就。它是美国继“阿波罗”登月飞船、航天飞机后的第三大航天工程。

起初的 GPS 方案是由 24 颗卫星组成，这些卫星分布在互成 120°的 3 个轨道平面上，每个轨道平面分布 8 颗。这样的卫星布局可保证在地球任何位置都能同时观测到 6 ~ 9 颗卫星。为识别不同的卫星信号并提高系统的抗干扰能力和保密能力，采用直接序列扩频技术，整个系统相当于一个码分多址系统（CDMA）。为了补偿电离层效应的影响，采用双频调制。1978 年，由于美国政府压缩国防预算，因而减少了对 GPS 研发的拨款。GPS 联合办公室就将初始方案修改为第二方案，即卫星数由 24 颗减少到 18 颗，18 颗卫星分布在互成 60°的 6 个轨道平面上，每个轨道平面分布 3 颗卫星，这样的配置基本能够保证在地球上任何位置均能同时观测到至少 4 颗卫星。但随后的实验发现这样的卫星配置，其可靠性不高。另外，由于 GPS 在海湾战争中发挥了巨大的作用，因此，1990 年对第二方案重新进行了修改，最终方案由 21 颗工作卫星和 3 颗备用卫星组成整个系统，6 个轨道平面的每个平面上分布 4 颗卫星，这样的配置使同时出现在地平线以上的卫星数目随时间和地点而异，最少为 4 颗，最多可达 11 颗。

GPS 计划的实施分为三个阶段：第一阶段为方案论证和初步设计阶段（1973—1978 年），发射了 4 颗卫星，建立了地面跟踪网并研制了地面接收机；第二阶段为全面研制和实验阶段（1979—1984 年），发射了 7 颗 Block Ⅰ实验卫星，研制了各种用途的接收机，包括导航型和测地型接收机；第三阶段为实用组网阶段（1985—1994 年），发射了 Block Ⅱ和 Block ⅡA 工作卫星（Block ⅡA 卫星增强了军事应用功能，并扩大了数据存储容量）。到 1994 年 3 月 9 日，整个 GPS 星座配备完成，历时 20 年，耗资近 300 亿美元，最终建成了由 24 颗卫星组成的 GPS 系统。

GPS 系统自产生以来得到了迅速发展，并以其优越性能特点，得到了各国军事部门和民用部门的普遍关注。近十多年来，GPS 技术的高度自动化及其所能达到的精度，使其在大地测量、工程测量和车辆、船舶以及飞机的导航等方面，得到了广泛的应用。

二、GLONASS 全球导航卫星系统

GLONASS 是苏联从 20 世纪 80 年代初开始建设的，与美国 GPS 系统相似的卫星定位系统，其覆盖范围包括全部地球表面和近地空间，由卫星星座、地面监测控制站和用户设备三部分组成。虽然 GLONASS 系统的第一颗卫星早在 1982 年就已发射成功，但受苏联解体影响，整个系统发展缓慢。直到 1995 年，俄罗斯耗资 30 多亿美元，才完成了 GLONASS 导航卫星星座的组网工作，此卫星网络由俄罗斯国防部控制。

GLONASS 系统由 24 颗卫星组成，其原理和方案都与 GPS 类似。不过，其 24 颗卫星分布在 3 个轨道平面上，这 3 个轨道平面两两成 120°，同平面内的卫星之间夹角为 45°。每颗卫星都在 19100km 高、64.8°倾角的轨道上运行，轨道周期为 11h15min。地面控制部分全部都在俄罗斯领土境内。俄罗斯自称，多功能的 GLONASS 系统定位精度可达 1m，速度误差仅为 1cm/s。

俄罗斯对 GLONASS 系统采用了军民合用、不加密的开放政策。GLONASS 一开始就没有加 SA（Selective Availability，选择可用性）干扰，所以其民用精度优于加 SA 的 GPS。不过，

GLONASS 应用普及情况则远不及 GPS,这主要是由于俄罗斯并没有开发民用市场。另外,GLONASS 卫星平均在轨寿命较短。由于俄罗斯航天局经费困难,无力补网,导致轨道卫星不能独立组网,只能与 GPS 联合使用,致使其实用精度大大下降。

三、GALILEO 卫星导航系统

GALILEO 系统是欧洲自主研制的、独立的民用全球卫星导航系统,提供高精度、高可靠性的定位服务,实现完全非军方控制、管理,可以进行覆盖全球的导航和定位功能。

GALILEO 计划是一种中高度圆轨道卫星定位方案。该计划于 1999 年 2 月由欧洲委员会公布,欧洲委员会和欧空局共同负责,并于 2002 年 3 月正式启动。该系统由 30 颗卫星组成,其中 24 颗工作星,6 颗备份星。卫星轨道高度约 2.4 万 km,位于 3 个倾角为 56°的轨道平面内。系统建成的最初目标时间是 2008 年,由于 GALILEO 计划采用欧盟公共机构和联盟内私营企业合营的方式,而各国私营企业迟迟未就权利和利益分配达成妥协,所以 GALILEO 系统实现商业运行的时间被推迟。

GALILEO 计划的首颗卫星在 2005 年 12 月 28 日升空,截至 2016 年 12 月,伽利略导航系统在轨卫星达到 18 颗并投入使用。2019 年 7 月 14 日,受与地面基础设施相关的技术问题影响,伽利略系统的初始导航和计时服务暂时中断。2019 年 8 月 18 日,GALILEO 卫星定位系统修复完毕,定位和导航服务已经恢复正常。

四、北斗卫星导航系统

北斗卫星导航系统是我国着眼于国家安全和经济社会发展需要,自主建设运行的全球卫星导航系统,是为全球用户提供全天候、全天时、高精度的定位、导航和授时服务的国家重要时空基础设施。

2003 年 5 月 25 日,我国成功地将第三颗“北斗一号”导航定位卫星送入太空。前两颗“北斗一号”卫星分别于 2000 年 10 月 31 日和 12 月 21 日发射升空,第三颗发射的是导航定位系统的备份星,它与前两颗“北斗一号”工作星组成了完整的卫星导航定位系统,确保全天候、全天时提供卫星导航信息。这标志着我国继美国全球卫星定位系统(GPS)和苏联的全球导航卫星系统(GLONASS)后,成为世界上第三个建立了完善卫星导航系统的国家。

20 世纪后期,我国开始探索适合国情的卫星导航系统发展道路,逐步形成了三步走发展战略:2000 年底,建成北斗一号系统,向中国提供服务;2012 年底,建成北斗二号系统,向亚太地区提供服务;2020 年,建成北斗三号系统,向全球提供服务。2020 年 6 月 23 日,成功发射北斗系统第 55 颗导航卫星,暨北斗三号最后一颗全球组网卫星,至此北斗三号全球卫星导航系统星座部署全部完成。表 5-1 为北斗卫星发射一览表。

北斗卫星发射一览 表 5-1

卫星	发射日期	运载火箭	轨道
第 1 颗北斗导航试验卫星	2000.10.31	CZ-3A	GEO
第 2 颗北斗导航试验卫星	2000.12.21	CZ-3A	GEO

续上表

卫　　星	发射日期	运载火箭	轨　　道
第3颗北斗导航试验卫星	2003.5.25	CZ-3A	GEO
第4颗北斗导航试验卫星	2007.2.3	CZ-3A	GEO
第1颗北斗导航卫星	2007.4.14	CZ-3A	MEO
第2颗北斗导航卫星	2009.4.15	CZ-3C	GEO
第3颗北斗导航卫星	2010.1.17	CZ-3C	GEO
第4颗北斗导航卫星	2010.6.2	CZ-3C	GEO
第5颗北斗导航卫星	2010.8.1	CZ-3A	IGSO
第6颗北斗导航卫星	2010.11.1	CZ-3C	GEO
第7颗北斗导航卫星	2010.12.18	CZ-3A	IGSO
第8颗北斗导航卫星	2011.4.10	CZ-3A	IGSO
第9颗北斗导航卫星	2011.7.27	CZ-3A	IGSO
第10颗北斗导航卫星	2011.12.2	CZ-3A	IGSO
第11颗北斗导航卫星	2012.2.25	CZ-3C	GEO
第12、13颗北斗导航卫星	2012.4.30	CZ-3B	MEO
第14、15颗北斗导航卫星	2012.9.19	CZ-3B	MEO
第16颗北斗导航卫星	2012.10.25	CZ-3C	GEO
第17颗北斗导航卫星	2015.3.30	CZ-3C	IGSO
第18、19颗北斗导航卫星	2015.7.25	CZ-3B	MEO
第20颗北斗导航卫星	2015.9.30	CZ-3B	IGSO
第21颗北斗导航卫星	2016.2.1	CZ-3C	MEO
第22颗北斗导航卫星	2016.3.30	CZ-3A	IGSO
第23颗北斗导航卫星	2016.6.12	CZ-3C	GEO
第24、25颗北斗导航卫星	2017.11.5	CZ-3B	MEO
第26、27颗北斗导航卫星	2018.1.12	CZ-3B	MEO
第28、29颗北斗导航卫星	2018.2.12	CZ-3B	MEO
第30、31颗北斗导航卫星	2018.3.30	CZ-3B	MEO
第32颗北斗导航卫星	2018.7.10	CZ-3A	IGSO
第33、34颗北斗导航卫星	2018.7.29	CZ-3B	MEO
第35、36颗北斗导航卫星	2018.8.25	CZ-3B	MEO
第37、38颗北斗导航卫星	2018.9.19	CZ-3B	MEO
第39、40颗北斗导航卫星	2018.10.15	CZ-3B	MEO
第41颗北斗导航卫星	2018.11.1	CZ-3B	GEO
第42、43颗北斗导航卫星	2018.11.19	CZ-3B	MEO
第44颗北斗导航卫星	2019.4.20	CZ-3B	IGSO
第45颗北斗导航卫星	2019.5.17	CZ-3C	GEO

续上表

卫　星	发射日期	运载火箭	轨　道
第46颗北斗导航卫星	2019.6.25	CZ-3B	IGSO
第47、48颗北斗导航卫星	2019.9.23	CZ-3B	MEO
第49颗北斗导航卫星	2019.11.5	CZ-3B	IGSO
第50、51颗北斗导航卫星	2019.11.23	CZ-3B	MEO
第52、53颗北斗导航卫星	2019.12.16	CZ-3B	MEO
第54颗北斗导航卫星	2020.3.9	CZ-3B	GEO
第55颗北斗导航卫星	2020.6.23	CZ-3B	GEO

注:GEO 指地球静止轨道卫星;IGSO 指倾斜同步轨道卫星;MEO 指中圆轨道卫星。

北斗系统由空间段、地面段和用户段三部分组成。北斗系统空间段由若干地球静止轨道卫星、倾斜地球同步轨道卫星和中圆地球轨道卫星等组成。北斗系统地面段包括主控站、时间同步/注入站和监测站等若干地面站,以及星间链路运行管理设施。北斗系统用户段包括北斗兼容其他卫星导航系统的芯片、模块、天线等基础产品,以及终端产品、应用系统与应用服务等。

北斗地基增强系统是北斗卫星导航系统的重要组成部分,按照"统一规划、统一标准、共建共享"的原则,整合国内地基增强资源,建立以北斗为主、兼容其他卫星导航系统的高精度卫星导航服务体系。利用北斗/GNSS 高精度接收机,通过地面基准站网,利用卫星、移动通信、数字广播等播发手段,在服务区域内提供 1 ~ 2m、分米级和厘米级实时高精度导航定位服务。系统建设分两个阶段实施:一期为 2014 年到 2016 年年底,主要完成框架网基准站、区域加强密度网基准站、国家数据综合处理系统,以及国土资源、交通运输、中科院、地震、气象、测绘地理信息等 6 个行业数据处理中心等建设任务,建成基本系统,在全国范围提供基本服务;二期为 2017 年至 2018 年底,主要完成区域加强密度网基准站补充建设,进一步提升系统服务性能和运行连续性、稳定性、可靠性,具备全面服务能力。

北斗系统提供服务以来,已在交通运输、农林渔业、水文监测、气象测报、通信授时、电力调度、救灾减灾、公共安全等领域得到广泛应用,服务国家重要基础设施,产生了显著的经济效益和社会效益。基于北斗系统的导航服务已被电子商务、移动智能终端制造、位置服务等厂商采用,广泛进入我国大众消费、共享经济和民生领域,应用的新模式、新业态、新经济不断涌现,深刻改变着人们的生产生活方式,我国将持续推进北斗应用与产业化发展,服务国家现代化建设和百姓日常生活,为全球科技、经济和社会发展做出贡献。

北斗系统秉承"中国的北斗、世界的北斗、一流的北斗"发展理念,愿与世界各国共享北斗系统建设发展成果,促进全球卫星导航事业蓬勃发展,为服务全球、造福人类贡献中国智慧和力量。北斗系统为经济社会发展提供重要时空信息保障,是中国实施改革开放 40 余年来取得的重要成就之一,是新中国成立 70 多年来重大科技成就之一,是中国贡献给世界的全球公共服务产品。中国将一如既往地积极推动国际交流与合作,实现与世界其他卫星导航系统的兼容与互操作,为全球用户提供更高性能、更加可靠和更加丰富的服务。

第二节 GNSS 测量中常用坐标系

一、WGS-84 坐标系

美国国防部制图局(DMA)继世界大地坐标系(World Geodetic System)WGS-60、WGS-66、WGS-72 后,经过多年修正、完善、研制建立了 1984 世界大地坐标系(WGS-84)。该系统于 1985 年启用。1986 年开始生产出第一批相对该系统的地图、航图以及大地测量成果。GPS 系统从 1987 年开始使用 WGS-84 系统,为广播星历和精密星历提供准确参考坐标系,这样用户可以从 GPS 定位测量中得到更精密的地心坐标,也可通过相似变换得到精度较高的局部大地坐标系坐标。

WGS-84 坐标系是一个地球(心)坐标系,其原点为地球质心,如图 5-1 所示。坐标系的定向与国际时间局(BIH)所定义的方向相一致,亦即该坐标系的 Z 轴平行于协议地极(Conventional Terrestrial Pole, CTP)的方向,首子午圈平行于 BIH 所规定的首子午圈;X 轴为 WGS 参考子午圈与平行于 CTP 赤道平面的交线,该平面必通过 WGS 所定义的地球质心,Y 轴同 X 轴、Z 轴构成右手坐标系。

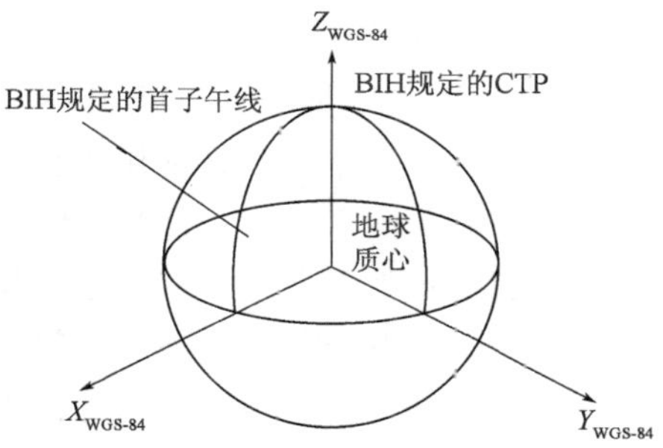

图 5-1 WGS-84 坐标系

WGS-84 的椭球及有关常数,采用国际大地测量与地球物理联合会第 17 届大会大地测量常数推荐值,即大地参考系 1980(GRS80)的参数。采用的基本参数是:

椭球长半轴: $a = 6378.137\text{km}$

扁率: $\alpha = 1/298.257223536$

二、北京 54 坐标系

新中国成立初期,我国采用的大地坐标系为“1954 年北京坐标系”,亦称“北京 54 坐标系”(简称 P_{54})。该坐标系是将我国大地控制网与苏联 1942 年普尔科沃大地坐标系相结合后建立的过渡性大地坐标系,属于参心大地坐标系,采用了苏联的克拉索夫斯基椭球体。其参数是:长半轴 $a = 6378.245\text{km}$;扁率 $\alpha = 1/298.3$;坐标原点位于苏联的普尔科沃。

三、西安 80 坐标系

1978 年,我国决定建立新的国家大地坐标系统,并且在新的大地坐标系统中进行全国天文大地网的整体平差,该坐标系统名为“1980 年国家大地坐标系”,亦称“西安 80 坐标系”(简称 C_{80}),属于参心大地坐标系。西安 80 坐标系采用 1975 年国际椭球,以 JYD1968.0 系统为椭球定向基准,大地原点设在陕西省泾阳县永乐镇,采用多点定位所建立的大地坐标系,其椭球参数采用1975年国际大地测量与地球物理联合会推荐值:长半轴 $a=6378.14\text{km}$;扁率 $\alpha=1/298.257$。

四、2000国家大地坐标系

我国于2008年7月1日正式启用2000国家大地坐标系。该坐标系为地心坐标系,以国际地球参考框架为基准,英文名称是 China Geodetic Coordinate System,简称 CGCS2000。国家大地坐标系的定义包括坐标系的原点、三个坐标轴的指向、尺度以及地球椭球的4个基本参数。2000国家大地坐标系的原点为包括海洋和大气的整个地球的质量中心;2000国家大地坐标系的 Z 轴由原点指向历元2000.0的地球参考极的方向,该历元的指向由国际时间局给定的历元为1984.0的初始指向推算,定向的时间演化保证相对于地壳不产生残余的全球旋转,X 轴由原点指向格林尼治参考子午线与地球赤道面(历元2000.0)的交点;Y 轴与 Z 轴、X 轴构成右手正交坐标系,采用广义相对论意义下的尺度。椭球体的体积与大地体的体积相等,椭球面与大地水准面之间的偏离值(即大地水准面差距)的平方和为最小。2000国家大地坐标系采用的地球椭球参数为:长半轴 $a=6378.137\text{km}$,扁率 $\alpha=1/298.257222101$。

五、独立坐标系

在我国许多城市测量与工程测量中,若直接采用国家坐标系下的高斯平面直角坐标,则可能会由于远离中央子午线,或由于测区平均高程较大,而导致长度投影变形较大,难以满足工程上的精度要求。另一方面,对于一些特殊的测量,如大桥施工测量、水利水坝测量、滑坡变形监测等,采用国家坐标系在使用中也会很不方便,因此,基于限制变形以及方便使用、科学的目的,在许多城市测量与工程测量中,常常会建立适合本地区的地方独立坐标系。建立地方独立坐标系,实际上就是通过一些元素的确定来决定地方参考椭球与投影面。地方参考椭球一般选择与当地平均高程相对应的参考椭球,该椭球的中心、轴向和扁率与国家参考椭球相同。

在区域性的测量工作中,往往需要将GNSS测量成果换算到用户所采用的区域性坐标系统,即需进行GNSS坐标转换,或者为了改善已有的经典地面控制网,确定GNSS网与经典地面网之间的转换参数,需要进行两网的联合平差。以下简单介绍在三维坐标系统中的转换模型。

经典地面网的三维坐标通常都是在参心(指参考椭球的中心)坐标系中,以大地坐标(B,L,H)的形式表示的,而GNSS网的三维坐标一般是在协议地球坐标系中,以空间直角坐标(X,Y,Z)的形式给出的,网的三维联合平差通常是在空间直角坐标系统中进行的。为此,必须将地面网的已知大地坐标(B,L,H)按下式转换为相应的空间直角坐标(X,Y,Z):

$$\begin{cases} X=(N+H)\cos B\cos L \\ Y=(N+H)\cos B\sin L \\ Z=[(N+H)-e^2N]\sin B \end{cases} \tag{5-1}$$

式中:N——P_i 点地球椭球卯酉圈曲率半径,$N=a^2/(a^2\cos^2B+b^2\sin^2B)^{\frac{1}{2}}$;

e——椭球第一偏心率;

a、b——椭球的长、短半轴。

由于GNSS网和地面网所取坐标系的基准不同(即原点位置、坐标轴定向和尺度的差异),

以及观测误差的影响,两网同名点的坐标值将是不同的。另一方面,地球坐标系不是唯一的,不同国家可能采用不同的地球参心坐标系,不同地区也可以采用自己独立的地方坐标系。所以在数据处理时,还必须进行两个不同坐标系之间的转换。

设某点在两直角坐标系下的坐标为(X_R,Y_R,Z_R)和(X'_R,Y'_R,Z'_R),按布尔沙-沃尔夫(Buras-Wolf)模型,由下式给出两坐标之间的关系:

$$\begin{bmatrix} X'_R \\ Y'_R \\ Z'_R \end{bmatrix} = \begin{bmatrix} \Delta X_0 \\ \Delta Y_0 \\ \Delta Z_0 \end{bmatrix} + (1+\delta_\mu)\begin{bmatrix} X_R \\ Y_R \\ Z_R \end{bmatrix} + \begin{bmatrix} 0 & \varepsilon_Z & -\varepsilon_Y \\ -\varepsilon_Z & 0 & \varepsilon_X \\ \varepsilon_Y & -\varepsilon_X & 0 \end{bmatrix}\begin{bmatrix} X_R \\ Y_R \\ Z_R \end{bmatrix} \tag{5-2}$$

式中:ΔX_0、ΔY_0、ΔZ_0——坐标系平移参数;

δ_μ——尺度参数;

ε_X、ε_Y、ε_Z——旋转参数。

为了确定上述7个基准转换参数,至少应在3个已知参心坐标点上进行GNSS测量,确定相应的WGS-84坐标,再由式(5-2),通过平差解出这7个基准转换参数。

第三节 GNSS定位原理

GNSS系统确定地面点位的思路是:根据空中卫星发射的信号,确定空间卫星的轨道参数,计算出锁定的卫星在空间的瞬时坐标,然后将卫星看作分布于空间的已知点,利用GNSS地面接收机,接收从某几颗(4颗或4颗以上)卫星在空间运行轨道上同一瞬时发出的超高频无线电信号,再经过系统处理,获得地面点至这几颗卫星的空间距离,用空间后方距离交会的方法,求得地面点的空间位置。GNSS系统所采用的坐标为WGS-84坐标系,如图5-2所示,地面上A、B两点的空间三维坐标分别为$A(x_a,y_a,z_a)$、$B(x_b,y_b,z_b)$。**(资源5-3-1~资源5-3-4)**

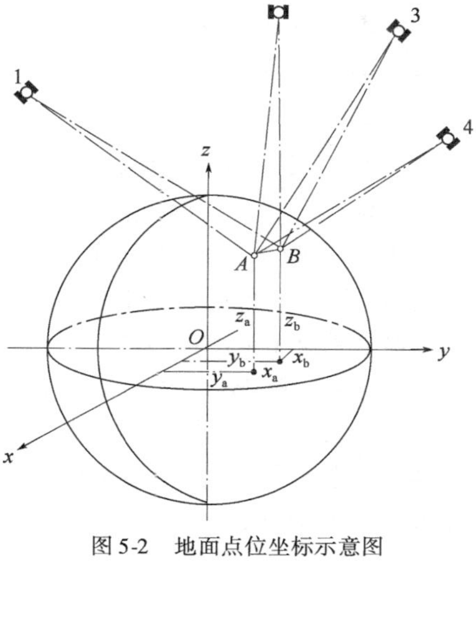

图5-2 地面点位坐标示意图

由于空间卫星的时钟与地面接收机的时钟不可能同步,因此,需要观测4颗或4颗以上的卫星,才能确定4个变量的值,即x、y、z和时间t。

GNSS系统以观测站至卫星之间的距离作为基本观测量。为了获得距离观测量,主要采用两种方法:其一,伪距测量,即根据接收机接收到的卫星发射的测距A/C码和电文内容,通过信号从发射到到达用户接收机的传播时间,从而计算出卫星和接收机天线间的距离。但由于卫星时钟与用户接收机时钟难以保持严格的同步,存在时钟差,所以观测的卫星与接收机天线间的距离均含有受到卫星时钟与用户接收机时钟同步差的影响,以及信号在大气中传播的延迟误差等,并不是实际值,习惯上称所测距离为"伪距";其二,载波相位测量,即测定卫星载波信号在传播路径上的相位变化值,以确定信号传播距离的方法。卫星与接收机天线间的距离可根据下式计算:

$$L = \lambda(\Phi_s - \Phi_k) \tag{5-3}$$

式中:λ——载波波长;

Φ_s——接收机收到信号时,该信号在卫星上的相位;

Φ_k——接收机收到信号的相位。

采用伪距测量定位速度快,而采用载波相位测量定位精度高。通过对4颗或4颗以上的卫星同时进行伪距或载波相位的测量,即可推算出接收机的三维位置。

一、绝对定位与相对定位

按定位方式,GNSS定位分为绝对定位(单点定位)和相对定位(基线测量)。

1.绝对定位

绝对定位又称单点定位,是指在一个观测点上,利用GNSS接收机观测4颗以上的卫星,根据卫星与用户接收机天线之间的距离观测量和已知卫星的瞬时坐标,独立确定观测点在WGS-84协议地心坐标系中的绝对位置,如图5-3所示。绝对定位的优点是,只需一台接收机便可独立定位,观测组织与实施简便,数据处理简单。但由于采用单程测距原理,卫星时钟与用户接收机时钟难以保持严格同步,所以观测的卫星与测站间的距离,含有卫星时钟与用户接收机时钟同步差,以及卫星星历和卫星信号在传播过程中的大气延迟误差的影响,定位精度较低,不能满足一般工程定位测量的要求。

2.相对定位

相对定位是指在两个或若干个观测站上,设置GNSS接收机,同步跟踪观测相同的卫星,测定接收机之间相对位置(坐标差)的定位方法。两点间的相对位置可以用一条基线向量来表示,故相对定位有时也称为测定基线向量或简称为基线测量,如图5-4所示。在相对定位中,至少有一个点的位置是已知的,称之为基准点。由于相对定位是在几个点同步观测GNSS卫星数据,因此可以有效地消除或减弱许多相同的或基本相同的误差,如卫星时钟的误差、卫星星历误差、信号的传播延迟误差和SA的影响等,故可以获得很高的相对定位精度,从而使这种方法成为精密定位中的主要作业方式。但进行相对定位时至少需要2台接收机,并要求各站接收机必须同步跟踪观测相同的卫星,因而外业观测的组织实施比较复杂,数据处理亦较麻烦,实时定位的用户还必须配备数据通信设备。

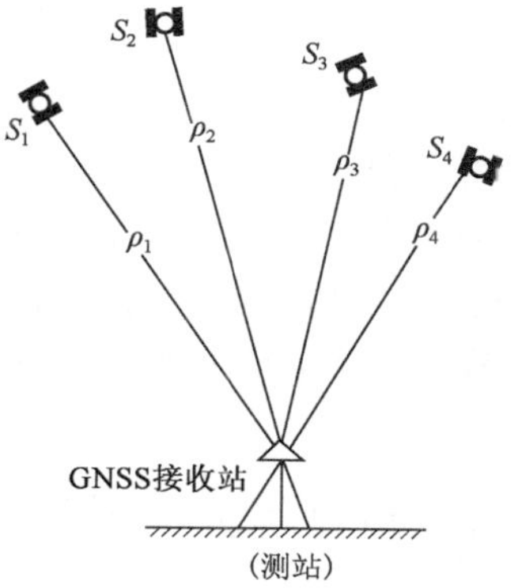

图 5-3 绝对定位(单点定位)

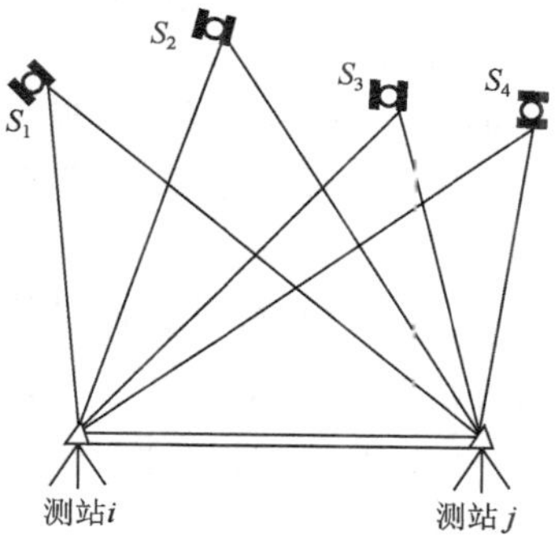

图 5-4 相对定位

二、静态定位与动态定位

按待定点相对于地固坐标系的运动状态来区分,GNSS 定位可以分为静态定位和动态定位两类。

1. 静态定位

如果待定点在地固坐标系中的位置没有可以察觉到的变化,或虽有可觉察到的变化,但由于这种变化十分缓慢,以至在一个时段内(数小时或若干天)可忽略不计,只有在第二次复测时(间隔一般为数月或数年后)其变化才能反映出来,因而在进行数据处理时,整个时段内的待定点坐标都可以认为是一组固定不变的常数。这样确定待定点位置的方法,称为静态定位。其基本特点是,在 GNSS 观测数据处理中,待定点的坐标是常量,没有速度分量。在静态定位中,可以进行大量的重复观测,以提高定位精度。

2. 动态定位

如果在一个时段内,待定点相对于地固坐标系的位置有显著变化,每个观测瞬间待定点的位置各不相同,则在进行数据处理时,每个历元的待定点坐标均需作为一组未知数,确定这些载体在不同时刻的瞬时位置的工作称为动态定位。动态定位可以分为两种情况:一是导航动态定位,它要求在用户运动时,实时地确定用户的位置和速度,并根据预先选定的终点和运动路线,引导用户沿预定航线到达目的地;另一种是精密动态定位,其主要目的不是导航,而是精确确定用户各个时刻的位置和速度。目前,这种定位比较广泛地应用于工程测量中。

第四节 GNSS-RTK 测量

RTK 技术随 GNSS 测量技术的发展而产生,通过与数据传输系统相结合,实时显示流动站定位结果。该技术自 20 世纪 90 年代初问世以来,在地形测量、工程施工放样、地籍测量等领域得到广泛应用。

一、RTK 的概念(资源 5-4-1)

RTK(Real Time Kinematic)测量即实时动态载波相位差分 GNSS 测量,是指在运动状态下通过跟踪处理接收卫星信号的载波相位进行测量,精度很高,可以达到几厘米或几分米的精度,而这样的精度过去只能在静态测量中经过较长时间(1 ~2h)测量,而且需要事后处理才能得到。由于 GNSS-RTK 测量精度高,而且是实时的,无须事后处理,因此其应用领域十分广泛。

1. RTK 系统用户部分的组成

RTK 技术是大地测量、空间技术、卫星技术、无线电通信与计算机技术的综合集成,在许多领域发挥着重大作用。

RTK 系统主要由一个基准站、若干个流动站、通信系统和 RTK 测量的软件系统 4 大部分组成。其中,基准站包括 GNSS 接收机(接收机通常具有数据传输参数、测量参数、坐标系统等的设置功能)、GNSS 天线、无线电通信发射设备、电源、基准站控制器等设备。流动站包括 GNSS 天线、GNSS 接收机、无线电通信接收设备、电源、流动站控制器。GNSS-RTK 系统的工作流程如图 5-5 所示。

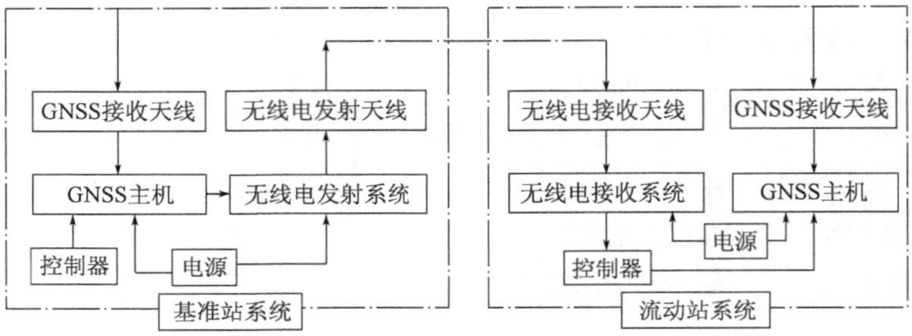

图 5-5 GNSS-RTK 系统的工作流程

2. RTK 的优点

(1)高精度。采用高性能双频机,精度可达到 $2\text{cm}+2\times10^{-6}\times D$($D$ 为基线边长),性能差的也可达到亚米级。

(2)实时性。在现场即可得到三维坐标,并能实时放样出设计坐标。

(3)轻便灵活。设备非常轻便,不包括电源基准台只有十多千克,移动台只有几千克,搬迁安装非常灵活。

3. 应用领域

高精度的工程测量,如航道测量、地形测图、道路工程等。

地震测线放样,可以根据设计测线的检波点及炮点位置在实地确认。由于有很高的三维坐标精度,在陆地测量中,可以同时得到点位的平面位置和高程。

代替常规的 GNSS 静态控制测量,几厘米或几分米的精度可以满足一般工程测量中的控制精度要求。无须长时间静态测量和事后处理。

4. RTK 的局限性

(1)作用距离有限:RTK 测量在解算整周未知数时,需要一个近似的估值,该估值是以码相位常规差分测量求得的,作用距离太大时,该估值的误差就大,有可能在运动状态下无法搜索到可靠的整周数解,导致作业失败,因此作用距离就非常有限,一般若要测量精确到厘米级,其作用距离不能大于 15km,若要精确到亚米级,作用距离不能大于 50km。随着研究的深入和技术的不断完善,作用距离可能放宽。

(2)初始化时间的等待在动态下求解整周模糊度。即初始化需要一定时间(几秒到几分钟),因此在连续动态作业过程中,一旦信号失锁,需要重新进行初始化,在初始化过程中,精度将降低到常规差分的精度,只有初始化完成,才能恢复到原有的精度。

二、RTK 系统工作及数据处理

实时动态测量 RTK 是基于载波相位观测值的实时动态定位技术。在 RTK 作业模式下,基准站通过数据链将其观测值(伪距和载波相位观测值)和测站坐标信息(如基准站坐标和天线高度)一起传送给流动站,流动站在完成初始化后,一方面通过数据链接接收来自基准站的数据,另外自身也采集 GNSS 卫星观测数据,并在系统内组成差分观测值进行实时处理,再经过坐标转换、高程拟合和投影改正,即可给出实用的厘米级定位结果。流动站可在一固定点上先进行初始化后再进入动态作业,也可在动态条件下直接开机,并在动态环境下完成整周未知数的搜索求解,在整周未知数解集固定下来以后,即可进行每一历元的实时处理。只要能保持 4 颗以上卫星相位观测值的连续锁定和它们具有必要的几何图形强度,则测程在 10km(本系统精度保证范围)以内的流动站可随时给出厘米级精度的点位成果。图 5-6 为 GNSS-RTK 系统工作示意图,图 5-7 为 GNSS-RTK 数据处理流程示意图。

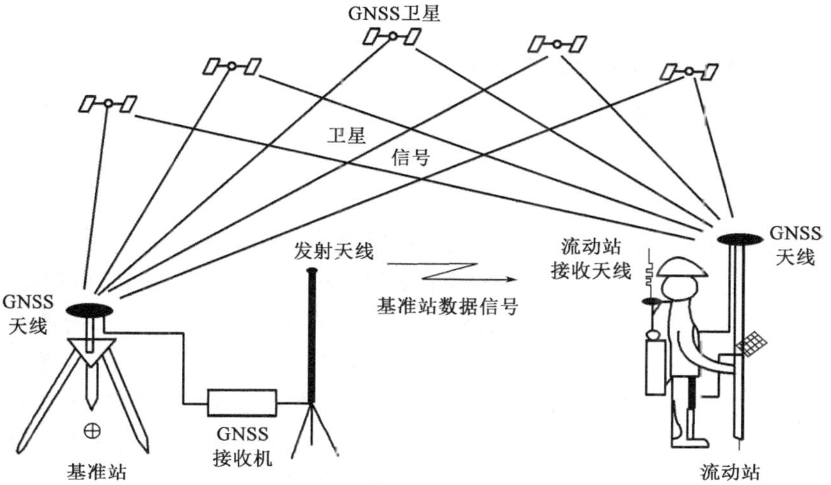

图 5-6 GNSS-RTK 系统工作示意图

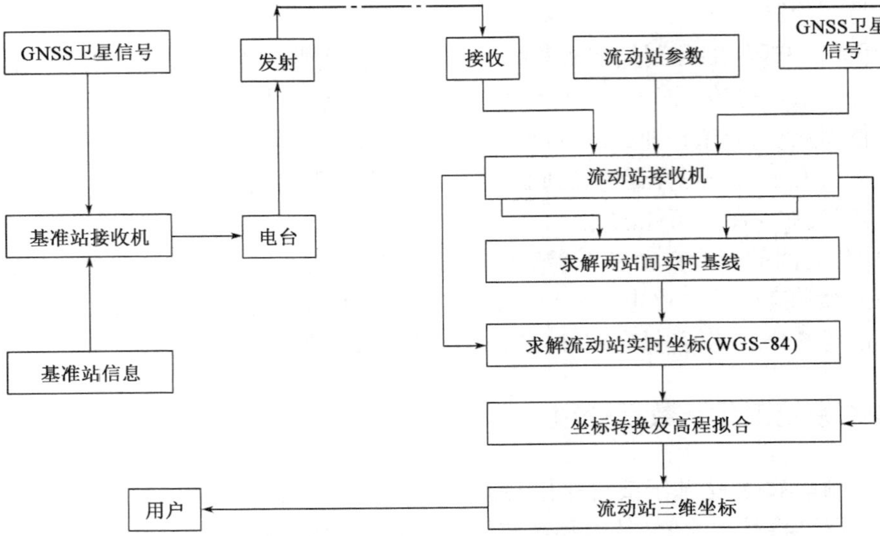

图 5-7 GNSS-RTK 数据处理流程示意图

第五节 GNSS 测量的作业模式

GNSS 测量的作业模式,是指利用 GNSS 定位技术确定观测站之间相对位置所采用的作业方式,它与 GNSS 接收设备的硬件和软件密切相关。不同的作业模式,其作业方法、观测时间及应用范围亦不同。

近年来,由于 GNSS 测量数据处理软件系统的发展,目前已有多种作业模式可供选择。作业模式主要有静态定位、快速静态定位、准动态定位以及动态定位等。

一、静态定位模式

静态定位模式是将 GNSS 接收机安置在基线端点上,观测中保持接收机固定不动,以便能通过重复观测取得足够的多余观测数据,以提高定位的精度。这种作业模式一般是采用两套或两套以上 GNSS 接收设备,分别安置在一条或数条基线的端点上,同步观测 4 颗以上卫星。可观测数个时段,每时段长 1~3h。静态定位一般采用载波相位观测量。

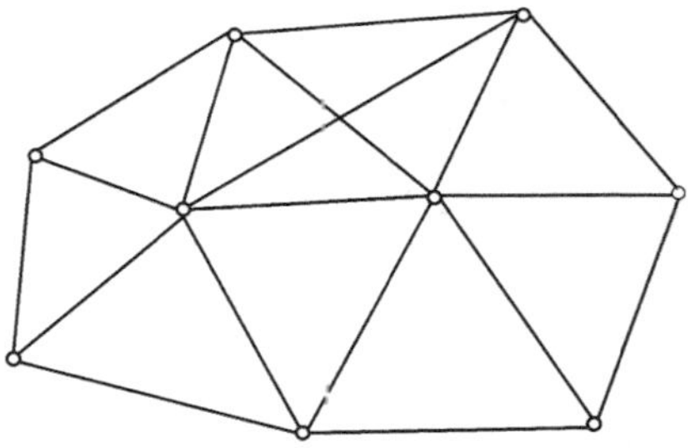

图 5-8 GNSS 闭合环

静态定位模式所观测的基线边,一般应构成某种闭合图形,如图 5-8 所示。这样有利于观测成果的检核,增加 GNSS 网的强度,提高成果的可靠性及平差后的精度。

静态定位测量一般需要有几套接收设备进行同步观测，同步观测所构成的几何图形称为同步环路。若有三套接收设备，同步环路可构成三边形，如图 5-9a）所示；若有四套接收设备，则可构成四边形或中点三边形，如图 5-9b）、c）所示。GNSS 网由若干个同步环路构成。

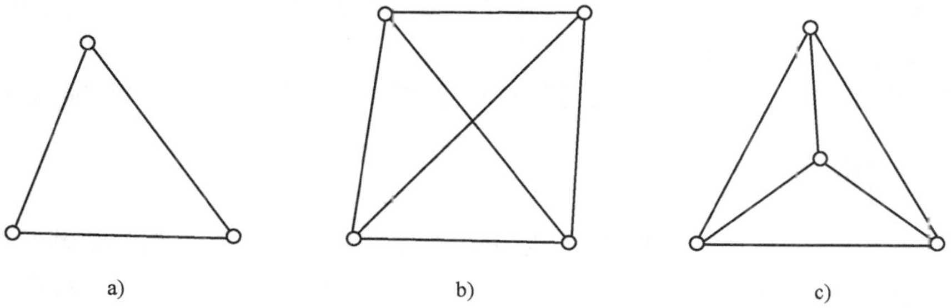

图 5-9　GNSS 三边形与四边形

静态定位测量是当前 GNSS 定位测量中精度最高的作业模式，基线测量的精度可达 $5\text{mm} \pm 10^{-6} \times D$，其中 D 为基线长度。因此，静态定位测量广泛地应用于大地测量、精密工程测量以及其他精密测量。

二、快速静态定位模式

如图 5-10 所示，快速静态定位模式是在测区的中部选择一个基准站，并安置一台接收机，连续跟踪所有可见卫星；另一台接收机依次到各点流动设站，并且在每个流动站上静止观测数分钟，以快速解算法解算整周未知数。

这种作业模式要求，在观测中必须至少跟踪 4 颗卫星，而且流动站距基准站一般不应超过 15km。由于流动站的接收机在迁站过程中无须保持对所测卫星的连续跟踪，因而可以关闭电源以节约电能。

这种作业模式观测速度快，精度较高，流动站相对基准站的基线中误差可达 $(5 \sim 10)\text{mm} \pm 10^{-6} \times D$（$D$ 为基线边长）。但由于直接观测边不构成闭合图形，所以缺少检核条件。

快速静态定位一般用于工程控制测量及其加密、地籍测量和碎部测量等。

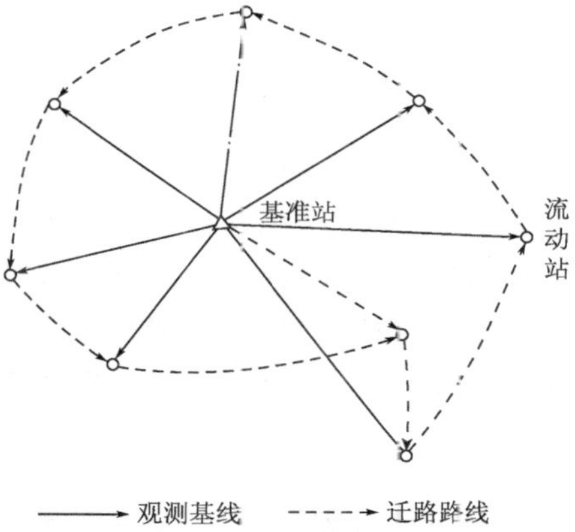

图 5-10　快速静态定位模式

三、准动态定位模式

如图 5-11 所示，在测区选择一基准站，安置接收机连续跟踪所有可见卫星，另一台接收机为流动的接收机，将其置于起始点 1 上，观测数分钟，以便快速确定整周未知数。在保持对所测卫星连续跟踪的情况下，流动的接收机依次迁到测点 2、3…上各观测数秒，以获得相应的观测值。

该作业模式在作业时,必须至少有 4 颗以上的卫星可供观测。在观测过程中,流动接收机对所测卫星信号不能失锁,如果发生失锁现象,应在失锁后的流动点上,将观测时间延长至数分钟。流动点与基准站相距应不超过 15km。

这种作业模式工作效率高。在作业过程中,虽然偶尔会发生失锁现象,但只要在失锁的流动站点上延长观测时间数分钟,即可向前继续观测。各流动站点相对于基准点的基线精度一般可达(10 ~20)mm ±10^{-6} ×D(D 为基线边长)。

准动态定位适用于开阔地区的控制点加密、路线测量、工程定位以及碎部测量等。

四、动态定位模式

如图 5-12 所示,先建立一个基准站,并在其上安置接收机,连续跟踪观测所有可见卫星。将另一台接收机安置在运动的载体上,在出发点静止观测数分钟,以便快速解算整周未知数。然后从出发点开始,载体按测量路线运动,其上的接收机就按预定的采用(时间)间隔自动进行观测。

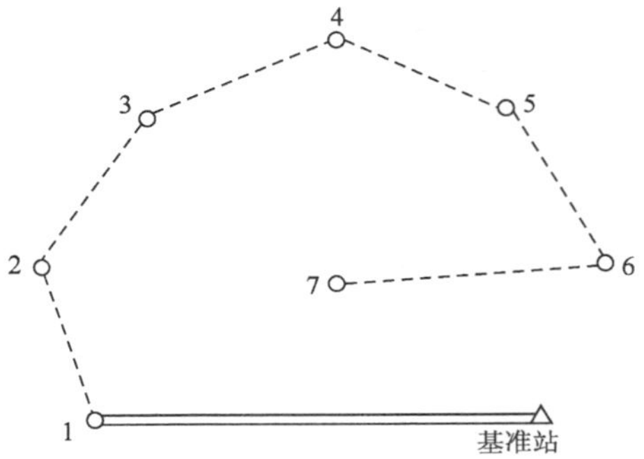

图 5-11 准动态定位模式

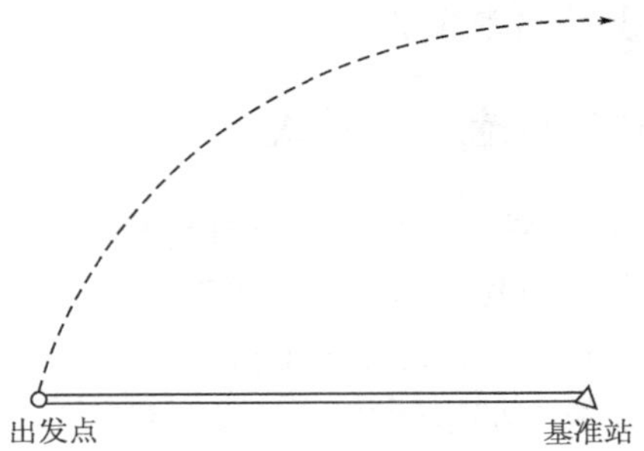

图 5-12 动态定位模式

该作业模式要求在作业过程中,必须至少能同时跟踪观测 4 颗以上卫星。运动路线与基准站的距离不能超过 15km。动态定位的观测速度快,并可实现载体的连续实时定位。运动点相对基准站的基线精度一般可达(10 ~20)mm ±10^{-6} ×D。该模式适用于测定运动目标的轨迹、路线中线测量、开阔地区的横断面测量和航道测量等。

第六节 GNSS 误差源及其对定位精度的影响

按测量误差的性质,误差可分为偶然误差、系统误差与粗差三类。偶然误差从群体上服从正态分布规律,主要影响观测结果的精密度。GNSS 观测中的偶然误差主要为观测误差,如对中误差、量天线高的误差等。系统误差是在大小与方向上具有偏向性的误差,它主要影响观测结果的准确度。在 GNSS 观测中,如钟差、轨道误差等具有系统性偏差。GNSS 观测中主要的误差源为系统误差。系统误差可以采取模型改正、将系统偏差当作未知参数与结果一并求解和求差法等方法消减其影响。粗差是不允许的,主要在于如何探查它的存在,并予以剔除。粗差将影响成果的可靠性。

按误差的来源,在 GNSS 测量中,观测误差可归纳为以下几类。

一、与卫星有关的误差

与空间卫星有关的误差主要包括卫星钟的误差和卫星的轨道误差。

1. 卫星钟差

由于卫星的位置是时间的函数,因此 GNSS 的观测量均以精密测时为依据,而与卫星位置相对应的时间信息,是通过卫星信号的编码信息传送给接收机的。在 GNSS 定位中,无论是码相位观测或是载波相位观测,均要求卫星钟与接收机钟保持严格同步。实际上,尽管卫星均设有高精度的原子钟(铷钟和铯钟),其稳定度在 10^{-12}以上,但仍存在难以避免的偏差或漂移。

对于卫星钟的这种偏差,一般可由卫星的主控站,通过对卫星钟运行状态的连续监测确定,并通过卫星的导航电文提供给接收机。经钟差改正后,各卫星钟之间的同步差,即可保持在 20ns(纳秒)以内。

在相对定位中,卫星钟差可通过观测量求差(或差分)的方法消除。

2. 卫星轨道偏差

目前,卫星轨道信息是通过导航电文得到的。估计与处理卫星的轨道偏差较为困难,其主要原因是卫星在运行中要受到多种摄动力的复杂影响,而通过地面监测站又难以充分可靠地测定这些作用力及它们的作用规律。应该说,卫星轨道误差是当前 GNSS 测量误差的主要来源之一。测量的基线长度越长,此项误差的影响就越大。

在 GNSS 定位测量中,处理卫星轨道误差通常采用以下三种方法:

(1)忽略轨道误差

这种方法是以从导航电文中所获得的卫星轨道信息为准,不再考虑卫星轨道实际存在的误差,所以广泛应用于精度较低的实时单点定位工作中。

(2)采用轨道改进法处理观测数据

这种方法是在数据处理中,引入表征卫星轨道偏差的改正参数,并假设在短时间内这些参数为常量,将其与其他未知参数一并求解。此法一般用于精度要求较高的定位工作,并且需要测后处理。

(3)同步观测值求差

这种方法是利用在两个或多个观测站上,对同一卫星的同步观测值求差,以减弱卫星轨道误差的影响。由于同一卫星的位置误差对不同观测站同步观测量的影响,具有系统误差性质,所以通过上述求差的方法,可以明显减弱卫星轨道误差的影响,尤其当基线较短时,其效用更为明显。这种方法对于精密相对定位,具有极其重要的意义。

二、与卫星信号传播有关的误差

与卫星信号传播有关的误差主要包括大气折射误差和多路径效应影响。

1. 电离层折射的影响

卫星信号和其他电磁波信号一样,当其通过电离层时,将受到这一介质弥散特性的影响,使信号的传播路径发生变化。当卫星处于天顶方向时,电离层折射对信号传播路径的影响最小;而当卫星接近地平线时,影响最大。

为了减弱电离层的影响,在GNSS定位测量中通常采取以下措施:

(1)利用双频观测

由于电离层的影响是信号频率的函数,所以利用不同频率的电磁波信号进行观测,便能够确定其影响值,从而对观测量加以修正。因此,具有双频的GNSS接收机在精密定位测量中得到广泛应用。但应当明确指出,在太阳辐射强烈的正午或在太阳黑子活动的异常期,应尽量避免观测,尤其是精密定位测量。

(2)利用电离层模型加以修正

对于单频GNSS接收机,为了减弱电离层的影响,一般采用由导航电文所提供的电离层模型,或其他适合的电离层模型,对观测量加以修正。但是这种模型至今仍在完善之中,目前模型改正的有效性约为75%。

(3)利用同步观测值求差

这一方法是利用两台或多台接收机,对同一组卫星的同步观测值求差,以减弱电离层折射的影响。尤其当观测站间的距离较近时(<20km),由于卫星信号到达各观测站的路径相近,所经过的介质状况相似,因此通过各观测站对相同卫星的同步观测值求差,便可显著地减弱电离层折射影响,其残差将不会超过10^{-6}。对单频GNSS接收机而言,这种方法的重要意义尤为明显。

2. 对流层折射的影响

对流层折射对观测值的影响,可分为干分量与湿分量两部分。干分量主要与大气的温度与压力有关,而湿分量主要与信号传播路径上的大气湿度有关。对于干分量的影响,可通过地面的大气资料计算;对于湿分量,目前尚无法准确测定。对于较短的基线(<50km),湿分量的影响较小。

关于对流层折射的影响,一般有以下几种处理方法:

(1)定位精度要求不高时,可不考虑其影响。

(2)采用对流层模型进行改正。

(3)引入描述对流层影响的附加待定参数,在数据处理中一并求解。

(4)采用观测量求差的方法。与电离层的影响相类似,当观测站间相距不远(<20km)时,由于信号通过对流层的路径相近,对流层的物理特性相似,所以对同一卫星的同步观测值求差,可以明显地减弱对流层折射的影响。

3. 多路径效应影响

多路径效应亦称多路径误差,是指接收机天线除直接接收到卫星发射的信号外,还可能接收到经天线周围地物一次或多次反射的卫星信号,如图5-13所示。两种信号叠加,将会引起测量参考点(相位中心)位置的变化,从而使观测量产生误差。而且这种误差随天线周围反射面的性质而异,难以控制。根据对试验资料的分析表明,在一般反射环境下,多路径效应对测码伪距的影响可达米级，对测相伪距的影响可达厘米级。而在高反射环境下，不仅其影响将显著增大，而且常会导致接收的卫星信号失锁和使载波相位观测量产生周跳。因此，在精密GNSS导航和测量中，多路径效应的影响是不可忽视的。

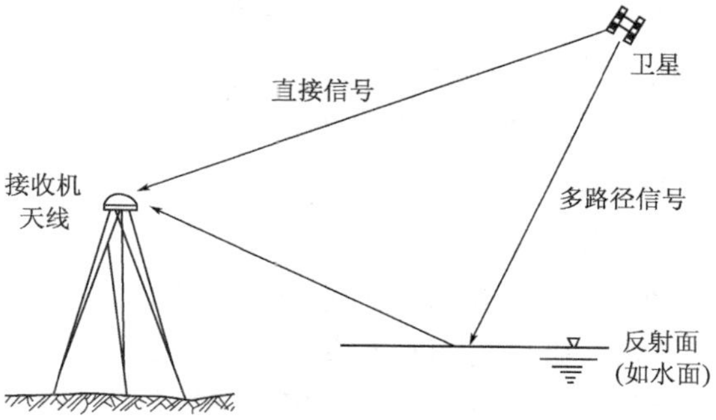

图5-13 多路径效应

目前，减弱多路径效应影响的措施有：

(1)安置接收机天线的环境，应避开较强的反射面，如水面、平坦光滑的地面，以及平整的建筑物表面等。

(2)选择造型适宜且屏蔽良好的天线，如采用扼流圈天线等。

(3)适当延长观测时间，削弱多路径效应的周期性影响。

(4)改善GNSS接收机的电路设计，以减弱多路径效应的影响。

三、与接收设备有关的误差

与接收设备有关的误差主要包括观测误差、接收机钟差、载波相位观测的整周不定性和天线相位中心误差影响。

1.观测误差

观测误差包括观测的分辨误差及接收机天线相对于测站点的安置误差等。

根据经验，一般认为观测的分辨误差约为信号波长的1%，故知载波相位的分辨误差比码相位小。由于此项误差属于偶然误差，适当增加观测量，将会明显地减弱其影响。

接收机天线相对于观测站中心的安置误差，主要是天线的置平与对中误差以及量取天线高的误差。在精密定位工作中，必须认真、仔细地操作，以尽量减小这种误差的影响。

2.接收机钟差

尽管接收机设有高精度的石英钟，其日频率稳定度可以达到10^{-11}，但对载波相位观测的影响仍是不容忽视的。

处理接收机钟差较为有效的方法，是将各观测时刻的接收机钟差之间看成是相关的，由此建立一个钟差模型，并表示为一个时间多项式的形式，然后在观测量的平差计算中统一求解，得到多项式的系数，因而也就得到接收机的钟差改正值。

在精密相对定位中，通过利用观测值求差的方法，亦能有效地减弱接收机钟差的影响。

3. 载波相位观测的整周不定性

载波相位观测是当前普遍采用的最精密观测方法。由于接收机只能测定载波相位非整周的小数部分,而无法直接测定载波相位整周数,因而存在整周不定性问题。

此外,在观测过程中,由于卫星信号失锁而发生周跳现象。从卫星信号失锁到信号被重新锁定,对载波相位非整周的小数部分并无影响,仍和失锁前保持一致,但整周数却发生中断而不再连续,所以周跳对观测的影响与整周未知数的影响相似。在精密定位的数据处理中,整周未知数和周跳都是关键性的问题。

4. 天线的相位中心位置偏差

在 GNSS 定位中,观测值是以接收机天线的相位中心位置为准的,因而天线的相位中心与其几何中心理论上应保持一致。可是实际上天线的相位中心位置随着信号输入的强度和方向不同而有所变化,即观测时相位中心的瞬时位置(称为视相位中心)与理论上的相位中心位置将有所不同。天线相位中心的偏差对相对定位结果的影响,根据天线性能的优劣,可达数毫米至数厘米。所以,对于精密相对定位,这种影响是不容忽视的。

在实际工作中,如果使用同一类型的天线,在相距不远的两个或多个观测站上同步观测同一组卫星,即可通过观测值求差,以削弱相位中心偏移的影响。须注意的是,安置各观测站的天线时,均应按天线所附的方位标进行定向,使之根据罗盘指向磁北极。

思考题与习题

1. 什么叫 GNSS? GNSS 系统由几部分组成?
2. 简述 GNSS 系统确定地面点位的思路。
3. 什么叫绝对定位、相对定位、静态定位和动态定位?
4. GNSS 测量有哪几种作业模式? 各有什么特点?
5. 什么叫 RTK? 简述其组成。
6. 简述 RTK 的工作原理。
7. 分析 GNSS 测量误差的来源,并说明其对定位精度的影响。
8. 在 GNSS 定位测量中,什么叫多路径效应? 它是怎样产生的? 如何削弱其对 GNSS 定位测量所带来的影响? 试举例说明。

第六章
CHAPTER SIX

小区域控制测量

学习目标

1. 了解控制测量分类及其等级划分；
2. 掌握导线网和 GNSS 网的布设方案及技术要求；
3. 掌握水准网布设方案及技术要求；
4. 掌握导线测量和水准测量的外业观测及内业平差方法；
5. 了解交会定点的原理及坐标计算方法。

技能目标

1. 能够进行平面控制网和高程控制网的布设选点；
2. 能够用全站仪进行导线测量外业施测和数据处理；
3. 能够用 GNSS 和 RTK 进行控制网施测和数据处理；
4. 能够用自动安平水准仪完成三、四等水准测量外业观测及成果整理；
5. 能够用电子水准仪完成二等水准测量外业观测及成果整理。

第一节 控制测量及其等级

在测量工作中，为了限制误差的累积与传播，满足测图和施工的精度需要，使分区的测图能拼接成整体，或使整体的工程能分区施工放样，就必须遵循测量工作的基本原则，即“从整体到局部”“先控制后碎部”。也就是说，在做局部测量或碎部测量以前，先要进行整体的控制测量。控制测量是指在整个测区范围内，选定若干个具有控制作用的点（称为控制点），设想用直线连接相邻的控制点，组成一定的几何图形（称为控制网），用精密的测量仪器和工具进行外业测量，获得相应的外业资料，并根据外业资料，通过计算方法准确确定控制点的平面位置和高程，以期统一全测区的测量工作。

控制测量分为平面控制测量和高程控制测量。本书结合公路工程控制测量进行介绍。

一、平面控制测量及等级

测定控制点平面位置(平面坐标 x、y)的工作,称为平面控制测量。常规平面控制测量按照控制点之间组成几何图形的不同,主要有导线控制测量(导线测量)和三角控制测量(三角测量)。

如图 6-1 所示,控制点 1、2、3、4 等连成折线图形,测量各折线边长和两相邻边的夹角,通过计算就可以获得它们之间的相对平面位置。这种形成折线的控制点称为导线点,进行的控制测量工作称为导线控制测量。

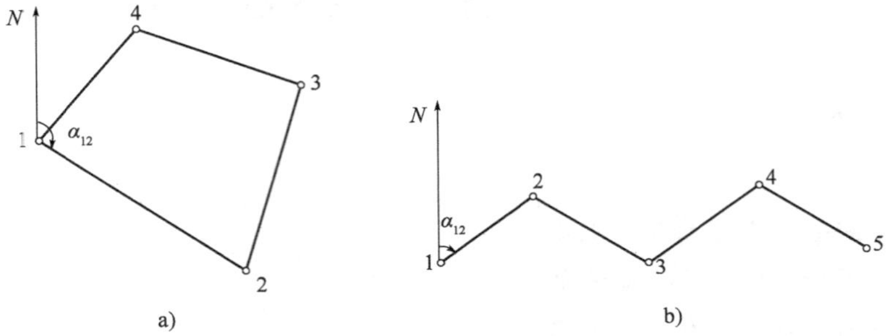

图 6-1 导线

图 6-2 的控制点 A、B、C、D、E、F 等组成相互邻接的三角形,观测所有三角形的内角,并至少测量其中一条边的长度(例如图 6-2 的 AB 边),以此作为起算边,通过计算同样可以得到它们之间的相对平面位置。这种形成三角形的控制点称为三角点,构成的控制网称为三角网,所进行的测量工作称为三角控制测量。该部分内容本书不作详细介绍。

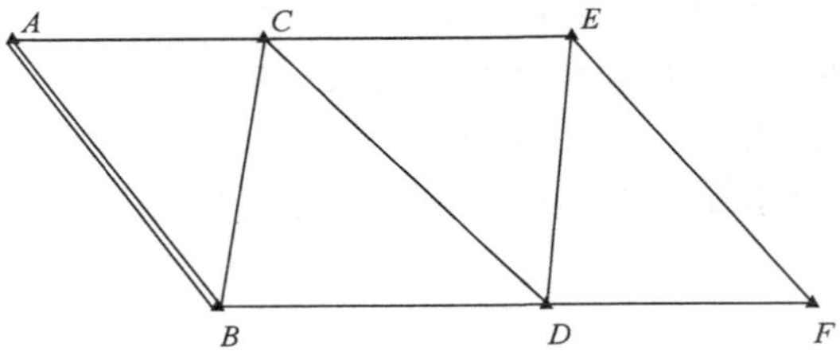

图 6-2 三角网

平面控制测量除了采用经典的导线测量和三角测量之外,随着科技的发展,卫星大地测量的方法也逐渐成熟起来。目前,最常用的是全球导航卫星系统(Global Navigation Satellite System,简称 GNSS)。20 世纪 80 年代末,我国开始应用 GNSS 定位技术在全国范围内建立控制网,并已逐渐成为布设控制网的主要方法之一。

在全国范围内布设的平面控制网,称为国家平面控制网。国家平面控制网采用逐级控制、分级布设的原则。按其精度分成一、二、三、四等。其中,一等网精度最高,逐级降低;而控制点的密度则是一等网最小,逐级增大。

如图 6-3 所示,一等三角网一般称为一等三角锁,它是在全国范围内,沿经纬线方向布设的,是国家平面控制网的骨干,除了用作扩展低等级平面控制网的基础之外,还为测量学科研究地球的形状和大小提供精确数据。二等三角网布设于一等三角锁环内,是国家平面控制网的基础。三、四等网是二等网的进一步加密,以满足测图和各项工程建设的需要。在某些局部地区,如果采用三角测量困难时,也可用同等级的导线测量代替。如图6-4所示,其中一、二等导线测量,又称为精密导线测量。

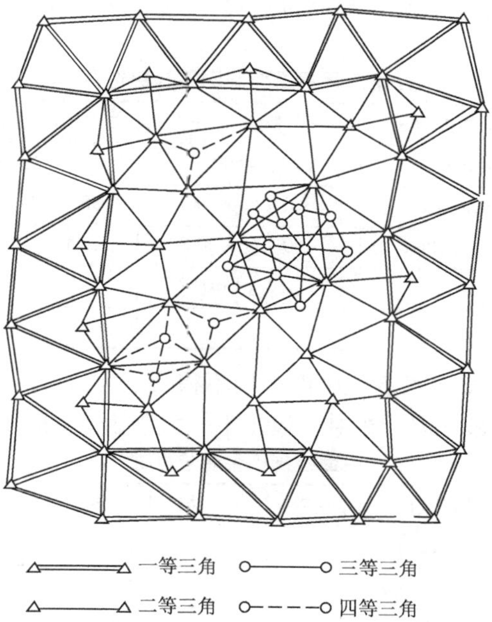

图6-3 三角网(锁)的布设

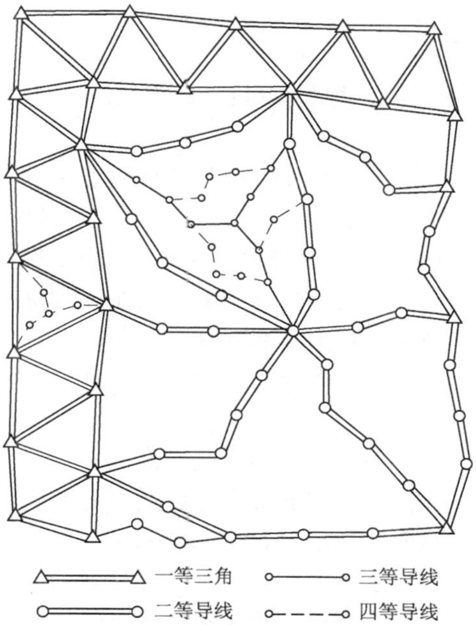

图6-4 导线网的布设

在较小区域(一般不超过15km^2)范围内建立的控制网,称为小区域控制网。用于工程建设的平面控制测量一般是小区域平面控制网,它可根据工程的需要采用不同等级的平面控制。《公路勘测规范》(JTG C10—2007)规定:公路工程平面控制测量,应采用GNSS测量、导线测量、三角测量或三边测量方法进行。其等级依次为二等、三等、四等、一级和二级,各等级的技术指标均有相应的规定。对于各级公路和桥梁、隧道的平面控制测量等级,不得低于表6-1的规定。

公路工程平面控制测量等级选用 表6-1

高架桥、路线控制测量	多跨桥梁总长 L(m)	单跨桥梁 L_K(m)	隧道贯通长度 L_G(m)	测量等级
—	$L \geqslant 3000$	$L_K \geqslant 500$	$L_G \geqslant 6000$	二等
—	$2000 \leqslant L < 3000$	$300 \leqslant L_K < 500$	$3000 \leqslant L_G < 6000$	三等
高架桥	$1000 \leqslant L < 2000$	$150 \leqslant L_K < 300$	$1000 \leqslant L_G < 3000$	四等
高速、一级公路	$L < 1000$	$L_K < 150$	$L_G < 1000$	一级
二、三、四级公路	—	—	—	二级

各级平面控制测量,其最弱点点位中误差均不得大于±5cm,最弱相邻点相对点位中误差均不得大于±3cm,最弱相邻点边长相对中误差不得大于表6-2的规定。

平面控制测量精度要求 表6-2

测量等级	最弱相邻点边长相对中误差	测量等级	最弱相邻点边长相对中误差
二等	1/100000	一级	1/20000
三等	1/70000	二级	1/10000
四等	1/35000		

二、高程控制测量及等级

测定控制点高程的工作,称为高程控制测量。根据采用测量方法的不同,高程控制测量分为水准测量和三角高程测量。

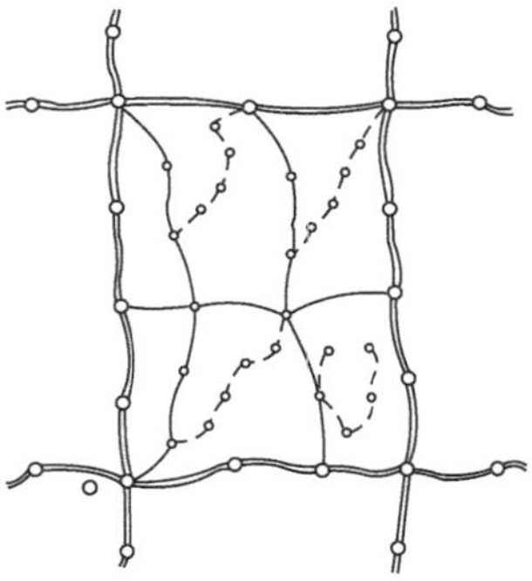

图6-5 水准网的布设

国家高程控制网的建立主要采用精密水准测量的方法,其按精度分为一、二、三、四等。如图6-5所示是国家水准网布设示意图,一等水准网是国家最高级的高程控制骨干,它除用作扩展低等级高程控制的基础以外,还为科学研究提供依据;二等水准网为一等水准网的加密,是国家高程控制的基础;三、四等水准网为在二等网的基础上进一步加密,直接为各种测区提供必要的高程控制。

用于工程的小区域高程控制网,亦应根据工程施工的需要和测区面积的大小,采用分级建立的方法。对于公路工程,《公路勘测规范》(JTG C10—2007)规定:公路高程系统宜采用"1985年国家高程基准",同一个公路项目应采用同一个高程系统,并应与相邻项目高程系统相衔接。高程控制测量应采用水准测量或三角高程测量的方法进行。其等级依次为二等、三等、四等和五等，各等级的技术要求均有相应的规定。对于各级公路及构造物的高程控制测量等级，不得低于表6-3的规定。

公路工程高程控制测量等级选用

表6-3

高架桥、路线控制测量	多跨桥梁总长 L(m)	单跨桥梁 L_K(m)	隧道贯通长度 L_G(m)	测量等级
—	$L \geq 3000$	$L_K \geq 500$	$L_G \geq 6000$	二等
—	$1000 \leq L < 3000$	$150 \leq L_K < 500$	$3000 \leq L_G < 6000$	三等
高架桥，高速、一级公路	$L < 1000$	$L_K < 150$	$L_G < 3000$	四等
二、三、四级公路	—	—	—	五等

各等级路线高程控制网最弱点高程中误差不得大于±25mm，用于跨越水域和深谷的大桥、特大桥的高程控制网最弱点高程中误差不得大于±10mm，每公里观测高差中数中误差和附合(环线)水准路线长度应小于表6-4的规定。当附合(环线)水准路线长度超过规定时，应采用双摆站的方法进行测量，但其长度不得大于表6-4中规定的2倍。每站高差较差应小于基辅(黑红)面高差较差的规定(表6-16)。一次双摆站为一单程，取其平均值计算的往返较差、附合(环线)闭合差应小于相应限差的0.7倍。

高程控制测量的技术要求

表6-4

测量等级	每公里高差中数中误差(mm)		附合或环线水准路线长度(km)	
	偶然中误差 M_Δ	全中误差 M_W	路线、隧道	桥梁
二等	±1	±2	600	100
三等	±3	±6	60	10
四等	±5	±10	25	4
五等	±8	±16	10	1.6

第二节 导线测量

将测区内的相邻控制点用直线连接而构成的连续折线，称为导线。这些转折点(控制点)称为导线点。相邻导线点间的距离，称为导线边长。相邻导线边之间的水平角，称为转折角。导线测量是依次测定各导线边长和各转折角，根据起算数据，推导各边的坐标方位角，进而求得各导线点的平面坐标。

一、导线的布设形式

根据测区的不同情况和要求，导线的布设有闭合导线、附合导线、支导线三种形式。

1. 闭合导线

从一个已知高级点出发，经过若干导线点后，又回到原已知高级点，这样的导线称为闭合导线。如图 6-6 所示,导线从已知高级控制点 B(或称为 1)和已知方向 AB 出发,经过 2、3、4、5…点,最后又回到起点 B(或称为 1),形成一个闭合的多边形。闭合导线本身具有严密的几何条件,因此可以对观测成果进行一定的检核,通常用于面积较宽阔的独立地区。

2. 附合导线

从一个已知高级控制点出发,经过若干个导线点后,附合到另一个已知高级控制点上,这样的导线称为附合导线。如图 6-7 所示,导线从一已知的高级控制点 A(或称为 1)和已知方向 BA 出发,经过了 2、3、4…点,最后附合到另一个已知的高级控制点 C(或称为 n)上,形成一条连续的折线。由于其本身的已知条件,该形式同样具有对观测成果的检核作用,通常用于带状地区作为首级控制,广泛应用于公路、铁路和水利等工程。

3. 支导线

从一个已知点出发,经过 1 ~2 个导线点后,既不回到原起始点,也不附合到另一个已知点上,这样的导线称为支导线,如图 6-6 中的 4—1′—2′就是一条支导线,其中的 4 点作为闭合导线的点,在闭合导线计算时可求得其坐标,故在支导线中作为已知点,1′点和 2′点是支导线点。由于支导线缺乏已知条件,无法进行检核,故其边数一般不宜超过 2 条,最多不得超过 4 条,它仅适用于图根控制补点的情况。

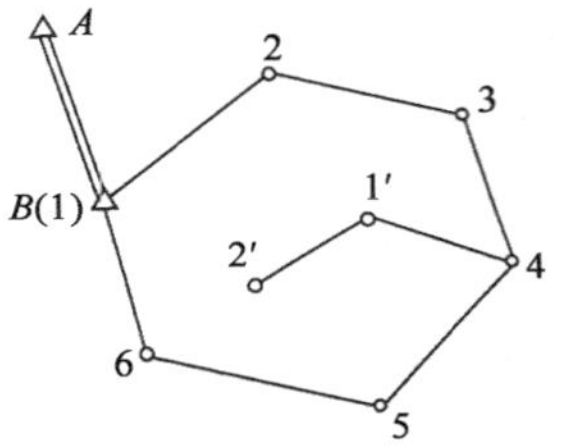

图 6-6 闭合导线(4—1′—2′为支导线)

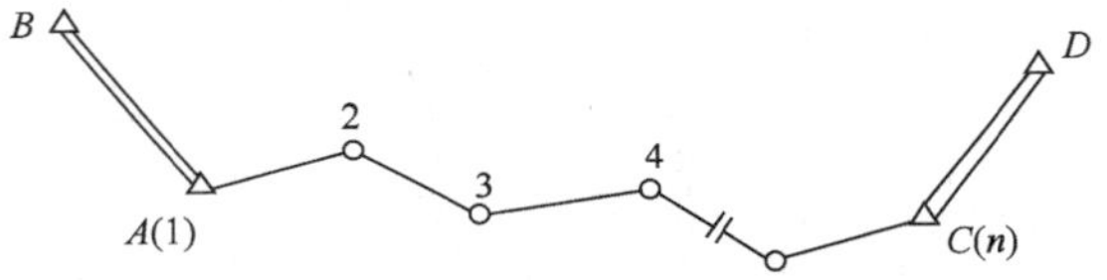

图 6-7 附合导线

二、导线测量的技术要求

公路工程的导线按精度由高到低的顺序划分为:三等、四等、一级和二级 4 个等级,其主要技术要求列于表 6-5 中。

导线测量的主要技术要求　　表 6-5

等级	附(闭)合导线长度(km)	平均边长(km)	边数	每边测距中误差(mm)	单位权中误差(″)	导线全长相对闭合差	方位角闭合差(″)
三等	≤18	2.0	≤9	≤ ±14	≤ ±1.8	≤1/52000	$\leq 3.6\sqrt{n}$
四等	≤12	1.0	≤12	≤ ±10	≤ ±2.5	≤1/35000	$\leq 5.0\sqrt{n}$
一级	≤6	0.5	≤12	≤ ±14	≤ ±5.0	≤1/17000	$\leq 10\sqrt{n}$
二级	≤3.6	0.3	≤12	≤ ±11	≤ ±8.0	≤1/11000	$\leq 16\sqrt{n}$

注:1. 表中 n 为测站数。

2. 以测角中误差为单位全中误差。

3. 导线网节点间的长度不得大于表中长度的 0.7 倍。

三、导线测量的外业工作

导线测量的外业工作主要包括：踏勘选点及建立标志、测距、测角和联测。各项工作均应按相关规定执行。

1. 踏勘选点及建立标志

在选点时，首先调查收集测区已有的地形图和控制点的成果资料，一般是先在中比例尺（1:10000～1:100000）的地形图上进行控制网设计。根据测区内已有的国家控制点或测区附近其他工程部门建立的可利用的控制点，确定与其联测的方案及控制网点位置。在布网方案初步确定后，可对控制网进行精度估算，必要时需对初定控制点做调整，然后到野外去踏勘、核对、修改和落实点位。如需测定起始边，应优先考虑起始边位置。如果测区没有以前的地形资料，则需详细踏勘现场，根据已知控制点的分布、地形条件以及测图和施工需要等具体情况，合理拟定导线点的位置。

控制点位置的选定应满足相应工程的基本要求。例如，对于公路工程，应满足《公路勘测规范》（JTG C10—2007）中的规定。公路导线控制网应满足以下平面控制网设计的一般要求和导线测量的布设要求。

1）平面控制网设计的一般要求

（1）路线平面控制网的设计，应首先在地形图上进行控制网点位的选择，在其基础上进行现场踏勘并确定点位。

（2）路线平面控制网，宜首先布设首级控制网，然后再加密路线平面控制网。

（3）构造物平面控制网可与路线平面控制网同时布设，亦可在路线平面控制网的基础上进行。当分步布设时，在布设路线平面控制网的同时，应考虑沿线桥梁、隧道等构造物测设的需要，在大型构造物的两侧至少应分别布设 1 对相互通视的首级平面控制点。

（4）平面控制点相邻点间平均边长应参照表 6-5 中所列平均边长执行。四等及四等以上平面控制网中相邻点之间距离不得小于 500m，一、二级平面控制网中相邻点之间距离在平原、微丘区不得小于 200m，在重丘、山岭区不得小于 100m，最大距离不应大于平均边长的 2 倍。

（5）路线平面控制点宜沿路线前进方向布设，路线平面控制点到路线中心线的距离应大于 50m，且宜小于 300m，每一点至少应与一相邻点通视。特大型构造物每一端应埋设 2 个以上平面控制点。

（6）点位的位置应便于加密、扩展，易于保存、寻找，同时便于测角、量距及地形图测量和中桩放样。

（7）构造物控制网宜布设成四边形，应以构造物一端路线控制网中的一个点为起算点，以该点到另一路线控制点的方向为起始方向，并利用构造物另一端路线控制网中的一个点为检核点。

2）导线测量的布设要求

（1）各级导线应尽量布设成直伸形状。

（2）点位的布设应满足下列测距边的要求。

测距边应选在地面覆盖物相同的地段,不宜选在烟囱、散热塔、散热池等发热体的上空。测线上不应有树枝、电线等障碍物,测线应离开地面或障碍物 1.3m 以上。测线应避开高压线等强电磁场的干扰,并宜避开视线后方反射物体。

导线点选定后,应在相应位置建立标志,并按一定顺序编号。标志的制作、尺寸规格、书写及埋设均应符合相应等级的要求。为便于今后查找,还应量出导线点至附近明显地物的距离,现场绘制草图,注明尺寸,称为"点之记"。

2. 测距

测距是指测定导线中各边长的工作。《公路勘测规范》(JTG C10—2007)规定:一级及以上导线的边长,应采用光电测距仪(按表 6-6 选用)施测。二级导线的边长,可采用普通钢尺进行测量。光电测距的主要技术要求见表 6-7。普通钢尺丈量导线边长的主要技术要求见表 6-8。

光电测距仪的选用 表 6-6

测距仪精度等级	每公里测距中误差 m_D(mm)	适用的平面控制测量等级
Ⅰ级	$m_D \leq \pm 5$	所有等级
Ⅱ级	$\pm 5 < m_D \leq \pm 10$	三、四等,一、二级
Ⅲ级	$\pm 10 < m_D \leq \pm 20$	一、二级

光电测距的主要技术要求 表 6-7

导线等级	观测次数		每边测回数		一测回读数间较差(mm)	单程各测回较差(mm)	往返较差
	往	返	往	返			
三等	≥1	≥1	≥3	≥3	≤5	≤7	$\leq\sqrt{2}(a+b\cdot D)$
四等	≥1	≥1	≥2	≥2	≤7	≤10	
一级	≥1	—	≥2	—	≤7	≤10	
二级	≥1	—	≥1	—	≤12	≤17	

注:1. 测回是指照准目标 1 次,读数 4 次的过程。

2. 表中 a 为固定误差,b 为比例误差系数,D 为水平距离(km)。

普通钢尺丈量导线边长的主要技术要求 表 6-8

定向偏差(mm)	每尺段往返高差之差(cm)	最小读数(mm)	三组读数之差(mm)	同段尺长差(mm)	外业手簿计算取值(mm)		
					尺长	各项改正	高差
≤5	≤1	1	≤3	≤4	1	1	1

注:每尺段指 2 根钢尺同向丈量或单尺往返丈量。

3. 测角

导线的转折角有左角和右角之分,以导线为界,按编号顺序方向前进,在前进方向左侧的角称为左角,在前进方向右侧的角称为右角。在闭合导线中,一般均测其内角,闭合导线若按逆时针方向编号,其内角均为左角;反之均为右角。在附合导线中,可测其左角亦可测其右角(在公路测量中一般测右角),但全线要统一。水平角观测的主要技术要求见表 6-9。

水平角观测的主要技术要求　　表 6-9

测量等级	仪器精度等级	光学测微器两次重合读数差(″)	半测回归零差(″)	同一测回中 2c 较差(″)	同一方向各测回间较差(″)	测回数
二等	1″级仪器	≤1	≤6	≤9	≤6	≥12
三等	1″级仪器	≤1	≤6	≤9	≤6	≥6
	2″级仪器	≤3	≤8	≤13	≤9	≥10
四等	1″级仪器	≤1	≤6	≤9	≤6	≥4
	2″级仪器	≤3	≤8	≤13	≤9	≥6
一级	2″级仪器	—	≤12	≤18	≤12	≥2
	6″级仪器	—	≤24	—	≤24	≥4
二级	2″级仪器	—	≤12	≤18	≤12	≥1
	6″级仪器	—	≤24	—	≤24	≥3

注:当观测方向的垂直角超过 ±3°时,该方向的 2c 较差可按同一观测时间段内相邻测回进行比较。

4. 联测

导线联测是指新布设的导线与周围已有的高级控制点的联系测量,以取得新布设导线的起算数据,即起始点的坐标和起始边的方位角。常用的联测方法有导线法、测角交会法和距离交会法。

1)导线法

如果沿路线方向有已知的高级控制点,导线可直接与其连接,共同构成闭合导线或附合导线。图 6-8a)为附合导线,图 6-8b)为闭合导线,A、B、C、D 为已知的高级控制点,1、2、3、4、5 为新布设导线点,则导线联测为测定连接角(水平角)β_1、β_2和连接边 D_1、D_2。连接角和连接边的测量方法与上述导线的测距、测角方法相同。

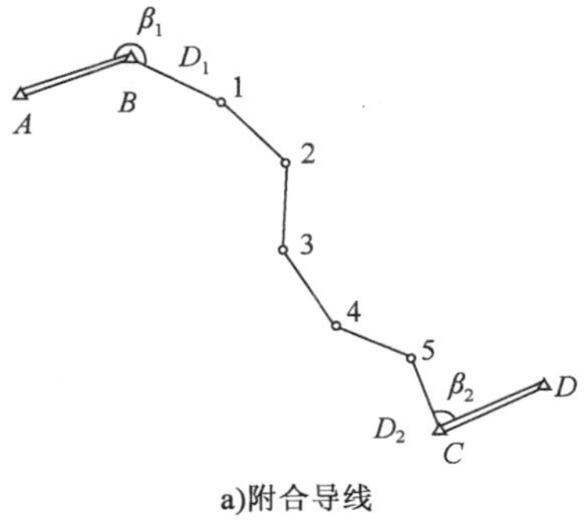

a)附合导线

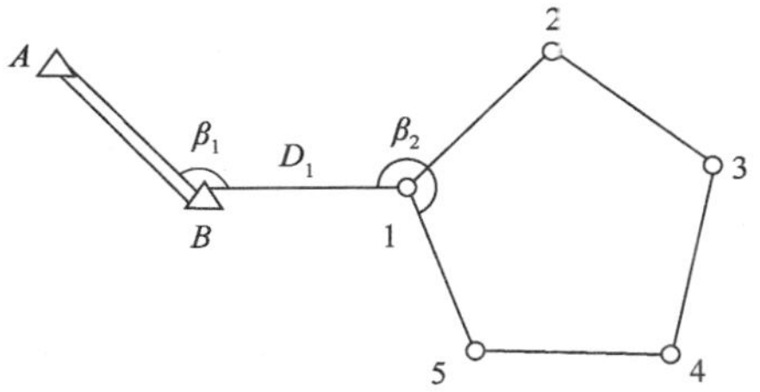

b)闭合导线

图 6-8　导线的联测角和联测边

2)测角交会法和距离交会法

将在本章的第四节中介绍。

四、坐标正反算

在测量工作中,高斯平面直角坐标系是以投影带的中央子午线投影为坐标纵轴,用 X 表示,赤道线投影为坐标横轴,用 Y 表示,两轴交点为坐标原点。平面上两点的直角坐标值之差称为坐标增量,纵坐标增量用 ΔX_{ij} 表示,横坐标增量用 ΔY_{ij} 表示。

1. 坐标正算

根据一个已知点的坐标 $A(X_A, Y_A)$ 以及到另一点 B 的距离 D_{AB} 和其坐标方位角 α_{AB}，求算未知点 B 的坐标的工作，称为坐标正算。由图 6-9 可知：

$$\begin{cases} X_B = X_A + \Delta X_{AB} \\ Y_B = Y_A + \Delta Y_{AB} \end{cases} \tag{6-1}$$

利用三角函数关系可得：

$$\begin{cases} \Delta X_{AB} = D_{AB} \cdot \cos\alpha_{AB} \\ \Delta Y_{AB} = D_{AB} \cdot \sin\alpha_{AB} \end{cases} \tag{6-2}$$

则 B 点坐标为：

$$\begin{cases} X_B = X_A + \Delta X_{AB} = X_A + D_{AB} \cdot \cos\alpha_{AB} \\ Y_B = Y_A + \Delta Y_{AB} = Y_A + D_{AB} \cdot \sin\alpha_{AB} \end{cases} \tag{6-3}$$

2. 坐标反算

根据两已知点 $A(X_A, Y_A)$、$B(X_B, Y_B)$ 的坐标，计算该两点间的水平距离 D_{AB} 及坐标方位角 α_{AB} 的工作，称为坐标反算。如图 6-10 所示，可得：

$$\begin{cases} \Delta X_{AB} = X_B - X_A \\ \Delta Y_{AB} = Y_B - Y_A \end{cases} \tag{6-4}$$

$$D_{AB} = \sqrt{\Delta X_{AB}^2 + \Delta Y_{AB}^2} \tag{6-5}$$

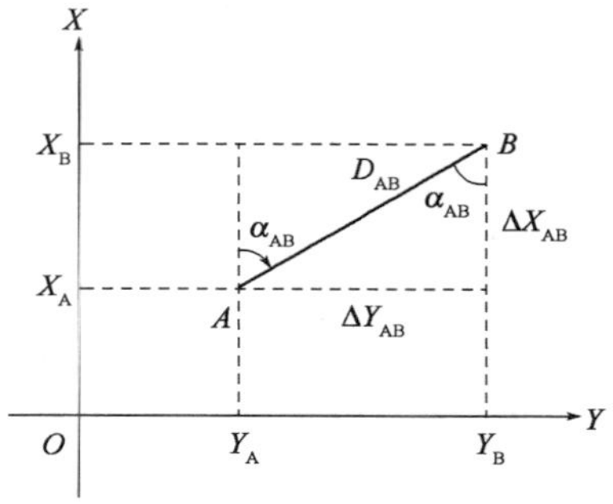

图 6-9　坐标正算

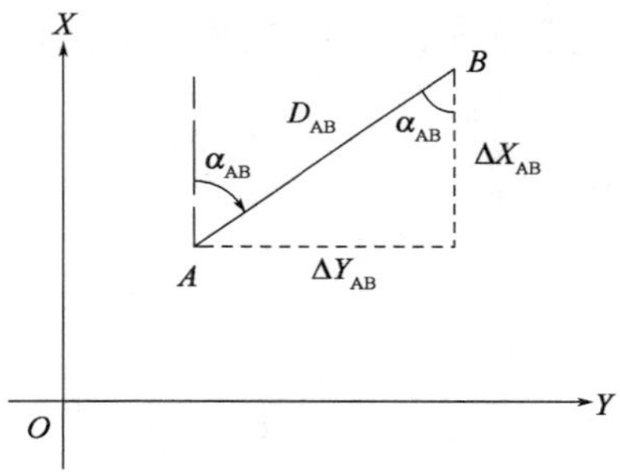

图 6-10　坐标反算

根据象限角的定义，象限角为锐角，故公式为：

$$\alpha_{AB} = \arctan\left|\frac{\Delta Y_{AB}}{\Delta X_{AB}}\right| \tag{6-6}$$

然后，根据坐标增量的正负，确定 A、B 点坐标方位角所在的象限，再将象限角换算为坐标方位角。

五、全站仪导线测量的成果处理

导线测量的内业工作的目的，是根据已知的起算数据和外业观测资料，通过对误差进行必要的调整，最后计算出各导线点的平面坐标。**(资源 6-2-1、资源6-2-2)**

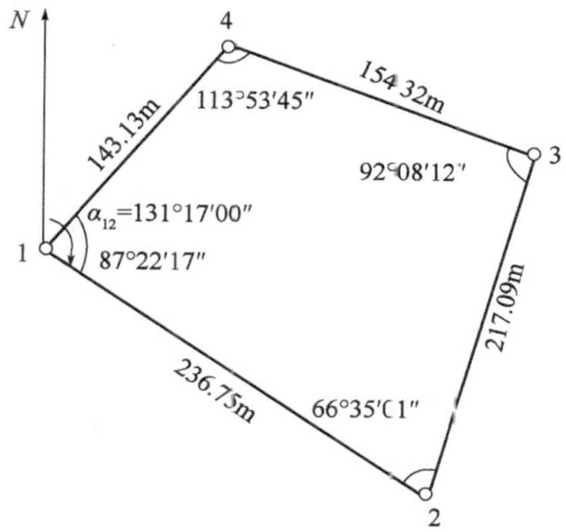

图 6-11 闭合导线草图

进行内业计算前，应仔细全面地检查导线测量的外业记录，检查数据是否齐全，有无记错、算错，是否符合精度要求，起算数据是否准确。然后绘出导线草图，并把各项数据标注在图中的相应位置，如图 6-11所示。

1. 闭合导线的近似平差计算

现以图 6-11 所示的图根导线为例，介绍闭合导线内业计算的步骤，具体运算过程及结果参见表 6-10。

计算前，首先将导线草图中的点号、角度的观测值、边长的量测值以及起始边的方位角、起始点的坐标等填入“闭合导线坐标计算表”中，如表 6-10 中的第 1 栏、第 2 栏、第 6 栏、第 5 栏的第一项、第 13、第 14 栏的第一项所示。然后按以下步骤进行计算：

1）角度闭合差的计算与调整

闭合导线在几何上是一个 n 边形，其内角和的理论值为：

$$\sum\beta_{理} = (n-2) \times 180° \tag{6-7}$$

而在实际观测过程中，由于不可避免地存在着误差，使得实测多边形的内角和不等于上述理论值，两者的差值称为闭合导线的角度闭合差，以 f_β 表示，即：

$$f_\beta = \sum\beta_{测} - \sum\beta_{理} = \sum\beta_{测} - (n-2) \times 180° \tag{6-8}$$

式中：$\beta_{理}$——转折角的理论值；

$\beta_{测}$——转折角的外业观测值。

各等级导线方位角（角度）闭合差的容许值 $f_{\beta容许}$ 列于表 6-5 中。若 $f_\beta > f_{\beta容许}$，则说明角度闭合差超限，不满足精度要求，应返工重测直到满足精度要求；若 $f_\beta \leqslant f_{\beta容许}$，则说明所测角度满足精度要求，在此情况下，可将角度闭合差进行调整。由于各角观测均在相同的观测条件下进行，故可认为各角产生的误差相等。因此，角度闭合差调整的原则是：将 f_β 以相反的符号平均分配到各观测角中，若不能均分，一般情况下，将余数分配给短边的夹角，即各角度的改正数 v_β 为：

$$v_\beta = -\frac{f_\beta}{n}$$

则各转折角调整以后的值（又称为改正后角值）为：

$$\beta = \beta_{测} + v_\beta \tag{6-9}$$

调整后的内角和必须等于理论值，即 $\sum\beta = (n-2) \times 180°$。

2）导线边坐标方位角的推算

根据起始边的已知坐标方位角及调整后的各内角值，由简单的几何运算推导便可得出，前一边的坐标方位角 $\alpha_{前}$ 与后一边的坐标方位角 $\alpha_{后}$ 的关系式为：

$$\alpha_{前} = \alpha_{后} \pm \beta \mp 180° \tag{6-10}$$

在具体推算时要注意如下几点：

（1）上式中的“$\pm\beta \mp 180°$”项，若 β 角为左角，则应取“$+\beta - 180°$”；若 β 角为右角，则应取“$-\beta + 180°$”。

闭合导线坐标计算 表6-10

点号	转折角观测值 (° ′ ″)	角度改正数(″)	改正后角值 (° ′ ″)	坐标方位角 (° ′ ″)	边长 (m)	纵坐标增量 Δx 计算值 (m)	纵坐标增量 Δx 改正数 (cm)	纵坐标增量 Δx 改正后值 (m)	横坐标增量 Δy 计算值 (m)	横坐标增量 Δy 改正数 (cm)	横坐标增量 Δy 改正后值 (m)	纵坐标 x (m)	横坐标 y (m)	点号
1	2	3	4	5	6	7	8	9	10	11	12	13	14	15
1												500.00	500.00	1
				131 17 00	236.75	-156.20	-3	-156.23	+177.91	-8	+177.83			
2	66 35 01	+11	66 35 12									343.77	677.83	2
				17 52 12	217.09	+206.62	-3	+206.59	+66.62	-8	+66.54			
3	92 08 12	+11	92 08 23									550.36	744.37	3
				290 00 35	154.32	+52.80	-2	+52.78	-145.00	-6	-145.06			
4	113 53 45	+11	113 53 56									603.14	599.31	4
				223 54 31	143.13	-103.12	-2	-103.14	-99.26	-5	-99.31			
1	87 22 17	+12	87 22 29									500.00	500.00	1
				131 17 00										
2														2
Σ	359 59 15	+45	360 00 00		751.29	+0.10	-0.10	0.00	+0.27	-0.27	0.00			

辅助计算

$f_\beta = \sum\beta_{测} - \sum\beta_{理} = 359°59'15'' - 360°00'00'' = -45''$

$f_{\beta容} = \pm 40''\sqrt{4} = \pm 80''$ $(f_\beta < f_{\beta容})$

$f_x = \sum\Delta x = +0.1(\text{m})$; $f_y = \sum\Delta y = +0.27(\text{m})$; $f_D = \sqrt{f_x^2 + f_y^2} = 0.29(\text{m})$

$K = \frac{f_D}{\sum D} = \frac{0.29}{751.29} \approx \frac{1}{2500}$

$K_{容} = \frac{1}{2000}$ $(K < K_{容})$

附图:

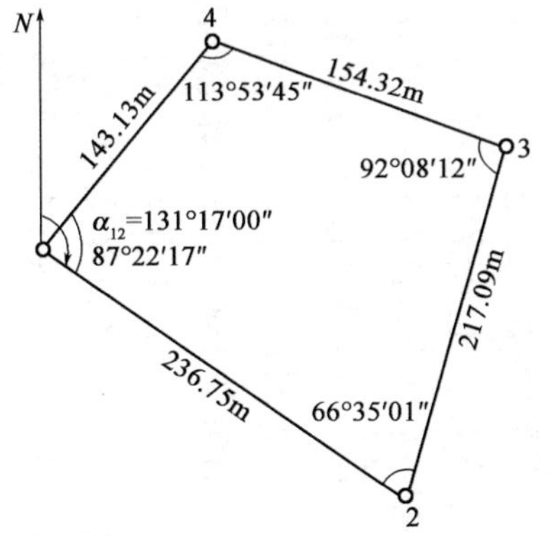

(2)若用公式推导出来的 $\alpha_{前}<0°$,则应对其加上 360°;若 $\alpha_{前}>360°$,则应对其减去 360°,使各导线边的坐标方位角在 0° ~ 360°的取值范围内。

(3)起始边的坐标方位角最后也能推算出来,其推算值应与原已知值相等,否则说明推算过程有误。

3)坐标增量的计算

一导线边两端点的纵坐标(或横坐标)之差,称为该导线边的纵坐标(或横坐标)增量,以 Δx(或 Δy)表示。

设 i、j 为两相邻的导线点,量测两点之间的边长为 D_{ij},已根据观测角调整后的值推出了坐标方位角为 α_{ij},则由三角几何关系,可计算出 i、j 两点之间的坐标增量(在此称为观测值)$\Delta x_{ij测}$和 $\Delta y_{ij测}$分别为:

$$\begin{cases}\Delta x_{ij测}=D_{ij}\cdot\cos\alpha_{ij}\\ \Delta y_{ij测}=D_{ij}\cdot\sin\alpha_{ij}\end{cases}\tag{6-11}$$

4)坐标增量闭合差的计算与调整

因闭合导线从起始点出发经过若干个导线点,最后又回到起始点,显然,其坐标增量之和的理论值为零,如图 6-12a)所示,即

$$\begin{cases}\sum\Delta x_{ij理}=0\\ \sum\Delta y_{ij理}=0\end{cases}\tag{6-12}$$

但是,实际上从式(6-11)可以看出,坐标增量由边长 D_{ij}和坐标方位角 α_{ij}计算而得,尽管坐标方位角经过角度闭合差的调整以后已能闭合,但是边长还存在误差,从而导致坐标增量带有误差,即坐标增量的实测值之和 $\sum\Delta x_{ij测}$和 $\sum\Delta y_{ij测}$一般情况下不等于零,这就是坐标增量闭合差,通常以 f_x 和 f_y 表示,如图 6-12b)所示,即:

$$\begin{cases}f_x=\sum\Delta x_{ij测}\\ f_y=\sum\Delta y_{ij测}\end{cases}\tag{6-13}$$

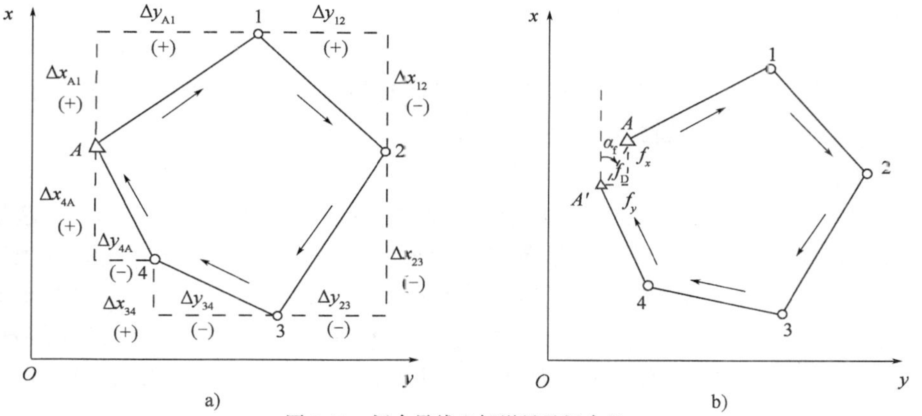

图 6-12　闭合导线坐标增量及闭合差

由于坐标增量闭合差存在,根据计算结果绘制出来的闭合导线图形不能闭合,如图 6-12b)所示,此不闭合的缺口距离,称为导线全长闭合差,通常以 f_D表示。按几何关系,用坐标增量闭合差可求得导线全长闭合差 f_D:

$$f_D = \sqrt{f_x^2 + f_y^2} \tag{6-14}$$

导线全长闭合差f_D随着导线长度的增加而增大,所以导线测量的精度是用导线全长相对闭合差K(即导线全长闭合差f_D与导线全长$\sum D$之比值)来衡量的,即:

$$K = \frac{f_D}{\sum D} = \frac{1}{\sum D / f_D} \tag{6-15}$$

导线全长相对闭合差K通常用分子是1的分数形式表示,不同等级的导线全长相对闭合差的容许值$K_{容}$列于表6-5中,用时可查阅。

若$K \leqslant K_{容}$,表明测量结果满足精度要求,则可将坐标增量闭合差取相反符号后,按与边长成正比的方法分配到各坐标增量上去,得到各纵、横坐标增量的改正值,以ΔX_{ij}和ΔY_{ij}表示:

$$\begin{cases} \Delta X_{ij} = \Delta x_{ij测} + v_{\Delta x_{ij}} \\ \Delta Y_{ij} = \Delta y_{ij测} + v_{\Delta y_{ij}} \end{cases} \tag{6-16}$$

上式中的$v_{\Delta x_{ij}}$、$v_{\Delta y_{ij}}$分别称为纵、横坐标增量的改正数,且有:

$$\begin{cases} v_{\Delta x_{ij}} = -\dfrac{f_x}{\sum D} D_{ij} \\ v_{\Delta y_{ij}} = -\dfrac{f_y}{\sum D} D_{ij} \end{cases} \tag{6-17}$$

5)导线点坐标计算

根据起始点的已知坐标和改正后的坐标增量ΔX_{ij}和ΔY_{ij},即可按下列公式依次计算各导线点的坐标:

$$\begin{cases} x_j = x_i + \Delta X_{ij} \\ y_j = y_i + \Delta Y_{ij} \end{cases} \tag{6-18}$$

同样,用上式最后可以推导出起始点的坐标,推算值应与已知值相等,以此可检核整个计算过程是否有误。

2. 附合导线的近似平差计算

附合导线的内业计算步骤和前述的闭合导线的计算步骤基本相同,所不同的是两者的角度闭合差及坐标增量闭合差的计算方法不一样。下面主要介绍这两点不同。

1)角度闭合差的计算

附合导线首尾各有一条已知坐标方位角的边,如图6-7中的BA边和CD边,这里称之为始边和终边。由于外业工作已测得导线各个转折角的大小,所以可根据起始边的坐标方位角及测得的导线各转折角,由式(6-10)推算出终边的坐标方位角。这样导线终边的坐标方位角有一个原已知值$\alpha_{终}$,还有一个由始边坐标方位角和测得的各转折角所得的推算值$\alpha'_{终}$。由于测角存在误差,导致这两个值不相等,两个值之差即为附合导线的角度闭合差f_β,即:

$$f_\beta = \alpha'_{终} - \alpha_{终} = \alpha_{始} - \alpha_{终} \pm \sum\beta \mp n \times 180° \tag{6-19}$$

上式中的$\alpha'_{终}$请参考式(6-10)推导确定。

2)坐标增量闭合差的计算

附合导线的首尾各有一个已知坐标值的点,如图6-7中的A点和C点,这里称之为始点和终点。附合导线的纵、横坐标增量之代数和，在理论上应等于终点与始点的纵、横坐标差值，即：

$$\begin{cases}\sum \Delta x_{ij理} = x_{终} - x_{始} \\ \sum \Delta y_{ij理} = y_{终} - y_{始}\end{cases} \tag{6-20}$$

但是由于量边和测角有误差，因此根据观测值推算出来的纵、横坐标增量之代数和 $\sum \Delta x_{ij测}$ 和 $\sum \Delta y_{ij测}$，与上述的理论值通常是不相等的，两者之差即为纵、横坐标增量闭合差：

$$\begin{cases}f_x = \sum \Delta x_{ij测} - (x_{终} - x_{始}) \\ f_y = \sum \Delta y_{ij测} - (y_{终} - y_{始})\end{cases} \tag{6-21}$$

上式中的 $\Delta x_{ij测}$ 和 $\Delta y_{ij测}$ 的计算方法参见式(6-11)。

表 6-11 为附合导线坐标计算全过程的一个算例，供参考。

3. 用 Excel 软件进行导线坐标计算

在表格中进行导线坐标计算是较为直观而方便的，尤其是利用 Excel 软件，将导线计算公式纳入设计的表格中，可达到自动连续推算的目的。不同的导线形式，其计算程序稍有不同。

以表 6-10 闭合导线坐标计算表为例，利用 Excel 软件进行坐标计算。计算过程及结果如图 6-13 所示，步骤如下：

(1)在 B、C、D 三列分别输入观测角值的度、分、秒；

(2)在"E6"单元格编辑公式" = B6 + C6/60 + D6/3600"，将观测角的单位换算为"度"；

(3)在"C21"单元格编辑公式" = (E16 - (C22 - 2) * 180) * 3600"，计算角度闭合差，"E18"为转折角观测值的和，"C22"为闭合导线边数；

(4)在"F6"单元格编辑公式" = -$C$21/$C$22"，计算角度改正数，单位为"秒"；

(5)在"G6"单元格编辑公式" = E6 + F6/3600"，计算角度改正数，单位为"度"；

(6)在"H5"单元格编辑公式" = E20"，"E20"为换算单位为"度"的起始边方位角；

(7)在"H7"单元格编辑公式" = IF(H5 - G6 + 180 < 0, H5 - G6 + 180 + 360, IF(H5 - G6 + 180 > 360, H5 - G6 + 180 - 360, H5 - G6 + 180))"，按右角公式进行方位角推算；

(8)在 I 列输入观测边长；

(9)在"J5"和"K5"单元格分别编辑公式" = ROUND(I5 * COS(RADIANS(H5)),2)"和" = ROUND(I5 * SIN(RADIANS(H5)),2)"，计算坐标增量；

(10)在"K21"单元格编辑公式" = ROUND(SQRT(J18^2 + K18^2),2)"，计算导线全长闭合差，"J18"为纵坐标增量闭合差，"K18"为横坐标增量闭合差；

(11)在"K22"单元格编辑公式" = INT(I18/K21)"，计算导线全长相对闭合差，"I18"为导线边长和；

(12)在"L5"和"M5"单元格分别编辑公式" = - ROUND($J$18/$I$18 * I5,2)"和" = ROUND(-$K$18/$I$18 * I5,2)"，计算坐标增量改正数；

(13)在"N5"和"O5"单元格分别编辑公式" = J5 + L5"和" = K5 + M5"，计算改正后的坐标增量；

(14)在"P4"和"Q4"单元格分别输入已知点的"X"和"Y"坐标；

(15)在"P5"和"Q5"单元格分别编辑公式" = P4 + N5"和" = Q4 + O5"，计算坐标。

附合导线坐标计算

表 6-11

点号	转折角观测值(° ′ ″)	角度改正数(″)	改正后角值(° ′ ″)	坐标方位角(° ′ ″)	边长(m)	纵坐标增量Δx 计算值(m)	纵坐标增量Δx 改正数(cm)	纵坐标增量Δx 改正后值(m)	横坐标增量Δy 计算值(m)	横坐标增量Δy 改正数(cm)	横坐标增量Δy 改正后值(m)	纵坐标x(m)	横坐标y(m)	点号
1	2	3	4	5	6	7	8	9	10	11	12	13	14	15
B														B
				215 36 45										
A	95 27 23	-20	95 27 03									513.26	258.17	A
				131 03 48	171.29	-112.52	+5	-112.47	+129.15	-4	+129.11			
1	121 17 58	-20	121 17 38									400.79	387.28	1
				72 21 26	212.38	+64.37	+6	+64.43	+202.39	-4	+202.35			
2	200 00 00	-21	209 56 55									465.22	589.63	2
				102 18 21	167.92	-35.79	+5	-35.74	+164.06	-4	+164.02			
3	142 03 19	-21	142 02 58									429.48	753.65	3
				64 21 19	188.21	+81.46	+5	+81.51	+169.67	-4	+169.63			
C	157 08 22	-21	157 08 01									510.99	923.28	C
				41 29 20										
D														D
Σ	725 54 18	-103	725 52 35		739.80	-2.48	+21	-2.27	+665.27	-16	+665.11			

辅助计算

$\alpha'_{CD}=\alpha_{BA}-5\times180°+\sum\beta_{测}=41°31'03''$

$f_\beta=\alpha'_{CD}-\alpha_{CD}$

$=41°31'03''-41°29'20''$

$=+1'43''=+103''$

$f_{\beta容}=\pm60''\sqrt{5}=\pm89''\quad(f_\beta<f_{\beta容})$

$f_x=\sum\Delta x_{测}-(x_C-x_A)=-2.48-(510.99-513.26)=-0.21(m)$

$f_x=\sum\Delta y_{测}-(y_C-y_A)$

$=+665.27-(923.28-258.17)=+0.16(m)$

$f_D=\sqrt{f_x^2+f_y^2}=0.26m$

$K=\frac{f_D}{\sum D}\approx\frac{1}{2800}\quad K_{容}=\frac{1}{2000}\quad(K<K_{容})$

附图：

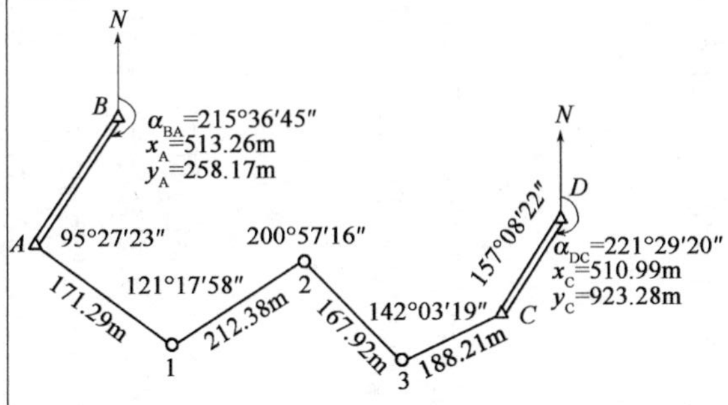

闭合导线坐标计算表

点名	转折角观测值 °	′	″	转折角(°)	角度改正数(″)	改正后角值(°)	方位角(°)	边长(m)	坐标增量计算值 Δx	Δy	改正数 Δx	Δy	改后坐标增量 Δx	Δy	坐标 X	Y	点名
1															500	500	1
							131.2833333	236.75	-156.2	177.91	-0.03	-0.08	-156.23	177.83			
2	66	35	1	66.58361111	11	66.5866667									343.77	677.83	2
							17.87	217.09	206.62	66.62	-0.03	-0.08	206.59	66.54			
3	92	8	12	92.13666667	11	92.1397222									550.36	744.37	3
							290.0097222	154.32	52.8	-145	-0.02	-0.06	52.78	-145.06			
4	113	53	45	113.8958333	11	113.898889									603.14	599.31	4
							223.9086111	143.13	-103.12	-99.26	-0.02	-0.05	-103.14	-99.31			
1	87	22	17	87.37138889	12	87.3747222									500	500	1
							131.2833333										
2																	2
Σ				359.9875	45	360		751.29	0.1	0.27	-0.1	-0.27	0	0			

已知α= 131 17 0 131.2833333

角度闭合差= -45 <± 80　　fx(m)= 0.1　　fD(m)= 0.29

已知边数n= 4　　fy(m)= 0.27　　K=1/ 2590 <1/2000

图 6-13　Excel 软件进行闭合导线坐标计算

第三节　GNSS 测量

公路建设是投资巨大的基础事业，随着交通运输事业的发展，公路建设工程日益增多，工程规模也不断扩大，特别是高速公路，由于线路长、构造物多，测量、施工要求质量高、时间紧，尽管在工程测量中采用了电子全站仪等先进设备，但是传统的测量方法受横向通视条件限制，加上测量方法的局限性，以及作业效率不高等原因，已不能满足实际需求。为此，迫切需要采用高精度、快速度、低费用、不受地形通视等条件限制、布设灵活的控制测量方法。GNSS 系统在这些方面充分显示了它的优越性，因此在公路建设中得到了广泛应用。

一、GNSS 控制网的分级

对于公路工程，根据公路、桥梁及隧道等构造物的特点及不同要求，GNSS 控制网分为二等、三等、四等、一级和二级共 5 个等级。

GNSS 网的精度要求，主要取决于其用途。精度指标通常以网中相邻点之间的弦长标准差表示，按下式计算：

$$\sigma = \sqrt{a^2 + (bd)^2} \tag{6-22}$$

式中：σ——网中相邻点间的弦长标准差，mm；

a——与 GNSS 接收机有关的固定误差，mm；

b——比例误差，mm/km；

d——相邻点间的距离，km。

GNSS 基线测量的中误差应小于按式(6-22)计算的标准差，各等级控制测量固定误差 a、比例误差 b 的取值应符合表6-12 的规定。计算 GNSS 测量大地高差的精度时，a、b 可放宽至表中数值的2倍。

GNSS 测量的主要技术要求 表6-12

等级	平均边长(km)	固定误差 a(mm)	比例误差 b(mm/km)
二等	9	≤10	≤2
三等	4.5	≤10	≤5
四等	2	≤10	≤10
一级	1	≤10	≤20
二级	0.5	≤10	≤40

同其他测量一样,GNSS 测量的具体实施也包括外业和内业两个工序。外业工作主要包括选点、建立观测标志、野外观测及外业成果质量检核等;内业工作主要包括 GNSS 测量的技术设计、测后数据处理及技术总结等。

二、GNSS 控制网的技术设计

GNSS 控制网的技术设计是一项基础工作,应根据网的技术要求进行。在公路测量中,GNSS 控制网的布设应根据公路等级、沿线地形地物、作业时卫星状况、精度要求等因素进行综合设计,并编制技术设计书(或大纲)。根据 GNSS 控制网的用途,应通过设计明确精度指标和网的图形。

GNSS 控制网的技术设计核心是如何高质量、低成本地完成既定的测量任务。一般情况下,进行 GNSS 控制网设计时须考虑测站选址、卫星选择、用户接收机设备装置和后勤保障等因素。当网点位置和接收机台数确定后,网的设计主要体现在观测时间的确定、图形的构造及每个测站点观测的次数等。

1. GNSS 控制网的设计要求

GNSS 控制网设计除应满足平面控制网设计的一般要求(参见本章第二节第三部分内容),还应满足下列要求:

(1)点位不应选在大功率发射台或高压线附近,距离高压线不应小于100m,距离大功率发射台不宜小于400m。

(2)点位应避开由于地面或其他目标反射所引起的多路径干扰的位置。

(3)要求测站上空尽可能得开阔,高度角为15°的上方,应无妨碍通视的障碍物。

(4)GNSS 控制网应同附近等级高的国家控制网点联测,联测点数应不少于3个,并力求分布均匀,而且能覆盖本控制网范围。当 GNSS 控制网较长时,应增加联测点数量。

(5)同一公路工程项目的 GNSS 控制网分为多个投影带时,在分带交界附近宜同国家平面控制点联测。

(6)二、三、四等 GNSS 控制网应采用网连式、边连式布网;一、二级 GNSS 控制网可采用点连式布网。GNSS 控制网中不应出现自由基线。

(7)GNSS 控制网由非同步 GNSS 观测边构成多边形闭合环或附合路线时,其边数应符合表6-13的规定。

公路 GNSS 控制网闭合环或附合路线边数的规定　　表 6-13

测量等级	二等	三等	四等	一级	二级
闭合环或附合路线的边数	≤6	≤8	≤10	≤10	≤10

点位选定以后,应按公路前进方向顺序编号,并在编号前冠以“GNSS”字样和等级。当新点与原有点重合时,应采用原有点名。同一个 GNSS 控制网中严禁有相同的点名。选定的点位应标注于地形图上,同时填写 GNSS“点之记”,绘制测站环视图和 GNSS 控制网选点图。

为了固定点位,以便长期利用 GNSS 测量成果和进行重复观测,GNSS 控制网点选定后一般应设置具有中心标志的标石,以精确标志点位。点的标石和标志必须稳定、坚固,以利于长久保存和利用,点的标志一般采用埋石方法。

2. GNSS 控制网基本图形的选择

根据 GNSS 测量的不同用途,GNSS 控制网的独立观测边应构成一定的几何图形。图形的基本形式如下。

1)三角形网

如图 6-14 所示,GNSS 控制网中的三角形边由独立观测边组成。根据常规平面测量已经知道,这种图形的几何结构强,具有良好的自检能力,能够有效地发现观测成果的粗差,以保障网的可靠性;同时,经平差后网中相邻点间基线向量的精度分布均匀。

但是,这种网形的观测工作量大,当接收机数量较少时,将大大延长观测工作的总时间。因此,通常只有当网的精度和可靠性要求较高时,才单独采用这种图形。

2)环形网

环形网由若干含有多条独立观测边的闭合环组成,如图 6-15 所示。这种网形与导线网相似,其图形的结构强度不及三角形网。环形网的自检能力和可靠性,与闭合环中所含基线边的数量有关。闭合环中的边数越多,自检能力和可靠性就越差。所以,应根据环形网的不同精度要求,限制闭合环中所含基线边的数量。

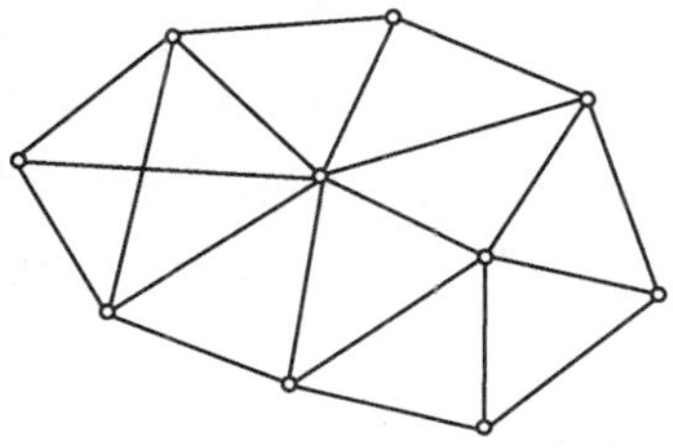

图 6-14　三角形网

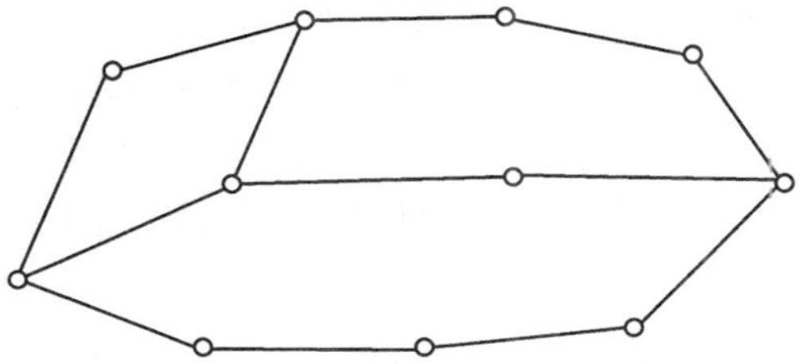

图 6-15　环形网

环形网观测工作量较三角形网小,也具有较好的自检能力和可靠性。但由于网中非直接观测的边(或称间接边)的精度要比直接观测的基线边低,因此网中相邻点间的基线精度分布不够均匀。

作为环形网的特例,在实际工作中还可按照网的用途和实际情况采用附合线路,这种附合线路与前述的附合导线类似。采用这种图形,附合线路两端的已知基线向量必须具有较高的精度。此外,对附合线路所包含的基线边数也有一定的限制。

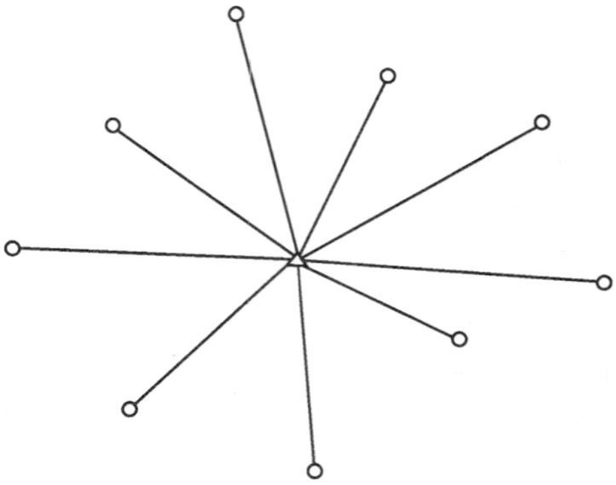
图 6-16 星形网

三角形网和环形网是控制测量和精密工程测量中普遍采用的两种基本图形。在实际中,根据情况也可采用两种图形的混合网形。

3)星形网

星形网的几何图形如图 6-16 所示。星形网的几何图形简单,但其直接观测边之间一般不构成闭合图形,所以检核能力差。由于这种网形在观测中一般只需要两台 GNSS 接收机,作业简单,因此在快速静态定位和准动态定位等快速作业模式中,大都采用这种网形。它被广泛用于工程测量、地籍测量和碎部测量等。

三、GNSS 测量的观测工作(资源 6-3-1 ~ 资源 6-3-7)

GNSS 测量的观测工作主要包括天线安置、观测作业、观测记录及观测数据的质量判定等。

1. 天线安置

天线的妥善安置是实现精密定位的重要条件之一。其安置工作一般应满足以下要求:

(1)静态相对定位时,天线安置应尽可能利用三脚架,并将三脚架安置在标志中心的上方,直接对中观测,对中误差不得大于 1mm。在特殊情况下,方可进行偏心观测,但归心元素应精密测定。

(2)天线底板上的圆水准器气泡必须严格居中。

(3)天线的定向标志线应指向正北,并考虑当地磁偏角的影响,以减弱相位中心偏差的影响。定向的误差依定位的精度要求不同而异,一般不应超过 $\pm(3° \sim 5°)$。

(4)雷雨天气安置天线时,应注意将其底盘接地,以防止雷击。

天线安置后,应在各观测时段的前后,各量取天线高一次。量测的方法按仪器的操作说明进行。两次量测结果之差不应超过 ±3mm,并取其平均值。

这里的天线高,是指天线的相位中心至观测点标志中心顶端的铅垂距离。一般分为上、下两段,上段是从相位中心至天线底面的距离,此为常数,由厂家给出;下段是从天线底面至观测点标志中心顶端的距离,由观测者现场测定。天线高的量测值为上、下两段距离之和。

2. 观测作业

在观测工作开始之前,接收机一般需按规定经过预热和静置。

观测作业的主要内容是捕获 GNSS 卫星信号,并对其进行跟踪、处理和量测,以获取所需的定位信息和观测数据。

使用 GNSS 接收机进行作业的具体操作步骤和方法,随接收机的类型和作业模式不同而异。随着接收设备硬件和软件的不断改善,操作方法也将有所变化,自动化水平将不断提高。因此,具体操作步骤和方法可按随机操作手册进行。

无论采用何种接收机,GNSS 测量的主要技术要求应符合表 6-14 的规定。

GNSS 测量的主要技术要求　　表 6-14

等级		二等	三等	四等	一级	二级
卫星高度角（°）	静态	≥15	≥15	≥15	≥15	≥15
	快速静态	—	—	—	≥15	≥15
有效观测卫星数（个）	静态	≥5	≥5	≥4	≥4	≥4
	快速静态	—	—	—	≥5	≥5
观测时段（min）	静态	30～90	20～60	15～45	10～30	10～30
	快速静态	—	—	—	10～15	10～15
数据采样间隔（s）	静态	10～30	10～30	10～30	10～30	10～30
	快速静态	—	—	—	5～15	5～15
点位几何图形强度因子 PDOP		≤6	≤6	≤6	≤8	≤8

在外业观测工作中，应注意以下事项：

（1）当确认外接电源电缆及天线等各项连接无误后，方可接通电源，启动接收机。

（2）开机后，接收机的有关指示和仪表数据显示正常时，方可进行自测试和输入有关测站及时段控制信息。

（3）接收机在开始记录数据后，用户应注意查看有关观测卫星数据、卫星号、相位测量残差、实时定位结果及其变化、存储介质记录等情况。

（4）在观测过程中，接收机不得关闭并重新启动，不准改变卫星高度角的限值，不准改变天线高。

（5）每一观测时段中，气象资料一般应在时段始末及中间各观测记录一次。当时段较长时，应适当增加观测次数。

（6）观测站的全部预定作业项目，经检查均已按规定完成，而且记录与资料均完整无误后，方可迁站。

3. 观测记录

在外业观测过程中，所有的观测数据和资料均须完整记录。记录可通过自动记录和手工记录两种途径完成。

1）自动记录

观测记录由接收设备自动完成，记录在存储介质（如数据存储卡）上，其主要内容包括：

（1）载波相位观测值及相应的观测历元。

（2）同一历元的测码伪距观测值。

（3）GNSS 卫星星历及卫星钟差参数。

（4）实时绝对定位结果。

（5）测站控制信息及接收机工作状态信息。

2）手工记录

手工记录是指在接收机启动前及观测过程中，由操作者随时填写的测量手簿。其中，观测记事栏应记载观测过程中发生的重要问题、问题出现的时间及其处理方式。为了保证记录的准确性，测量手簿必须在作业过程中随时填写，不得事后补记。观测记录是 GNSS 定位的原始数据，是后续数据处理的唯一依据，每日观测结束后，应将外业数据文件及时转存到存储介质上，不得做任何剔除或删改。

4. 观测数据的质量判定

观测任务结束后,必须及时在测区对观测数据进行检核,确保数据准确无误后,才能进行平差计算和数据处理。GNSS 计算应采用相应软件进行,本教材不作介绍。

第四节 交会法定点

在进行平面控制测量时,如果控制点的密度不能满足测图或工程的要求时,则需要进行控制点加密,常采用交会法进行单点(或双点)加密。

交会法定点分为测角交会和距离交会两种。

一、测角交会

测角交会又分为前方交会、侧方交会和后方交会三种。

如图 6-17a)所示,分别在两个已知点 A 和点 B 上安置全站仪,测出图示的水平角 α 和 β,从而根据几何关系求算出 P 点的平面坐标的方法,称为前方交会。侧方交会与前方交会的不同之处是:所测的两个角中有一个是在未知点上测的,如图 6-17b)所示,分别在一个已知点(例如 A 点)和待定坐标的控制点 P 上安置全站仪,测出图示的水平角 α 和 γ,从而求算出 P 点的平面坐标的方法,称为侧方交会。如图 6-17c)所示,仅在待定坐标的控制点 P 上安置全站仪,分别照准三个已知点(图中的 A、B、C 三点)测出图示的水平角 α 和 β,并根据已知点坐标,求算出 P 点的平面坐标的方法,称为后方交会。

本节仅介绍图 6-17a)所示的前方交会。

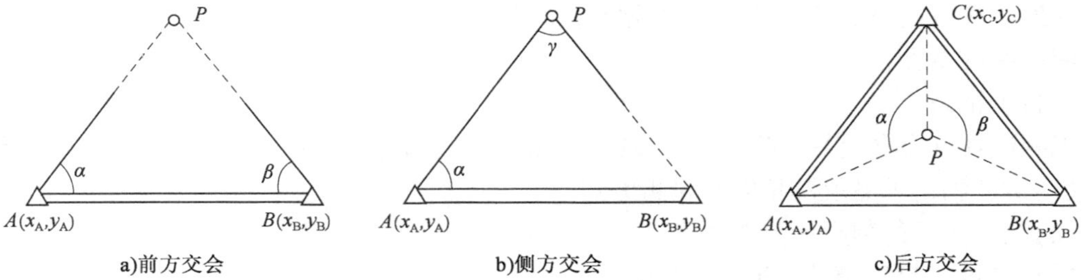

图 6-17 交会定点

设已知 A 点的坐标为(x_A、y_A),B 点的坐标为(x_B、y_B),分别在 A、B 两点处设站,测出图示的水平角 α 和 β,则未知点 P 的坐标可按以下方法进行计算。

1. 按导线推算 P 点的坐标

(1)用坐标反算公式[式(6-5)和式(6-6)]计算 AB 边的坐标方位角 α_{AB} 和边长 D_{AB}:

$$\begin{cases} \alpha_{AB} = \arctan \dfrac{y_B - y_A}{x_B - x_A} \\ D_{AB} = \sqrt{(x_B - x_A)^2 + (y_B - y_A)^2} \end{cases} \tag{6-23}$$

(2)计算 AP、BP 边的方位角 α_{AP}、α_{BP}及边长 D_{AP}、D_{BP}:

$$\begin{cases}\alpha_{AP}=\alpha_{AB}-\alpha \\ \alpha_{BP}=\alpha_{AB}\pm180°+\beta \\ D_{AP}=\dfrac{D_{AB}}{\sin\gamma}\sin\beta \\ D_{BP}=\dfrac{D_{AB}}{\sin\gamma}\sin\alpha\end{cases} \tag{6-24}$$

式中,$\gamma=180°-\alpha-\beta$,且有:$\alpha_{PA}-\alpha_{PB}=\gamma$(可用作检核)。

(3)按坐标正算公式计算 P 点的坐标:

$$\begin{cases}x_P=x_A+D_{AP}\cdot\cos\alpha_{AP} \\ y_P=y_A+D_{AP}\cdot\sin\alpha_{AP}\end{cases} \tag{6-25}$$

或

$$\begin{cases}x_P=x_B+D_{BP}\cdot\cos\alpha_{BP} \\ y_P=y_B+D_{BP}\cdot\sin\alpha_{BP}\end{cases} \tag{6-26}$$

由式(6-25)和式(6-26)计算的 P 点坐标理应相等,可用作校核。由于计算中存在小数位的取舍,可能有微小差异,可取其平均值。

2. 按余切公式(变形的戎洛公式)计算 P 点的坐标

略去推导过程,P 点的坐标计算公式为:

$$\begin{cases}x_P=\dfrac{x_A\cdot\cot\beta+x_B\cdot\cot\alpha+(y_B-y_A)}{\cot\alpha+\cot\beta} \\ y_P=\dfrac{y_A\cdot\cot\beta+y_B\cdot\cot\beta-(x_B-x_A)}{\cot\alpha+\cot\beta}\end{cases} \tag{6-27}$$

在利用式(6-27)计算时,三角形的点号 A、B、P 应按逆时针顺序排列,其中 A、B 为已知点,P 为未知点。

为了校核和提高 P 点精度,前方交会通常是在三个已知点上进行观测,如图 6-18 所示,测定 α_1、β_1 和 α_2、β_2,然后由两个交会三角形各自按式(6-27)计算 P 点坐标。因测角误差的影响,求得的两组 P 点坐标不会完全相同,其点位较差为:$\Delta D=\sqrt{\delta_x^2+\delta_y^2}$,其中 δ_x、δ_y分别为两组 x_P、y_P坐标值之差。当 $\Delta D\leqslant 2\times0.1M$(mm)($M$ 为测图比例尺分母)时,可取两组坐标的平均值作为最后结果。

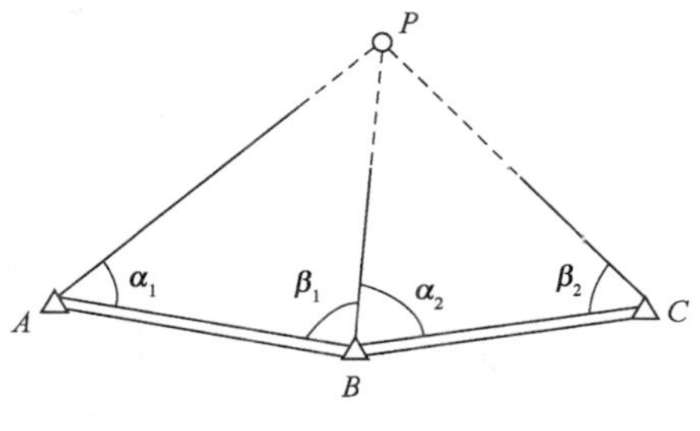

图 6-18 三点前方交会

在实际应用中,具体采用哪一种交会法进行观测,需要根据现场的实际情况而定。为了提高交会的精度,在选用交会法的同时,还要注意交会图形的好坏。一般情况下,当交会角(要加密的控制点与已知点所成的水平角,例如图 6-17a)中的 $\angle APB$)接近 90°时,其交会精度最高(在此不作推导)。

二、距离交会

如图 6-19 所示,在求算要加密控制点 P 的坐标时,采用测量出图示边长 a 和 b,然后利用几何关系,求算出 P 点的平面坐标的方法,称为距离(测边)交会法。与测角交会一样,距离交会也能获得较高的精度。由于全站仪和光电测距仪在公路工程中的普遍采用,这种方法在测图或工程中已被广泛应用。

如图 6-19 所示,A、B 为已知点,测得两条边长分别为 a、b,则 P 点的坐标可按下述方法计算。

首先利用坐标反算公式计算 AB 边的坐标方位角 α_{AB} 和边长 s:

$$\begin{cases}\alpha_{AB} = \arctan \dfrac{y_B - y_A}{x_B - x_A} \\ s = \sqrt{(x_B - x_A)^2 + (y_B - y_A)^2}\end{cases} \tag{6-28}$$

根据余弦定理可求出 $\angle A$:

$$\angle A = \cos^{-1}\left(\frac{s^2 + b^2 - a^2}{2bs}\right)$$

因为

$$\alpha_{AP} = \alpha_{AB} - \angle A$$

于是有:

$$\begin{cases}x_P = x_A + b \cdot \cos \alpha_{AP} \\ y_P = y_A + b \cdot \sin \alpha_{AP}\end{cases} \tag{6-29}$$

以上是两边交会法。工程中,为了检核和提高 P 点的坐标精度,通常采用三边交会法,如图 6-20 所示。三边交会观测三条边,分两组计算 P 点坐标并进行核对,最后取其平均值。

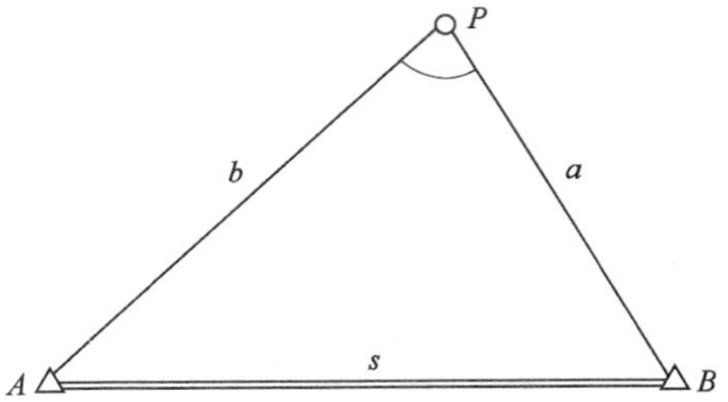

图 6-19 距离交会

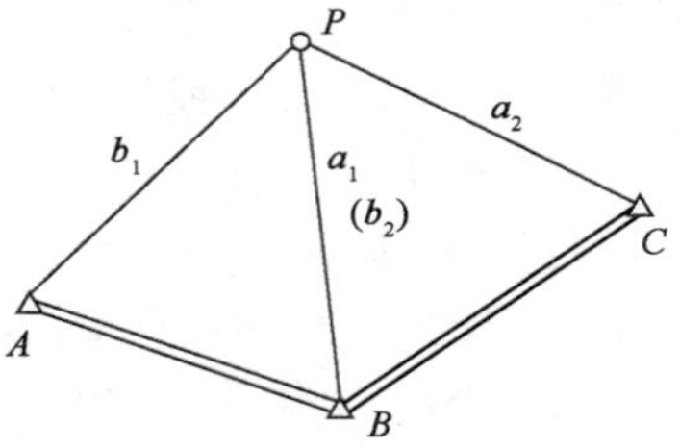

图 6-20 三边距离交会

第五节 高程控制测量

控制测量除了要完成平面控制测量外,还要进行高程控制测量。高程控制测量应采用水准测量或三角高程测量的方法进行。同一项目应采用同一高程系统,并应与相邻项目高程系统相衔接。

一、水准测量

1. 水准测量的技术要求

对于公路工程，各级公路及构造物的高程控制测量等级不得低于表6-3的规定。各等级水准测量的主要技术要求和观测的主要技术要求列于表6-15和表6-16中。

水准测量的主要技术要求 表6-15

等级	每公里高差中数中误差(mm)		附合或环线水准路线长度(km)		往返较差、附合或环线闭合差(mm)		检测已测测段高差之差(mm)
	偶然中误差 M_{Δ}	全中误差 M_{W}	路线、隧道	桥梁	平原、微丘	山岭、重丘	
二等	±1	±2	600	100	$\leqslant 4\sqrt{l}$	$\leqslant 4\sqrt{l}$	$\leqslant 6\sqrt{L_i}$
三等	±3	±6	60	10	$\leqslant 12\sqrt{l}$	$\leqslant 3.5\sqrt{n}$ 或 $\leqslant 15\sqrt{l}$	$\leqslant 20\sqrt{L_i}$
四等	±5	±10	25	4	$\leqslant 20\sqrt{l}$	$\leqslant 6.0\sqrt{n}$ 或 $\leqslant 25\sqrt{l}$	$\leqslant 30\sqrt{L_i}$
五等	±8	±16	10	1.6	$30\sqrt{l}$	$\leqslant 45\sqrt{l}$	$\leqslant 40\sqrt{L_i}$

注：计算往返较差时，l 为水准点间的路线长度(km)；计算附合或环线闭合差时，l 为附合或环线的路线长度(km)。n 为测站数；L_i 为检测测段长度(km)，小于1km时按1km计算。

水准测量观测的主要技术要求 表6-16

等级	仪器类型	水准尺类型	视线长(m)	前后视较差(m)	前后视累积差(m)	视线离地面最低高度(m)	基辅(黑红)面读数差(mm)	基辅(黑红)面高差之差(mm)
二等	$DS_{0.5}$	铟瓦	≤50	≤1	≤3	≥0.3	≤0.4	≤0.6
三等	DS_1	铟瓦	≤100	≤3	≤6	≥0.3	≤1.0	≤1.5
	DS_2	双面	≤75				≤2.0	≤3.0
四等	DS_3	双面	≤100	≤5	≤10	≥0.2	≤3.0	≤5.0
五等	DS_3	单面	≤100	≤10	—	—	—	≤7.0

2. 三、四等水准测量的实施(**资源6-5-1～资源6-5-3**)

水准测量所使用的仪器应符合下列规定：水准仪的视准轴与水准管的夹角 i，在作业开始的第一周内应每天测定一次，i 角稳定后每隔15d测定一次，其值不得大于20″；水准尺上的米间隔平均长度与名义长度之差，对于线条式铟瓦标尺不应大于0.1mm，对于区格式木质标尺不应大于0.5mm。

水准测量的观测方法应符合表6-17的规定。

水准测量的观测方法 表 6-17

测量等级	观测方法		观测顺序
二等	光学测微法	往返	后—前—前—后
	中丝读数法		
三等	光学测微法		
	中丝读数法		
四等	中丝读数法	往	后—后—前—前
五等	中丝读数法	往	后—前

下面以一个测站为例,介绍中丝读数法观测的程序,其记录与计算参见表 6-18。

水准测量观测记录计算表 表 6-18

自:________测至:________ 天气:____________ 观测者:__________

时间:________________ 成像:____________ 记录者:__________

测点编号	点号	后尺 上丝 下丝 后视距 视距差 d	前尺 上丝 下丝 前视距 Σd	方向及尺号	水准尺读数 黑面	水准尺读数 红面	黑 + K − 红	平均高差	备注
		(1) (2) (9) (11)	(4) (5) (10) (12)	后 前	(3) (6) (15)	(8) (7) (16)	(14) (13) (17)	(18)	
1	BM_1 —ZD_1	1.426 0.995 43.1 +0.1	0.801 0.371 43.0 +0.1	后 106 前 107	1.211 0.586 +0.625	5.998 5.273 +0.725	0 0 0	+0.6250	K 为尺常数,如:K106 = 4.787,K107 = 4.687。 已知: BM_1 高程为 H_1 = 56.345m
2	ZD_1 —ZD_2	1.812 1.296 51.6 −0.2	0.570 0.052 51.8 −0.1	后 107 前 106	1.554 0.311 +1.243	6.241 5.097 +1.144	0 +1 −1	+1.2435	
3	ZD_2 —ZD_3	0.889 0.507 38.2 +0.2	1.713 1.333 38.0 +0.1	后 106 前 107	0.698 1.523 −0.825	5.486 6.210 −0.724	−1 0 −1	−0.8254	
4	ZD_3 —A	1.891 1.525 36.6 −0.2	0.758 0.390 36.8 −0.1	后 107 前 106	1.708 0.574 +1.134	6.395 5.361 +1.034	0 0 0	+1.1340	
本页校核	$\Sigma[(3)+(8)]-\Sigma[(6)+(7)]=29.291-24.935=+4.356$ $\Sigma[(15)+(16)]=+4.356$; $\Sigma(18)=+2.1780$; $2\Sigma(18)=+4.356$ 由此可见满足:$\Sigma[(3)+(8)]-\Sigma[(6)+(7)]=\Sigma[(15)+(16)]=2\Sigma(18)$ $\Sigma(9)-\Sigma(10)=169.5-169.6=-0.1=$ 末站(12) 总视距 $=\Sigma(9)+\Sigma(10)=339.1(\text{m})$								

1）一个测站的观测顺序

（1）照准后视尺黑面，分别读取上、下、中三丝读数，并记为（1）、（2）、（3）。

（2）照准前视尺黑面，分别读取上、下、中三丝读数，并记为（4）、（5）、（6）。

（3）照准前视尺红面，读取中丝读数，并记为（7）。

（4）照准后视尺红面，读取中丝读数，并记为（8）。

上述四步观测，简称为"后—前—前—后（黑—黑—红—红）"，这样的观测步骤可消除或减弱仪器或尺垫下沉误差的影响。对于四等水准测量，《工程测量规范》（GB 50026—2007）允许采用"后—后—前—前（黑—红—黑—红）"的观测步骤，这种步骤比上述步骤要简便些。

2）一个测站的计算与检核

（1）视距的计算与检核。

后视距（9）=［（1）-（2）］×100m

前视距（10）=［（4）-（5）］×100m　　三等≤75m，四等≤100m

前、后视距差（11）=（9）-（10）　　三等≤3m，四等≤5m

前、后视距差累积（12）=本站（11）+上站（12）　　三等≤6m，四等≤10m

（2）水准尺读数的检核。

同一根水准尺黑面与红面中丝读数之差：

前尺黑面与红面中丝读数之差（13）=（6）+K-（7）

后尺黑面与红面中丝读数之差（14）=（3）+K-（8）　　三等≤2.0mm，四等≤3.0mm

上式中的K为红面尺的起点数，一般为4.687m或4.787m。

（3）高差的计算与检核。

黑面测得的高差（15）=（3）-（6）

红面测得的高差（16）=（8）-（7）

校核：黑、红面高差之差（17）=（15）-［（16）±0.100］

或（17）=（14）-（13）　　三等≤3.0mm，四等≤5.0mm

高差的平均值（18）=［（15）+（16）±0.100］/2

在测站上，当后尺红面起点为4.687m，前尺红面起点为4.787m时，取+0.100；反之，取-0.100。

3）每页计算校核

（1）高差部分。在每页上，后视红、黑面读数总和与前视红、黑面读数总和之差，应等于红、黑面高差之和。

对于测站数为偶数的页：

$$\sum[(3)+(8)]-\sum[(6)+(7)]=\sum[(15)+(16)]=2\sum(18)$$

对于测站数为奇数的页：

$$\sum[(3)+(8)]-\sum[(6)+(7)]=\sum[(15)+(16)]=2\sum(18)\pm 0.100$$

（2）视距部分。在每页上，后视距总和与前视距总和之差应等于本页末站视距差累积值与上页末站视距差累积值之差。校核无误后，可计算水准路线的总长度。

$\sum(9)-\sum(10)$=本页末站之（12）-上页末站之（12）

水准路线总长度=$\sum(9)+\sum(10)$

3. 二等水准测量的实施

二等水准测量采用往返观测,往测奇数站观测顺序为"后—前—前—后",偶数站观测顺序为"前—后—后—前"。返测时观测程序与往测时相反,即奇数站为"前—后—后—前",偶数站为"后—前—前—后"。每一测段的测站数应为偶数,下面以数字水准仪观测为例,介绍其记录与计算,参见表6-19,技术要求参见表6-15、表6-16。

二等水准测量观测记录　表6-19

测站编号	后视距 视距差	前视距 累积视距差	方向及尺号	标尺读数 第一次读数	标尺读数 第二次读数	两次读数之差	备注
	1	3	后	2	8	9	
			前	4	7	10	
	5	6	后—前	11	12	13	
			h	14			
1	24.2	23.4	后	078679	078682	-3	
			前	177256	177254	2	
	0.8	0.8	后—前	-098577	-098572	-5	
			h	-0.985745			
2	36.6	37.4	后	239752	239751	1	
			前	097857	097854	3	
	-0.8	0	后—前	141895	141897	-2	
			h	1.41896			

4. 观测结果的重测和取舍

高程控制测量数字取位应符合表6-20的规定。

高程测量数字取位要求　表6-20

测量等级	各测站高差(mm)	往返测距离总和(km)	往返测距离中数(km)	往返测高差总和(mm)	往返测高差中数(mm)	高程(mm)
各等	0.1	0.1	0.1	0.1	1	1

(1)观测结果超限必须进行重测。

(2)测站观测超限必须立即重测,否则从水准点或间歇点开始重测。

(3)测段往、返测高差较差超限必须重测,重测后应选用往、返测合格的成果。如重测结果与原测结果分别比较,较差均不超过限差时,取3次结果的平均值。

(4)每条水准路线按测段往返测高差较差、附合路线的环线闭合差计算的高差中误差 M_Δ 或高差中数全中误差 M_W 超限时,应先对路线上闭合差较大的测段进行重测。

M_Δ 和 M_W 按式(6-30)和式(6-31)计算。

$$M_\Delta = \pm\sqrt{\frac{1}{4n}\left[\frac{\Delta\Delta}{R}\right]} \tag{6-30}$$

$$M_W = \pm\sqrt{\frac{1}{N}\left[\frac{WW}{F}\right]} \tag{6-31}$$

式中：Δ——测段往返高差不符值，mm；

R——测段长，km；

n——测段数；

W——水准路线经过各项修正后的环线闭合差，mm；

N——水准环数；

F——水准环线周长，km。

二、三角高程测量（资源 6-5-4、资源 6-5-5 ~ 资源 6-5-7）

在丘陵地区或山区，由于地面高低起伏较大，或当水准点位于较高建筑物上，用水准测量作高程控制时困难大且速度也慢，甚至无法施用，这时可考虑采用三角高程测量。目前大多采用全站仪三角高程测量。

1. 三角高程测量的原理

三角高程测量是根据地面上两点间的水平距离 D 和测得的竖直角 α 来计算两点间的高差 h。如图 6-21 所示，已知 A 点高程为 H_A，现欲求 B 点高程 H_B。在 A 点安置全站仪，同时量测出 A 点至全站仪横轴的高度 i，称为仪器高。在 B 点立觇标，其高度为 l，称为觇高程。

望远镜的十字丝交点瞄准觇标顶端，测出竖直角 α。另外，若已知（或测出）A、B 两点间的水平距离 D_{AB}，则可求得 A、B 两点间的高差 h_{AB}：

$$h_{AB} = D_{AB} \cdot \tan\alpha + i - l \tag{6-32}$$

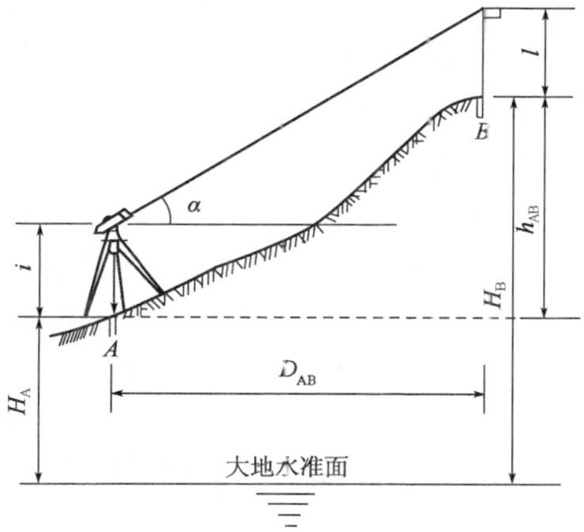

图 6-21 三角高程测量

由此得到 B 点的高程为：

$$H_B = H_A + h_{AB} = H_A + D_{AB} \cdot \tan\alpha + i - l \tag{6-33}$$

具体应用上述公式时，要注意竖直角的正负号，当竖直角 α 为仰角时取正号，当竖直角 α 为俯角时取负号。

2. 三角高程测量的等级及技术要求

对于光电测距三角高程控制测量，一般分为两级，即四等和五等三角高程测量，它们可作为测区的首级控制。光电测距三角高程测量的主要技术要求和观测的主要技术要求应符合表 6-21和表 6-22 的规定。对仪器和反射棱镜高度应使用仪器配置的测尺和专用测杆于测前、测后各测量 1 次，两次较差不得大于 2mm。

光电测距三角高程测量的主要技术要求 表 6-21

测量等级	测回内同向观测高差较差（mm）	同向测回间高差较差（mm）	对向观测高差较差（mm）	附合或环线闭合差（mm）
四等	$\leq 8\sqrt{D}$	$\leq 10\sqrt{D}$	$\leq 40\sqrt{D}$	$\leq 20\sqrt{\sum D}$
五等	$\leq 8\sqrt{D}$	$\leq 15\sqrt{D}$	$\leq 60\sqrt{D}$	$\leq 30\sqrt{\sum D}$

注：D 为测距边长度，以 km 为单位。

光电测距三角高程测量观测的主要技术要求 表 6-22

等级	仪器	测距边测回数	边长(m)	垂直角测回数(中丝法)	指标差较差(″)	垂直角较差(″)
四等	DJ_2	往返均≥2	≤600	≥4	≤5	≤5
五等	DJ_2	≥2	≤600	≥2	≤10	≤10

3. 地球曲率和大气折光的影响(球气两差改正)

在三角高程测量时,一般情况下,需要考虑地球曲率和大气折光对所测高差的影响,即要进行地球曲率和大气折光的改正,简称球气两差改正。具体内容见第二章第六节的式(2-16)~式(2-18)。

球气两差在单向三角高程测量中,必须进行改正,即式(6-32)应写为:

$$h_{AB} = D_{AB} \cdot \tan\alpha + i - l + f \tag{6-34}$$

但对于双向三角高程测量(又称对向观测或直反觇观测,即先在已知高程的 A 点安置仪器,在另一 B 点立觇标,测得高差 h_{AB},称为直觇。然后再在 B 点安置仪器,A 点立觇标,测得高差 h_{BA},称为反觇)来说,若将直、反觇测得的高差值取平均值,可以抵消球气两差的影响,所以三角高程测量一般都用对向观测,而且宜在较短的时间内完成。

4. 三角高程测量的施测方法

三角高程测量的观测与计算应按下述步骤进行:

(1)安置仪器于测站上,量出仪器高 i,觇标立于测点上,量出觇高程 l,读数至毫米(mm)。

(2)采用测回法观测竖直角 α,取平均值作为最后结果。

(3)采用对向观测,方法同前两步。

(4)应用式(6-32)和式(6-33)计算高差及高程。

以上计算与观测均应满足表 6-21、表 6-22 的要求。

思考题与习题

1. 小区域控制测量中,导线的布设形式有哪几种?各适用于什么情况?选择导线点应注意哪些事项?导线的外业工作有哪几项?

2. 全站仪交会法定点有哪几种形式?试分别简述,并说明它们宜在什么情况下采用。

3. 叙述二、三、四等水准测量一个测站的观测顺序,并说明如何记录?如何计算?要满足哪些要求?

4. 在什么情况下宜采用三角高程测量?它如何观测、记录和计算?

5. 简述应用 GNSS 进行定点测量有哪些优越性?并说明 GNSS 选点的基本要求。

6. GNSS 测量中,网形设计的一般原则是什么?

7. GNSS 测量中,基本网形有几种?各有什么特点?

8. 简述 GNSS 测量的作业模式。

9. 如图 6-22 所示,已知 AB 边坐标方位角为 $\alpha_{AB} = 149°40'00''$,又测得 $\angle 1 = 168°03'14''$、$\angle 2 = 145°20'38''$,BC 边长为 236.02m,CD 边长为 189.11m。已知 B 点的坐标为:$x_B = 5806.00\text{m}$,$y_B = 9785.00\text{m}$,求 C、D 两点的坐标。

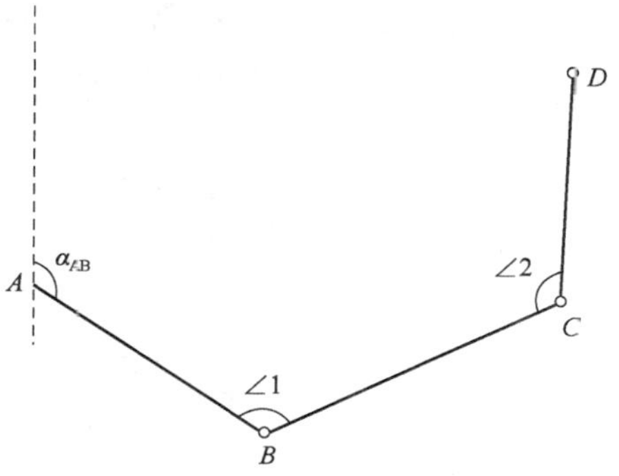

图6-22 第9题图

10. 如图6-23所示的闭合导线，已知12边的坐标方位角 $\alpha_{12}=46°57'02''$，1点的坐标为 $x_1=540.38\text{m}, y_1=1236.70\text{m}$，外业观测边长和角度资料如图示，计算闭合导线上各点的坐标。

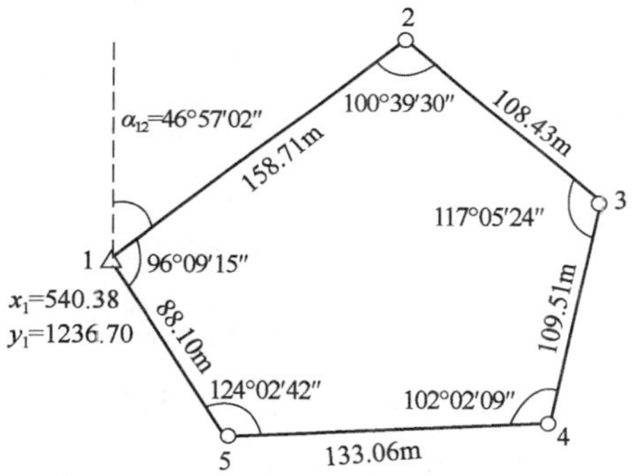

图6-23 第10题图

11. 如图6-24所示的附合导线，已知起、终边的坐标方位角 $\alpha_{AB}=45°00'00''$，$\alpha_{CD}=283°51'33''$，B、C 两点的坐标分别为 $x_B=864.22\text{m}, y_B=413.35\text{m}$；$x_C=970.21\text{m}, y_C=986.42\text{m}$。外业观测的边长和角度资料如图示，计算附合导线上1、2、3点的坐标。

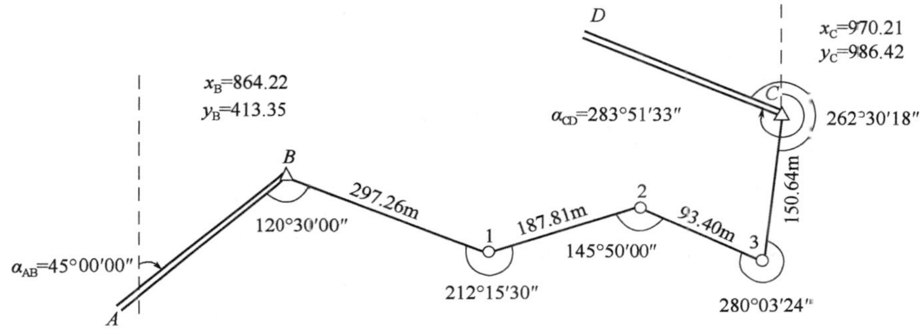

图6-24 第11题图

12. 用前方交会测定 P 点的位置,如图 6-25 所示。已知点 A、B 的坐标及观测的交会角,计算 P 点的坐标值。

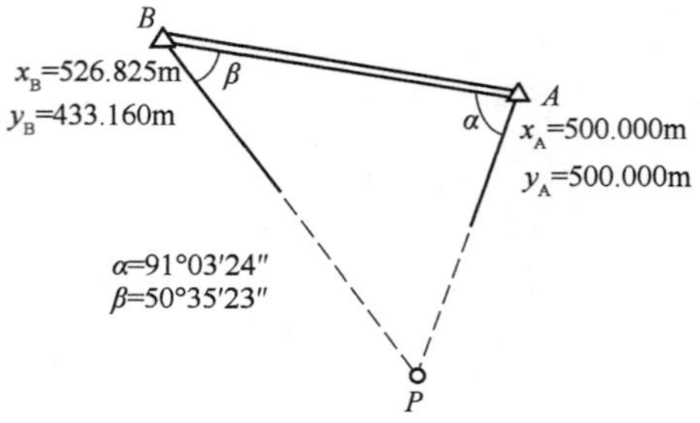

图 6-25 第 12 题图

13. 用测边交会测定 P 点的位置,如图 6-26 所示。已知点 A、B 的坐标及观测边长,计算 P 点的坐标值。

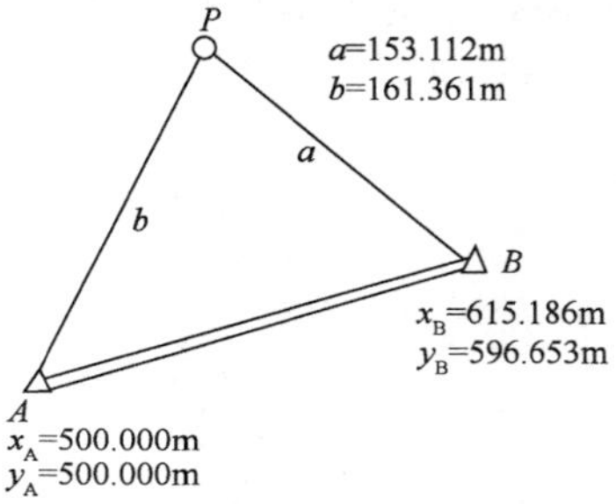

图 6-26 第 13 题图

14. A、B 两点间距为 375.11m,在 A 点观测 B 点的情况为:垂直角为仰角 $\alpha_A = +4°30'$,仪器高 $i_A = 1.80$m;而在 B 点观测 A 点的情况为:垂直角为俯角 $\alpha_B = -4°18'$,仪器高 $i_B = 1.40$m;求 A、B 两点间的高差(中丝读数均为相应的仪器高)。

第七章
CHAPTER SEVEN

大比例尺地形图测绘及应用

学习目标

1. 掌握地形图比例尺、地物及地貌在地形图上的表示方法等基础知识；
2. 了解地形图图外注记内容；
3. 了解数字地形图的内业和外业测绘方法；
4. 掌握地形图的基本应用。

技能目标

1. 能够用全站仪进行地形图外业数据采集；
2. 能够在工程建设中使用地形图。

第一节 地形图的基础知识

地球表面是复杂多样的，在测量中将地球表面上天然和人工形成的各种固定物，称为地物。将地球表面高低起伏的形态，称为地貌。地物和地貌二者合称为地形。地形图的测绘就是将地球表面某区域内的地物和地貌按正射投影的方法和一定的比例尺，用规定的图式符号测绘到图纸上，这种表示地物和地貌平面位置和高程的图称为地形图；如果只测地物，不测地貌，即在测绘的图上只表示了地物的情况，而不表示地面的高低情况，这样的图称为平面图。地形图的测绘应遵循“从整体到局部”“先控制后碎部”的原则，先根据测图的目的及测区的具体情况，建立平面及高程控制网，然后在控制点基础上进行地物和地貌的碎部测量。碎部测量是利用全站仪及 GNSS 等测量仪器以相应的方法，测绘地物轮廓点和地面起伏点的平面位置和高程，并将其绘制在图纸上的工作。

一、地形图的比例尺

比例尺是指地形图上两点间直线的长度 d 与其相对应在地面上的实际水平距离 D 之比,其表示形式分为数字比例尺和图示比例尺两种。

1. 比例尺的表示方法

1)数字比例尺

数字比例尺以分子为 1、分母为整数的分数表示,即:

$$\frac{d}{D}=\frac{1}{\frac{D}{d}}=\frac{1}{M} \quad (\text{或} 1:M) \tag{7-1}$$

式中:M——比例尺分母。

分母 M 数值越大,则图的比例尺就越小;反之,M 越小,则比例尺就越大,图面表示的内容就越详细。

数字比例尺一般写成如:1:500、1:1000、1:2000。

2)图示比例尺

如图 7-1 所示,常用图示比例尺为直线比例尺。图中表示的为 1:1000 的直线比例尺,取 1cm 长度为基本单位,从直线比例尺上可直接读得基本单位的 1/10,可以估读到 1/100。图示比例尺一般绘于图纸的下方,它和图纸一起复印或蓝晒,因此用它量取图上的直线长度,可以消除图纸伸缩变形的影响。

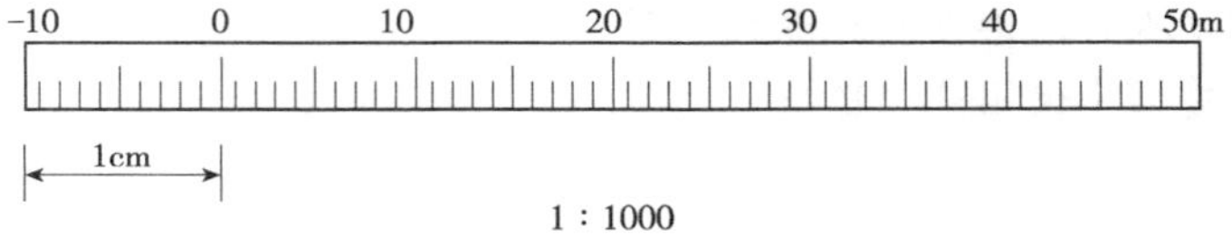

图 7-1 图示比例尺

2. 地形图按比例尺分类

我国把地形图按比例尺大小划分为大、中、小三种比例尺地形图。

1)大比例尺地形图

通常把 1:500、1:1000、1:2000 和 1:5000 比例尺的地形图,称为大比例尺地形图。对于大比例尺地形图的测绘,传统测量方法是利用经纬仪或全站仪进行野外测量;现代测量方法是在传统方法的基础上,利用 GNSS 或无人机,从野外测量、计算到内业一体化的数字化成图测量。公路、铁路、城市规划、水利设施等工程上普遍使用大比例尺地形图。

2)中比例尺地形图

通常把 1:10000、1:25000、1:50000、1:100000 的地形图称为中比例尺地形图。中比例尺地形图一般采用航空摄影测量或航天遥感数字摄影测量方法测绘,一般由国家测绘部门完成。

3)小比例尺地形图

通常把小于 1:100000 的如 1:20 万、1:25 万、1:50 万、1:100 万等的地形图称为小比例尺地形图。小比例尺地形图一般是以其大比例尺地形图为基础,采用编绘的方法完成。

1∶1 万、1∶2.5 万、1∶5 万、1∶10 万、1∶25 万、1∶50 万和 1∶100 万的比例尺地形图，被确定为国家基本比例尺地形图。

3. 比例尺精度

正常情况下，人们用肉眼在图纸上能分辨的最小长度为 0.1mm，即在图纸上当两点间的距离小于 0.1mm 时，人眼就无法再分辨。因此把相当于图纸上 0.1mm 的实地水平距离，称为地形图的比例尺精度（表 7-1）。即：

$$比例尺精度 = 0.1M \qquad (mm)$$

式中：M——比例尺分母。

比例尺精度　　表 7-1

测图比例尺	1∶500	1∶1000	1∶2000	1∶5000	1∶10000
比例尺精度（m）	0.05	0.1	0.2	0.5	1.0

比例尺精度的概念，对测图和用图都具有十分重要的意义：

（1）根据测图的比例尺，确定实地量距的最小尺寸。例如用 1∶1000 的比例尺测图时，实地量距只需量到大于 0.1m 的尺寸，因为若量得再精细，在图上也无法表示出来。

（2）根据要求，选用合适的比例尺，如表 7-2 所示。例如，在测图时要求在图上能反映出地面上 5cm 的细节，则由比例尺精度可知所选用的测图比例尺不应小于 1∶500。

测图比例尺的选用　　表 7-2

比　例　尺	用　　途
1∶5000	可行性研究、总体规划、厂址选择、初步设计等
1∶2000	可行性研究、初步设计、矿山总图管理、城镇详细规划等
1∶1000	初步设计、施工图设计、城镇、工矿总图管理、竣工验收等
1∶500	初步设计、施工图设计、城镇、工矿总图管理、竣工验收等

注：1. 对于精度要求较低的专用地形图，可按小一级比例尺地形图的规划进行测绘或利用小一级比例尺地形图放大成图。

2. 对于局部施测大于 1∶500 比例尺的地形图，除另有要求外，可按 1∶500 地形图测量的要求执行。

二、地形图图外注记

为了准确应用地形图，首先必须认识地形图上各种线条、符号、字符注记和总体说明，这称为地形图的识读。需要识读的有以下主要内容。

1. 地形图图廓外注记

在地形图的图廓外有许多注记，如图号、图名、接合图表、比例尺、图廓线、经纬度格网、坐标格网、三北方向线和坡度尺等。图 7-2 所示为一幅 1∶2000 比例尺的地形图图廓样式。

（1）图名、图号和接合图表

为了区别各幅地形图所在的位置和拼接关系，每一幅地形图上都编有图号，图号是根据统一的分幅进行编号的。除图号以外，还要注明图名，图名是以本图幅内最著名的地名、最大的村庄、突出的地物、地貌等的名称来命名的，目的是便于记忆和寻找。图号、图名注记在图廓上方的中间位置。

在图廓左上方,绘有该幅图四邻各图号(或图名)的略图,称为接合图表,简称接图表。中间一格画有斜线的代表本图幅,四邻分别注明相应的图号(或图名)。按照接图表,即可找到相邻的图幅。如图7-2的图廓上方所示,“水集镇”为本幅图的图名,“121.0～110.0”为图号。

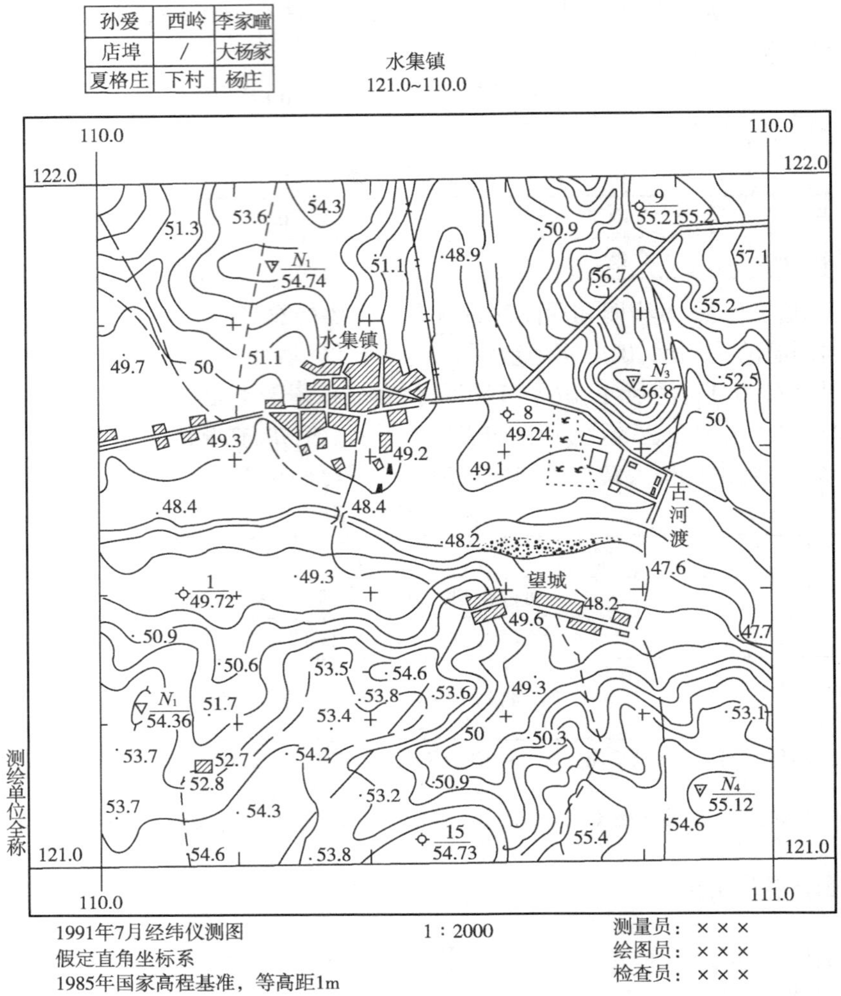

图7-2 地形图的图名、图号和接合图表

(2)图廓和坐标格网

地形图都有内外图廓,内图廓线较细,是图幅的范围线,绘图必须控制在该范围线以内;外图廓线较粗,主要是对图幅起装饰作用。

矩形图幅的内图廓线亦是坐标格网线,在内外图廓之间和图内绘有坐标格网交点短线,图廓的四角注记有该角点的坐标值。梯形图幅的内廓线是经纬线,图廓的四角注有经纬度,内外图廓间还有分图廓,分图廓绘有经差和纬差,用1′间隔的黑白分度带表示,只要把分图廓对边相应的分度线连接,就构成了经、纬差各为1′的地理坐标格网。梯形图幅内还有1km的直角坐标格网，称其为公里坐标格网。内图廓和分图廓之间注有公里格网坐标值，如图 7-3a）所示。

（3）三北方向线

在中、小比例尺地形图的下图廓外偏右处，绘有真子午线、磁子午线和坐标纵轴线这三个北方向线之间的角度关系图，称为三北方向线。绘制时，真子午线应垂直下图廓边，如图 7-3b）所示。该图幅中，磁偏角为 9°50′（西偏）；坐标纵轴线偏于真子午线以西 0°05′；而磁子午线偏于坐标纵线以西 9°45′。利用该关系图，可对图上任一方向的真方位角、磁方位角和坐标方位角三者间做相互换算。

（4）比例尺

在下图廓正下方注记测图的数字比例尺，在数字比例尺的下方绘制直线比例尺，如图 7-3c）所示，以便图解距离，消除图纸伸缩的影响。

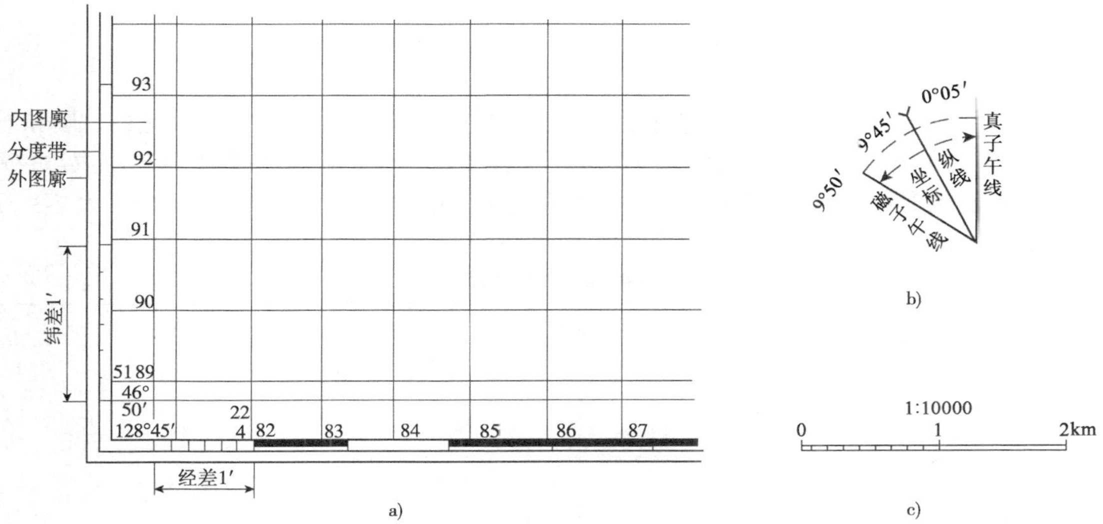

图 7-3 地形图的图廓和图外注记

大比例尺地形图的图廓外注记比小比例尺图要简单一些。大比例尺地形图只需要坐标格网，因此不标注三北方向线；一般也不画直线比例尺，仅注明数字比例尺。

2. 地形图的平面直角坐标系统和高程系统

对于比例尺为 1:10000 或比例尺更小的地形图，通常采用国家统一的高斯平面直角坐标系。城市地形图多数采用以通过城市中心地区的某一子午线为中央子午线的高斯平面直角坐标系，称为城市独立坐标系。当工程建设范围比城市更小时，也可采用把测区作为平面看待的工程独立坐标系，建筑工程中往往采用以建筑轴线为坐标轴的建筑坐标系，例如在建筑物施工测量时，以及测绘建筑总平面图时采用。

对于高程系统，自 1956 年起，我国统一规定以黄海平均海水面作为高程起算面，建立“1956 黄海高程系”。后来，又根据青岛验潮站历年积累的验潮资料，建立“1985 国家高程基准”。大部分地形图都属于上述高程系统，但也有一些地方性的高程系统，如上海及其邻近地区即采用“吴淞高程系”，在应用地形图时，必须加以注意。通常，地形图采用的高程系在图框外的左下方用文字说明。各高程系统之间只需加减一个常数即可进行换算。

3. 地形图图式和等高线

进行地形图应用时,应了解地形图所使用的地形图图式,熟悉一些常用的地物符号和地貌符号,了解图上文字注记和数字注记的确切含义。我国现行采用的大比例尺地形图图式是由国家市场监督管理总局与国家标准化管理委员会发布,2018 年 5 月 1 日实施的《国家基本比例尺地图图式　第 1 部分:1∶500　1∶1000　1∶2000 地形图图式》(GB/T 20257.1—2017)(以下简称《地形图图式》),它是识读地形图的重要依据。另外,还应了解等高线的特性,能根据等高线判读出山头、山脊、山谷、鞍部、山脊线、山谷线等各种地貌。

4. 测图日期

地形图上所反映的是测绘当时的地形情况,因此需要知道测图的具体日期,以便了解地形图的现势性和时效性。对于测图后的地面变化情况,应根据需要予以修测或补测。

三、地物符号(资源 7-1-1)

为了便于测图和用图,用各种简明、准确、易于判断实物的图形或符号,将实地的地物和地貌在图上表示出来,这些符号统称为地形图图式。地形图图式由国家测绘机关统一制定并颁布,它是测绘和使用地形图的重要依据。地物在地形图中是用地物符号来表示的。表 7-3 所列是国家测绘地理信息局颁发的《地形图图式》中的部分常用地物符号。

《地形图图式》中的部分常用地物符号　　表 7-3

编号	符号名称	图例	编号	符号名称	图例
1	三角点 a. 土堆上的 张湾岭、黄土岗——点名 156.718、203.623——高程 5.0——比高	3.0 张湾岭/156.718 a 5.0 黄土岗/203.623	4	埋石图根点 a. 土堆上的 12、16——点号 275.46、175.64——高程 2.5——比高 不埋石图根点 19——点号 84.47——高程	2.0 12/275.46 a 2.5 16/175.64 2.0 19/84.47
2	小三角点 a. 土堆上的 摩天岭、张庄——点名 294.91、156.71——高程 4.0——比高	3.0 摩天岭/294.91 a 4.0 张庄/156.71	5	水准点 Ⅱ——等级 京石 5——点名点号 32.805——高程	2.0 Ⅱ京石5/32.805
3	导线点 a. 土堆上的 I16、I23——等级、点号 84.46、94.40——高程 2.4——比高	2.0 I16/84.46 a 2.4 I23/94.40	6	卫星定位等级点 B——等级 14——点号 495.263——高程	3.0 B14/495.263

续上表

<table>
<tr><th>编号</th><th>符号名称</th><th>图例</th><th>编号</th><th>符号名称</th><th>图例</th></tr>
<tr><td>7</td><td>沟堑
a. 已加固的
b. 未加固的
2.6——比高</td><td>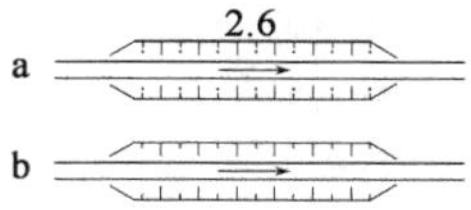
</td><td>11</td><td>水塔
a. 依比例尺的
b. 不依比例尺的</td><td>
</td></tr>
<tr><td>8</td><td>涵洞
a. 依比例尺的
b. 半依比例尺的</td><td>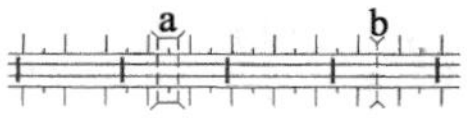
</td><td>12</td><td>烟囱及烟道
a. 烟囱
b. 烟道
c. 架空烟道</td><td>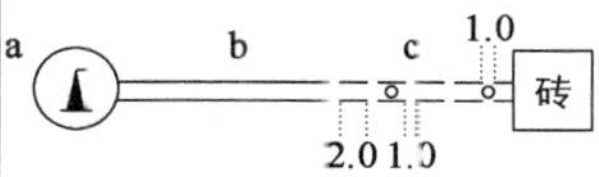
</td></tr>
<tr><td>9</td><td>单栋房屋
a. 一般房屋
b. 裙楼
b1. 楼层分割线
c. 有地下室的房屋
d. 简易房屋
e. 突出房屋
f. 艺术建筑
混、钢——房屋结构
2、3、8、28——房屋层数
(65.2)——建筑高度
-1——地下房屋层数</td><td>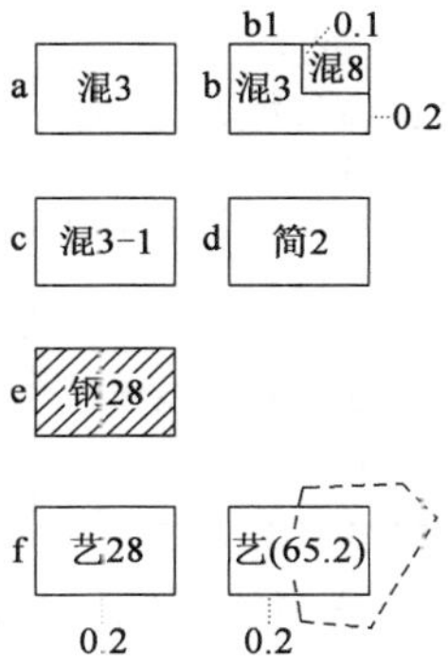
</td><td>13</td><td>旗杆</td><td>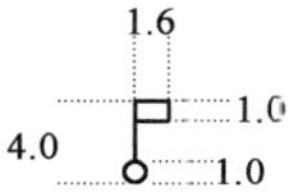
</td></tr>
<tr><td>10</td><td>窑洞
a. 地面上的
a1. 依比例尺的
a2. 不依比例尺的
a3. 房屋式的窑洞
b. 地面下的
b1. 依比例尺的
b2. 不依比例尺的</td><td>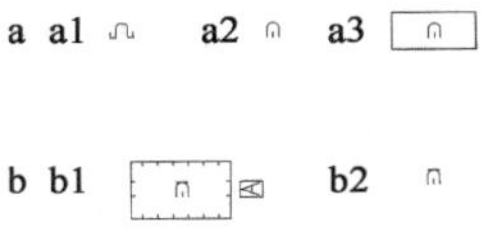
</td><td>14</td><td>气象台(站)、测风塔</td><td>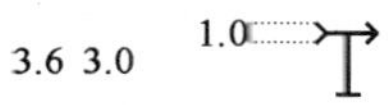
</td></tr>
</table>

续上表

编号	符号名称	图例	编号	符号名称	图例
15	围墙 a. 依比例尺的 b. 不依比例尺的	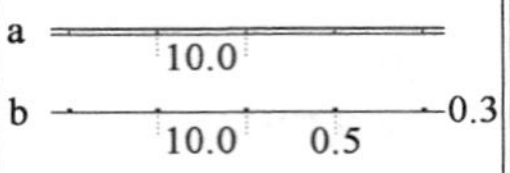	20	高速公路 a. 隔离带 b. 临时停车点 c. 建筑中的	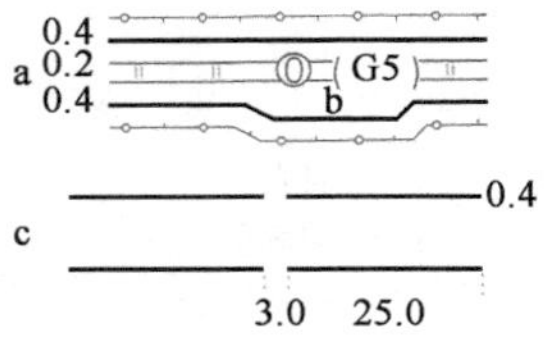
16	栅栏、栏杆		21	国道 a. 一级公路 a1. 隔离设施 a2. 隔离带 b. 二至四级公路 c. 建筑中的 ①、②——技术等级代码 (G305)、(G301)——国道代码及编号	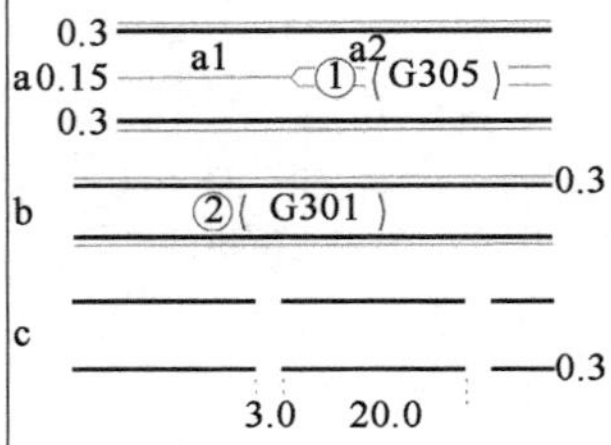
17	篱笆	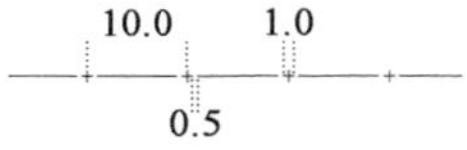	22	专用公路 a. 有路肩的 b. 无路肩的 ②——技术等级代码 (Z301)——专用公路代码及编号 c. 建筑中的	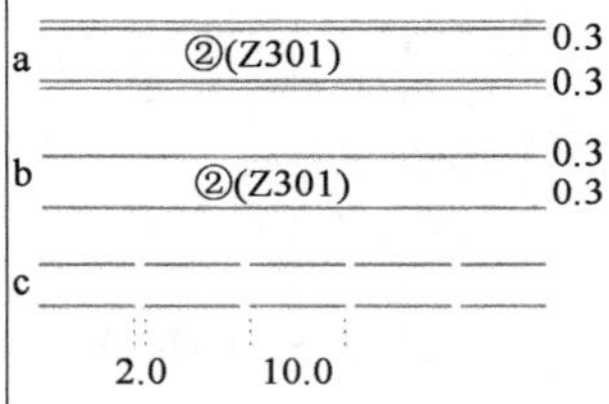
18	活树篱笆	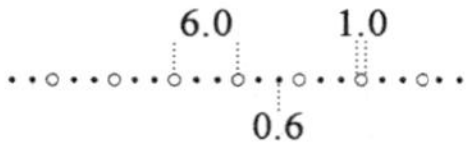	23	县道、乡道及村道 a. 有路肩的 b. 无路肩的 ⑨——技术等级代码 (X301)——县道代码及编号 c. 建筑中的	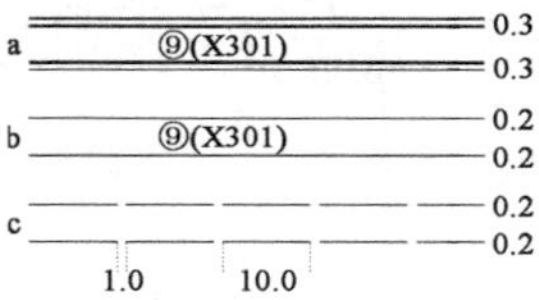
19	台阶	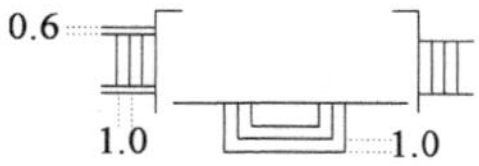	24	隧道 a. 依比例尺的出入口 b. 不依比例尺的出入口	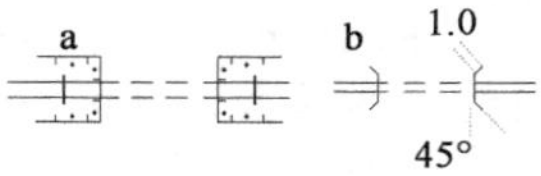

续上表

编号	符号名称	图例	编号	符号名称	图例
25	路堤 a. 已加固的 b. 未加固的	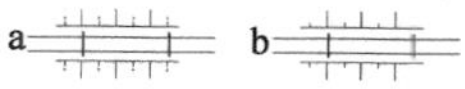	33	内部道路	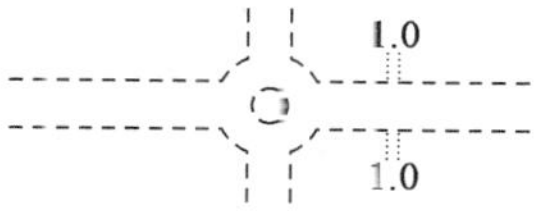
26	电杆		34	路堑 a. 已加固的 b. 未加固的	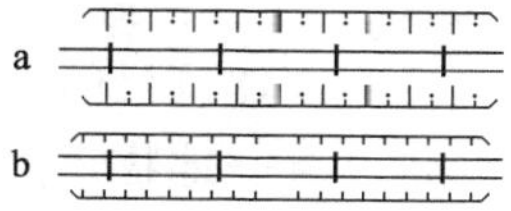
27	电线架	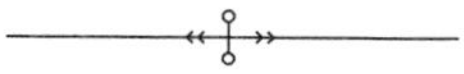	35	高压输电线 架空的 a. 电杆 35——电压(kV)	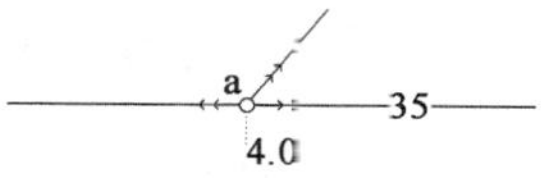
28	旱地	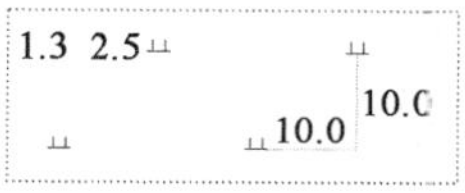	36	配电线 架空的 a. 电杆	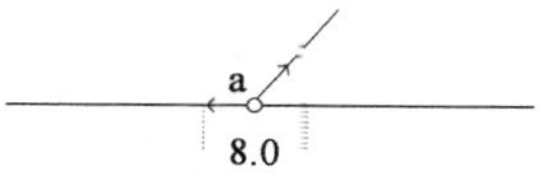
29	经济作物地	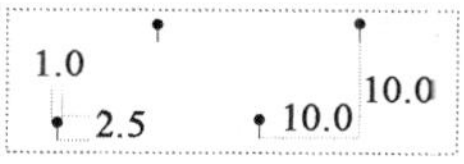	37	稻田 a. 田埂	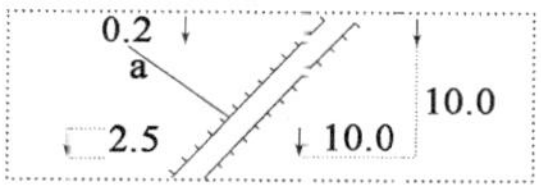
30	行树 a. 乔木行树 b. 灌木行树	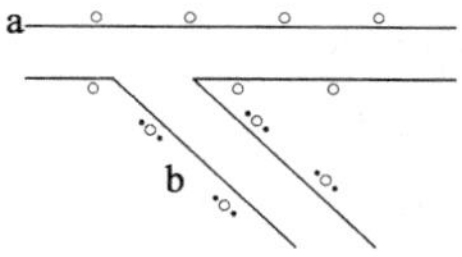	38	菜地	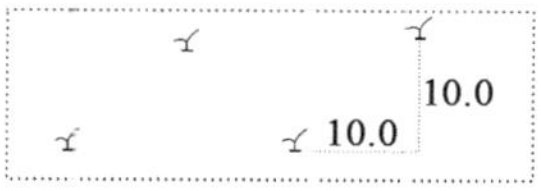
31	地铁 a. 地面下的 b. 地面上的 c. 高架的 d. 地铁站出入口 d1. 依比例尺的 d2. 不依比例尺的	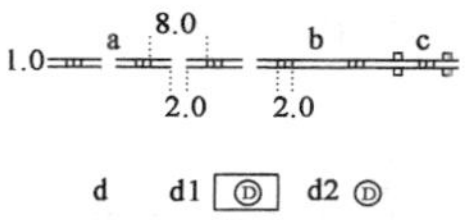	39	幼林、苗圃	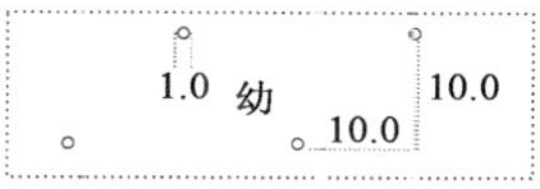
32	高架路 a. 高架快速路 b. 高架路 c. 引道	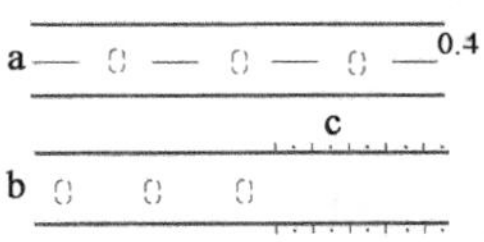	40	花圃、花坛	

地物符号根据地物大小及绘图方法的不同,又分为比例符号、半比例符号和非比例符号三种:①有些占地面积较大(以比例尺精度衡量)的地物,如地面上的房屋、桥、旱田、湖泊、植被等地物可以按测图比例尺缩小,用地形图图式中的规定符号绘出,称为比例符号;②而有些地物由于占地面积很小,如三角点、导线点、水准点、水井、旗杆等按比例缩小无法在图上绘出,只能用特定的、统一尺寸的符号表示它的中心位置,这样的符号称为非比例符号;③对于有些呈线状延伸的地物,如铁路、公路、管线、河流、渠道、围墙、篱笆等,其长度能按测图比例尺缩绘,但其宽度则不能,这样的符号称为半比例符号。

在不同比例尺的地形图上表示地面上同一地物,由于测图比例尺的变化,所使用的符号也会变化。某一地物在大比例尺地形图上用比例符号表示,而在中、小比例尺地形图上则可能用非比例符号或半比例符号表示。

四、地貌符号(资源 7-1-2 ~ 资源 7-1-5)

在地形图上表示地貌的方法有多种。目前最常用的表示地面高低起伏变化的方法是等高线法,所以等高线是常见的地貌符号。但对梯田、峭壁、冲沟等特殊的地貌,不便用等高线表示时,可根据《地形图图式》绘制相应的符号。

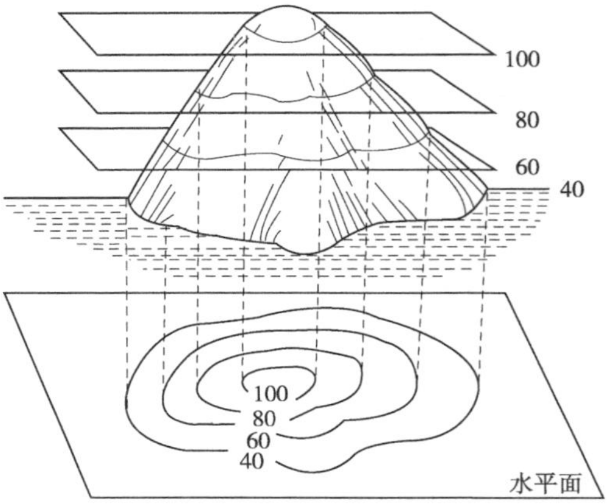

图 7-4　等高线

1. 等高线的概念

地面上高程相等的相邻各点连接的闭合曲线,称为等高线。如图 7-4 所示,设想有一座小岛在湖泊中,开始时水面高程为 40m,则水面与山体的交线即为 40m 的等高线;若湖泊水位不断升高,达到 60m 时,则山体与水面的交线为 60m 的等高线;依此类推。然后把这些实地的等高线沿铅垂方向投影到水平面上,并按规定的比例尺缩小绘在图纸上,就得到与实地形状相似的等高线。

2. 等高距和等高线平距

相邻两等高线间的高差称为等高距,用 h 表示。在同一幅地形图上只能有一个等高距,通常按测图的比例尺和测区地形类别,确定测图的基本等高距,如表 7-4 所列。

地形图基本等高距　　表 7-4

地形类别	不同比例尺的基本等高距(m)			
	1:500	1:1000	1:2000	1:5000
平原	0.5	0.5	1.0	2.0
微丘	0.5	1.0	2.0	5.0
重丘	1.0	1.0	2.0	5.0
山岭	1.0	2.0	2.0	5.0

相邻两等高线间的水平距离称为等高线平距，用 d 表示。它随实地地面坡度的变化而改变。h 与 d 的比值就是地面坡度 i，即：

$$i = \frac{h}{d} \times 100\% \tag{7-2}$$

3. 等高线的种类

为了充分表示出地貌的特征及便于识图，等高线按其用途分为四类，如图 7-5 所示（图中只画出一部分）。

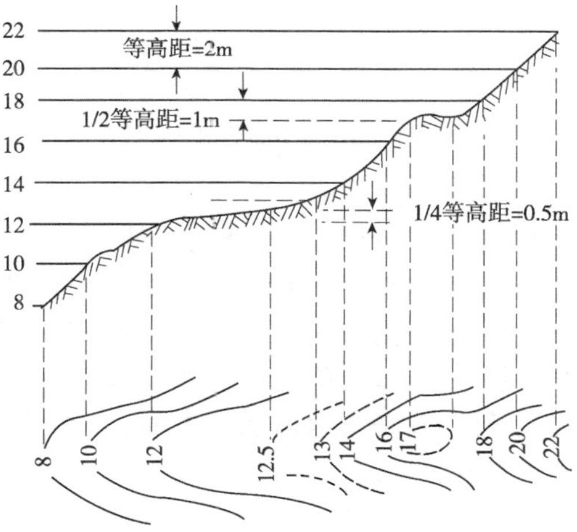

图 7-5　等高线类型

（1）基本等高线（又称首曲线），即按基本等高距测绘的等高线。

（2）加粗等高线（又称计曲线），为易于识图，逢五逢十（指基本等高距的整五或整十倍），即每隔四条首曲线加粗一条等高线，并在其上注记高程值。

（3）半距等高线（又称间曲线），当地面坡度很小，用基本等高距的等高线不足以显示局部的地貌特征时，可按 1/2 基本等高距用长虚线加绘半距等高线。

（4）1/4 等高线（又称助曲线），在半距等高线与基本等高线之间，以 1/4 基本等高距再进行加密，且用短虚线绘制的等高线。

4. 典型地貌的等高线

地貌的情况复杂多样，就其形态而言，可归纳为以下几种典型类型：

1）山头与洼地

凸出而高于四周的高地称为山，大的称为山岳，小的称为山丘。山的最高点称为山顶。四周高、中间低的地形称为洼地。如图 7-6 a）、b）所示，分别为山头与洼地的等高线，这两者的等高线形状完全相同，其特征为一簇闭合曲线。为便于区分，可在其等高线上加绘示坡线或标出各等高线处的高程。示坡线是垂直于等高线指向低处的短线。高程注记一般由低向高。

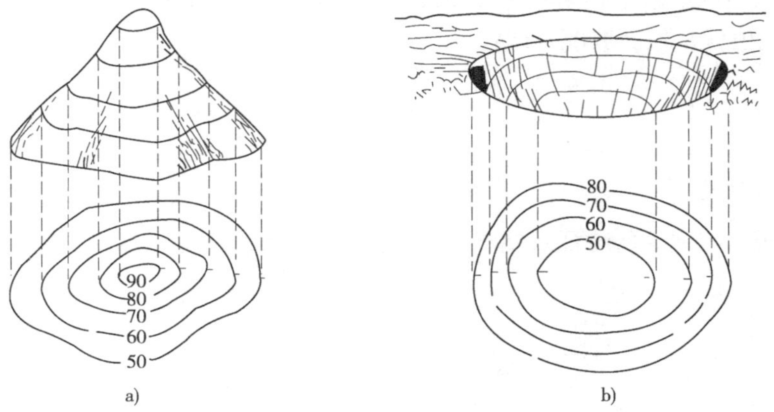

图 7-6　山头与洼地及其等高线

2)山脊与山谷

山的凸棱由山顶延伸到山脚称为山脊,两山脊之间的凹部称为山谷。如图 7-7a)、b)所示,它们的等高线形状呈"U"形,其中山脊的等高线的"U"形凸向低处,山谷的等高线的"U"形凸向高处。山脊最高点连成的棱线称为山脊线,又称为分水线;山谷最低点连成的棱线称为山谷线,又称为集水线。山脊线和山谷线统称为地性线,不论山脊线还是山谷线,它们都与等高线垂直正交。在一般工程设计中,要考虑地面水流方向、分水、集水等问题,因此,山脊线和山谷线在地形图测绘和应用中具有重要的意义。

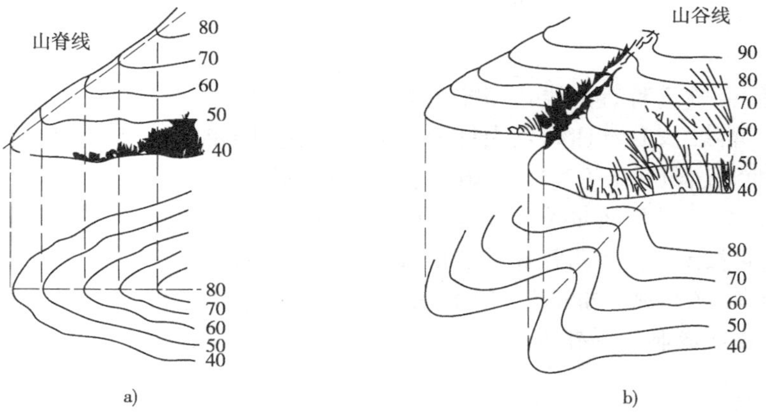

图 7-7　山脊线与山谷线及其等高线

3)鞍部

相对的两个山脊和山谷的会聚处呈马鞍形地形,称为鞍部,又称为垭口。如图 7-8 所示,为两个山顶之间的马鞍形地貌,用两簇相对的山脊和山谷的等高线表示。鞍部在山区道路的选用中是一个关键点,越岭道路常需经过鞍部。

4)悬崖

山的侧面称为山坡,上部凸出、下部凹入的山坡称为悬崖。如图 7-9 所示,为悬崖的等高线,其凹入部分投影到水平面上后与其他等高线相交,俯视时隐藏的等高线用虚线表示。

5）峭壁

近于垂直的山坡称为峭壁或绝壁、陡崖。图 7-10 所示为峭壁的等高线，这种地形的等高线一般配合有特定的符号（如该图中锯齿形的断崖符号）来完成。

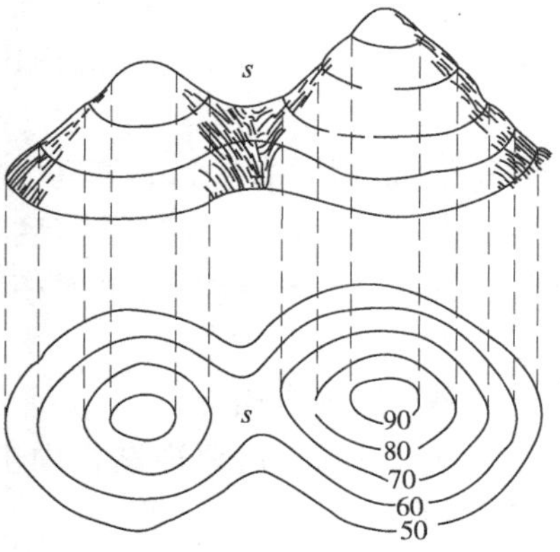

图 7-8 鞍部及其等高线

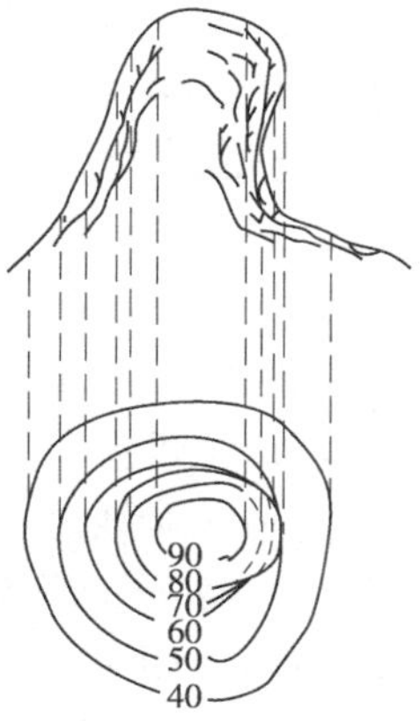

图 7-9 悬崖及其等高线

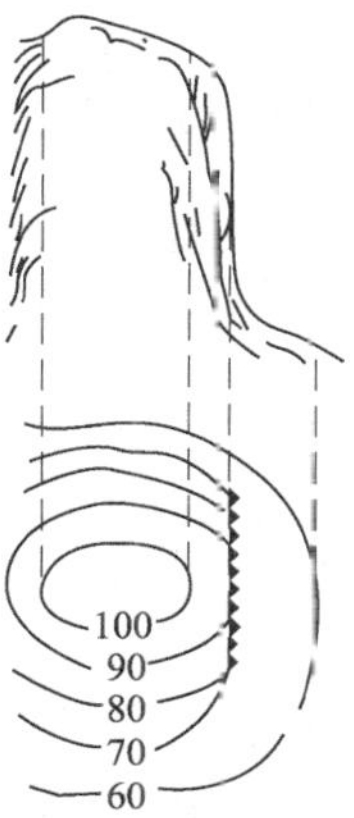

图 7-10 峭壁及其等高线

6）其他

地面上由于各种自然和人为的原因而形成了多种新的形态，如冲沟、陡坎、崩崖、滑坡、雨裂、梯田坎等。这些形态用等高线难以表示，绘图时可参照《地图图形式》中规定的符号配合使用。

识别上述典型地貌的等高线表示方法以后，就基本能够认识地形图上用等高线表示的复杂地貌。如图 7-11 所示为某一地区综合地貌及其等高线地形图，读者可对照识别。

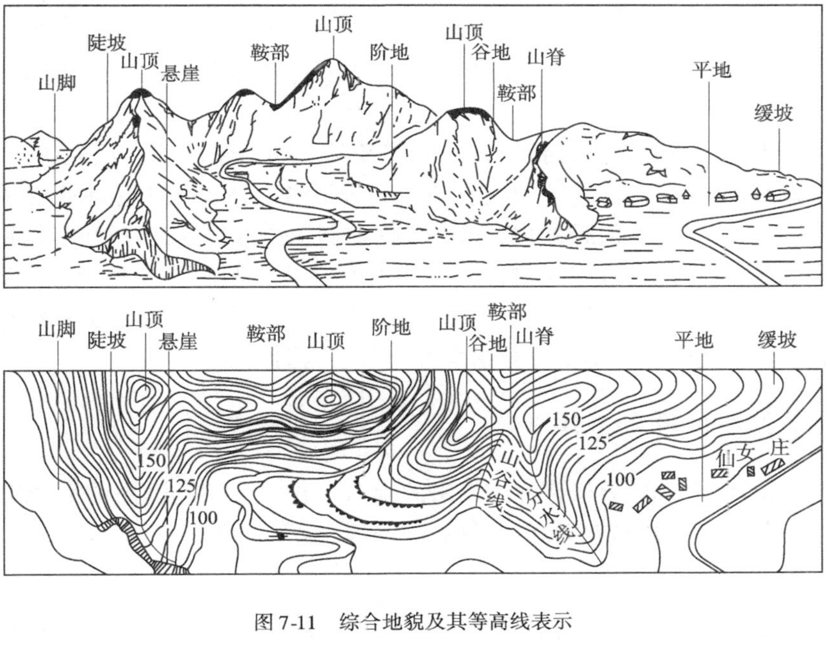

图 7-11 综合地貌及其等高线表示

5. 等高线的特征

为了掌握等高线表示地貌的规律,便于测绘等高线,必须了解等高线的如下特征:

(1)在同一等高线上,所有各点的高程都相等。

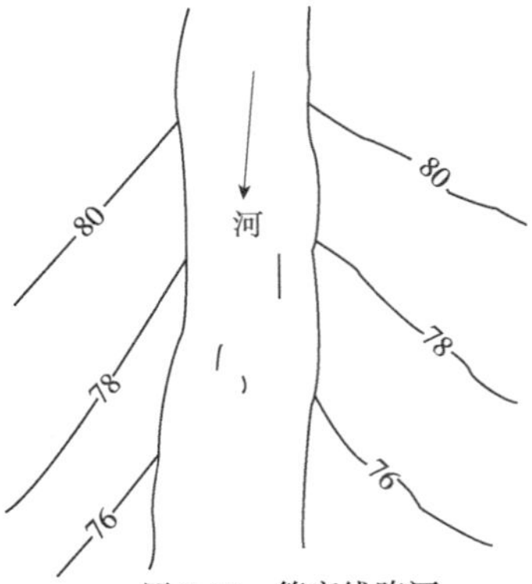

图 7-12　等高线跨河

(2)每一条等高线都必须呈一组闭合曲线,因图幅大小限制或遇到地物符号时可以中断,但要绘制到图幅或地物边,否则不能在图中中断。

(3)在同一幅地形图上等高距是相同的,因此,等高线密度越大(平距越小),表示地面坡度越陡;反之,等高线密度越小(平距越大),表示地面坡度越缓;等高线密度相同(平距相等),表示坡度均匀。

(4)山脊线、山谷线都要和等高线垂直相交。

(5)等高线跨越河流时,不能直穿而过,要渐渐折向上游,过河后渐渐折向下游,如图 7-12 所示。

(6)等高线通常不会相交或重叠,只有在绝壁和悬崖处才会重叠或相交,如图 7-10 所示。

第二节 数字地形图测绘

平板仪测图和经纬仪测图通称白纸测图,它是过去相当长一段时期市政测量和工程测量中大比例尺地形图测绘的主要方法。其实质上是将测得的观测值用图解的方法转化为图形,这一转化过程几乎都是在野外实现的,劳动强度较大,质量管理难;另外,该转化过程使测得的数据所达到的精度大幅度降低,变更、修改也极不方便,难以适应经济建设的需要。

随着电子技术和计算机技术日新月异的发展及其在测绘领域的广泛应用,20 世纪 80 年代产生了电子速测仪、电子数据终端,并逐步形成了野外数据采集系统,将其与内业计算机辅助制图系统结合,形成了一套从野外数据采集到内业制图全过程的、实现数字化和自动化的测量制图系统,人们通常称之为数字化测图。广义的数字化测图主要包括全野外数字测图(或称地面数字测图、内外一体化测图)、地图数字化成图、摄影测量和遥感数字测图。狭义的数字测图指全野外数字测图。本书主要介绍全野外数字测图技术。

一、数字化测图的准备工作

在进行数字化测图之前,要做好详细周密的准备工作。数字化测图前期的准备工作主要包括收集资料、测区踏勘、技术方案制订、仪器准备等。

1. 收集资料

数字化测图前期的资料收集是很关键的工作,应广泛收集测区各项相关资料,并对资料进行综合分析和研究,作为设计的依据和参考。资料的完整、准确与否,直接关系到能否正确制订技术设计方案及其他后续工作的开展。

除收集测绘活动相关专业的政策性文件外,还应重点收集与测区有关的各种比例尺地形图和其他有关图纸(如交通图),以及已有控制网的成果资料(如技术总结、控制点网图、点之记、成果表和平差资料等)。另外,还应收集测区内社会情况、交通运输、物资供应、风俗习惯、行政区划、气象、植被、水系、土质、建筑物、居民地及特殊地貌等资料。

2. 测区踏勘

测区踏勘的目的是:了解测区的位置范围、行政区划;了解测区自然地理条件、交通运输、气象条件等情况;了解测区已有测量控制点的实际位置和保存情况,核对旧有的标石和点之记是否与实地一致;根据地物、地貌及隐蔽情况,以及旧有控制点的密度和分布情况,初步考虑地形控制网(图根控制网)的布设方案和采取的必要措施;了解测区一些特殊地物及其表示方法,同时还要了解地形困难类别。

3. 技术方案制订

技术设计是一项技术性和政策性很强的工作,设计时应遵循以下原则:设计技术方案应先考虑整体而后局部,且考虑远期发展;要满足用户的要求,重视社会效益;要从测区的实际情况出发,考虑作业单位的人员素质和装备情况,选择最佳作业方案;广泛收集、认真分析及充分利用已有的测绘成果和资料;尽量采用新技术、新方法和新工艺;当测图面积相当大,需要的时间较长时,可根据用图单位的规划,将测区划分为几个小区,分别进行技术设计;当测图任务较少时,技术设计的详略可视具体情况而定。

技术设计主要包括任务概述、控制测量设计、数字测图设计、质量保证及安全措施、工作计划安排和上交资料清单等。

4. 仪器准备

进行数字化测图前,应准备好测绘仪器,仪器设备必须经过测绘计量鉴定合格后方可投入使用。除了准备仪器外,还应准备图板、皮尺、记录手簿、木桩、钢钉、油漆、斧子等。

二、数字化测图的外业工作(资源 7-2-1、资源 7-2-2)

在进行数字化测图时,外业工作是尤为重要的一个组成部分。外业工作质量的好坏直接决定最终成果的优劣。和传统的白纸测图一样,数字化测图的外业工作包括控制测量和碎部测量。

1. 图根控制测量

图根控制测量主要是在测区高级控制点密度满足不了大比例尺数字测图需求时,适当加密布设控制点。当前,数字化测图工作主要是大比例尺数字地形图和各种专题图的测绘,因此控制测量部分主要是进行图根控制测量。图根控制测量主要包括平面控制测量和高程控制测量。平面控制测量确定图根点的平面坐标,高程控制测量确定图根点的高程。

图根平面控制和高程控制测量,既可同时进行,也可分别施测。图根点相对于邻近等级控制点的点位中误差不应大于图上 0.1mm,高程中误差不应大于基本等高距的 1/10。对于较小测区,图根控制可作为首级控制。表7-5是一般地区解析图根点的数量要求。

一般地区解析图根点的数量要求 表7-5

测图比例尺	图幅尺寸(cm)	解析图根点数量(个)		
		全站仪测图	GNSS-RTK 测图	平板测图
1:500	50×50	2	1	8
1:1000	50×50	3	1~2	12
1:2000	50×50	4	2	15
1:5000	40×40	6	3	30

注:表中所列数量,是指施测该图幅可利用的全部解析控制点数量。

目前,图根控制主要是利用全站仪、GNSS和水准仪等进行施测,其布设形式和具体施测过程随工程需要的精度及使用的仪器而定。

(1)全站仪图根控制测量

利用全站仪进行图根控制测量,对于图根点的布设,可采用图根导线、图根三角和交会定点等方法。由于导线的形式灵活,受地形等环境条件的影响较小,一般采用导线测量法,也可以采用一步测量法。

如图7-13所示,一步测量法是指在图根导线选点、埋桩以后,将图根导线测量与碎部测量同时作业,在测定导线后,提取各条导线测量数据进行导线平差计算,而后可按新坐标对碎部点进行坐标重算。目前,许多测图软件都支持这种作业方法。

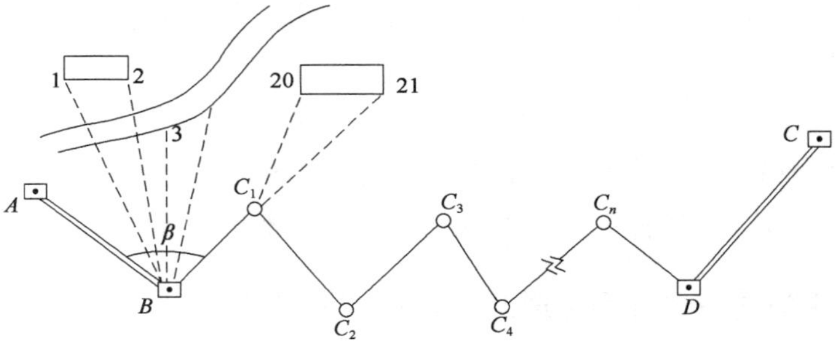

图7-13 一步测量法示意图

(2)GNSS控制测量

在相对大面积的测图工程中,选择运用GNSS进行控制测量更为合适。与常规方法相比,应用GNSS进行控制测量有许多优点:可以得到高精度的测量结果;点位选择要求灵活,不需要各点之间互相通视;作业效率高,几乎不受天气影响,可以全天候作业;观测数据自动记录等。

2.碎部点数据采集

在测定的控制点基础上,可以根据实际选择不同的测量方法进行碎部点数据采集,目前常用的是全站仪测量法和GNSS-RTK测量法。

不论是用全站仪还是用GNSS-RTK进行碎部点采集,除采集点位信息(即测点坐标)外,还应采集该测点的属性信息及连接信息，以便计算机生成图形文件，进行图形处理。需要注意的是，不同的数字测图软件在数据采集方法、数据记录格式、图形文件格式和图形编辑功能等方面会有所不同。测站点属性和连接信息可以通过草图记录。

1）工作草图

工作草图是内业绘图的依据，尤其是采用测记法进行野外数据采集时，工作草图是绘图的必需品，是成果图质量的保证。

工作草图的主要内容有地物的相对位置、地貌的地形线、点名、丈量距离记录、地理名称和说明注记等。测量开始之前，绘草图人员首先应对测站周围的地形、地物分布情况进行概览，及时按近似比例勾绘一份含主要地物、地貌的工作草图，便于开始观测后及时在草图上标明所测碎部点的位置及编号。如随采集数据一并进行草图绘制，最好在每到一测站时，整体观察一下周围地物，尽量保证一张草图把一测站所测地物表示完全，对地物密集处标上标记，另起一页放大表示。在有电子记录手簿时，电子手簿点号一定要和手簿记录的点号一致。如图7-14所示。

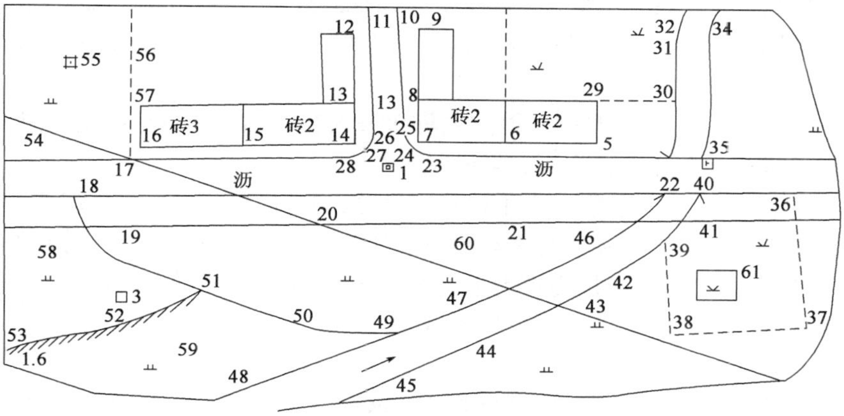

图7-14 工作草图

2）数据采集

（1）全站仪数据采集

全站仪数据采集是根据极坐标测量的方法，通过测定出已知点与地面上任意一待定点之间的相对关系（角度、距离、高差），利用全站仪内部自带的计算程序计算出待定点的三维坐标（X,Y,H）。

在使用全站仪采集碎部点点位信息时，因受外界条件影响，不可能直接采集到全部碎部点点位信息，且对所有碎部点直接采集的工作量大、效率低，因此必须采用“测、算结合”的方法（在野外进行数据采集时，利用全站仪通过极坐标方法采集部分“基本碎部点”，结合勘丈的方法测出一部分碎部点，再运用共线、对称、平行、垂直等几何关系最终测定出所需要的所有碎部点）测定碎部点的点位信息，以便提高作业效率。

全站仪数据采集的主要步骤为：

①全站仪初始设置。测量前，将所选测量模式（免棱镜、放射片、棱镜，当使用棱镜时所用棱镜的棱镜常数）以及量取的仪器高度、目标高度等参数输入全站仪。

②建立项目。全站仪存储数据时，一般将测量数据存储在自己的项目中，以便后续数据

处理。

③建站。建站又称设站,就是使所采集的碎部点坐标归于所采用的坐标系中,即全站仪所测点是由以测站点为依据的相对关系所得。在进行坐标测量时,必须建站。

④坐标测量。在建站的基础上,开始对待测点坐标进行测量。

⑤存储。将采集的碎部点信息(点号、坐标、代码、原始数据)存储在全站仪内存中。

(2)GNSS-RTK 数据采集

因 GNSS-RTK 测量具有快捷、方便、精度高等优点,已被广泛用于碎部点数据采集工作中。在大比例尺数字测图工作中,采用 GNSS-RTK 技术进行碎部点数据采集,可不布设各级控制点,仅依据一定数量的基准控制点,不要求点间通视(但在影响 GNSS 卫星信号接收的遮蔽地带,还应采用常规的测绘方法进行细部测量),在待测的碎部点上停留几秒钟,能实时测定点的位置,并能达到厘米级精度。

GNSS-RTK 数据采集的主要步骤为:

①架设基准站。将基准站 GNSS 接收机安置在视野开阔、地势较高的地方,第一次启动基准站时,需通过手簿对启动参数进行设置,如差分格式等,并设置数据链,以后作业如不改变配置可直接打开基准站主机。

②架设移动站。确认基准站发射成果后,即可开始移动站的架设。移动站架设好后,需通过手簿对移动站进行设置才能达到固定解的状态。

③配置手簿。对新建工程,须进行工程参数设置,如坐标系、中央子午线等。

④求转换参数。由于 GNSS 接收机直接输出的数据是经纬度坐标,因此为了满足不同用户的测量需求,需要把经纬度坐标转换为施工测量坐标,这就需要进行参数转换。

⑤坐标测量。开始对待测点进行坐标测量。

3)碎部点的确定

在地形图测绘中,准确确定和取舍典型地物、地貌点是正确绘出符合要求地形图的关键。具体规定如下:

(1)点状要素(独立地物)能按比例表示时,应按实际形状采集,不能按比例表示时应精确测定其定位点或定线点。对于有方向的点状要素,应先采集其定位点,再采集其方向点(线)。

(2)线状要素采集时,应视其变化情况进行测量,较复杂时可适当增加地物点密度,以保证曲线的准确拟合。对于具有多种属性的线状要素(线状地物、面状地物公共边、线状地物与面状地物边界线的重合部分),应只采集一次,但应处理好要素之间的关系。

(3)水系及其附属物应按实际形状采集。对于河流,应测记水流方向;对于水渠,应测记渠顶边和渠底高程;对于堤、坝,应测记顶部及坡脚高程;对于泉、井,应测记泉的出水口及井台高程,并标记井台至水面深度。

(4)对于各类建筑物、构筑物及其主要附属设施,均应采集。对于房屋,以墙基为准采集;对于居民区,可视测图比例尺大小或需要适当综合;对于建筑物、构筑物轮廓凸凹在图上小于0.5mm 时,可予以综合。

(5)对于公路与其他双线道路,应按实际宽度依比例尺采集。采集时,应同时采集范围内的绿地或隔离带,并正确表示各级道路之间的通过关系。

(6)地上管线的转角点应实测，管线直线部分的支架线杆和附属设施密集时，可适当取舍。

(7)地貌一般以等高线表示，特征明显的地貌不能用等高线表示时，应以符号表示。高程点一般选择在明显地物点或地形特征点，山顶、鞍部、凹地、山脊、谷底及倾斜变换处，应测记高程点，所采集高程点密度应符合表7-6中的规定。

(8)斜坡、陡坎，其比高小于1/2基本等高距或在图上长度小于5mm时可舍去。当斜坡、陡坎较密时，可适当取舍。

地 形 点 间 距 表7-6

比例尺	1:500	1:1000	1:2000
地形点平均间距(m)	15	30	60

三、数字化测图的内业工作(资源7-2-3)

数字测图内业是相对于数字测图外业而言的，简单地说，就是将野外采集的碎部点数据信息在室内传输到计算机上并进行处理和编辑的过程。数字化测图内业工作与传统白纸测图的模拟法成图相比具有显著的特点，如成图周期短、成图规范化、成图精度高、分幅接边方便、易于修改和更新等。

由于数字化测图的内业处理是根据外业测量的地形信息进行图形编辑、地物属性注记，如果外业采集的地形信息不全面，内业处理中就较困难，因此数字测图内业工作对外业记录依赖性较强，并且数字化测图内业完成后，一般要输出到图纸上，到野外检查、核对。数字化测图内业包括数据传输、数据格式转换、图形编辑与整饰等。

目前我国开发的数字测图软件主要有武汉瑞得、南方CASS、清华山维、威远图SV300、GTC2000等。目前在工程领域应用比较广泛的是南方CASS软件，因此本教材以南方CASS软件为例介绍数字化测图内业处理流程，如图7-15所示。

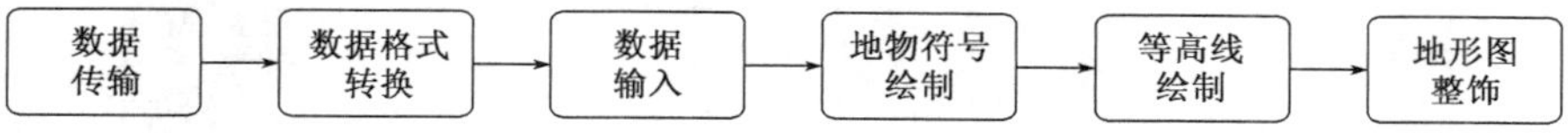

图7-15 数字化测图内业处理流程

1. 数据传输

数据传输主要是指将采集到的数据按一定的格式传输到内业处理的计算机中。全站仪的数据通信主要是利用全站仪的输出接口或内存卡，将全站仪内存中的数据文件传送到计算机中；GNSS-RTK的数据通信是电子手簿与计算机之间进行的数据交换。

2. 数据格式转换

数据格式转换是将数据按一定的格式形成一个文件供内业处理时使用。该文件用来存放从仪器传输过来的坐标数据，也称为坐标数据文件。用户可按需要对坐标数据文件自行命名，坐标数据文件是CASS最基础的数据文件，其扩展名是“.dat”。该文件数据格式为：

1 点点名,1 点编码,1 点 Y(东)坐标,1 点 X(北)坐标,1 点高程

……

N 点点名,N 点编码,N 点 Y(东)坐标,N 点 X(北)坐标,N 点高程

该数据文件可以通过记事本的格式打开查看,如图 7-16 所示。其中文件中每一行表示一个点,点名、编码和坐标之间用逗号隔开,当编码为空时,其后的逗号也不能省略,逗号不能在全角方式下输入,否则在读取数据文件时,系统会提示数据文件格式不对。

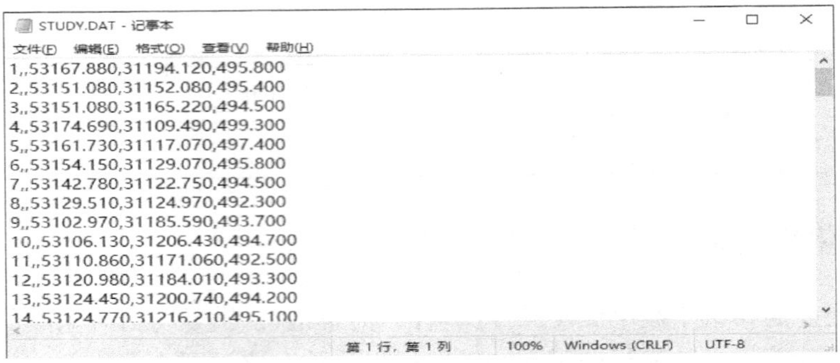

图 7-16 CASS 数据文件

3. 图形编辑

(1)定显示区

定显示区的作用是根据输入坐标数据文件的数据大小定义屏幕显示区域的大小,以保证所有碎部点都能显示在屏幕上。在“绘图处理”菜单下单击“定显示区”,弹出“输入坐标数据文件名”对话框,如图 7-17 所示,指定打开文件的路径,并单击“打开”,完成“定显示区”操作。命令区显示坐标范围信息。

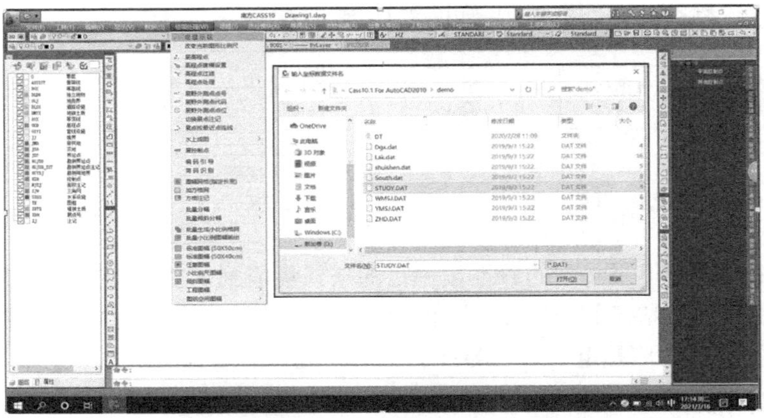

图 7-17 输入坐标数据文件名

(2)展野外测点点号

展点是将坐标数据文件中的各个碎部点点位及点号显示在计算机的屏幕上。在“绘图处理”菜单下单击“展野外测点点号”,命令提示行显示“绘图比例尺 <1:500>”,如果需要绘制

其他比例尺的地形图，输入比例尺分母数值后回车。默认绘图比例尺为1:500，直接回车即默认当前绘图比例尺为1:500。弹出“输入坐标数据文件名”对话框，如图7-17所示，指定打开文件的路径，并单击“打开”，完成“展野外测点点号”的操作，此时在绘图区上展出野外测点的点号，如图7-18所示。

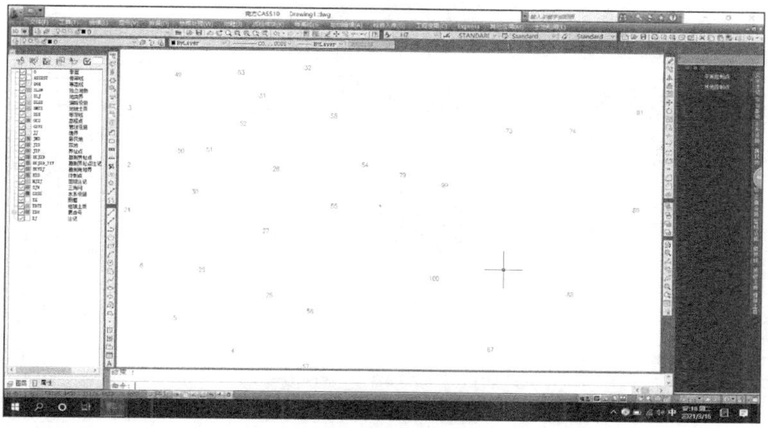

图7-18　展野外测点点号

(3)选择点号定位模式

点号定位法成图时，点位的获取是通过点号，而不是利用“捕捉”功能直接在屏幕上捕捉所展的点。选择点号定位模式，是为了后期绘图更加方便、快捷，也可以变换为坐标定位模式。点击绘图区右侧的地物绘制工具栏列表中“坐标定位”，在弹出的下拉菜单中选择“点号定位”后，弹出如图7-19所示的“选择点号对应的坐标点数据文件名”对话框，指定打开文件的路径，并单击“打开”，完成“点号定位”模式的选择。

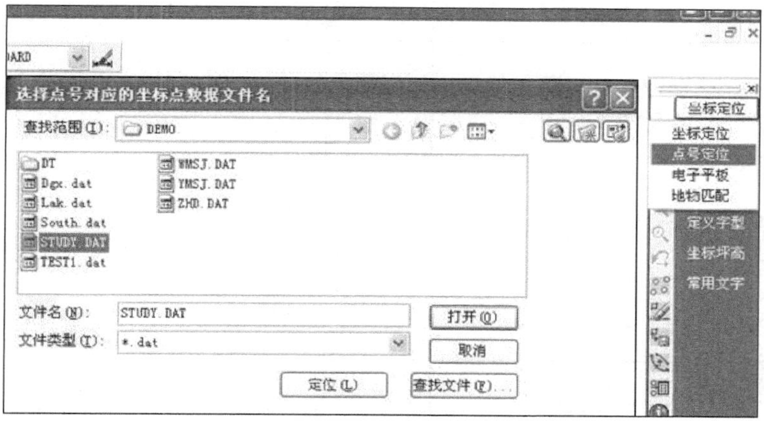

图7-19　选择点号对应的坐标点数据文件名

(4)地物绘制

CASS软件将所有地物要素分为控制点、水系设施、居民地、交通设施等，所有的地形图图式符号都是按照图层来管理的，每一个菜单对应一个图层。绘图时，根据野外作业时绘制的工作草图,首先选择右侧菜单中对应的选项,然后从该选项弹出的界面中选择相应的地形图图式符号,点击后根据提示进行绘制。下面结合 CASS 安装目录内实例 STUDY. dat 文件进行举例说明。

①绘制四点砖房屋。单击地物绘制工具栏“居民地”中“一般房屋”,弹出如图 7-20 所示的一般房屋图式列表,选中“四点砖房屋”,点击“确定”后,按表 7-7 所示步骤进行绘制。

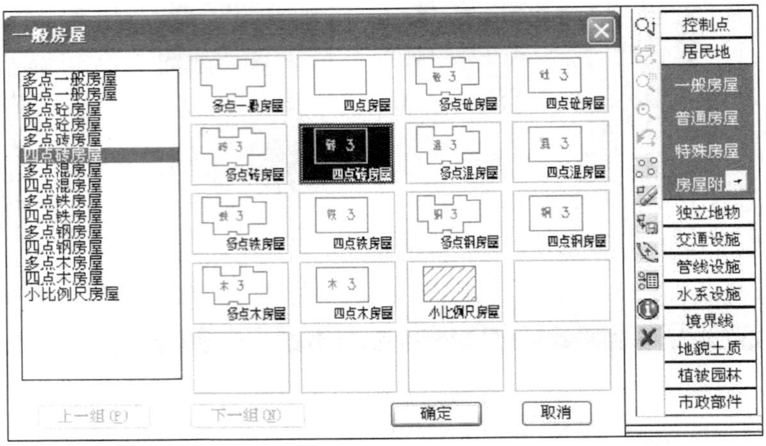

图 7-20 一般房屋图式列表

四点砖房屋绘制步骤 表 7-7

步骤	命令行提示信息	输入字符	操作键	说明
1	1. 已知三点/ 2. 已知两点及宽度/ 3. 已知四点 <1>	1	回车	1. 以已知三点方式绘制房屋; 2. 以已知两点和宽度方式绘制房屋; 3. 以已知四点方式绘制房屋
2	第一点 鼠标定点 P/ <点号>	3	回车	
3	第二点 鼠标定点 P/ <点号>	39	回车	依次输入房屋的 3 个已知测点
4	第三点 鼠标定点 P/ <点号>	16	回车	
5	输入层数 <1>	2	回车	输入砖房层数,完成房屋绘制

②绘制平行县道、乡道。单击软件右侧的地物绘制工具栏“交通设施”中“城际公路”,弹出如图 7-21 所示的城际公路图式选择框,从列表中选中“平行县道乡道”,点击“确定”后,按表 7-8 所示步骤进行绘制。

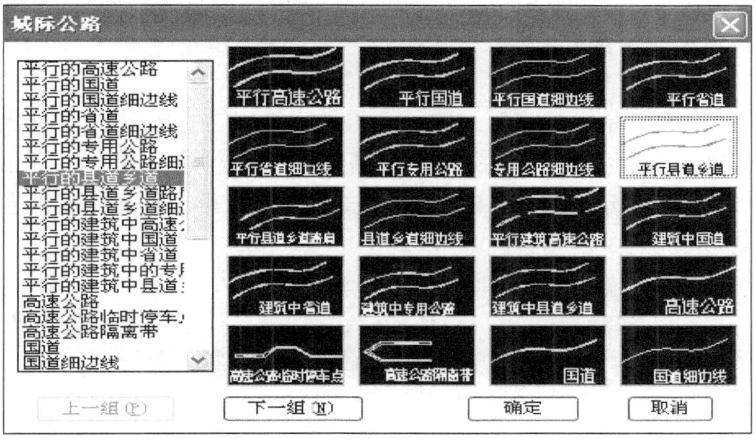

图 7-21　城际公路图式列表

平行县道乡道绘制步骤　　表 7-8

步骤	命令行提示信息	输入字符	操作键	说　明
1	第一点:鼠标定点 P/ <点号>	92	回车	使用折线依次连接道路一侧的测点点号
2	曲线 Q/边长交会 B/跟踪 T/区间跟踪 N/垂直距离 Z/平行线 X/两边距离 L/点 P/ <点号>	45	回车	
3	曲线 Q/边长交会 B/跟踪 T/区间跟踪 N/垂直距离 Z/平行线 X/两边距离 L/隔一点 J/微导线 A/延伸 E/插点 I/回退 U/换向 H/点 P/ <点号>	46	回车	
4		13	回车	
5		47	回车	
6		48	回车	
7			回车	结束道路一侧的测点连接
8	拟合线 <N>?	Y	回车	Y-拟合为光滑曲线; N-不拟合为光滑曲线
9	1. 边点式/2. 边宽式. /(按 ESC 键退出)	1	回车	1-要求输入道路另一侧测点; 2-要求输入道路宽度
10	对面一点:鼠标定点 P/ <点号>	19	回车	输入道路另一侧测点,确定路宽,完成道路绘制

(5)等高线绘制

在地形图中,等高线是表示地貌起伏的一种重要手段。在数字化自动成图系统中,等高线由计算机自动勾绘,首先由离散点和一套对地表提供连续的算法构建数字地面模型(DTM),即规则的矩形格网和不规则的三角形格网(TIN),然后在矩形格网或不规则的三角形格网上跟踪等高线通过点,最后利用适当的光滑函数对等高线通过点进行光滑处理,从而形成光滑的等高线。

①展高程点。

在菜单"绘图处理"中单击"展高程点",弹出"输入坐标数据文件名"对话框,指定打开文件的路径,点击“确定”。命令区提示:注记高程点的距离(米),直接按回车键(表示不对高程点注记进行取舍,全部展出来)。

②建立数字地面模型(DTM)。

数字地面模型(DTM)是以数字形式按一定的结构组织在一起,表示实际地形特征的空间分布,是地形属性特征的数字描述。在菜单“等高线”中单击“建立 DTM”,弹出“建立 DTM”对话框,如图 7-22 所示,然后选择“生成 DTM 的方式”“坐标数据文件名”“结果显示”及“是否考虑陡坎地性线”等项目。

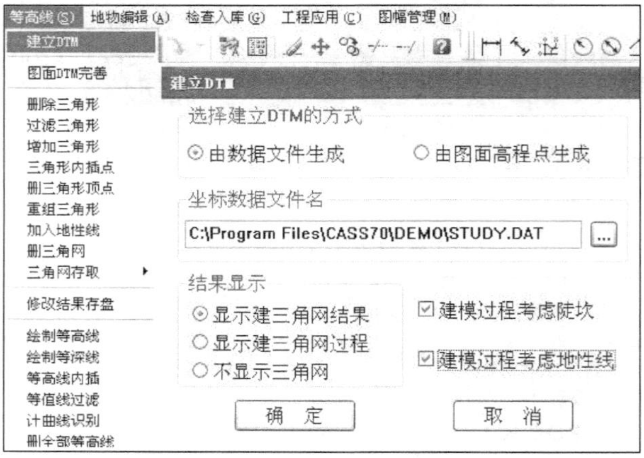

图 7-22 建立 DTM

由于地形条件的限制,一般情况下利用外业采集的碎部点很难一次性生成理想的等高线,另外还因现实地貌的多样性和复杂性,自动构成的数字地面模型与实际地貌不一致,这时可以通过修改三角网来修改这些局部不合理的地方。

③绘制等高线。

在菜单“等高线”中单击“绘制等高线”,弹出“绘制等高线”对话框,如图 7-23 所示,设置等高距和拟合方式,单击“确定”,由 DTM 模型自动勾绘出对应的等高线。

图 7-23 绘制等高线

④等高线修剪。

完成等高线绘制后,将建立 DTM 时生成的三角网删除,进行等高线注记、示坡线注记等,还需要处理好等高线与地物之间的关系，这时就要对等高线进行修剪，如对道路、居民地等进行局部修改，如图 7-24 所示。

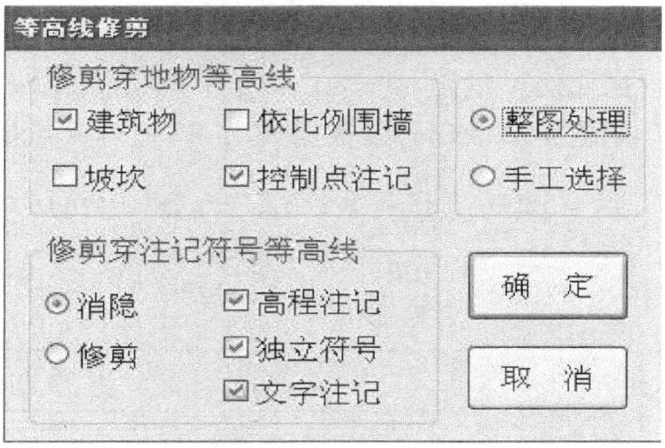

图 7-24 等高线修剪

(6)地形图整饰

地形图整饰包括文字注记、绘制图框等内容。数字图测绘时，地物、地貌除用一定的符号表示外，还需要加以文字注记，如用文字注明地名、河流、道路材料等。在绘制图框时，应先设置图框参数，如坐标系、高程系等，图框的大小不仅有标准的，还有任意大小的，而且还有斜图框，只要输入所需的参数，指定插入点，即告完成。

第三节 地形图的应用

由于地形图全面、客观地反映了地面的地形情况，因此它是工程建设中不可缺少的重要资料，被广泛应用于各种工程建设中。利用地形图可以完成下列工作：

一、求点的坐标

如图 7-25 所示，欲求 A 点的坐标，可利用图廓坐标格网的坐标值来求出。首先找出 A 点所在方格的西南角坐标 $x_0 = 5200\text{m}$，$y_0 = 1200\text{m}$；然后通过 A 点作出坐标格网的平行线 ab、cd，再按测图比例尺(1:2000)量取 aA 和 cA 的长度，则：

$$\begin{cases} x_A = x_0 + cA \\ y_A = y_0 + aA \end{cases} \tag{7-3}$$

若精度要求较高，应考虑图纸伸缩的影响，需量取 ab、cd 的长度。从理论上讲，$ab = cd = l$，l 为坐标格网边长(理论值一般为 10cm)对应的长度。由于图纸伸缩以及量测长度有一定误差，上式一般不成立，则 A 点的坐标应按下式计算：

$$
\begin{cases}
x_A = x_0 + \dfrac{l}{cd} \times cA \\
y_A = y_0 + \dfrac{l}{ab} \times aA
\end{cases}
\tag{7-4}
$$

例如：在图 7-25 中，根据比例尺量出 $aA = 80.4\text{m}$，$cA = 135.2\text{m}$，$ab = 200.2\text{m}$，$cd = 200.4\text{m}$。已知坐标格网边长的名义长度为 $l = 200\text{m}$，则根据式(7-4)可得 A 点坐标：

$$x_A = 5200 + \frac{200}{200.4} \times 135.2 = 5334.9(\text{m})$$

$$y_A = 1200 + \frac{200}{200.2} \times 80.4 = 1280.3(\text{m})$$

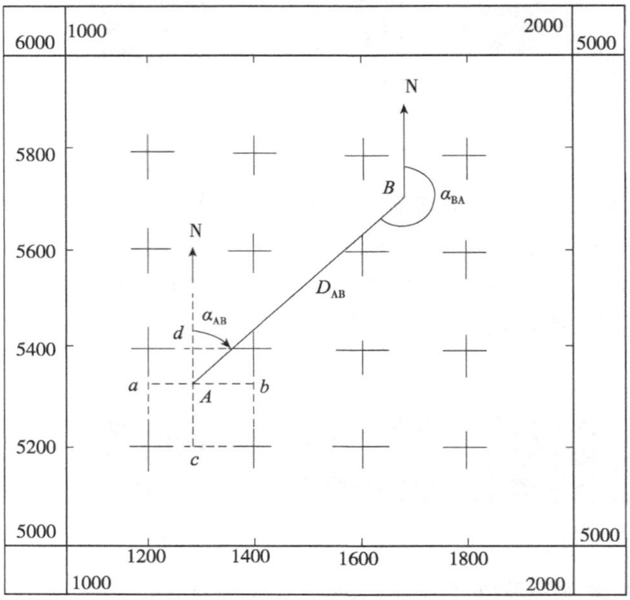

1：2000

图 7-25　确定点的坐标

二、求两点间的水平距离

求图 7-25 中两点间的水平距离，有以下两种方法：

1. 解析法

在图 7-25 中，欲求 A、B 两点的水平距离，先按式(7-3)或式(7-4)分别求出 A、B 两点的坐标值 x_A、y_A 和 x_B、y_B，然后用下式计算 A、B 两点的水平距离：

$$D_{AB} = \sqrt{(x_B - x_A)^2 + (y_B - y_A)^2} \tag{7-5}$$

由此算得的水平距离不受图纸伸缩的影响。

2. 图解法

图解法即在图上直接量取 A、B 两点间的长度，或用卡规卡出 AB 线段的长度，再与图示比例尺比量即可得出 AB 间水平距离。

三、确定直线的方位角

1. 解析法

如图 7-25 所示，欲求 AB 直线的坐标方位角，可按式(7-3)或式(7-4)分别求出 A、B 两点的坐标，再利用坐标反算求得坐标方位角：

$$\alpha_{AB} = \arctan \frac{y_B - y_A}{x_B - x_A} \tag{7-6}$$

2. 图解法

图解法即在图上直接量取角度。分别过 A、B 两点作坐标纵轴的平行线，然后用量角器分别量取 AB、BA 的坐标方位角 α_{AB} 和 α_{BA}。此时，若两角相差 180°，可取此结果为最终结果，否则取两者平均值作为最终结果。

四、求点的高程

在地形图上求任一点的高程，都可根据等高线和高程注记来完成。如果所求点恰好位于某一条等高线上，则该点的高程就等于该等高线的高程。如图 7-26 所示中 E 点的高程为 54m。

如果所求点位于两条等高线之间时，则可以按比例关系求得其高程。如图 7-26 中的 F 点位于 53m 和 54m 两条等高线之间，可通过 F 点作一大致与两条等高线相垂直的直线，交两条等高线于 m、n 两点，从图上量得 $mn = d$，$mF = s$，设等高线的等高距为 h(该图 $h = 1$m)，则 F 点的高程为：

$$H_F = H_m + \frac{s}{d} \times h \tag{7-7}$$

式中：H_m——m 点的高程(图 7-26 中为 53m)。

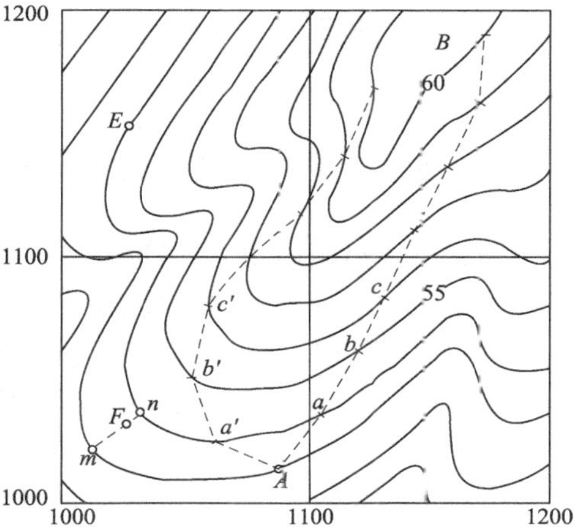

图 7-26　确定点的高程及选定等坡路线

五、求直线的坡度

地面上两点的高差与其水平距离的比值称为坡度，通常用 i 表示。欲求图上直线的坡度，可按前述方法求出直线段的水平距离 D 与高差 h，再由下式计算其坡度：

$$i = \frac{h}{D} = \frac{h}{d \cdot M} \tag{7-8}$$

式中：d——图上两点间的长度；

M——测图比例尺分母。

坡度常用百分率(%)或千分率(‰)表示，通常直线段所通过的地形有高低起伏，是不规则的,因而所求的直线坡度实际为平均坡度。

六、按坡度限值选定最短路线

在山地或丘陵地区进行道路、管线等工程设计时,常遇到坡度限值的问题,为了减少工程量,降低施工费用,要求在不超过某一坡度限值 i 的条件下选择一条最短线路,如图7-26所示,在比例尺为1:1000的地形图上,等高线的等高距为1m,需从 A 点到高地 B 点选出一条最短路线,要求坡度限制为4%。为了满足坡度限值的要求,先按式(7-8)求出符合该坡度限值的两等高线间的最短平距为:

$$D = \frac{h}{i} = \frac{1\text{m}}{4\%} = 25\text{m}$$

也可用下式表示:

$$d = \frac{h}{i \cdot M} = \frac{1\text{m}}{4\% \times 1000} = 2.5\text{cm}$$

按地形图的比例尺1:1000,用两脚规截取实地25m对应于的图上长度为:25/1000 = 2.5cm,然后在地形图上以 A 点(高程为53m)为圆心,以2.5cm长为半径作圆弧,圆弧与高程为54m的等高线相交,得到 a 点;再以 a 点为圆心,用同样的方法截交高程为55m等高线,得到 b 点;依此进行,直至 B 点;然后将相邻点连接,便得到4%的等坡度路线为:A—a—b—c…B。在该图上,按同样方法尚可沿另一方向定出第二条路线 A—a'—b'—c'…B,以此作为一个比较方案。

七、按一定的方向绘制纵断面图

所谓路线纵断面图,是指过一指定方向(路线方向)的竖直面与地面的交线,它反映了在这一指定方向上地面的高低起伏形态。

在进行道路等工程设计时,为了合理设计竖向曲线和坡度,或为了对工程的填挖土石方进行概算,则需要了解线路上地面的起伏情况,这时可根据地形图中的等高线来绘制纵断面图。

如图7-27a)所示,要了解 A、B 之间的起伏情况,在地形图上作 A、B 两点的连线,与各等高线相交,各交点的高程即各等高线的高程,而各交点的平距可在图上用比例尺量得。作地形纵断面图[图7-27b)],先在毫米方格纸上画出两条相互垂直的轴线,以横轴 Ad 表示平距,以纵轴 AH 表示高程。然后在地形图上量取 A 点至各交点及地形特征点(例如 a、b 等点)的平距,并把它们分别转绘在横轴上,以相应的高程作为纵坐标,得到各交点在断面上的位置。连接这些点,即得到 AB 方向上的地形断面图。

为了更明显地表示地面的高低起伏情况,纵断面图上的高程比例尺一般比平距比例尺大10倍。

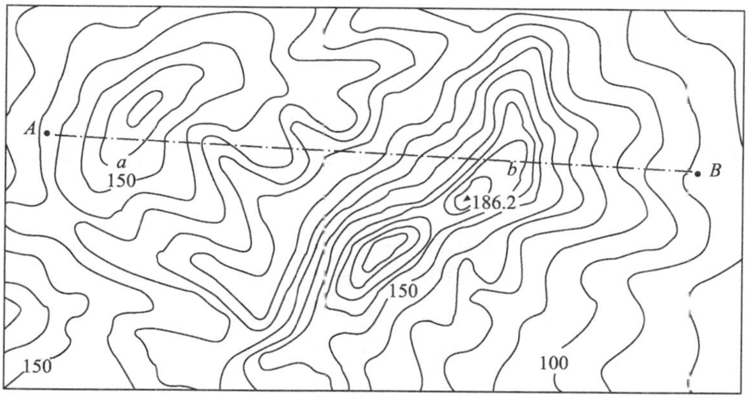

a)

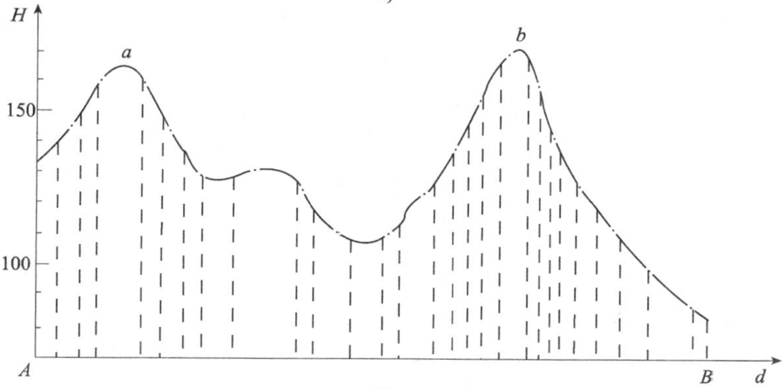

b)

图 7-27 纵断面图的绘制

八、确定汇水面积

当修筑铁路、公路要跨越河流或山谷时，就必须建造桥梁或涵洞。桥梁、涵洞的大小与形式结构，均取决于该地区的水流量，而水流量又是根据汇水面积来计算的。所谓汇水面积是指降雨时有多大面积的雨水汇集起来，并通过设计的桥涵排泄出去。

由于雨水是在山脊线（又称分水线）处向其两侧山坡分流，所以汇水面积边界线是由一系列的山脊线连接而成的。如图 7-28 所示，一条公路经过一山区，拟在 A 处架桥或修涵洞，要确定汇水面积。由图中可以看到山脊线 AB、BC、CD、DE、EF、FG、GH、HA（图 7-28 中虚线连接）所围成的区域，就是通过桥涵 A 的汇水区，此区域的面积为汇水面积。求出汇水面积后，再依据当地的水文气象资料，便可求出流经 A 点处的水量。

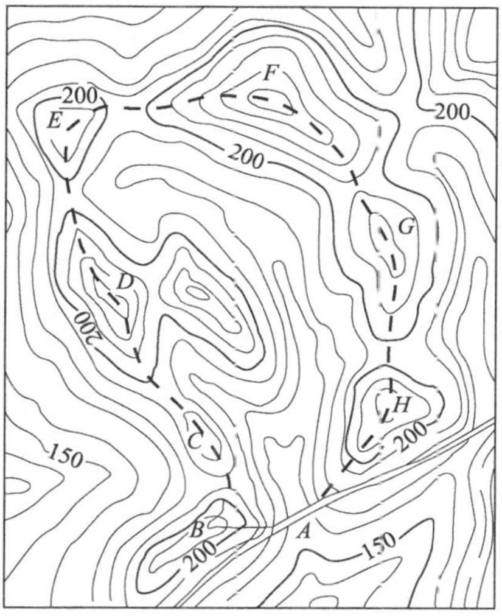

图 7-28 确定汇水面积

九、公路勘测中地形图的应用

道路的路线应以平、直为宜。实际上,由于地形和其他原因的限制,要达到这种理想状态是很困难的。为了选择一条经济而合理的路线,必须进行路线勘测,路线勘测一般分为初测和定测两个阶段。

路线勘测是一个涉及面广、影响因素多、政策性和技术性都很强的工作。在进行路线勘测前,要做好各种准备工作。首先要收集与路线有关的规划统计资料以及地形、地质、水文和气象等资料,然后进行分析研究,在地形图上初步选择路线走向,利用地形图对山区和地形复杂、外界干扰多、牵涉面大的段落进行重点研究。如路线可能沿哪些溪流,越哪些垭口;路线通过城镇或工矿区时,是穿过、靠近,还是避开而以支线连接等。研究时,应进行多种方案的比较。

初测是根据上级批准的计划和基本确定的路线走向、控制点和路线等级标准而进行的外业调查勘测工作。通过初测,要求对路线的基本走向和方案做进一步的论证比较,概略地拟定中线位置,提出切合实际的初步设计方案和修建方案,确定主要工程的概略数量,为编制初步设计和设计概算提供所需的全部资料。因此,在指定的范围内,若有现势性强的大比例尺地形图和测量控制网,初测时可直接利用,利用该地形图编制路线各方案的带状地形图和纵断面图;若没有现势性很强的大比例尺地形图,就应先布设导线,测量路线各方案的带状地形图和纵断面图;收集沿线水文、地质等有关资料,为纸上定线、编制比较方案的初步设计提供依据。根据初步设计,选定某一方案,即可转入路线的定测工作。

定测是具体核定路线方案,实地标定路线,进行路线详细测量,实地布设桥涵等构造物,并为编制施工图收集资料。在选定设计方案的路线上进行中线测量、纵断面和横断面测量,以便在实地定出路线中线位置和绘制路线的纵横断面图,对布设桥涵等构造物的局部地区,还应提供或测绘大比例尺地形图,这些图件和资料为路线纵坡设计、工程量计算等道路技术设计提供了详细的测量资料。

由此可见,地形图在道路勘测中所起的作用十分重要。

地形图的应用还有许多方面,如场地平整时填挖边界的确定和土方量计算、征迁用地等,在此不一一列举。

思考题与习题

1. 什么是比例尺?什么是比例尺精度?二者有何关系?比例尺精度有何应用?

2. 什么是等高线?等高线有哪几种类型?如何区别?

3. 按地貌形态而言,可归纳为哪几种典型的地貌?其等高线有何特点?

4. 叙述等高线的特征。

5. 数字化测图前应做好哪些准备工作?

6. 如何有效合理地选择地物和地貌的特征点?碎部点的密度是如何确定的?

7. 何为地物?地物一般分为哪两大类?什么是比例符号、非比例符号、半比例符号和注记符号?各在什么情况下应用?

8. 数字化测图的外业工作有哪些?

9. 如图7-29所示,为某一地区的等高线地形图,图中单位均为米(m),试用解析法解决下列问题:

(1)求A、B两点的坐标及AB连线的方位角。

(2)求C点的高程及AC连线的坡度。

(3)从A点到B点定出一条地面坡度$i=5.0\%$的路线。

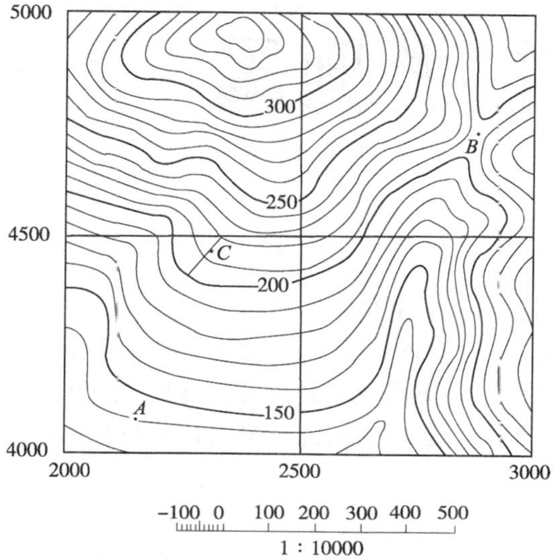

图7-29 第9题图

第八章
CHAPTER EIGHT

道路中线测量

学习目标

1. 了解道路选线测量和定线测量的方法;
2. 掌握路线交点、转点的测设方法,转角的计算方法,里程桩的设置与书写;
3. 掌握圆曲线和缓和曲线内业测设数据的计算和外业放样方法;
4. 了解特殊线形平曲线内业测设数据的计算和外业放样方法。

技能目标

1. 能够用全站仪进行圆曲线主点测设和详细测设;
2. 能够用全站仪进行缓和曲线主点测设和详细测设。

道路工程一般由路基、路面、桥涵、隧道以及各种附属设施等构成。无论是公路,还是城市道路,平面线形均要受到地形、地物、水文、地质以及其他因素的限制而改变路线方向。为保证行车舒适、安全,并使路线具有合理的线形,在直线转向处必须用曲线连接起来,这种曲线称为平曲线。平曲线包括圆曲线和缓和曲线两种。圆曲线是具有一定半径的圆的一部分,即一段圆弧,它又分为单曲线、复曲线、回头曲线等。缓和曲线是在直线和圆曲线之间加设的一段曲线,其曲率半径由无穷大逐渐变化为圆曲线半径。

由上述分析可知,路线中线由直线和平曲线两部分组成。道路中线测量是通过直线和平曲线的测设,将道路中心线的平面位置用木桩具体标定在现场,并测定路线的实际里程。道路中线测量是公路工程测量中的关键性工作,它是测绘纵、横断面图和平面图的基础(图8-1),是公路设计、施工和后续工作的依据。

a)

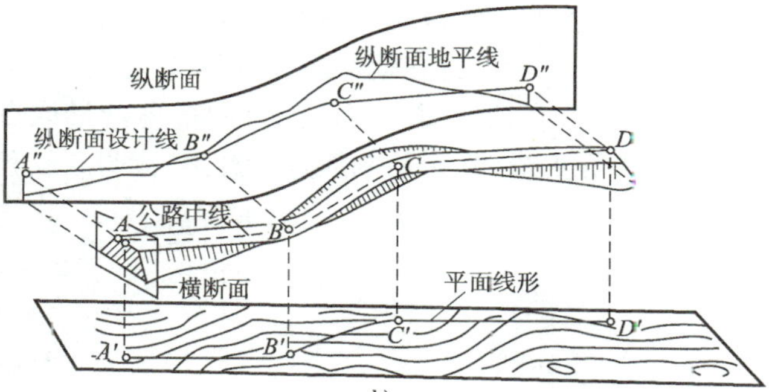

b)

图 8-1 公路路线及其中线

第一节 定线测量

要进行道路中线测量，必须先进行定线测量，即在现场标定交点和转点。所谓交点是指路线改变方向的转折点，通常以 JD_i表示，它是中线测量的控制点。转点是指当相邻两交点之间距离较长或互不通视时，需要在其连线或延长线上定出的一点或数点，以供交点、测角、量距或延长直线瞄准之用，通常以 ZD_i表示。

目前，公路工程上常用的定线测量方法有纸上定线和现场定线两种。《公路勘测规范》(JTG C10—2007)规定：无论是纸上定线还是现场定线，均应根据专业调查需要，进行路线放线。

一、纸上定线

纸上定线是先在实地布设导线，测绘大比例尺地形图(通常为 1:1000 或 1:2000 的地形图)，在地形图上定出路线的位置，再到实地放线，把交点的位置在实地上标定下来。一般可采用以下两种方法。

1. 放点穿线法

放点穿线法是纸上定线放样时常用的方法，它是以初测时测绘的带状地形图上就近的导线点为依据，按照地形图上设计的路线与导线之间的角度和距离关系，在实地将路线中线的直线段测设出来，然后将相邻直线延长相交，定出交点桩的位置。具体测设步骤如下。

1)放点

简单易行的放点方法有支距法和极坐标法两种。在地面上测设路线中线的直线部分，只需定出直线上若干个点，就可确定这一直线的位置。如图 8-2 所示，欲将纸上定出的两段直线 JD_3—JD_4和 JD_4—JD_5测设于地面，只需在地面上定 1、2、3、4、5、6 等临时点即可。

这些临时点可选择在支距点，即垂直于初测导线边、垂足为导线点的直线与纸上所定路线的直线相交的点，如 1、2、4、6 点；亦可选择初测导线边与纸上所定路线的直线相交的点，如 3

点;或选择能够控制中线位置的任意点,如5点,为便于检查核对,一条直线应选择三个以上的临时点。这些点一般应选在地势较高、通视良好、距初测导线点较近、便于测设的地方。临时点选定之后,即可在地形图上用比例尺和量角器量取点所用的距离和角度,如图8-2中距离l_1、l_2、l_3…l_6和角度β。然后绘制放点示意图,标明点位和数据,作为放点的依据。

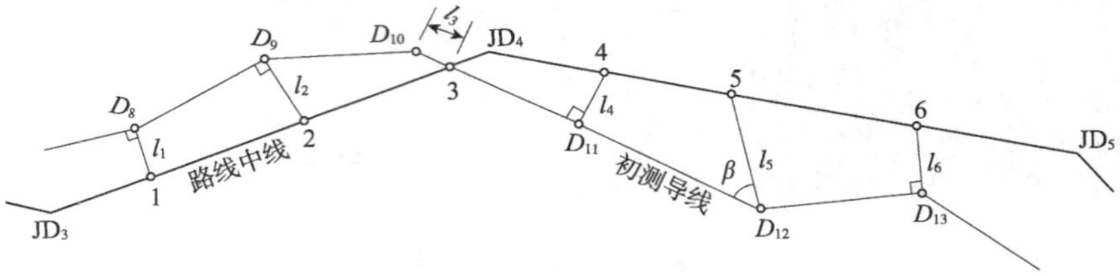

图8-2 初测导线与纸上所定路线

放点时,在现场找到相应的初测导线点。可用支距法放点,步骤为:用全站仪定出导线垂线方向,再用全站仪量出支距l_i即可定出点位。也可用极坐标法放点,步骤为:将全站仪安置在相应的导线点上,直接用全站仪坐标放样定出点位。

2)穿线

由于图解数据和测量误差的影响,将图上同一直线上的各点放到地面后,一般均不能准确位于同一直线上。图8-3为将从图纸上某一直线段上选取的1、2、3、4点放样到现场的情况,显然所放四点是不共线的。这时可根据实地情况,采用目估或全站仪法穿线,通过比较和选择定出一条能尽可能多地穿过或靠近临时点的直线AB,在A、B或其方向线上打下两个或两个以上的方向桩,随即取消临时点。这种确定直线位置的工作称为穿线。

图8-3 穿线

3)交点

当相邻两直线AB、CD在地面上定出后,即可延长直线使两条线交会即定出交点(JD),如图8-4所示,具体按下述操作步骤进行:

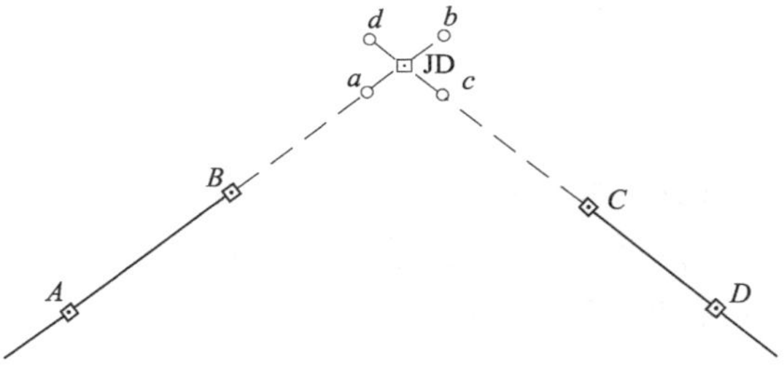

图8-4 交点

(1)将全站仪安置于B点,盘左瞄准A点,倒转望远镜沿视线方向,在交点(JD)的概略位置前后,打下两个木桩,俗称"骑马桩",并沿视线方向用铅笔在两桩顶上分别标出a_1和b_1。

(2)盘右仍瞄准A点后,再倒转望远镜,用与上述同样的方法在两桩顶上再标出a_2和b_2。

(3)分别取a_1与a_2、b_1与b_2的中点并钉上小钉得a和b两点。

(4)用细线将a、b两点连接。

这种以盘左、盘右两个盘位延长直线的方法称为正倒镜分中法。

(5)将仪器置于C点,瞄准D点,仍按上述步骤(1)~(3),同法定出c和d两点,拉上细线。

(6)在两条细线(ab、cd)相交处打下木桩,并在桩顶钉以小钉,便得到交点(JD)。

2. 极坐标法

极坐标法是先在地形图上量算出纸上所定路线的交点坐标，然后在野外将仪器置于初测导线点或已确定的交点上，用全站仪采用坐标放样的方法，依次定出各交点的位置。

如图 8-5 所示，N_1、N_2…为初测导线点，在 N_1 点安置全站仪，以 N_2 点为定向，根据 JD_1 的坐标便可放出交点 JD_1。然后在 JD_1 上安置全站仪，以 N_1 点为定向点，便可放出交点 JD_2。同法依次可定出其他交点。

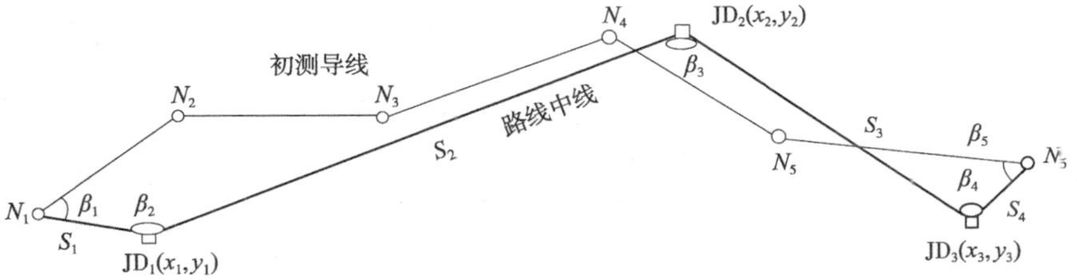

图 8-5 极坐标法定线

这种方法工作效率高，适用于测量导线点较少的线路。其缺点是放点的次数越多，累计误差也越大，故每隔一定距离（一般每隔 3 ~ 5 个交点）应将测设的交点与测图导线联测，以检查放点的质量，然后重新以初测导线点开始放出以后的交点。检查满足要求方可继续观测；否则应查明原因，予以纠正。

二、现场定线

对于受条件限制或地形、方案简单的低等级公路，可以采用直接在现场标定交点的方法，即根据既定的技术标准，结合地形、地质等条件，在现场反复比较，直接定出路线交点的位置。这种方法不需测地形图，比较直观，但当两相邻的交点间距离较长或互不通视时，需要设置转点。

1. 在两交点间设转点

如图 8-6 所示，设 JD_5、JD_6 为互不通视的两相邻交点，ZD′为目估定出的转点位置。将全站仪置于 ZD′上，用正倒镜分中法延长直线 JD_5—ZD′至 JD_6'，如 JD_6' 与 JD_6 重合或偏差 f 在路线容许移动的范围内，则转点位置即为 ZD′，此时应将 JD_6 移至 JD_6' 并在桩顶钉上小钉表示交点位置。

当偏差 f 超过容许范围或 JD_6 为死点，不许移动时，则需重新设置转点。设 e 为 ZD′应横向移动的距离，仪器在 ZD′处，用视距测量方法测出距离 a、b，则：

$$e = \frac{a}{a+b} f \tag{8-1}$$

将 ZD′沿偏差 f 的相反方向横移 e 至 ZD。将仪器移至 ZD，延长直线 JD_5—ZD 看是否通过 JD_6 或偏差 f 是否小于容许值。否则，应再次设置转点，直至符合要求为止。

2. 在两交点延长线上设转点

如图 8-7 所示，设 JD_8、JD_9 互不通视，ZD′为其延长线上转点的目估位置。将仪器置于 ZD′处，盘左瞄准 JD_8，在 JD_9 附近标出一点，盘右再瞄准 JD_8，在 JD_9 附近又标出一点，取两次所标点

的中点得 JD_9'。若 JD_9'和 JD_9重合或偏差 f 在容许范围内,即可将 JD_9'代替 JD_9作为交点,ZD′即作为转点。若偏差 f 超出容许范围或 JD_9为死点,不许移动,则应调整 ZD′的位置。

$$e=\frac{a}{a-b}f \tag{8-2}$$

将 ZD′沿偏差 f 的相反方向横移 e 至 ZD,然后将仪器移至 ZD,重复上述方法,直至 f 小于容许值为止,最后将转点 ZD 和交点 JD_9用木桩标定在地面上。

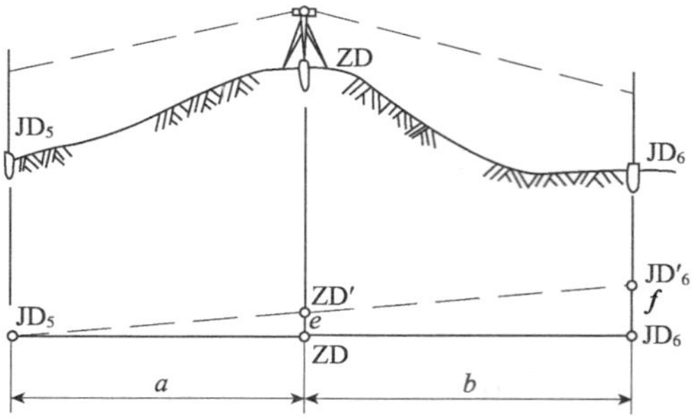

图 8-6　在两不通视交点间设置转点

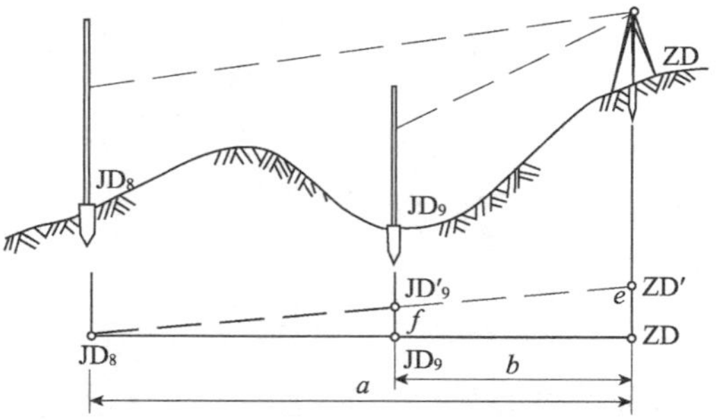

图 8-7　在两不通视交点延长线上设置转点

第二节　路线转角的测定

定线测量完成后,即可标定直线与修正点位、测定路线右角与计算转角、计算平曲线要素、钉设平曲线中点方向桩、测量距离、固定路线控制桩位等。

一、标定直线与修正点位

对于相互通视的交点,如果定线测量无误,则根本不存在点位修正问题,一般可以直接引用。但是,当交点间相距较远或地形起伏较大,通过陡坎深沟时,为了便于中桩组穿线定向,测角组应负责用全站仪在其间酌情插设若干个导向桩,供中桩穿线使用。

对于中间有障碍、互不通视的交点,虽然交点间定线时已设立了控制直线方向的转点桩,但由于存在定线误差,所以实际上未必严格在一条直线上,因此就存在用全站仪检查与标定直线或修正交点桩位的问题。一般情况下,常将后视交点和中间转点作为固定点(因上述点位一旦变动,将直接影响后视点位转角,导致测量返工),安置仪器于转点处,采用正倒镜分中法进行检查;如发现问题应查明原因,及时改正。

二、测定路线右角与计算转角

1. 测定路线右角

按路线的前进方向,以路线中心线为界,在路线右侧的水平角称为右角,通常以 β 表示,如图 8-8 中的所示的 β_5、β_6,中线测量采用测回法测定。

上、下两个半测回所测角值的限差视公路等级而定：高速公路、一级公路限差为 ±20″，满足要求取平均值，取位至 1″；二级及二级以下的公路限差为 ±60″，满足要求取平均值，取位至 30″（即 10″舍去，20″、30″、40″取为 30″，50″进为 1′）。

2. 计算转角

所谓转角是指路线由一个方向偏转为另一个方向时，偏转后的方向与原方向的夹角，通常以 α 表示，如图 8-8 所示。转角有左转、右转之分，按路线前进方向，偏转后的方向在原方向的左侧称为左转角，通常以 $\alpha_{左}$（或 α_Z）表示；反之为右转角，通常以 $\alpha_{右}$（或 α_Y）表示。转角是设置平曲线的必要元素，通常是通过测定路线的右角 β 计算求得的。

若 $\beta > 180°$，为左转角，则

$$\alpha_{左} = \beta - 180° \tag{8-3a}$$

若 $\beta < 180°$，为右转角，则

$$\alpha_{右} = 180° - \beta \tag{8-3b}$$

三、钉设平曲线中点方向桩

为便于设置平曲线中点桩，在测角的同时，需将平曲线中点方向桩（亦即分角线方向桩）钉设出来，如图 8-9 所示。分角线方向桩离交点距离应尽量大于曲线外距，以利于定向插点。一般转角越大，外距也越大，这样分角桩就应设置得远一点。

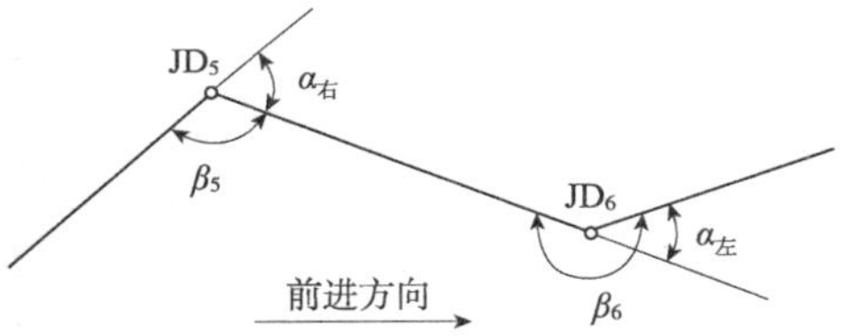

图 8-8　路线的右角和转角

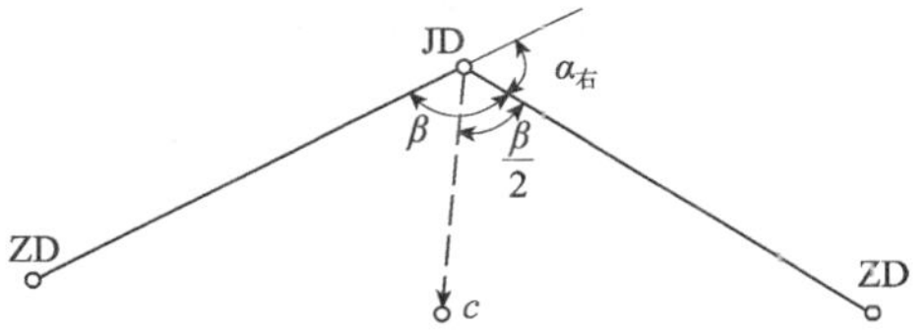

图 8-9　标定分角线方向

用全站仪定分角线方向，首先要计算出分角线方向的水平度盘读数，通常这项工作是测角之后在测角读数的基础上进行的（即保持水平度盘位置不变），根据测得右角的前后视读数，按下式即可计算出分角线方向的读数：

$$分角线方向的水平度盘读数 = \frac{1}{2}(前视读数 + 后视读数)$$

有了分角线方向的水平度盘读数，即可转动照准部使水平度盘读数为这一读数，此时望远镜照准的方向即为分角线方向（分角线方向应设在设置曲线的一侧，如果望远镜指向相反一侧，只需倒转望远镜）。沿视线指向插杆钉桩，即为平曲线中点方向桩。

四、测量距离

用全站仪测出相邻交点间的直线距离，提交给中桩组，供其与实际丈量距离进行校核。

交点间距离通常使用全站仪进行测量，分别于交点和相邻交点（或转点）上安置棱镜和仪器，采用仪器的距离测量功能，从读数屏可直接读出两点间平距。用全站仪测得的平距可用来

计算交点桩号。

五、固定路线控制桩位

为便于以后施工时恢复路线及放样，对于中线控制桩，如路线起点桩、终点桩、交点桩、转点桩，大中桥位桩以及隧道起、终点桩等重要桩志，均须妥善固定和保护，以防其丢失和被破坏。为此，应主动联系当地政府协商保护桩志措施，并积极向当地群众宣传保护测量桩志的重要性，得到群众协助共同维护好桩志。

对于桩志固定方法，应因地制宜地采取埋土堆、垒石堆、设护桩(亦称"栓桩")等方法。护桩方法很多，如距离交会法、方向交会法、导线延长法等，具体采用哪种方法应根据实际情况灵活选用。公路工程测量通常采用距离交会法定位。一般设三个护桩，护桩间夹角不宜小于60°，以减少交会误差，如图8-10所示。

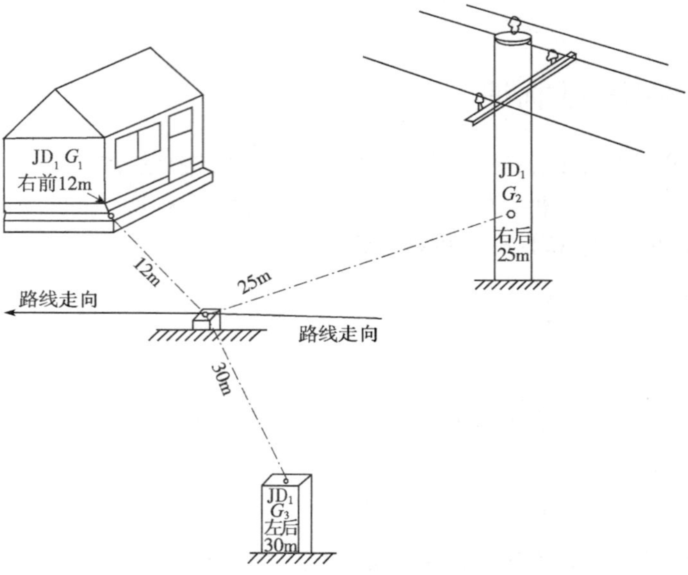

图8-10 距离交会法护桩

应尽可能利用附近固定的地物点(如房基墙角、电杆、树木、岩石等)设置护桩。如无此条件，可埋混凝土桩或钉设大木桩。护桩位置的选择，应考虑不致为日后施工或车辆行人所毁坏。在护桩或作为控制的地物上用红油漆画出标记和方向箭头，写明所控制的固定桩志名称、编号，以及距桩志的斜向距离，并绘出示意草图，记录在手簿上，供后续编制"路线固定护桩一览表"使用。

第三节 里程桩的设置

为了确定路线中线的具体位置和路线的长度，满足后续纵、横断面测量的需要，以及为以后路线施工放样打下基础，进行中线测量时必须由路线的起点开始每隔一段距离钉设木桩标志，其桩点表示路线中线的具体位置。桩的正面写有桩号，背面写有编号。桩号表示该桩点至路线起点的里程数。如某桩点距路线起点的里程为2456.257m，则桩号记为K2+456.257。编号反映桩间的排列顺序，宜按0~9为一组循环标注，以避免后续工作里程桩漏测。由于桩号即为里程数，故称里程桩。又因里程桩设在路线中线上，所以也称中桩。

一、里程桩的类型

里程桩可分为整桩和加桩两种。

1. 整桩

在公路中线中的直线段上和曲线段上，按相应规定要求桩距而设置的桩称为整桩。它的里程桩号均为整数，而且为要求桩距的整倍数。

《公路勘测规范》（JTG C10—2007）规定，路线中桩间距不应大于表8-1的规定。

中桩间距 表8-1

直线(m)		曲线(m)			
平原、微丘	重丘、山岭	不设超高的曲线	$R>60$	$30<R<60$	$R<30$
50	25	25	20	10	5

注：表中R为平曲线半径(m)。

在实测过程中，为了测设方便，里程桩号应尽量避免采用非整数桩号，一般宜采用20m或50m及其倍数。当量距至每百米及每公里时，要钉设百米桩及公里桩。

2. 加桩

加桩又分为地形加桩、地物加桩、曲线加桩、地质加桩、断链加桩和行政区域加桩等。

(1)地形加桩：沿路线中线在地面起伏突变处、横向坡度变化处以及天然河沟处等均应设置的里程桩。

(2)地物加桩：沿路线中线在有人工构造物处（如拟建桥梁、涵洞、隧道、挡土墙等构造物处，路线与其他公路、铁路、渠道、高压线、地下管道等交叉处，拆迁建筑物处，占用耕地及经济林的起、终点处）均应设置的里程桩。

(3)曲线加桩：曲线上设置的起点桩、中点桩、终点桩等。

(4)地质加桩：沿路线在土质变化处及地质不良地段的起、终点处设置的里程桩。

(5)断链加桩：由于局部改线或事后发现距离错误，或分段测量中由于假设起点里程等原因致使路线的里程不连续，桩号与路线的实际里程不一致，这种现象称为“断链”，为说明该情况而设置的桩，称为断链加桩。测量中，应尽量避免出现“断链”现象。

(6)行政区域加桩：在省（自治区、直辖市）、地（市）、县级行政区分界处应加桩。

(7)改、扩建路加桩：在改、扩建公路地形特征点、构造物和路面面层类型变化处应加的桩。

二、里程桩的书写及钉设

对于中线控制桩，如路线起、终点桩，公里桩，转点桩，大中桥位桩以及隧道起、终点等重要桩,一般采用尺寸为 5cm×5cm×30cm 的方桩;其余里程桩一般多用(1.5～2)cm×5cm×25cm 的板桩。

1. 里程桩的书写

所有中桩均应写明桩号和编号,在书写桩号时,除百米桩、公里桩和桥位桩要写明公里数外,其余桩可不写。另外,对于交点桩、转点桩以及曲线基本桩,还应在桩号之前标明桩志桩名称(一般标其缩写名称)。目前,我国公路工程上桩名采用汉语拼音的缩写名称,见表 8-2。

路线主要标志桩名称表 表 8-2

标志桩名称	简称	汉语拼音缩写	英文缩写	标志桩名称	简称	汉语拼音缩写	英文缩写
转角点	交点	JD	IP	公切点	—	GQ	CP
转点	—	ZD	TP	第一缓和曲线起点	直缓点	ZH	TS
圆曲线起点	直圆点	ZY	BC	第一缓和曲线终点	缓圆点	HY	SC
圆曲线中点	曲中点	QZ	MC	第二缓和曲线起点	圆缓点	YH	CS
圆曲线终点	圆直点	YZ	EC	第二缓和曲线终点	缓直点	HZ	ST

桩志一般用红色油漆或记号笔书写(在干旱地区或即将施工的路线也可用墨汁书写),书写字迹应工整醒目,一般应写在桩顶以下 5cm 范围内,否则将被埋于地面以下无法判别里程桩号。

2. 钉桩

新线桩志打桩,露出地面的高度不要太高,一般以 5cm 左右、能露出桩号为宜。钉设时,将写有桩号的一面朝向路线起点方向,如图 8-11 所示。对起控制作用的交点桩、转点桩以及一些重要的地物加桩,如桥位桩、隧道定位桩等,均应钉设方桩,将方桩钉至与地面齐平,桩顶钉一小铁钉表示点位。在距方桩 20cm 左右设置指示桩,上面书写桩的名称和桩号,字面朝向方桩。

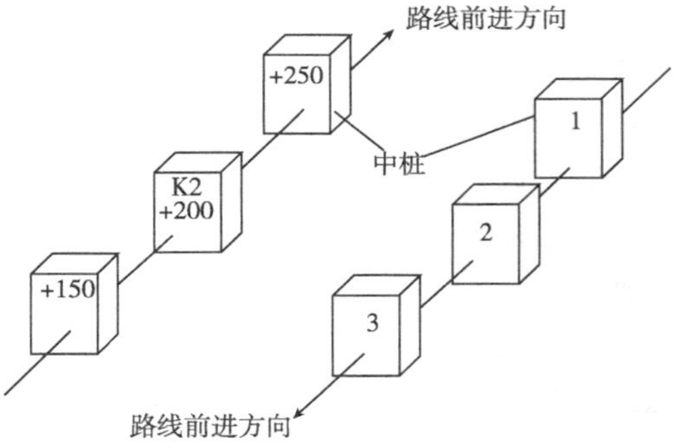

图 8-11 桩号和编号方向

桩志位于旧路上时,由于路面坚硬,不宜采用木桩,此时常采用大帽钢钉。钉桩时,一律打桩至与地面齐平,然后在路旁一侧打上指示桩,桩上注明距中线的横向距离及其桩号,并以箭头指示中桩位置。在直线上,指示桩应钉在路线的同一侧;交点桩的指示桩应在圆心和交点连线方向的外侧,字面朝向交点;曲线主点桩的指示桩均应钉在曲线的外侧,字面朝向圆心。

遇到岩石地段无法钉桩时,应在岩石上凿刻"⊕"标记,表示桩位并在其旁边写明桩号、编号等。在潮湿或有虫蚀地区,特别是近期不施工的路线,对重要桩位(如路线起点、终点、交点、转点等)可改埋混凝土桩,以利于桩的长期保存。

第四节 圆曲线的测设

圆曲线是指具有一定半径的一段圆弧线，是路线转向常用的一种曲线形式。圆曲线的测设一般分以下两步进行。首先测设曲线的主点，称为圆曲线的主点测设，即测设曲线的起点（称为直圆点，以 ZY 表示）、中点（称为曲中点，以 QZ 表示）和终点（称为圆直点，以 YZ 表示）。然后在已测定的主点之间进行加密，按规定桩距测设曲线上的其他各桩点，称为曲线的详细测设。

一、圆曲线的主点测设

1. 圆曲线测设元素的计算

如图 8-12 所示，设交点（JD）的转角为 α，圆曲线半径为 R，则曲线的测设元素可按下列公式计算。

$$\left.\begin{aligned}
&\text{切线长：} && T=R\cdot\tan\frac{\alpha}{2}\\
&\text{曲线长：} && L=R\cdot\alpha\\
&\text{外距：} && E=\frac{R}{\cos\frac{\alpha}{2}}-R=R\cdot\left(\sec\frac{\alpha}{2}-1\right)\\
&\text{切曲差：} && D=2T-L
\end{aligned}\right\}\tag{8-4}$$

式中，α 的单位为 rad。

2. 主点里程的计算

交点（JD）的里程由中线丈量得到，根据交点的里程和计算得到的曲线测设元素，即可计算出各主点的里程。由图 8-12 可知：

$$\left.\begin{aligned}
&\text{ZY 里程}=\text{JD 里程}-T\\
&\text{YZ 里程}=\text{ZY 里程}+L\\
&\text{QZ 里程}=\text{YZ 里程}-L/2\\
&\text{JD 里程}=\text{QZ 里程}+D/2\text{（校核）}
\end{aligned}\right\}\tag{8-5}$$

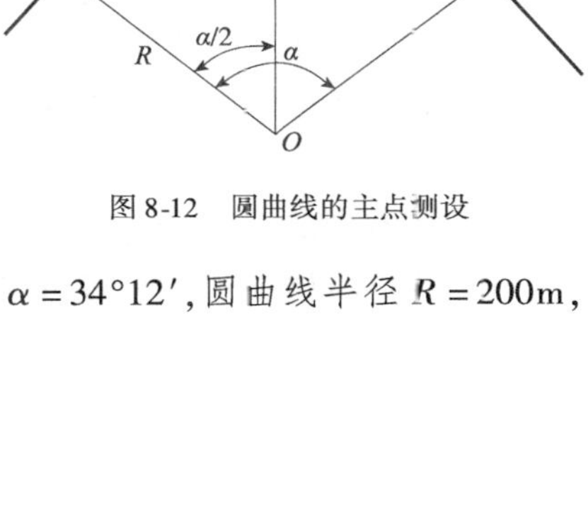

图 8-12　圆曲线的主点测设

【例 8-1】 已知某 JD 的里程为 K2 + 968.43，测得转角 $\alpha=34°12'$，圆曲线半径 $R=200\text{m}$，求曲线测设元素及主点里程。

解：(1) 曲线测设元素的计算。

由式(8-4)代入数据计算得：$T=61.53\text{m}$；$L=119.38\text{m}$；$E=9.25\text{m}$；$D=3.68\text{m}$。

(2)主点里程的计算。

由式(8-5)得：

JD 里程	K2 +968.43
$-T$	− 61.53
ZY 里程	K2 +906.90
$+L$	+119.38
YZ 里程	K3 +026.28
$-L/2$	− 59.69
QZ 里程	K2 +966.59
$+D/2$	+1.84(校核)
JD 里程	K2 +968.43(计算无误)

3. 主点的测设

计算出圆曲线的测设元素和主点里程后，便可按下述步骤进行主点测设：

(1)ZY 点的测设：测设 ZY 点时，将仪器置于交点 JD_i上，望远镜照准后一交点 JD_{i-1}或此方向上的转点，沿望远镜视线方向量取切线长 T，得 ZY 点，先插一测钎标志。然后用钢尺丈量 ZY 点至最近一个直线桩的距离，如两桩号之差等于所丈量的距离或相差在容许范围内，即可在测钎处打下 ZY 点桩。如超出容许范围，应查明原因，重新测设，以确保桩位的正确性。

(2)YZ 点的测设：在 ZY 点测设完成后，转动望远镜照准前一交点 JD_{i+1}或此方向上的转点，往返丈量切线长 T，得 YZ 点，打下 YZ 桩。

(3)QZ 点的测设：可自交点 JD_i沿分角线方向往返丈量外距 E，打下 QZ 桩。

二、圆曲线的详细测设

在测设完成圆曲线的主点后，即可进行详细测设。其桩距 l_0应符合表 8-1 的规定。

按桩距 l_0在曲线上设桩，通常有两种方法：

(1)整桩号法。将曲线上靠近起点(ZY)的第一个桩的桩号凑整成为 l_0倍数的整桩号，而且与 ZY 点的桩距小于 l_0，然后按桩距 l_0连续向曲线终点 YZ 设桩。这样设置的桩的桩号均为整桩。

(2)整桩距法。从曲线起点 ZY 和终点 YZ 开始，分别以桩距 l_0连续向曲线中点 QZ 设桩。由于这样设置的桩的桩号一般为零数桩号，因此，在实测中应注意加设百米桩和公里桩。

目前，公路中线测量中一般均采用整桩号法。

圆曲线的详细测设方法很多，下面仅介绍三种常用方法。

1. 切线支距法

切线支距法又称直角坐标法，是以曲线 ZY 点（对于前半曲线）或 YZ 点（对于后半曲线）为坐标原点，以过 ZY 点或 YZ 点的切线为 x 轴，过原点的半径为 y 轴，按曲线上各点坐标 (x,y) 设置曲线上各点的位置。

如图 8-13 所示，设 P_i 为曲线上欲测设的点位，该 ZY 点或 YZ 点的弧长为 l_i，φ_i 为 l_i 所对应的圆心角，R 为圆曲线半径，则 P_i 点的坐标按下式计算：

$$\begin{cases} x_i = R \cdot \sin\varphi_i \\ y_i = R \cdot (1 - \cos\varphi_i) = x_i \cdot \tan\dfrac{\varphi_i}{2} \end{cases} \tag{8-6}$$

其中：

$$\varphi_i = \frac{l_i}{R} \quad (\text{rad}) \tag{8-7}$$

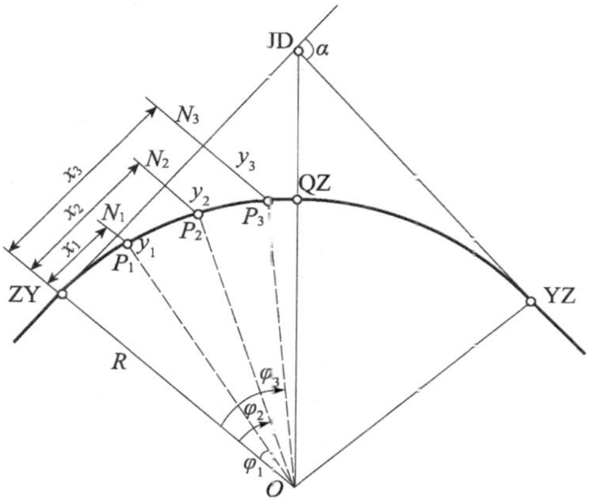

图 8-13 切线支距法详细测设圆曲线

【例 8-2】 在[例 8-1]中，若采用切线支距法，并采用整桩号法设桩，试计算各桩坐标。

解：[例 8-1]中已计算出主点里程（ZY 里程、QZ 里程、YZ 里程），在此基础上按整桩号法列出详细测设的桩号，并计算其坐标。具体计算见表 8-3。

圆曲线切线支距法坐标计算表 表 8-3

桩 号	桩点至曲线起（终）点的弧长 l(m)	横坐标 x_i(m)	纵坐标 y_i(m)
ZY 桩：K2 +906.90	0	0	0
+920	13.10	13.09	0.43
+940	33.10	32.95	2.73
+960	53.10	52.48	7.01
QZ 桩：K2 +966.59	59.69	58.81	8.84
+980	46.28	45.87	5.33
K3 +000	26.28	26.20	1.72
+020	6.28	6.28	0.10
YZ 桩：K3 +026.28	0	0	0

采用切线支距法详细测设圆曲线时，为了避免支距过长，一般是由 ZY 点和 YZ 点分别向 QZ 点施测，其测设步骤如下：

（1）从 ZY 点（或 YZ 点）用钢尺或皮尺沿切线方向量取 P_i 点的横坐标 x_i，得垂足 N_i。

（2）在垂足 N_i 上，用方向架定出切线的垂直方向，沿垂直方向量出 y_i，即得到待测定点 P_i。

（3）曲线上各点测设完毕后，应量取相邻各桩之间的距离，并与相应的桩号之差作比较，若较差均在限差之内，则曲线测设合格；否则应查明原因，予以纠正。

这种方法适用于平坦开阔地区，具有测点误差不累积的优点。

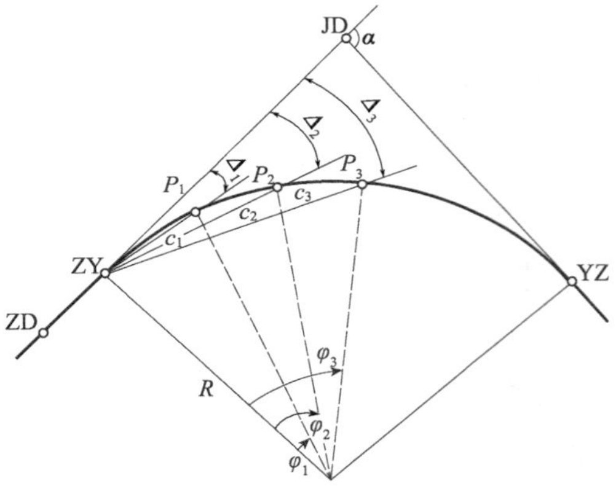

图 8-14 偏角法详细测设圆曲线

2. 偏角法(**资源 8-4-1 ~ 资源 8-4-5**)

偏角法是以曲线起点(ZY)或终点(YZ)至曲线上待测设点 P_i 的弦线与切线之间的弦切角(这里称为偏角)Δ_i 和弦长 c_i 来确定 P_i 点的位置。

如图 8-14 所示,根据几何原理,偏角 Δ_i 等于相应弧长所对的圆心角 φ_i 的一半,即 $\Delta_i = \varphi_i/2$。结合式(8-7),则:

$$\Delta_i = \frac{l_i}{2R}(\text{rad}) = \frac{l_i}{R} \cdot \frac{90°}{\pi} \tag{8-8}$$

式中:l_i——P_i 点至 ZY 点(或 YZ 点)的曲线长度。

弦长 c 可按下式计算:

$$c = 2R\sin\frac{\varphi_i}{2} = 2R\sin\Delta_i \tag{8-9}$$

【例 8-3】 仍以[例 8-1]为例,采用偏角法按整桩号设桩,计算各桩的偏角和弦长。

解:设曲线由 ZY 点向 YZ 点测设,计算内容及结果见表 8-4。

偏角法详细测设圆曲线测设数据计算表 表 8-4

桩 号	桩点至 ZY 点的曲线长 l_i (m)	偏角值 Δ_i (° ′ ″)	弦长 c_i (m)
ZY 桩:K2 +906.90	0.00	00 00 00	0
+920	13.10	1 52 35	13.10
+940	33.10	4 44 28	33.06
+960	53.10	7 36 22	52.94
QZ 桩:K2 +966.59	59.69	8 33 00	59.47
+980	73.10	10 28 15	72.69
K3 +000	93.10	13 20 08	92.26
+020	113.10	16 12 01	111.60
YZ 桩:K3 +026.28	119.38	17 06 00	117.62

注:1. 用公式 $\Delta_i = l_i/2R$ 计算的偏角单位为弧度(rad),应将其换算为度、分、秒(° ′ ″)。
2. 表中弦长指桩点至曲线起点(ZY)的弦长。

具体测设步骤如下:

(1)安置全站仪于曲线起点(ZY)上,盘左瞄准交点(JD),将水平盘读数设置为 0°00′00″。

(2)转动照准部,使水平度盘读数为 +920 桩的偏角值 Δ_1 = 1°52′35″,然后从 ZY 点开始,沿望远镜视线方向量测出弦长 c_1 = 13.10m,定出 P_1 点,即为 K2 +920 的桩位。

(3)再继续转动照准部,使水平度盘读数为 +940 桩的偏角值 Δ_2 = 4°44′28″,从 ZY 点开始,沿望远镜视线方向量测弦长 c_2 = 33.06m,定出 P_2 点。依此类推,测设 P_3、P_4…直至 YZ 点。

(4)测设至曲线终点(YZ)作为检核,继续水平转动照准部。使水平度盘读数为 Δ_{YZ} = 17°06′00″,从 ZY 点开始,沿望远镜视线方向量测出弦长 c_{YZ} = 117.62m,定出一点。此点如果与 YZ 不重合,其闭合差应符合表 8-5 规定。

偏角测量距离闭合差

表 8-5

公路等级	纵向相对闭合差		横向闭合差(cm)		角度闭合差(″)
	平原、微丘	重丘、山岭	平原、微丘	重丘、山岭	
高速、一、二级公路	1/2000	1/1000	10	10	60
三级及三级以下公路	1/1000	1/500	10	15	120

另外,也可按 Δ_{QZ} 和 c_{QZ} 测设曲线中点(QZ)作为检核。

偏角法不仅可以在 ZY 点上安置仪器测设曲线,而且还可在 YZ 或 QZ 上安置仪器进行测设,也可以将仪器安置在任一点上测设。这是一种测设精度较高,适用性较强的常用方法。

3. 极坐标法

用极坐标法测设圆曲线的细部点是用全站仪进行路线测量时最合适的方法。仪器可以安置在任何控制点上,包括路线上的交点、转点等已知坐标的点,该法具有测设速度快、精度高的特点。

极坐标法的测设数据主要是圆曲线上主点和细部点的坐标,然后根据控制点(测站)和圆曲线细部点的坐标反算出极坐标法的测设数据:测站至细部点的方位角和平距。

(1)主点坐标计算

根据路线交点及转点的坐标,按坐标反算公式计算出第一条切线的方位角,按路线的偏角,推算第二条切线的方位角。根据交点坐标、切线方位角和切线长(T),用坐标正算公式算得圆曲线起点(ZY)和终点(YZ)的坐标(图 8-15)如下:

$$\begin{cases} x_{ZY} = x_{JD} + T \cdot \cos\alpha_{JD-ZY} \\ y_{ZY} = y_{JD} + T \cdot \sin\alpha_{JD-ZY} \end{cases} \tag{8-10}$$

$$\begin{cases} x_{YZ} = x_{JD} + T \cdot \cos\alpha_{JD-YZ} \\ y_{YZ} = y_{JD} + T \cdot \sin\alpha_{JD-YZ} \end{cases} \tag{8-11}$$

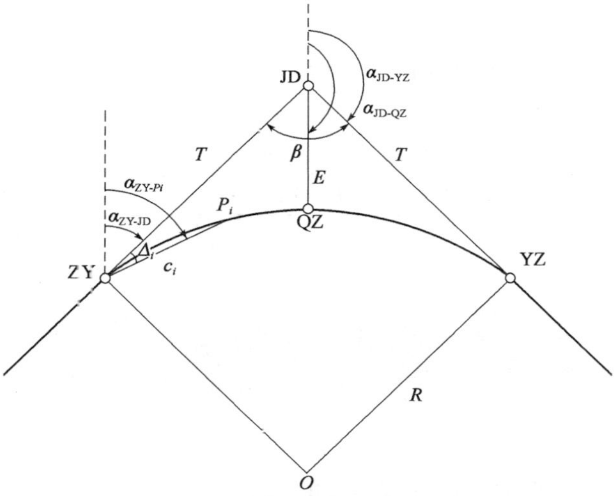

图 8-15　极坐标法详细测设圆曲线

再根据切线的方位角和路线的转折角(β),算得β角分线方向的方位角,根据分角线方位角和外矢距(E)用坐标正算公式算得曲线中点(QZ)的坐标。

$$\begin{cases} x_{QZ}=x_{JD}+E\cdot\cos\alpha_{JD-QZ} \\ y_{QZ}=y_{JD}+E\cdot\sin\alpha_{JD-QZ} \end{cases} \tag{8-12}$$

(2)细部点坐标计算

根据已经算得的第一条切线的方位角加偏角(Δ_i),推算曲线起点至细部点的方位角,再根据弦长(c_i)和起点坐标,用坐标正算公式计算细部点的坐标。

$$\begin{cases} x_i=x_{ZY}+c_i\cdot\cos(\alpha_{ZY-JD}+\Delta_i) \\ y_i=y_{ZY}+c_i\cdot\sin(\alpha_{ZY-JD}+\Delta_i) \end{cases} \tag{8-13}$$

【例 8-4】 已知 JD_5 的坐标为(6848.320,5634.240),里程桩号为 K3+135.12m,$\alpha_右=40°20'$,路线设计圆曲线半径 $R=120$m,根据路线上转点 ZD 和交点 JD_5 的坐标,算得第一条切线的方位角 $\alpha_0=52°16'30''$,按整桩号法加桩,桩距 $l_0=20$m,计算该圆曲线细部点极坐标法测设数据。

解:由式(8-4)代入数据计算得:$T=44.072$m;$L=84.474$m;$E=7.837$m;$D=3.670$m。由式(8-5)计算各主点里程:ZY=K3+091.05m,QZ=K3+133.29m,YZ=K3+175.52m。

分别根据式(8-10)、式(8-11)和式(8-12),计算得到 ZY 点坐标(6821.35,5599.38),YZ 点坐标(6846.31,5678.27),QZ 点坐标(6840.85,5636.60)。根据式(8-13),计算细部点坐标(表 8-6)。

圆曲线极坐标法细部点坐标计算 表 8-6

曲线里程桩号	桩点至 ZY 点的曲线长 l_i(m)	偏角 Δ_i (° ′ ″)	方位角 α_i (° ′ ″)	弦长 c_i (m)	坐标	
					x_i(m)	y_i(m)
ZY:K3+091.05	0	0 00 00	52 16 30	0	6821.35	5599.38
+100	8.95	2 08 12	54 24 42	8.95	6826.56	5606.66
+120	28.95	6 54 41	59 11 11	28.88	6836.15	5624.18
QZ:K3+133.29	42.24	10 05 00	62 21 30	42.02	6840.85	5636.60
+140	48.95	11 41 10	63 57 40	48.61	6842.69	5643.06
+160	68.95	16 27 39	68 44 09	68.01	6846.02	5662.76
YZ:K3+175.52	84.47	20 10 00	72 26 30	82.74	6846.31	5678.27

第五节 虚交

由于受地物和地貌条件的限制,在圆曲线测设中,往往遇到各种各样的障碍,使得圆曲线的测设不能按前述方法进行,此时必须针对现场的具体情况,提出解决方法。

虚交是道路中线测量中常见的一种情形。它是指路线的交点(JD)处不能设桩,更无法安置仪器(如交点落入河中、深谷中、峭壁上和建筑物上等),此时测角、量距都无法直接按前述方法进行。有时交点虽可设桩和安置仪器,但因转角较大,交点会远离曲线,这种情况下也可做虚交处理。常用的处理方法有以下几种:圆外基线法、切基线法、弦基线法。

一、圆外基线法

如图 8-16 所示,路线交点落入河里不能设桩,这样便形成虚交点(JD),为此在曲线外侧沿两切线方向各选择辅助点 A、B,将经纬仪分别安置在 A、B 两点测算出 α_a 和 α_b,用钢尺往返丈量得到 A、B 两点的距离 $\overline{AB}$,所测角度和距离均应满足规定的限差要求。由图 8-16 可知:在由辅助点 A、B 和虚交点(JD)构成的三角形中,应用边角关系及正弦定理可得:

$$\begin{cases} \alpha = \alpha_a + \alpha_b \\ a = \overline{AB}\dfrac{\sin\alpha_b}{\sin(180° - \alpha)} = \overline{AB}\dfrac{\sin\alpha_b}{\sin\alpha} \\ b = \overline{AB}\dfrac{\sin\alpha_a}{\sin(180° - \alpha)} = \overline{AB}\dfrac{\sin\alpha_a}{\sin\alpha} \end{cases} \quad (8\text{-}14)$$

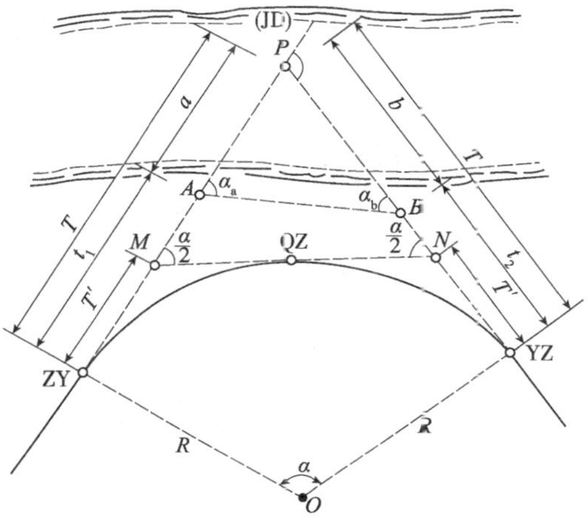

图 8-16 圆外基线法

根据转角 α 和选定的半径 R,即可算得切线长 T 和曲线长 L,再由 a、b、T 分别计算辅助点 A、B 至曲线起点 ZY 点和终点 YZ 点的距离 t_1 和 t_2:

$$\begin{cases} t_1 = T - a \\ t_2 = T - b \end{cases} \quad (8\text{-}15)$$

其中:

$$T = R \cdot \tan\frac{\alpha_a + \alpha_b}{2}$$

如果计算出的 t_1 和 t_2 出现负值,说明曲线的 ZY 点或 YZ 点位于辅助点与虚交点之间。根据 t_1 和 t_2 即可定出曲线的 ZY 点和 YZ 点。得出 A 点的里程后,曲线主点的里程亦可算出。

曲中点 QZ 的测设,可采用以下方法。

如图 8-16 所示,设 MN 为 QZ 点的切线,则:

$$T' = R \cdot \tan\frac{\alpha}{4} \quad (8\text{-}16)$$

测设时,由 ZY 点和 YZ 点分别沿切线量出 T 得 M 点和 N 点,再由 M 点和 N 点沿 MN 或 NM 方向量出 T 得 QZ 点。

【例 8-5】 如图 8-16 所示,测得 $\alpha_a = 15°18'$,$\alpha_b = 18°22'$,$\overline{AB} = 54.68$m,选定半径 $R = 300$m,A 点的里程桩号为 K9 + 048.53。试计算测设主点的数据及主点的里程桩号。

解:由 $\alpha_a = 15°18'$,$\alpha_b = 18°22'$得:$\alpha = \alpha_a + \alpha_b = 33°40' = 33.667°$

根据 $\alpha = 33.667°$,$R = 300$m,计算 T 和 L:

$$T=R\cdot\tan\frac{\alpha}{2}=300\times\tan\frac{33.667°}{2}=90.77(\mathrm{m})$$

$$L=R\cdot\alpha\cdot\frac{\pi}{180°}=300\times33.667°\times\frac{\pi}{180°}=176.28(\mathrm{m})$$

又：

$$a=\overline{AB}\cdot\frac{\sin\alpha_b}{\sin\alpha}=54.68\times\frac{\sin18.367°}{\sin33.667°}=31.08(\mathrm{m})$$

$$b=\overline{AB}\cdot\frac{\sin\alpha_a}{\sin\alpha}=54.68\times\frac{\sin15.3°}{\sin33.667°}=26.03(\mathrm{m})$$

因此：

$$t_1=T-a=90.77-31.08=59.69(\mathrm{m})$$

$$t_2=T-b=90.77-26.03=64.74(\mathrm{m})$$

为测设 QZ 点，计算 T' 如下：

$$T'=R\cdot\tan\frac{\alpha}{4}=300\times\tan\frac{33.667°}{4}=44.39(\mathrm{m})$$

计算主点里程如下：

A 点里程	K9+048.53
$-t_1$	−59.69
ZY 点里程	K8+988.84
$+L$	+176.28
YZ 点里程	K9+165.12
$-L/2$	−88.14
QZ 点里程	K9+076.98

曲线三主点测定后，即可采用上一节的方法进行曲线的详细测设，在此亦不再赘述。

二、切基线法

如图 8-17 所示，设定根据地形需要，曲线通过 GQ 点(GQ 点为公切点)，则圆曲线被分为两个同半径的圆曲线，其切线长分别为 T_1 和 T_2，过 GQ 点的切线 AB 称为切基线。

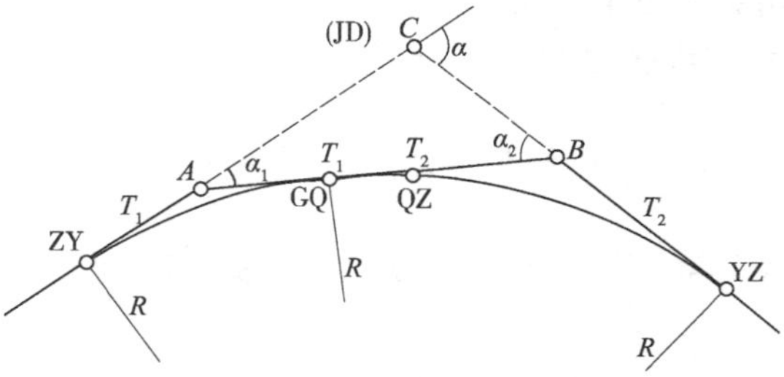

图 8-17 切基线法

现场施测时，应根据现场的地形和路线的最佳位置，在两切线方向上选取 A、B 两点，构成切基线 AB，并量测 A、B 两点间的长度 $\overline{AB}$，观测计算出角度 α_1 和 α_2。

$$\begin{cases} T_1 = R \cdot \tan\dfrac{\alpha_1}{2} \\ T_2 = R \cdot \tan\dfrac{\alpha_2}{2} \end{cases} \tag{8-17}$$

将以上两式相加得：

$$\overline{AB} = T_1 + T_2$$

整理后得：

$$R = \frac{T_1 + T_2}{\tan\dfrac{\alpha_1}{2} + \tan\dfrac{\alpha_2}{2}} = \frac{\overline{AB}}{\tan\dfrac{\alpha_1}{2} + \tan\dfrac{\alpha_2}{2}} \quad (\text{精确至 cm}) \tag{8-18}$$

由式(8-18)求得 R 后，即可根据 R、α_1 和 α_2，利用式(8-4)求得 T_1、T_2 和 L_1、L_2，将 L_1 与 L_2 相加即得到圆曲线的总长 L。

现场测设时，在 A 点安置仪器，分别沿两切线方向量测长度 T_1，便得到曲线的起点 ZY 点和 GQ 点；在 B 点安置仪器，分别沿两切线方向量测长度 T_2，便得到曲线的起点 YZ 点和 GQ 点，以 GQ 点进行校核。

曲中点 QZ 可在 GQ 点处用切线支距法测设。由图 8-17 可知，GQ 点与 QZ 点之间的弧长为：

(1)当 QZ 点在 GQ 点之前时，弧长 $l = L/2 - L_1$。

(2)当 QZ 点在 GQ 点之后时，弧长 $l = L/2 - L_2$。

在运用切基线法测设时，当求得的曲线半径 R 不能满足规定的最小半径或不适合于地形时，说明切基线位置选择不当，可把已定的 A、B 点作为参考点进行调整，使其满足要求。

曲线三主点定出后，即可采用前述的方法进行曲线的详细测设。

三、弦基线法

在某些地区，当曲线的交点无法测定，而已给定了曲线起点（或终点）的位置，在测设圆曲线时，可运用“同一圆弧段两端点弦切角相等”的原理，来确定曲线的终点（或起点）。连接曲线起、终点的弦线，称为弦基线。

如图 8-18 所示，A 为给定的曲线起点，E 为后视方向上的一点，设 B' 点为曲线终点的初定位置，F 为其前视方向上的一点。具体测设曲线终点 B 的步骤如下：

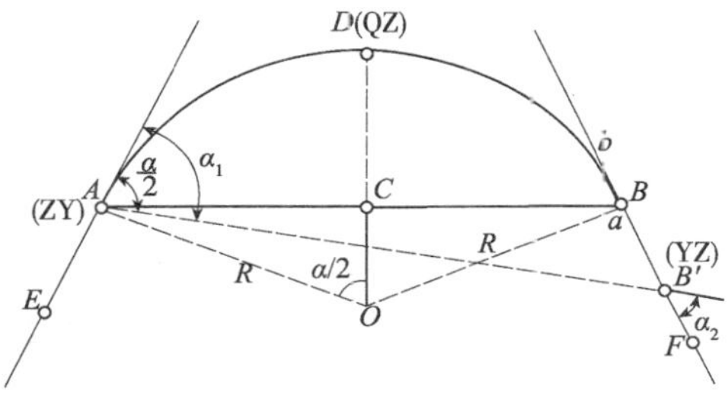

图 8-18　弦基线法

将全站仪安置于 B' 点上，通过对 A 点和 F 点的观测，算出 α_2 的大小，并在 FB' 的延长线上估计 B 点位置的前后标出 a、b 两点，然后将全站仪安置于 A(ZY)点上，通过对 E 点和 B' 点的观测，求算出 α_1 的大小，则此虚交的转角 $\alpha = \alpha_1 + \alpha_2$。

仪器在 A 点、后视 E 点或其方向上的交点（或转点），然后纵转望远镜（倒镜）拨出弦切角 $\alpha/2$，得弦基线的方向，该方向线与已设置的 ab 线的交点即为 B(YZ)点。量测出 AB 的长度

$\overline{AB}$,则曲线的半径 R 可按下式求得:

$$R = \frac{\overline{AB}}{2\sin\frac{\alpha}{2}} \tag{8-19}$$

为测设曲中点 QZ,可按下式求得 CD 的长度 $\overline{CD}$:

$$\overline{CD} = R\cdot\left(1-\cos\frac{\alpha}{2}\right) = 2R\sin^2\frac{\alpha}{4} \tag{8-20}$$

从弦基线 AB 的中点 C 量出垂距 $\overline{CD}$,即可定出 QZ 点。

曲线的主点确定后,即可选用前述的方法进行详细测设。

第六节 缓和曲线的测设

车辆在行驶中,当从直线驶入圆曲线时,由力学知识可知车辆将产生离心力,由于离心力的作用,车辆有向曲线外侧倾斜的趋势,使得安全性和舒适感受到一定的影响,为了减少离心力的影响,曲线段的路面要做成外侧高、内侧低,呈单向横坡形式,此即弯道超高。超高不能在直线进入曲线段或曲线进入直线段突然出现或消失,以免使路面出现台阶,引起车辆振动,产生更大的危险。因此,超高必须在一段长度内逐渐增加或减小。在直线段与圆曲线之间插入一段半径由无穷大逐渐减少至圆曲线半径 R(或在圆曲线段与直线段间插入一段由圆曲线半径 R 逐渐增大至无穷大)的曲线,这种曲线称为缓和曲线。带有缓和曲线的平曲线,其最基本形式由三部分组成,如图 8-19 所示,即由直线终点到缓和曲线起点的缓和段,称为第一缓和段;由圆曲线起点到圆曲线终点的单曲线段,以及由圆曲线终点到下一段直线起点的缓和段,称为第二缓和段。因此,带有缓和曲线的平曲线的基本线形的主点有直缓点(ZH)、缓圆点(HY)、曲中点(QZ)、圆缓点(YH)和缓直点(HZ),见表 8-2。

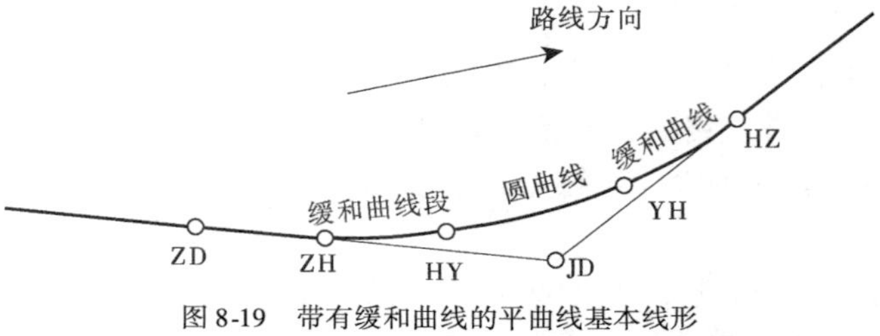

图 8-19 带有缓和曲线的平曲线基本线形

下面介绍带有缓和曲线的平曲线基本线形测设数据计算与测设方法。

一、缓和曲线公式

1. 基本公式

如图 8-20 所示,回旋线是曲率半径 ρ 随曲线长度 l 的增大而成反比地均匀减小的曲线,即在回旋线上任一点的曲率半径 ρ 为：

$$\rho=\frac{c}{l} \quad 或 \quad c=\rho \cdot l \tag{8-21}$$

式中：c——常数，表示缓和曲线曲率半径 ρ 的变化率，与行车速度有关。

目前，我国公路采用 $c=0.035v^3$（v 为计算行车速度，以 km/h 为单位）。

在曲线上，c 值又可按以下方法确定，在第一缓和曲线终点即 HY 点（或第二缓和曲线起点 YH 点）的曲率半径等于圆曲线半径 R，即 $\rho=R$，该点对应的曲线长度即是缓和曲线的全长 l_s，由式(8-21)可得：

$$c=R \cdot l_s \tag{8-22}$$

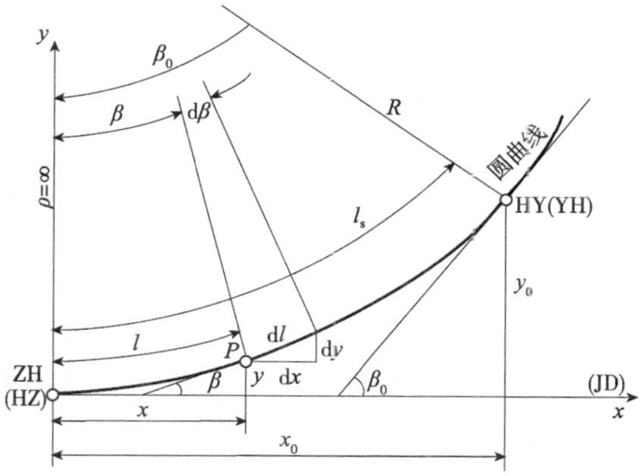

图 8-20 缓和曲线

而 $c=0.035v^3$，故有缓和曲线的全长为：

$$l_s=\frac{0.035\ v^3}{R} \tag{8-23}$$

《公路工程技术标准》(JTG B01—2014)中规定：当公路平曲线半径小于设超高的最小半径时，应设缓和曲线。缓和曲线采用回旋曲线，亦称辐射螺旋线。缓和曲线的长度应根据其计算行车速度 v 求得，并尽量大于表 8-7 所列数值。

各级公路缓和曲线最小长度　　表 8-7

公路等级	高速公路				一级公路		二级公路		三级公路		四级公路	
计算行车速度(km/h)	120	100	80	60	100	60	80	40	50	30	40	20
缓和曲线最小长度(m)	100	85	70	50	85	50	70	35	50	25	35	20

2. 切线角公式

如图 8-20 所示，缓和曲线上任一点 P 处的切线与曲线的起点(ZH)或终点(HZ)切线的交角 β 与缓和曲线上该点至曲线起点或终点的曲线长 l 所对的中心角相等。为求切线角 β，可在曲率半径为 ρ 的 P 点处取一微分弧段 dl，其所对应的中心角 dβ 为：

$$d\beta=\frac{dl}{\rho}=\frac{l \cdot dl}{c}$$

积分并结合式(8-22)得：

$$\beta=\frac{l^2}{2c}=\frac{l^2}{2Rl_s} \quad (\text{rad}) \tag{8-24}$$

当 $l=l_s$ 时，缓和曲线全长 l_s 所对应中心角即为缓和曲线的切线角 β_0，亦称为缓和曲线角，β_0 为：

$$\beta_0=\frac{l_s}{2R} \quad (\text{rad})$$

以角度表示为：

$$\beta_0=\frac{l_s}{2R}\cdot\frac{180°}{\pi} \tag{8-25}$$

3. 参数方程

如图 8-20 所示,设以缓和曲线的起点(ZH 点)为坐标原点,过 ZH 点的切线为 x 轴,半径方向为 y 轴,缓和曲线上任意一点 P 的坐标为(x,y),仍在 P 点处取一微分弧段 $\mathrm{d}l$,由图可知,微分弧段在坐标轴上的投影为:

$$\begin{cases}\mathrm{d}x=\mathrm{d}l\cdot\cos\beta\\ \mathrm{d}y=\mathrm{d}l\cdot\sin\beta\end{cases} \tag{8-26}$$

将式中 $\cos\beta$、$\sin\beta$ 按级数展开为:

$$\cos\beta=1-\frac{\beta^2}{2!}+\frac{\beta^4}{4!}-\cdots$$

$$\sin\beta=\beta-\frac{\beta^3}{3!}+\frac{\beta^5}{5!}-\cdots$$

结合式(8-24),则式(8-26)可写成:

$$\mathrm{d}x=\left[1-\frac{1}{2}\left(\frac{l^2}{2Rl_s}\right)^2+\frac{1}{24}\left(\frac{l^2}{2Rl_s}\right)^4-\cdots\right]\mathrm{d}l$$

$$\mathrm{d}y=\left[\frac{l^2}{2Rl_s}-\frac{1}{6}\left(\frac{l^2}{2Rl_s}\right)^3+\frac{1}{1200}\left(\frac{l^2}{2Rl_s}\right)^5-\cdots\right]\mathrm{d}l$$

积分后,略去高次项得:

$$\begin{cases}x=l-\dfrac{l^5}{40R^2l_s^2}\\ y=\dfrac{l^3}{6Rl_s}-\dfrac{l^7}{336R^3l_s^3}\end{cases} \tag{8-27}$$

上式称为缓和曲线的参数方程。

当 $l=l_s$时,则第一缓和曲线的终点(HY)的直角坐标为:

$$\begin{cases}x_0=l_s-\dfrac{l_s^3}{40R^2}\\ y_0=\dfrac{l_s^2}{6R}-\dfrac{l_s^4}{336R^3}\end{cases} \tag{8-28}$$

二、带有缓和曲线的平曲线的主点测设

1. 内移值 p 和切线增长值 q 的计算

如图 8-21 所示,当圆曲线加设缓和曲线段后,为使缓和曲线起点与直线段的终点相衔接,必须将圆曲线向内移动一段距离 p(称为内移值),这时曲线发生变化,使切线增长距离 q(称为切线增长值)。

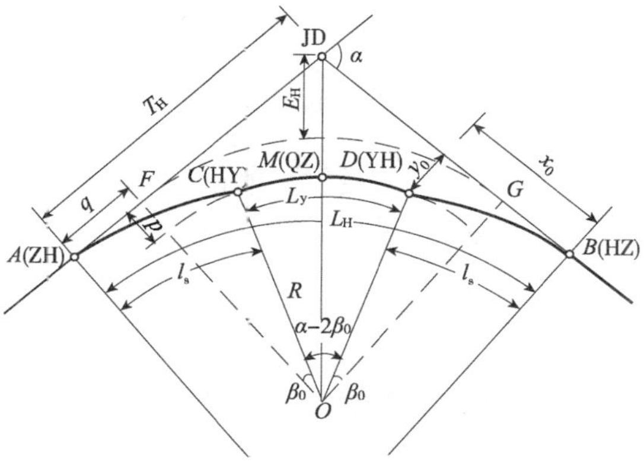

图 8-21 主点测设

圆曲线内移有两种方法：一种是圆心不动，半径相应减小；另一种是半径不变，而改变圆心的位置。目前公路工程中，一般采用圆心不动、半径相应减小的平行移动方法，即未设缓和曲线时的圆曲线为 FG，其半径为 $(R+p)$，插入两段缓和曲线 AC 和 DB 后，圆曲线内移，保留部分为 CMD 段，半径为 R，该段所对的圆心角为 $\alpha-2\beta_0$，在图 8-21 中，由几何关系可知：

$$R+p=y_0+R\cdot\cos\beta_0$$

$$q+R\cdot\sin\beta_0=x_0$$

即：

$$\begin{cases}p=y_0-R(1-\cos\beta_0)\\ q=x_0-R\cdot\sin\beta_0\end{cases}\tag{8-29}$$

将式(8-29)中的 $\cos\beta_0$、$\sin\beta_0$展开为级数，略去积分高次项并将式(8-25)中 β_0和式(8-28)中的 x_0、y_0代入后整理可得：

$$\begin{cases}p=\dfrac{l_s^2}{24R}\\ q=\dfrac{l_s}{2}-\dfrac{l_s^3}{240R^2}\end{cases}\tag{8-30}$$

2. 测设元素的计算

在圆曲线上增设缓和曲线后，要将圆曲线与缓和曲线作为一个整体考虑。如图 8-21 所示，当通过测算得到转角 α，并确定圆曲线半径 R 与缓和曲线长 l_s后，即可按式(8-25)和式(8-30)求得切线角 β_0、内移值 p 和切线增长值 q，此时必须有 $\alpha\geqslant2\beta_0$；否则无法设置缓和曲线，应重新调整 R 或 l_s，直至满足 $\alpha\geqslant2\beta_0$，然后按下式计算测设元素：

$$\left.\begin{aligned}
&\text{切线长} && T_H=(R+p)\cdot\tan\frac{\alpha}{2}+q\\
&\text{曲线长} && L_H=R(\alpha-2\beta_0)\frac{\pi}{180^\circ}+2l_s\\
&\text{其中,圆曲线长} && L_y=R(\alpha-2\beta_0)\frac{\pi}{180^\circ}\\
&\text{外距} && E_H=(R+p)\cdot\sec\frac{\alpha}{2}-R\\
&\text{切曲差} && D_H=2T_H-L_H
\end{aligned}\right\}\tag{8-31}$$

3. 主点里程计算与测设

根据交点、已知里程和曲线的测设元素值,即可按下列算式计算各主点里程:

$$\left.\begin{aligned}
&\text{直缓点} && \text{ZH 里程}=\text{JD 里程}-T_H\\
&\text{缓圆点} && \text{HY 里程}=\text{ZH 里程}+l_s\\
&\text{圆缓点} && \text{YH 里程}=\text{HY 里程}+L_y\\
&\text{缓直点} && \text{HZ 里程}=\text{YH 里程}+l_s\\
&\text{曲中点} && \text{QZ 里程}=\text{HZ 里程}-L_H/2\\
&\text{交点} && \text{JD 里程}=\text{QZ 里程}+D_H/2(\text{校核})
\end{aligned}\right\}\tag{8-32}$$

主点 ZH、HZ、QZ 的测设方法与圆曲线主点测设方法相同。HY 点、YH 点根据缓和曲线终点坐标(x_0,y_0)用切线支距法测设。

【例 8-6】某路段 JD_4 的桩号为 K3 +782.980,路线转角 $\alpha=12°36'06''$。该交点处根据实地地形并结合技术标准等条件设置成基本型曲线,曲线半径 $R=500$m,缓和曲线长度 l_s 取 70m,试计算曲线元素和主点里程。

解:(1)曲线测设元素的计算。

由式(8-25)、式(8-30)代入数据计算得:

$$\beta_0=4°0'38'',p=0.408\text{m},q=34.944\text{m}$$

由式(8-31)代入数据计算得:

$$T_H=90.247\text{m};L_H=179.970\text{m};L_y=39.970\text{m};E_H=3.449\text{m};D_H=0.524\text{m}$$

(2)主点里程的计算。

由式(8-32)得:

JD 里程	K3 +782.980
$-T_H$	−90.247
ZH 里程	K3 +692.733
$+l_s$	+70
HY 里程	K3 +762.733
$+L_y$	+39.970
YH 里程	K3 +802.703
$+l_s$	+70
HZ 里程	K3 +872.703
$-L_H/2$	−89.985
QZ 里程	K3 +782.718
$+D_H/2$	+0.262
JD 里程	K3 +782.980

三、带有缓和曲线平曲线的详细测设(资源 8-6-1、资源 8-6-2)

1. 切线支距法

切线支距法是以 ZH 点或 HZ 点为坐标原点,以过原点的切线为 x 轴,过原点的半径为 y 轴,利用缓和曲线段和圆曲线段上各点的坐标(x,y)测设曲线。在缓和曲线段上,各点坐标(x,y)可按缓和曲线的参数方程求得。即:

$$\begin{cases} x = l - \dfrac{l^5}{40 R^2 l_s^2} \\ y = \dfrac{l^3}{6R\,l_s} - \dfrac{l^7}{336\,R^3 l_s^3} \end{cases} \tag{8-33}$$

在圆曲线上,各点的坐标可由图 8-22 按几何关系求得:

$$\begin{cases} x = R \cdot \sin\varphi + q \\ y = R(1 - \cos\varphi) + p \end{cases} \tag{8-34}$$

其中:

$$\varphi = \frac{l - l_s}{R} \cdot \frac{180^\circ}{\pi} + \beta_0$$

式中:l——该点至 ZH 点或 HZ 点的曲线长。

在计算出缓和曲线段上和圆曲线段上各点的坐标(x,y)后,即可按用切线支距法测设圆曲线的同样方法进行测设。

另外,圆曲线上各点也可以缓圆点 HY 或圆缓点 YH 为坐标原点,用切线支距法进行测设。此时,只要将 HY 点或 YH 点的切线定出。如图 8-23 所示,计算出 T_d 长度后,HY 点或 YH 点的切线即可确定。T_d 可由下式计算:

$$T_d = x_0 - \frac{y_0}{\tan\beta_0} = \frac{2}{3} l_s + \frac{l_s^3}{360\,R^2} \tag{8-35}$$

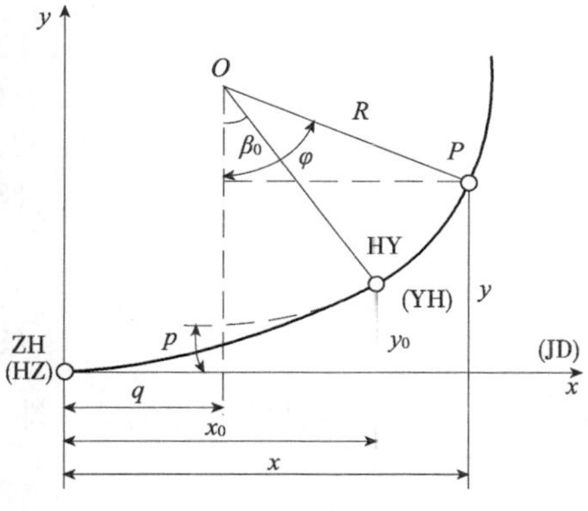

图 8-22 圆曲线上点的坐标

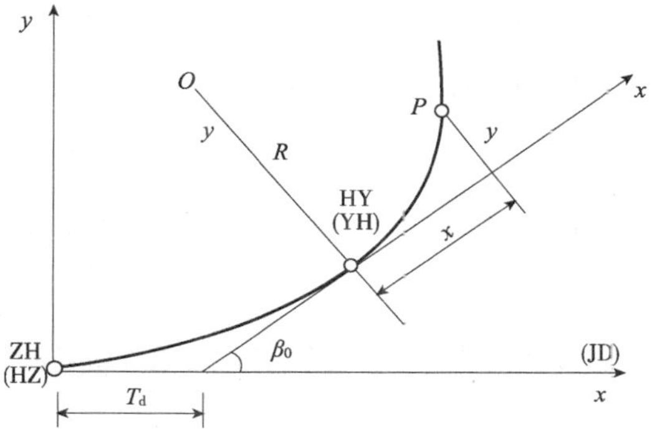

图 8-23 HY 点或 YH 点的切线方向

【例 8-7】 在[例 8-6]中,采用切线支距法,按整桩号法列出 ZH—QZ 段详细测设的桩号,并计算其坐标。

解:[例 8-6]中已计算出主点里程(ZH 里程、HY 里程、QZ 里程、YH 里程、HZ 里程),具体计算见表 8-8。

切线支距法详细测设数据计算表　　表 8-8

ZH—HY 段			
桩号	桩点至曲线起(终)点的弧长 l(m)	横坐标 x_i(m)	纵坐标 y_i(m)
ZH:K3 +692.733	0	0	0
+700	7.267	7.267	0.002
+720	27.267	27.267	0.097
+740	47.267	47.262	0.503
+760	67.267	67.239	1.449
HY:K3 +762.733	70	69.966	1.633

HY—QZ 段				
桩号	至 HY(或 YH)的曲线长 l(m)	圆心角 φ(° ′ ″)	横坐标 x_i(m)	纵坐标 y_i(m)
HY:K3 +762.733	0	4 00 38	69.966	1.633
+780	17.267	5 59 22	87.167	3.137
QZ:K3 +782.718	19.985	6 18 03	89.869	3.429

2. 偏角法

用偏角法详细测设带有缓和曲线的平曲线时,其偏角应分为缓和曲线段上的偏角与圆曲线段上的偏角两部分进行计算。

1)缓和曲线段上各点测设

对于测设缓和曲线段上的各点,可将经纬仪安置于缓和曲线的 ZH 点(或 HZ 点)上进行测设,如图 8-23 所示,设缓和曲线上任一点 P 的偏角值为 δ,由图可知:

$$\tan\delta = \frac{y}{x} \tag{8-36}$$

式中的 x、y 为 P 点的直角坐标。可由曲线参数方程求得:

$$\delta = \tan^{-1}\frac{y}{x} \tag{8-37}$$

在实测中,因偏角 δ 较小,一般取:

$$\delta \approx \tan\delta = \frac{y}{x} \tag{8-38}$$

将曲线参数方程式(8-33)中 x、y 代入上式得(取第一项):

$$\delta = \frac{l^2}{6R\,l_s} \tag{8-39}$$

在上式中,当 $l = l_s$时,得 HY 点或 YH 点的偏角值 δ_0,称之为缓和曲线的总偏角。即:

$$\delta_0 = \frac{l_s}{6R} \tag{8-40}$$

由于 $\beta_0 = \dfrac{l_s}{2R}$,所以得:

$$\delta_0 = \frac{1}{3}\beta_0 \tag{8-41}$$

由式(8-39)和式(8-40)并结合式(8-41)可得：

$$\delta = \left(\frac{l}{l_s}\right)^2 \delta_0 = \frac{1}{3}\left(\frac{l}{l_s}\right)^2 \beta_0 \tag{8-42}$$

在按式(8-39)或式(8-42)计算出缓和曲线上各点的偏角值后，采用与偏角法测设圆曲线同样的步骤进行缓和曲线的测设。由于缓和曲线上弦长 $c = l - \dfrac{l^5}{90R^2 l_s^2}$，近似地等于相应的弧长，因而在测设时，弦长一般取弧长值。

2)圆曲线段上各点测设

对于圆曲线段上各点的测设，应将仪器安置于 HY 点或 YH 点上进行。这时，只要定出 HY 点或 YH 点的切线方向，就可按前面所讲的无缓和曲线的圆曲线的测设方法进行。如图 8-24所示，关键是计算 b_0，显然有：

$$b_0 = \beta_0 - \delta_0 = \frac{2}{3}\beta_0 \tag{8-43}$$

求得 b_0后，将仪器安置于 HY 点上，瞄准 ZH 点，将水平度盘读数配置为 b_0(当曲线右转时，应配置为 360° − b_0)后，旋转照准部，使水平度盘的读数为 00°00′00″后倒镜，此时视线方向即为 HY 点的切线方向，然后按前述偏角法测设圆曲线段上各点。

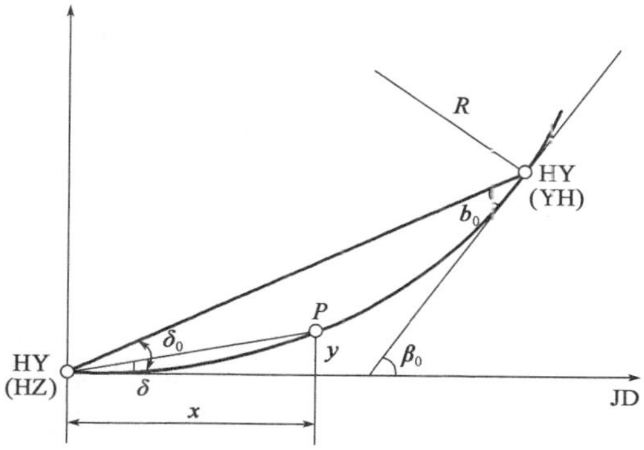

图 8-24 偏角法

【例 8-8】 仍以[例 8-6]为例，采用偏角法按整桩号设桩，列出 ZH—QZ 段详细测设的桩号，并计算各桩的偏角和弦长。

解：[例 8-6]中已计算出主点里程(ZH 里程、HY 里程、QZ 里程、YH 里程、HZ 里程)，计算内容及结果见表 8-9。

缓和曲线偏角法详细测设数据计算表 表 8-9

ZH—HY 段			
桩号	桩点至曲线起(终)点的弧长 l(m)	弦长 c(m)	偏角 δ(° ′ ″)
ZH：K3 +692.733	0	0	0
+700	7.267	7.267	0 0 52
+720	27.267	27.267	0 12 10
+740	47.267	47.267	0 36 34
+760	67.267	67.267	1 14 04
HY：K3 +762.733	70	70	1 20 13
HY—QZ 段			
桩号	至 HY(或 YH)的曲线长 l(m)	弦长 c(m)	偏角 δ(° ′ ″)
HY：K3 +762.733	0	0	0
+780	17.267	17.266	0 59 21
QZ：K3 +782.718	19.985	19.984	1 08 42

3. 极坐标法(**资源 8-6-3**)

由于全站仪在公路工程中的广泛使用,极坐标法已成为曲线测设的一种简便、迅速、精确的方法。如图 8-25 所示,交点 JD 的坐标 X_{JD}、Y_{JD} 已经测定,路线导线的坐标方位角 A 和边长 S 按坐标反算求得。在选定各圆曲线半径 R 和缓和曲线长度 l_s 后,根据各桩的里程桩号,按下述方法即可求出相应的坐标值 X、Y。

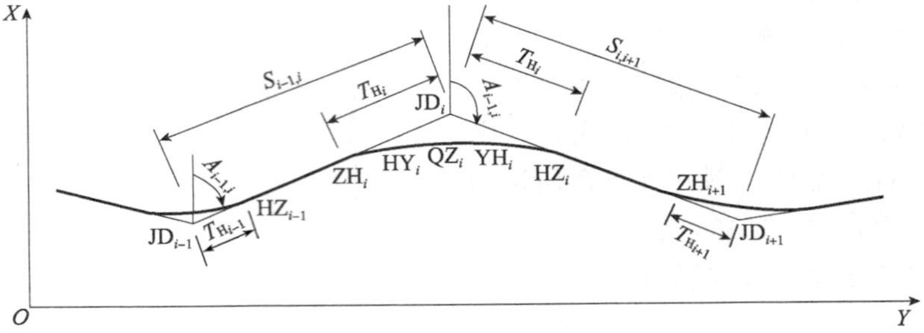

图 8-25 极坐标法

(1) HZ 点(包括路线起点)至 ZH 点之间的中桩坐标计算。

如图 8-25 所示,此段为直线,桩点的坐标按下式计算:

$$\begin{cases} X_i = X_{HZ_{i-1}} + D_i \cos A_{i-1,i} \\ Y_i = Y_{HZ_{i-1}} + D_i \sin A_{i-1,i} \end{cases} \tag{8-44}$$

式中: $A_{i-1,i}$——路线导线 JD_{i-1} 至 JD_i 的坐标方位角;

D_i——桩点至 HZ_{i-1} 点的距离,即桩点里程与 HZ_{i-1} 里程之差;

$X_{HZ_{i-1}}$、$Y_{HZ_{i-1}}$——HZ_{i-1} 的坐标,由下式计算:

$$\begin{cases} X_{HZ_{i-1}} = X_{JD_{i-1}} + T_{H_{i-1}} \cos A_{i-1,i} \\ Y_{HZ_{i-1}} = Y_{JD_{i-1}} + T_{H_{i-1}} \sin A_{i-1,i} \end{cases} \tag{8-45}$$

其中:$X_{JD_{i-1}}$、$Y_{JD_{i-1}}$——交点 JD_{i-1} 的坐标;

$T_{H_{i-1}}$——切线长。

ZH 点为直线的起点,除可按式(8-44)计算外,亦可按下式计算:

$$\begin{cases} X_{HZ_i} = X_{JD_{i-1}} + (S_{i-1,i} - T_{H_i}) \cos A_{i-1,i} \\ Y_{HZ_i} = Y_{JD_{i-1}} + (S_{i-1,i} - T_{H_i}) \sin A_{i-1,i} \end{cases} \tag{8-46}$$

式中:$S_{i-1,i}$——路线导线 JD_{i-1} 至 JD_i 的边长。

(2) ZH 点至 YH 点之间的中桩坐标计算。

此段包括第一缓和曲线及圆曲线,可按切线支距公式先算出切线支距坐标(x,y),然后通过坐标变换将其转换为测量坐标(X,Y)。坐标变换公式为:

$$\begin{bmatrix} X_i \\ Y_i \end{bmatrix} = \begin{bmatrix} X_{ZH_i} \\ Y_{ZH_i} \end{bmatrix} + \begin{bmatrix} \cos A_{i-1,i} & -\sin A_{i-1,i} \\ \sin A_{i-1,i} & +\cos A_{i-1,i} \end{bmatrix} \begin{bmatrix} x_i \\ y_i \end{bmatrix} \tag{8-47}$$

在运用上式计算时，当曲线为左转角时，应以 $y_i = -y_i$ 代入。

(3) YH 点至 HZ 点之间的中桩坐标计算。

此段为第二缓和曲线，仍可按切线支距公式先算出切线支距坐标，再按下式转换为测量坐标：

$$\begin{bmatrix} X_i \\ Y_i \end{bmatrix} = \begin{bmatrix} X_{ZH_i} \\ Y_{ZH_i} \end{bmatrix} + \begin{bmatrix} \cos A_{i,i-1} & -\sin A_{i,i-1} \\ \sin A_{i,i-1} & +\cos A_{i,i-1} \end{bmatrix} \begin{bmatrix} x_i \\ y_i \end{bmatrix} \tag{8-48}$$

当曲线为右转角时，应以 $y_i = -y_i$ 代入。

【例 8-9】 路线交点 JD_2 的坐标：$X_{JD_2} = 2588711.270m$，$Y_{JD_2} = 20478702.880m$；JD_3 的坐标：$X_{JD_3} = 2591069.056m$，$Y_{JD_3} = 20478662.850m$；JD_4 的坐标：$X_{JD_4} = 2594145.875m$，$Y_{JD_4} = 20481070.750m$。JD_3 的里程桩号为 K6 + 790.306，圆曲线半径 $R = 2000m$，缓和曲线长 $l_s = 100m$。

解：1. 计算路线转角

$$\tan A_{32} = \frac{Y_{JD_2} - Y_{JD_3}}{X_{JD_2} - X_{JD_3}} = \frac{+40.030}{-2357.3786} = -0.016977792$$

$$A_{32} = 180° - 0°58'21.6'' = 179°01'38.4''$$

$$\tan A_{34} = \frac{Y_{JD_4} - Y_{JD_3}}{X_{JD_4} - X_{JD_3}} = \frac{+2407.900}{+3076.819} = -0.78259397$$

$$A_{34} = 38°02'47.5''$$

右角 $\beta = 179°01'38.4'' - 38°02'47.5'' = 140°58'50.9''$

$\beta < 180°$，为右转角。

转角 $\alpha = 180° - 140°58'50.9'' = 39°01'9.1''$

2. 计算曲线测设元素

$$\beta = \frac{l_s 180°}{2R\pi} = 1°25'56.6''$$

$$p = \frac{l_s^2}{24R} = 0.208(m)$$

$$q = \frac{l_s}{2} - \frac{l_s^3}{240R^2} = 49.999(m)$$

$$T_H = (R + p)\tan\frac{\alpha}{2} + q = 758.687(m)$$

$$L_H = R(\alpha - 2\beta_0)\frac{\pi}{180°} + 2l_s = 1462.027(m)$$

$$L_y = R(\alpha - 2\beta_0)\frac{\pi}{180°} = 1262.027(m)$$

$$E_H = (R + p)\sec\frac{\alpha}{2} - R = 122.044(m)$$

$$D_H = 2T_H - L_H = 55.347(m)$$

3.计算曲线主点里程

$$ZH = JD_3 - T_H = K6 + 790.306 - 758.687 = K6 + 031.619$$

$$HY = ZH + l_s = K6 + 031.619 + 100 = K6 + 131.619$$

$$YH = HY + L_y = K6 + 131.619 + 1262.027 = K7 + 393.646$$

$$HZ = YH + l_s = K7 + 393.646 + 100 = K7 + 493.646$$

$$QZ = HZ - L_H/2 = K7 + 493.646 - 731.014 = K6 + 762.632$$

$$JD_3 = QZ + D_H/2 = K6 + 762.632 + 27.674 = K6 + 790.306(\text{校核})$$

4.计算曲线主点及其他中桩坐标

(1)ZH点的坐标:

$$S_{23} = \sqrt{(X_{JD_3} - X_{JD_2})^2 + (Y_{JD_3} - Y_{JD_2})^2} = 2358.126(m)$$

$$A_{23} = A_{32} + 180° = 359°01'38.4''$$

$$X_{ZH_3} = X_{JD_2} + (S_{23} - T_{H_3})\cos A_{23} = 2590310.479(m)$$

$$Y_{ZH_3} = Y_{JD_2} + (S_{23} - T_{H_3})\sin A_{23} = 20478675.729(m)$$

(2)第一缓和曲线上的中桩坐标:

如中桩K6+100的支距法坐标为:

$$x = l - \frac{l^5}{40R^2 l_s^2} = 68.380(m)$$

$$y = l - \frac{l^3}{6Rl_s} = 0.266(m)$$

按式(8-47)转换坐标:

$$X = X_{ZH_3} + x\cos A_{23} - y\sin A_{23} = 2590378.854(m)$$

$$Y = Y_{ZH_3} + x\sin A_{23} + y\cos A_{23} = 20478674.834(m)$$

(3)圆曲线部分的中桩坐标:

如中桩K6+500的切线支距法坐标为:

$$x = R\sin\varphi + q = 465.335(m)$$

$$y = R(1 - \cos\varphi) + p = 43.809(m)$$

代入式(8-47)得K6+500的坐标:

$$X = X_{ZH_3} + x\cos A_{23} - y\sin A_{23} = 2590776.491(m)$$

$$Y = Y_{ZH_3} + x\sin A_{23} + y\cos A_{23} = 20478711.632(m)$$

(4)QZ点坐标为(与K6+500计算相同):

$$X_{QZ} = 2591666.257m$$

$$Y_{QZ} = 20478778.562m$$

(5)HZ点的坐标为:

$$X_{HZ_3} = X_{JD_3} + T_{H_3}\cos A_{34} = 2591666.530(m)$$

$$Y_{HZ_3} = Y_{JD_3} + T_{H_3}\sin A_{34} = 20479130.430(m)$$

(6)YH点的支距法坐标与HY点完全相同:

$$x_0 = 99.994m$$

$$y_0 = 0.833m$$

按式(8-48)转换坐标,并顾及曲线为右转角,将 $y=-y_0$ 代入:

$$X_{YH_3}=X_{HZ_3}-x_0\cos A_{34}-y_0\sin A_{34}=2591587.270(\mathrm{m})$$

$$Y_{YH_3}=Y_{HZ_3}-x_0\sin A_{34}-(-y_0)\cos A_{34}=20479069.460(\mathrm{m})$$

(7)第二缓和曲线上的中桩坐标:

如中桩 K7 +450 的支距法坐标为:

$$x=43.646\mathrm{m}$$

$$y=0.069\mathrm{m}$$

按式(8-48)转换坐标,y 以负值代入得:

$$X=2591632.116\mathrm{m}$$

$$Y=20479195.976\mathrm{m}$$

(8)直线上的中桩坐标:

如 K7 +600,$D=106.354\mathrm{m}$,代入公式得:

$$X=X_{HZ_3}+D\cos A_{34}=2591750.285(\mathrm{m})$$

$$Y=X_{HZ_3}+D\sin A_{34}=20479195.976(\mathrm{m})$$

第七节 复曲线的测设

复曲线是由两个和两个以上不同半径的同向圆曲线和缓和曲线相互衔接而成的曲线。一般多用于地形较复杂的地区。

一、不设缓和曲线的复曲线测设

不设缓和曲线的复曲线,一般仅由两个不同半径的同向圆曲线相互衔接而成。

在测设时,必须先定出其中一个圆曲线的半径,该曲线称为主曲线,另一个圆曲线称为副曲线。副曲线的半径则是通过主曲线半径和测量的有关数据求得。

1. 同向复曲线

如图 8-26 所示,主、副曲线的交点为 A、B,两曲线相接于公切点 GQ 点。将全站仪分别安置于 A、B 两点,测算出转角 α_1、α_2,用全站仪测得 A、B 两点的距离 $\overline{AB}$,在选定主曲线的半径 R_1 后,即可按以下步骤计算副曲线的半径 R_2 及测设元素:

(1)根据主曲线的转角 α_1 和半径 R_1,计算主曲线的测设元素 T_1、L_1、E_1、D_1。

(2)根据基线 AB 的长度 $\overline{AB}$ 和主曲线切线长 T_1,计算副曲线的切线长 T_2。

$$T_2=\overline{AB}-T_1 \tag{8-49}$$

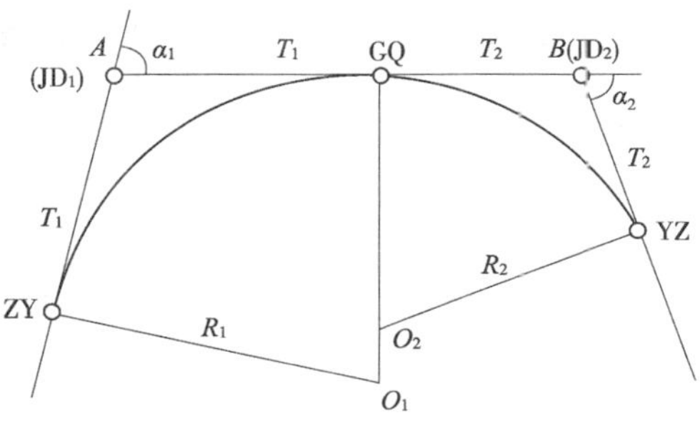

图 8-26 切基线法测设复曲线

(3)根据副曲线的转角 α_2 和切线长 T_2,计算副曲线半径 R_2。

$$R_2 = \frac{T_2}{\tan\frac{\alpha_2}{2}} \quad (\text{精确至 cm}) \tag{8-50}$$

(4)根据副曲线的转角 α_2 和半径 R_2,计算副曲线的测设元素 T_2、L_2、E_2、D_2。

(5)主点里程计算采用前述方法。

测设曲线时,由 A 沿切线方向向后量 T_1 得 ZY 点;沿 AB 方向向前量 T_1 得 GQ 点;由 B 点沿切线方向向前量 T_2 得 YZ 点。曲线的详细测设仍可采用前述的有关方法。

2. 反向复曲线(简单 S 形复曲线)

当由地形条件结合技术标准在两相邻的反向交点处分别设两个不同半径的平曲线后,造成中间的直线段太短,从而形成断背曲线时,应将两个曲线对接形成反向复曲线。

计算反向复曲线的前提条件是:路线相邻两个反向交点处的两个转角分别已知(外业勘测通过测定右角而推算的;纸上定线是以正切法反算的)、两交点的位置(选线组选定后再经测角组标定)和距离及路线来向的第一个交点的桩号(由中线组丈量而得)和交点两侧的导线的位置都是已知的。在此基础上,将反向复曲线准确地布置到实地上。布置方法是先设主点,而后加密。简单 S 形复曲线主点包括 ZY、GQ、YZ。设置时,应先计算曲线元素。

(1)简单 S 形复曲线半径的反算

如图 8-27 所示,并设 JD_n 到 JD_{n+1} 的距离为 $T_{基}$,选定半径的曲线叫主曲线,反算半径的曲线称副曲线。即一般先选定主曲线半径,副曲线半径一般通过反算得到。

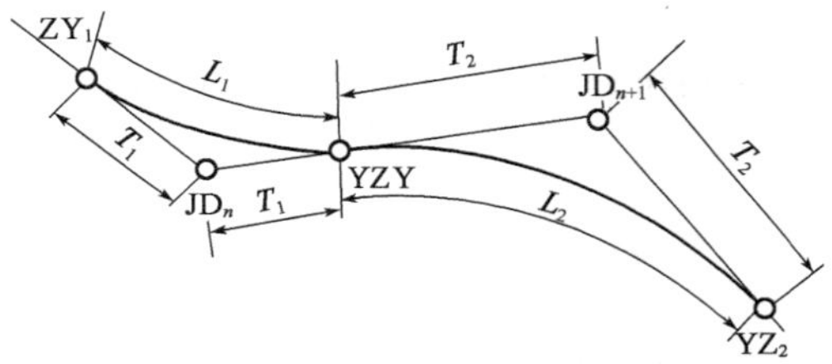

图 8-27 简单 S 形复曲线计算

当 R_2 已定时:

$$R_1 = \frac{T_{基} - T_2}{\tan\frac{\alpha_1}{2}} = \frac{T_{基} - R_2\tan\frac{\alpha_2}{2}}{\tan\frac{\alpha_1}{2}} \tag{8-51a}$$

当 R_1 已定时:

$$R_2 = \frac{T_{基} - T_1}{\tan\frac{\alpha_2}{2}} = \frac{T_{基} - R_1\tan\frac{\alpha_1}{2}}{\tan\frac{\alpha_2}{2}} \tag{8-51b}$$

(2)简单 S 形复曲线的曲线元素计算

$$\left.\begin{aligned} T_1 &= R_1\tan\frac{\alpha_1}{2} \\ T_2 &= R_2\tan\frac{\alpha_2}{2} \\ L_1 &= R_1\cdot\alpha_1\cdot\frac{\pi}{180} \\ L_2 &= R_2\cdot\alpha_2\cdot\frac{\pi}{180} \end{aligned}\right\} \tag{8-52}$$

(3)简单S形复曲线主点桩号推算

$$\begin{cases} ZY_1 \text{ 桩号} = JD \text{ 桩号} - T_1 \\ GQ \text{ 桩号} = ZY_1 \text{ 桩号} + L_1 \\ YZ_2 \text{ 桩号} = GQ \text{ 桩号} + L_2 \end{cases} \tag{8-53}$$

二、设置有缓和曲线的复曲线测设

中间设置有缓和曲线的复曲线，一般会受实地地形条件限制，选定的主、副曲线半径相差超过1.5倍时采用。在实际工程测量中，应尽量避免采用这种曲线。因此，在这里我们主要介绍两端设有缓和曲线、中间用圆曲线直接连接的复曲线测设。

1. 同向复曲线

如图8-28所示，设主、副曲线两端分别设有两段缓和曲线，其缓和曲线长分别为 l_{s1}、l_{s2}。为使两不同半径的圆曲线在原公切点(GQ)直接衔接，两缓和曲线的内移值必须相等，即 $p_{主} = p_{副} = p$。

由前述式(8-22)及式(8-29)有：

$$\begin{cases} c_1 = R_{主} \cdot l_{s1} = R_{主} \cdot \sqrt{24R_{主}\, p} \\ c_2 = R_{副} \cdot l_{s2} = R_{副} \cdot \sqrt{24R_{副}\, p} \end{cases} \tag{8-54}$$

如果 $R_{主} > R_{副}$，则 $c_1 > c_2$。因此在选择缓和曲线长度时，必须使 $c_2 \geqslant 0.035v^3$。对于已选定的 l_{s2}，可得：

$$l_{s2} = l_{s1} \cdot \sqrt{\frac{R_{副}}{R_{主}}} \tag{8-55}$$

另外，图8-28中有如下的关系式：

$$T_{基} = (R_{主} + p) \cdot \tan\frac{\alpha_{主}}{2} + (R_{副} + p) \cdot \tan\frac{\alpha_{副}}{2} \tag{8-56}$$

测设时，通过测得的数据 $\alpha_{主}$、$\alpha_{副}$ 和 $T_{基}$ 以及根据要求拟定的数据 $R_{主}$、l_{s1}，采用式(8-56)反算 $R_{副}$，其中：$p = p_{主} = \dfrac{l_{s1}^2}{24R_{主}}$；采用式(8-55)反算副曲线缓和段长度 l_{s2}。

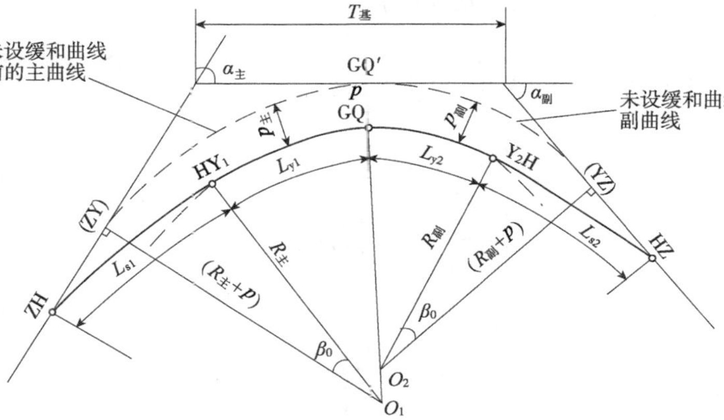

图8-28 两边皆设缓和曲线的复曲线

主、副曲线的半径、转角和缓和段长度均已设定的情况下,可按前述第六节中的方法进行测设元素及主点里程的计算。

2. 反向复曲线(基本S形复曲线)

(1)主、副曲线半径及缓和曲线长度的确定

复曲线半径确定包括主曲线半径、缓和曲线长度的选择和副曲线半径、缓和曲线长度的反算。主曲线缓和曲线长度和半径可根据地形条件结合技术标准直接选定,副曲线半径及缓和曲线长度则要根据曲线对接要求和连接特征反算。如图8-29所示,设主、副曲线分别设有缓和曲线 L_{s1} 和 L_{s2},为使两圆曲线在原公切点(GQ)直接衔接,两曲线的切线长相加必须等于两交点间距。

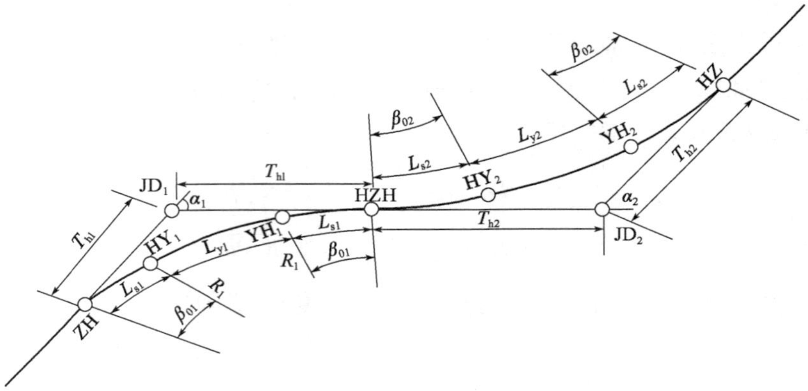

图8-29 基本S形复曲线计算示意图

以主、副曲线的切线长相加等于基线总长的几何条件作为对接条件:

$$T_{h1} + T_{h2} = T_{基} \tag{8-57}$$

有:

$$\begin{cases} T_{h1} = (R_1 + p_1)\tan\dfrac{\alpha_1}{2} + q_1 \\ T_{h2} = (R_2 + p_2)\tan\dfrac{\alpha_2}{2} + q_2 \end{cases} \tag{8-58}$$

$$\left[(R_1 + p_1)\tan\frac{\alpha_1}{2} + q_1\right] + \left[(R_2 + p_2)\tan\frac{\alpha_2}{2} + q_2\right] = T_{基} \tag{8-59}$$

$$\begin{cases} p_1 = \dfrac{L_{s1}^2}{24R_1} \\ q_1 = \dfrac{L_{s1}}{2} - \dfrac{L_{s1}^3}{240R_1^2} \\ p_2 = \dfrac{L_{s2}^2}{24R_2} \\ q_2 = \dfrac{L_{s2}}{2} - \dfrac{L_{s2}^3}{240R_2^2} \end{cases} \tag{8-60}$$

式中：p_1、p_2——主、副曲线内移值；

q_1、q_2——主、副曲线的切线增长值；

L_{s1}、L_{s2}——主、副曲线的缓和曲线长，对应的主、副曲线的缓和曲线角为 β_{01}、β_{02}；

R_1、R_2——主、副曲线的圆曲线半径；

α_1、α_2——主、副曲线处的“顺路导线”转角（即偏角）。

根据选定的 L_{s1} 和 L_{s2} 及 R_1，解由式(8-59)和式(8-60)组成的方程组，可求出 R_2。特别指出：如 $R_主 > R_副$，则 $c_主 > c_副$。因此在选择缓和曲线长度时，必须使 $c_副 \geqslant 0.035v^3$。

(2)基本S形复曲线元素计算

$$\begin{cases} q_1 = \dfrac{L_{s1}}{2} - \dfrac{L_{s1}^3}{240R_1^2} \\ q_2 = \dfrac{L_{s2}}{2} - \dfrac{L_{s2}^3}{240R_2^3} \end{cases} \tag{8-61}$$

$$\begin{cases} \beta_{01} = \dfrac{L_{s1}}{2R_1}(\text{rad}) = \dfrac{L_{s2}}{\pi R_1} \cdot 90° \\ \beta_{02} = \dfrac{L_{s2}}{2R_2}(\text{rad}) = \dfrac{L_{s2}}{\pi R_2} \cdot 90° \end{cases} \tag{8-62}$$

$$\begin{cases} L_{y1} = (\alpha_1 - 2\beta_{01}) \cdot R_1 \cdot \dfrac{\pi}{180°} \\ L_{y2} = (\alpha_2 - 2\beta_{02}) \cdot R_2 \cdot \dfrac{\pi}{180°} \end{cases} \tag{8-63}$$

$$\begin{cases} T_{h1} = (R_1 + p_1)\tan\dfrac{\alpha_1}{2} + q_1 \\ T_{h2} = (R_2 + p_2)\tan\dfrac{\alpha_2}{2} + q_2 \end{cases} \tag{8-64}$$

$$\begin{cases} L_{h1} = (\alpha_2 - 2\beta_{01}) \cdot R_1 \cdot \dfrac{180}{\pi} + L_{s1} \\ L_{h2} = (\alpha_2 - 2\beta_{02}) \cdot R_2 \cdot \dfrac{180}{\pi} + L_{s2} \end{cases} \tag{8-65}$$

式中：p_1、p_2——主、副曲线内移值；

q_1、q_2——主、副曲线内移后分别顺前、后导线方向的切线增长值；

β_{01}、β_{02}——主、副曲线的缓和曲线角；

L_{y1}、L_{y2}——主、副曲线设置缓和曲线后，各自剩余的净圆曲线长；

T_{h1}、T_{h2}——主、副曲线设缓和曲线后分别沿前、后导线方向的切线长；

L_{h1}、L_{h2}——主、副曲线的曲线长。

(3)基本S形复曲线主点桩号推算

$$
\begin{cases}
\text{ZH 桩号} = \text{JD}_1 \text{ 桩号} - T_{h1} \\
\text{HY}_1 \text{ 桩号} = \text{ZH 桩号} + L_{s1} \\
\text{YH}_1 \text{ 桩号} = \text{HY}_1 \text{ 桩号} + L_{y1} \\
\text{HZH 桩号} = \text{YH}_1 \text{ 桩号} + L_{s1} \\
\text{HY}_2 \text{ 桩号} = \text{HZH 桩号} + L_{s2} \\
\text{YH}_2 \text{ 桩号} = \text{HY}_2 \text{ 桩号} + L_{y2} \\
\text{HZ 桩号} = \text{YH}_2 \text{ 桩号} + L_{s2}
\end{cases}
\tag{8-66}
$$

有了曲线元素和主点桩号,即可布置曲线主点。有了主点位置结合导线位置就可以布置曲线。

思考题与习题

1. 道路中线测量的主要任务是什么?

2. 简述放点穿线法测设交点的步骤。

3. 什么是正倒镜分中法?简述正倒镜分中法延长直线的操作方法。

4. 什么叫道路中线测量中的转点?它与水准测量的转点有何不同?

5. 什么是路线的右角?什么是路线的转角?它们之间有何关系?如何区分左偏还是右偏?

6. 何谓里程桩,在中线的哪些地方应设置里程桩?

7. 怎样推算圆曲线的主点里程?圆曲线主点位置是如何测定的?

8. 何谓整桩号法设桩?何谓整桩距法设桩?各有什么特点?

9. 切线支距法详细测设圆曲线的原理是什么?简述其操作步骤。

10. 简述偏角法测设圆曲线的操作步骤。

11. 偏角法详细测设圆曲线时,设转角为左偏,将仪器置于起点(ZY),后视切线方向(JD),此时测设曲线上点的偏角时正拨还是反拨?后视时水平度盘读数设置到多少度可使以后点的偏角计算更简便?

12. 何谓缓和曲线?设置缓和曲线有何作用?

13. 简述有缓和曲线段的平曲线上主点桩的测设方法和步骤。

14. 什么是虚交?道路中线测量中遇到虚交应如何解决?

15. 何谓复曲线?简述基本型同向复曲线解决方法。

16. 如何根据路线导线边的方位角计算交点的转角?

17. 一测量员在路线交点 JD_6 上安置仪器,观测右角,测得后视读数为42°18′24″,前视读数为174°36′8″。问该弯道的转角是多少?是左转还是右转?若观测完毕后仪器度盘不动,分角线方向读数应是多少?

18. 已知弯道 JD_{10} 的桩号为 K5+119.99,右角 $\beta = 136°24'$,圆曲线半径 $R = 300\text{m}$,试计算圆曲线主点元素和主点里程,并叙述测设曲线上主点的操作步骤。

19. 在道路中线测量中，已知交点的里程桩号为 K3 +318.46，测得转角 $\alpha_{左}=15°28'$，圆曲线半径 $R=600$m，若采用切线支距法并按整桩号法设桩，试计算各桩坐标，并说明测设方法。

20. 在道路中线测量中，设某交点 JD 的桩号为 K4 +182.32，测得右偏角 $\alpha_{右}=38°32'$，设计圆曲线半径 $R=500$m，若采用偏角法按整桩号设桩，试计算各桩的偏角及弦长，并说明步骤。

21. 在道路中线测量中，已知交点的里程桩号为 K19 +318.46，转角 $\alpha_{左}=38°28'$，圆曲线半径 $R=300$m，缓和曲线长 l_s 采用 75m，试计算该曲线的测设元素、主点里程，并说明主点的测设方法。

22. 某山岭区二级公路，已知 JD_1、JD_2、JD_3 的坐标分别为(40961.914，91066.103)、(40433.528，91250.097)、(40547.416，91810.392)，JD_2 处的里程桩号为 K2 +200.000，$R=150$m，缓和曲线长为 40m，计算此曲线的主点坐标。

第九章
CHAPTER NINE

路线的纵、横断面测量

学习目标

1. 掌握基平测量外业水准点布设和基平测量方法;
2. 掌握中平测量外业观测、记录和计算方法;
3. 掌握横断面测量方法;
4. 了解纵、横断面图的绘制方法。

技能目标

1. 能进行基平和中平测量外业观测及内业数据处理;
2. 能用水准仪或全站仪进行路线横断面测量。

路线定测阶段,在完成中线测量以后,还必须进行路线纵、横断面测量。路线纵断面测量又称为中线水准测量,它的任务是在道路中线测定之后,测定中线上各里程桩(简称中桩)的地面高程,并绘制路线纵断面图,用以表示沿路线中线位置的地形起伏状态,主要用于路线纵坡设计。横断面测量是测定中线上各里程桩处垂直于中线方向的地形起伏状态,并绘制横断面图,供路基设计、计算土石方数量以及施工放边桩之用。

为了保证测量精度,根据"从整体到局部、先控制后碎部"的原则,纵断面测量一般分两步进行:首先是沿路线方向设置水准点,并测定其高程,从而建立路线的高程控制,称为基平测量;然后根据基平测量建立的水准点高程,分别在相邻的两个水准点之间进行水准测量,测定各里程桩的地面高程,称为中平测量。

对于公路高程系统的建立,宜采用"1985 年国家高程基准",同一个公路项目应采用同一个高程系统,并应与相邻项目高程系统相衔接。不能采用同一高程系统时,应给出高程系统的转换关系。尽可能与国家水准点进行联测,以获得点的绝对高程,独立工程或三级以下公路联测有困难时,可采用假定高程。

第一节 基平测量

一、路线水准点的设置

水准点是路线高程测量的控制点,在勘测和施工阶段以及竣工时都要使用。在设置水准点时,根据需要和用途可布设永久性水准点和临时性水准点。一般规定,在路线的起终点、大桥两岸、隧道两端、垭口以及一些需要长期观测高程的重点工程附近,均应设置永久性水准点。在一般地区,应每隔一定的长度设置一个永久性水准点。为便于引测,还需沿路线方向布设一定数量的临时性水准点。

永久性水准点和临时性水准点的标志方法,可参阅水准测量一章的有关内容。

临时性水准点的密度应根据地形和工程需要而定。一般情况下,水准点间距宜为1~1.5km,山岭重丘区可根据需要适当加密;水准点点位应选在稳固、醒目、易于引测以及施工时不易遭受破坏的地方,水准点距路线中线的距离应大于50m,宜小于300m。

水准点一般以 BM_i 表示,为了避免混乱和便于寻找,应逐个编号,用红油漆连同符号(BM_i)一起写在水准点旁。水准点设置好后,将其距中线上某里程桩的距离、方位(左侧或右侧)以及与周围主要地物的关系等内容记在记录本上,以供外业结束后,编制水准点一览表和绘制路线平面图之用。

二、基平测量的方法(资源9-1-1)

进行基平测量时,首先应将起始水准点与附近国家水准点进行联测,以获取水准点的绝对高程,如有可能,应构成附合水准路线。当路线附近没有国家水准点或引测困难时,则可用气压计测得近似高程或参考地形图选定一个与实地高程接近的数值作为起始水准点的假定高程。

水准点的高程,是采用水准测量方法获得的。通常,采用一台水准仪在两个相邻的水准点间做往返观测,也可用两台水准仪做同向单程观测。具体观测方法及要求可参阅水准测量一章的有关内容,在此不再叙述。

各级公路及构造物的水准测量等级应按表6-3选用,并满足相应等级要求。

第二节 用水准仪进行中平测量

在完成基平测量以后,便可进行中平测量。目前在公路工程中,广泛采用水准仪进行中平测量,以下介绍该方法的应用。

一、用水准仪进行中平测量的一般方法(资源 9-2-1)

中平测量(又称中桩抄平),一般是以两个相邻水准点为一测段,从一个水准点开始,用视线高法(参见第二章内容),逐个测定中桩处的地面高程,直至附合到下一个水准点上。在每一个测站上,应尽量多地观测中桩。另外,还需在一定距离内设置转点。相邻两转点间所观测的中桩,称为中间点。由于转点起着传递高程的作用,为了削弱高程传递的误差,在测站上应先观测转点,后观测中间点。观测转点时,读数至毫米,视线长度一般应不大于 100m。在转点上,水准尺应立于尺垫、稳固的桩顶或坚石上。观测中间点时,读数即中视读数可读至厘米,视线也可适当放长,立尺应在紧靠桩边的地面上。

如图 9-1 所示,若以水准点 A 为后视点(高程 H_A 已知),以 B 点为前视转点,K_i 点为中间点。在施测过程中,将水准仪安置在测站上,首先观测立于 A 点的水准尺读数为 a,然后再观测立于前视转点 B 点的水准尺读数为 b,最后观测立于中间点 K_i 点上的水准尺读数为 k_i,则可用视线高法求得前视转点 B 的高程 H_B 和中桩点的高程 H_K:

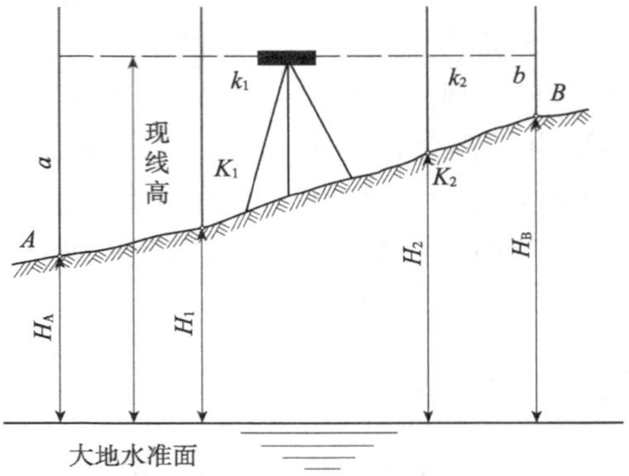

图 9-1 视线高法测高程

$$\begin{cases}\text{测站视线高} = \text{后视点高程 } H_A + \text{后视读数 } a \\ \text{前视转点 } B \text{ 的高程 } H_B = \text{视线高} - \text{前视读数 } b \\ \text{中桩高程 } H_K = \text{视线高} - \text{中视读数 } k\end{cases} \tag{9-1}$$

中平测量的实施如图 9-2 所示,水准仪安置于Ⅰ站,后视水准点 BM_1,前视转点 ZD_1,将两读数分别记入表 9-1 中相应的后视、前视栏。然后观测 BM_1 和 ZD_1 间的中间点 K0+000、+020、+040、+060,并将读数分别记入相应的中视栏,并按式(9-1)分别计算 ZD_1 和各中桩点的高程,第一个测站的观测与计算完成。再将仪器搬至Ⅱ站,后视转点 ZD_1,前视转点 ZD_2,将读数分别记入相应后视、前视栏。然后观测两转点间的各中间点,将读数分别记入相应的中视栏,并计算 ZD_2 和各中桩点的高程,第二个测站的观测与计算完成。按上述方法继续向前观测,直至附合于水准点 BM_2。前视点高程及中桩处地面高程应用式(9-1),按所属测站的视线高进行计算,参考表 9-1。

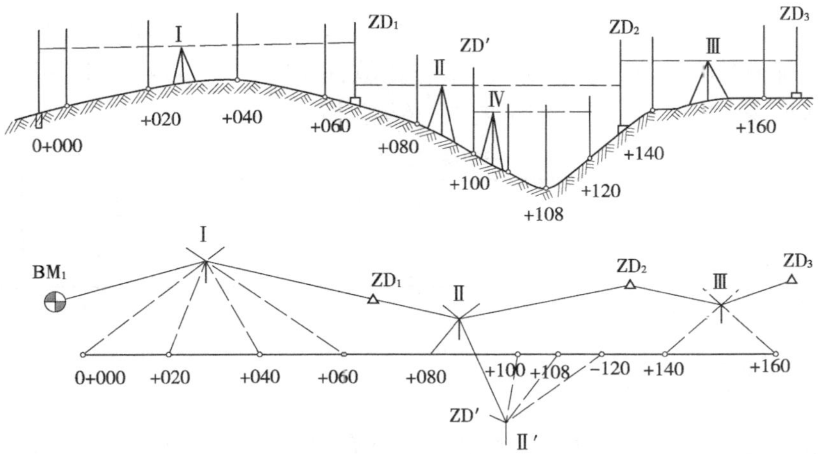

图 9-2 中平测量

中平测量记录计算表 表 9-1

工程名称:＿＿＿＿＿ 日期:＿＿＿＿＿ 观测员:＿＿＿＿＿

仪器型号:＿＿＿＿＿ 天气:＿＿＿＿＿ 记录员:＿＿＿＿＿

测点	水准尺度数(m)			视线高(m)	测点高程(m)	备注
	后视 a	中视 k	前视 b			
BM_1	2.317			106.573	104.256	基平测得
K0 +000		2.16			104.41	
+020		1.83			104.74	
+040		1.20			105.37	
+060		1.43			105.14	
ZD_1	0.744		1.762	105.555	104.811	沟内分开测
+080		1.90			103.66	
ZD_2	2.116		1.405	106.266	104.150	
+140		1.82			104.45	基平测得 BM_2 点高程为:104.795m
+160		1.79			104.48	
ZD_3			1.834		104.432	
…	…	…	…	…	…	
K1 +480		1.26			104.21	
BM_2			0.716		104.754	

复核:$\Delta h_{测} = 104.754 - 104.256 = 0.498(m)$

$\sum a - \sum b = (2.317 + 0.744 + 2.116 + \cdots) - (1.762 + 1.405 + 1.834 + \cdots + 0.716) = 0.498(m)$

说明高程计算无误。

$f_h = 104.754 - 104.795 = -0.041(m) = -41(mm)$

$f_{h容} = 50\sqrt{L} = 50\sqrt{1.48} = 61(mm)$(按三级公路要求)

显然 $f_h < f_{h容}$,说明满足精度要求

中平测量只做单程观测。一测段结束后,应先计算中平测量测得的该段两端水准点高差,并将其与基平所测该测段两端水准点高差进行比较,两者之差称为测段高差闭合差。测段高差闭合差应满足表 9-2 要求。若不满足要求,必须重测。

中桩高程测量精度 表 9-2

公 路 等 级	闭合差(mm)	两次测量之差(cm)
高速公路,一、二级公路	$\leqslant 30\sqrt{L}$	≤5
三级及三级以下公路	$\leqslant 50\sqrt{L}$	≤10

注:L 为高程测量的路线长度(km)。

二、跨越沟谷中平测量

中平测量遇到跨越沟谷时,由于沟坡和沟底钉有中桩,而且高差较大,按中平测量一般方法进行,要增加许多测站和转点,以致影响测量的速度和精度。为避免这种情况,可采用以下方法进行测量。

1. 沟内沟外分开测

如图 9-3 所示,当采用一般方法测至沟谷边缘时,仪器置于测站Ⅰ,在此测站应同时设两个转点,用于沟外测的 ZD_{16} 和用于沟内测的 ZD_A。施测时,后视 ZD_{15},前视 ZD_{16} 和 ZD_A,分别求得 ZD_{16} 和 ZD_A 的高程。此后,以 ZD_A 进行沟内中桩点高程的测量,以 ZD_{16} 进行沟外测量。

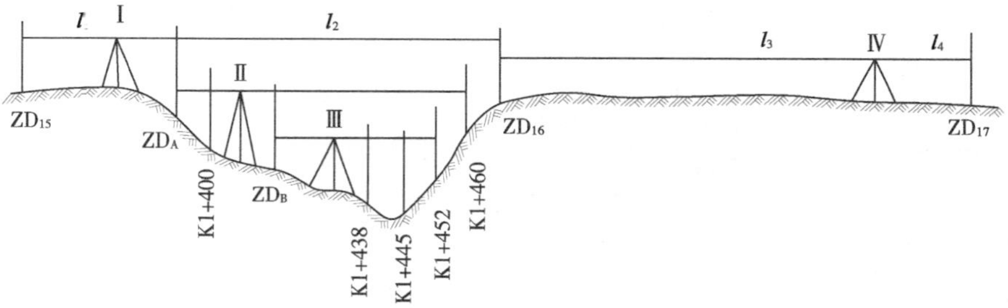

图 9-3 跨越沟谷中平测量

测量沟内中桩时,仪器下沟安置于测站Ⅱ,后视 ZD_A,观测沟谷内两侧的中桩并设置转点 ZD_B。再将仪器迁至测站Ⅲ,后视转点 ZD_B,观测沟底各中桩,至此沟内观测结束。然后仪器置于测站Ⅳ,后视转点 ZD_{16},继续前测。

这种测法,使沟内、沟外高程传递各自独立,互不影响。沟内的测量不会影响整个测段的闭合,但由于沟内的测量为支水准路线,缺少检核条件,故施测时应倍加注意。另外,为了减少Ⅰ站前、后视距不等所引起的误差,仪器置于Ⅳ站时,尽可能使 $l_3=l_2, l_4=l_1$,或者 $l_3+l_1=l_2+l_4$。

2. 接尺法

中平测量遇到跨越沟谷时,若沟谷较窄、沟边坡度较大,个别中桩处高程不便测量,可采用接尺的方法进行测量。如图 9-4 所示,用两根水准尺,一人扶 A 尺,另一人扶 B 尺,从而把水准尺接长使用。必须注意,此时的读数应为从望远镜内的读数加上接尺的数值。

利用上述方法测量时,沟内、沟外分开测的应分别记录;接尺要加以说明,以利于计算和检查,否则容易发生混乱和错误。

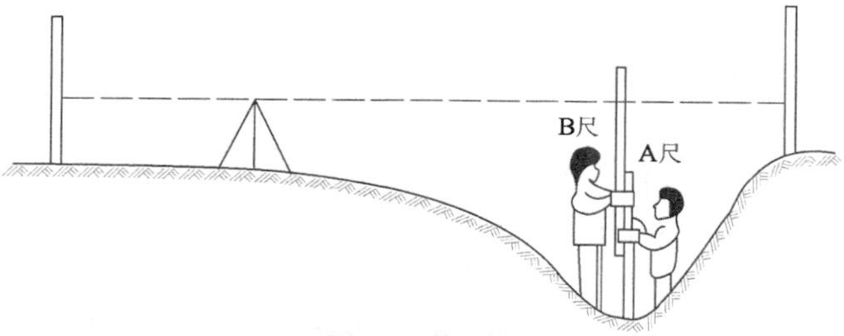

图 9-4 接尺法

第三节 用全站仪进行中平测量

传统的中平测量方法是用水准仪测定中桩处地面高程,施测过程中测站多,特别是在地形起伏较大的地区测量,工作量相当繁重。全站仪由于具有三维坐标测量的功能,在中线测量中可以同时测量中桩高程(中平测量)。

全站仪中平测量是在中线测量时进行。仪器安置于控制点,利用坐标测设中桩点。在中桩位置定出后,即可测出该桩的地面高程。

如图 9-5 所示,设 A 点为已知控制点,B 点为待测高程的中桩点。将全站仪安置在已知高程的 A 点,棱镜立于待测高程的中桩点 B 点上,量出仪器高 i 和棱镜高 l,全站仪照准棱镜测出视线倾角 α。

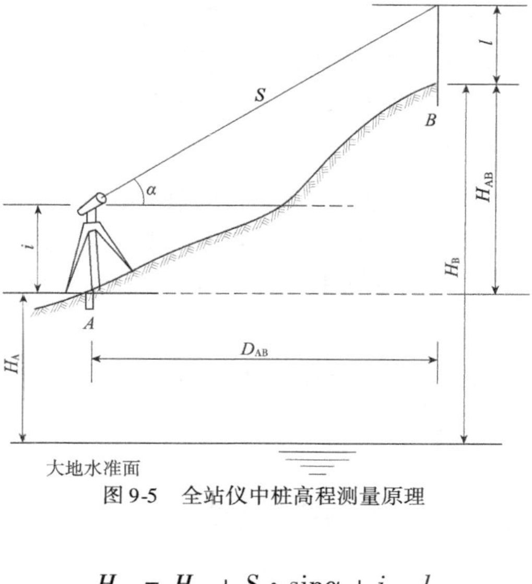

图 9-5 全站仪中桩高程测量原理

则 B 点的高程 H_B 为:

$$H_B = H_A + S \cdot \sin\alpha + i - l \tag{9-2}$$

式中:H_A——已知控制点 A 的高程;

H_B——待测中桩点 B 的高程;

i——仪器高;

l——棱镜高;

S——仪器至棱镜的斜距离;

α——视线倾角。

在实际测量中,只需将安置仪器的 A 点高程 H_A、仪器高 i、棱镜高 l 以及棱镜常数直接输入全站仪,就可测得中桩 B 点高程 H_B。

该方法的优点是在中桩平面位置测设过程中直接完成中桩高程测量,不受地形起伏及高差大小的限制,并能进行较远距离的高程测量。高程测量数据可从仪器中直接读取,或存入仪器并在需要时调入计算机处理。

第四节 路线的纵断面图

纵断面图是表示沿路线中线方向的地面起伏状态和设计纵坡的线状图,它反映出各路段纵坡的大小和中线位置处的填挖尺寸,是道路设计和施工中的重要文件资料。**(资源 9-4-1)**

一、纵断面图的内容

如图 9-6 所示,在图的上半部,从左至右有两条贯穿全图的线。一条是细的折线,表示中线方向的实际地面线,它是以里程为横坐标、高程为纵坐标,根据中平测量的中桩地面高程绘制的。另一条粗线是包含竖曲线在内的纵坡设计线,是在设计时绘制的。此外,图上还注有水准点的位置和高程,桥涵的类型、孔径、跨数、长度、里程桩号和设计水位,竖曲线示意图及其曲线元素,同公路、铁路交叉点的位置,里程以及有关说明。

图的下半部注有相关测量及纵坡设计的资料,主要包括以下内容。

1. 直线与曲线

根据中线测量资料绘制的中线示意图。图中路线的直线部分用直线表示;圆曲线部分用折线表示,上凸表示路线右转,下凸表示路线左转,并注明交点编号和圆曲线半径;带有缓和曲线的平曲线还应注明缓和段的长度,在图中用梯形折线表示。

2. 里程

根据中线测量资料绘制的里程数。为使纵断面图清晰起见,图上按里程比例尺只标注百米桩里程(以数字 1 ~9 注写)和公里桩的里程(以 Ki 注写,如 K9、K10)。

3. 地面高程

根据中平测量成果填写相应里程桩的地面高程数值。

4. 设计高程

设计高程即设计出的各里程桩处的对应高程。

5. 坡度

从左至右向上倾斜的直线表示上坡(正坡),向下倾斜的直线表示下坡(负坡),水平线表示平坡。斜线或水平线上面的数字是以百分数表示的坡度的大小，下面的数字表示坡长。

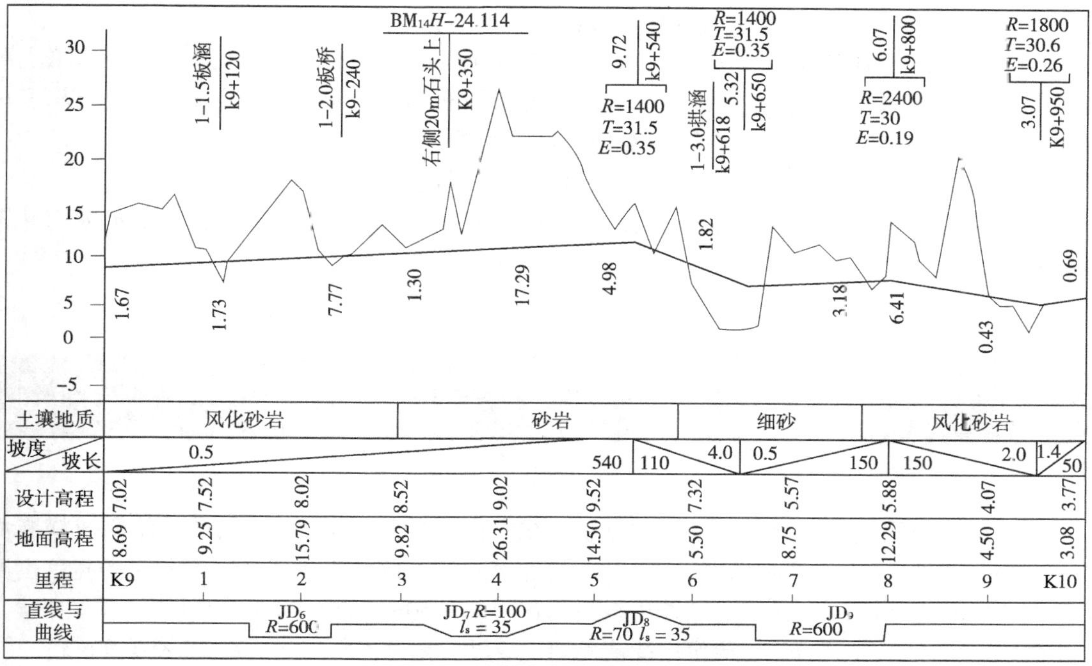

图 9-6 路线设计纵断面图

6. 土壤地质

说明路段的土壤地质情况。

二、纵断面图的绘制

纵断面图的绘制一般可按下列步骤进行：

(1)按照选定的里程比例尺和高程比例尺(一般对于平原微丘区，里程比例尺常用 1:5000 或 1: 2000，相应的高程比例尺为 1:500 或 1:200；对于山岭重丘区，里程比例尺常用 1:2000 或 1:1000，相应的高程比例尺为 1:200 或 1:100)制表，填写里程、地面高程、直线与曲线、土壤地质等资料。

(2)绘出地面线。首先选定纵坐标的起始高程，使绘出的地面线位于图上适当位置。一般是以 10m 整数倍的高程定在 5cm 方格的粗线上，便于绘图和阅图。然后根据中桩的里程和高程，在图上按纵、横比例尺依次点出各中桩的地面位置，再用直线将相邻点连接起来，就得到地面线。在高差变化较大的地区，如果纵向受到图幅限制时，可在适当地段变更图上高程起算位置，此时地面线将形成台阶形式。

(3)计算设计高程。当路线的纵坡确定后，即可根据设计纵坡和两点间的水平距离，由一点的高程计算另一点的设计高程。

$$H_P = H_0 + i \cdot D \tag{9-3}$$

式中：H_P——待推算点的高程；

H_0——起算点的高程；

i——设计坡度,上坡时 i 为正,下坡时 i 为负;

D——待推算点至起算点的水平距离。

(4)计算各桩的填挖尺寸。同一桩号的设计高程与地面高程之差,即为该桩处的填土高度(正号)或挖土深度(负号)。在图上,填土高度应写在相应点纵坡设计线之上,挖土深度写在相应点纵坡设计线之下,也有在图中专列一栏注明填挖尺寸的。

(5)在图上注记有关资料,如水准点、桥涵、竖曲线等。

需要说明的是,目前在工程设计中,由于计算机应用的普及,路线纵断面图基本采用计算机绘制。

第五节 路线横断面测量

路线横断面测量是测定各中桩处垂直于中线方向上的地面起伏情况,然后绘制成横断面图,供路基、边坡、特殊构造物的设计、土石方的计算和施工放样之用。横断面测量的宽度由路基宽度和地形情况确定,一般应在公路中线两侧各测 15~50m。进行横断面测量时,首先要确定横断面的方向,然后在此方向上测定中线两侧地面坡度变化点的距离和高差。**(资源 9-5-1)**

一、横断面方向的标定

由于公路中线是由直线段和曲线段构成的,而直线段和曲线段上横断面方向的标定方法是不同的,现分述如下。

1. 直线段上横断面方向的标定

直线段横断面方向与路线中线垂直,一般采用方向架测定。如图 9-7 所示,将方向架置于待标定横断面方向的桩点上,方向架上有两个相互垂直的固定片,用其中一个固定片瞄准该直线段上任意一中桩,另一个固定片所指方向即为该桩点的横断面方向。

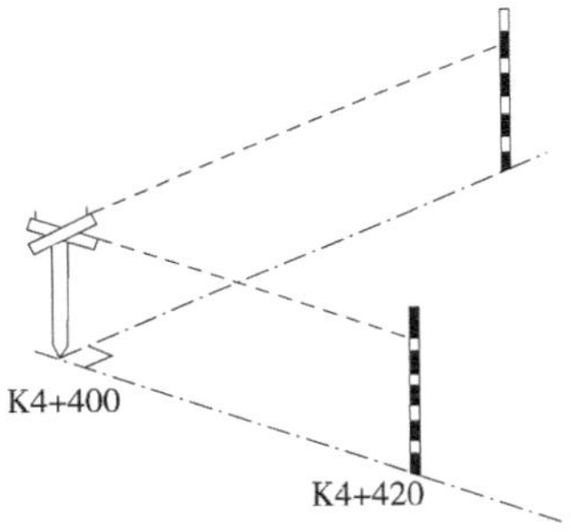

图 9-7 用方向架标定直线段上横断面方向

2. 圆曲线段上横断面方向的标定

圆曲线段上中桩点的横断面方向为垂直于该中桩点切线的方向。由几何知识可知,圆曲线上一点横断面方向必定沿着该点的半径方向。测定时,一般采用求心方向架法,即在方向架上安装一个可以转动的活动片,并由一固定螺旋将其固定,如图 9-8 所示。

用求心方向架测定横断面方向,如图 9-9 所示。欲测定圆曲线上某桩点 1 的横断面方向,可按下述步骤进行:

(1)将求心方向架置于圆曲线的 ZY(或 YZ)点上,用方向架的一固定片 ab 照准交点(JD)。此时,ab 方向即为 ZY(或 YZ)点的切线方向,则另一固定片 cd 所指明方向即为 ZY(或 YZ)点横断面方向。

(2)保持方向架不动,转动活动片 ef,使其照准 1 点,并将 ef 用螺旋固定。

(3)将方向架搬至 1 点,用固定片 cd 照准圆曲线的 ZY(或 YZ)点,则活动片 ef 所指方向即为1点的横断面方向,标定完毕。

在测定2点横断面方向时,可在1点的横断面方向上插一花杆,以固定片 *cd* 照准花杆, *ab* 片的方向即为切线方向。此后的操作与测定1点横断面方向时完全相同,保持方向架不动,用活动片 *ef* 瞄准2点并固定。将方向架搬至2点,用固定片 *cd* 瞄准1点,活动片 *ef* 方向即为2点的横断面方向。

如果圆曲线上桩距相同,在定出1点横断面方向后,保持活动片 *ef* 原来位置,将其搬至2点上,用固定片 *cd* 瞄准1点,活动片 *ef* 方向即为2点的横断面方向。圆曲线上其他各点的横断面方向亦可按照上述方法进行标定。

3. 缓和曲线段上横断面方向的标定

缓和曲线段上一中桩点处的横断面方向是通过该点指向曲率半径的方向,即垂直于该点切线的方向。可采用下述方法进行标定:利用缓和曲线的弦切角 Δ 和偏角 δ 的关系 $\Delta=2\delta$,定出中桩点处曲率切线的方向,有了切线方向,即可用带度盘的方向架或经纬仪标定出法线(横断面)方向。

具体步骤如下:

如图9-10所示, P 点为待标定横断面方向的中桩点。

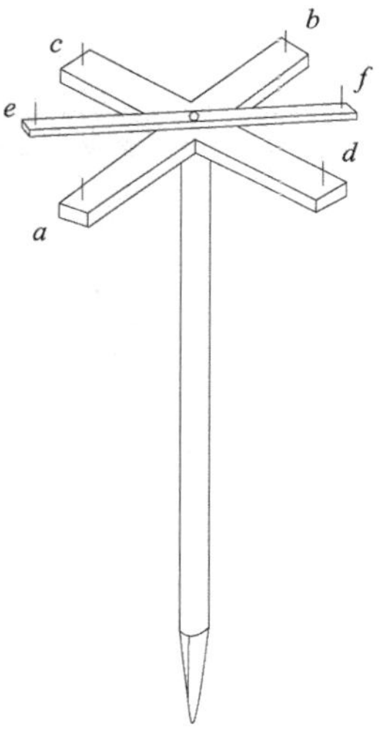

图9-8 有活动片的方向架

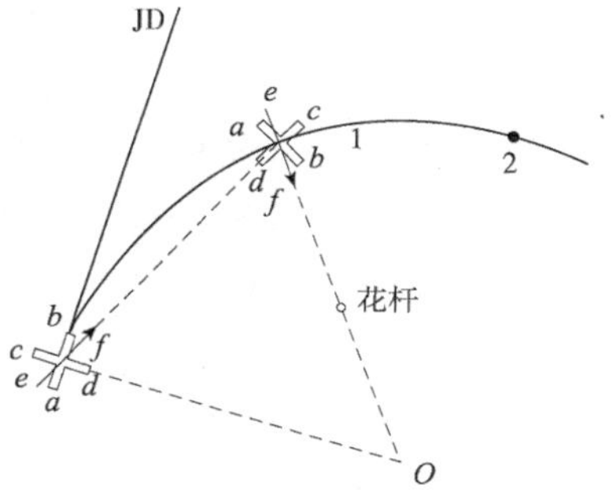

图9-9 圆曲线段上横断面方向标定

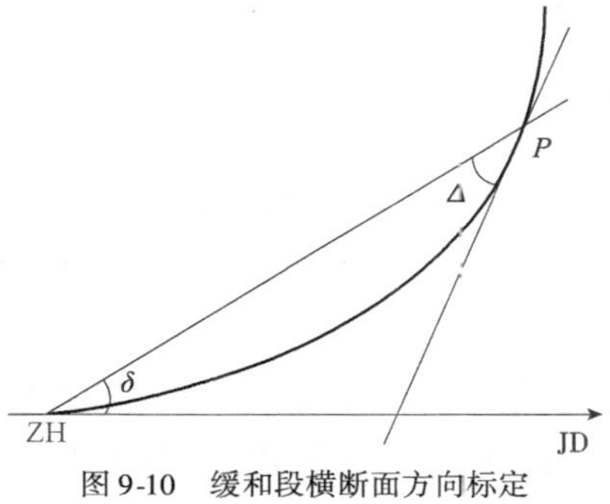

图9-10 缓和段横断面方向标定

(1)按公式:

$$\delta=\left(\frac{l}{l_s}\right)^2\delta_0=\frac{1}{3}\left(\frac{l}{l_s}\right)^2\beta_0$$

计算出偏角 δ,并由 $\Delta=2\delta$ 计算弦切角 Δ。

(2)将带度盘的方向架或经纬仪安置于 P 点。

(3)操作方向架的定向杆或经纬仪的望远镜,照准缓和曲线的ZH点,同时使度盘读数为 Δ。

(4)顺时针转动方向架的定向杆或经纬仪的望远镜,直至度盘的读数为90°(或270°)。

此时,定向杆或望远镜所指方向即为横断面方向。

二、横断面的测量方法

横断面测量中的距离、高差的读数取位至0.1m,即可满足工程的要求。因此,横断面测量多采用简易的测量工具和方法,以提高工作效率。下面介绍几种常用的方法。

1. 水准仪皮尺法

水准仪皮尺法是利用水准仪和皮尺,按水准测量的方法测定各变坡点与中桩点间的高差,用皮尺丈量两点的水平距离的方法。如图9-11所示,水准仪安置好后,以中桩点为后视点,在横断面方向的变坡点上立尺进行前视读数,并用皮尺量出各变坡点至中桩的水平距离。水准尺读数准确到厘米,水平距离准确到分米,记录格式见表9-3。此法适用于断面较宽的平坦地区,其测量精度较高。

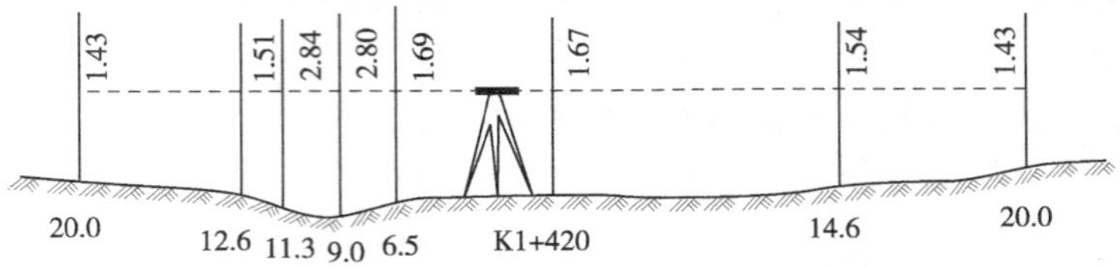

图9-11 水准仪皮尺法测横断面(尺寸单位:m;高程单位:m)

水准仪皮尺法横断面测量记录计算表 表9-3

桩号	各变坡点至中桩点的水平距离(m)		后视读数(m)	前视读数(m)	各变坡点与中桩点间的高差(m)	备注
K1+420		0.00	1.67	—	—	
	左侧	6.5		1.69	-0.02	
		9.0		2.80	-1.13	
		11.3		2.84	-1.17	
		12.6		1.51	+0.16	
		20.0		1.43	+0.24	
	右侧	14.6		1.54	+0.13	
		20.0		1.43	+0.24	

2. 全站仪法

全站仪法是指在地形复杂、山坡较陡的地段,采用全站仪测路线横断面的一种方法。施测时,置全站仪于道路中桩上或任意控制点上,用三维坐标测量的方法测定横断面上的地形特征点的平面坐标和高程,并自动记录。与计算机联机后,可以用绘图仪绘制路线横断面图。

路线横断面测量检测限差应符合表9-4的规定。

横断面检测互差限差 表9-4

公路等级	距离(m)	高差(m)
高速公路,一、二级公路	$L/100+0.1$	$h/100+L/200+0.1$
三级及三级以下公路	$L/50+0.1$	$h/50+L/100+0.1$

注:表中的L为测站点至中桩点的水平距离(m);h为测点至中桩的高差。

第六节 横断面图的绘制

横断面图一般采取在现场边测边绘，这样既可省去记录工作，也能及时在现场核对数据、减少差错。如遇不便现场绘图的情况，须做好记录工作，带回室内绘图，再到现场核对。

横断面图的比例尺一般是1:200或1:100，横断面图绘在厘米方格纸上，图幅为350mm×500mm，每厘米有一细线条，每5cm有一粗线条，细线间一小格是1mm。

绘图时，以一条纵向粗线为中线，以纵线、横线相交点为中桩位置，向左右两侧绘制。先标注中桩的桩号，再用铅笔根据水平距离和高差，将变坡点点在图纸上，然后用小三角板将这些点连接起来，就得到横断面的地面线。显然一幅图上可绘多个断面图，一般规定，绘图顺序是从图纸左下方起，自下而上、由左向右，依次按桩号绘制。

目前，横断面绘图大多采用计算机，选用合适的软件进行绘制。

思考题与习题

1. 路线纵断面测量的任务是什么？
2. 简述路线纵断面测量的施测步骤。
3. 中平测量遇到跨沟谷时，应采用哪些措施进行施测？采取这些措施的目的是什么？
4. 横断面测量的任务是什么？
5. 如何用求心方向架测定圆曲线上任意中桩处横断面方向？
6. 横断面测量的施测方法有哪几种？
7. 采用水准仪皮尺法如何进行横断面测量？
8. 在中平测量中，有一段跨沟谷测量如图9-12所示，试根据图上的观测数据设计表格，完成中平测量的记录和计算。已知ZD_2的高程为347.426m。

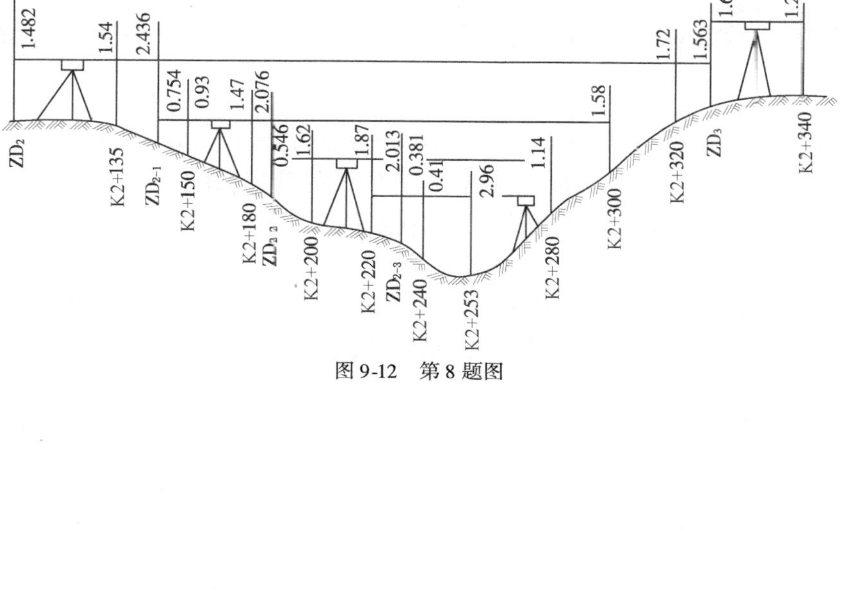

图9-12 第8题图

第十章
CHAPTER TEN

道路施工测量

学习目标

1. 掌握距离、角度、高程放样数据计算和放样方法；
2. 掌握点的平面位置放样数据计算和放样方法；
3. 了解道路施工控制桩的放样方法；
4. 了解道路施工中边桩的放样方法。

技能目标

1. 能够用全站仪完成已知角度和距离的放样；
2. 能够用水准仪完成已知高程和设计坡度线的放样；
3. 能够用全站仪完成点的平面位置放样；
4. 能够用全站仪进行道路中边桩放样。

第一节 公路施工放样的任务

在公路工程建设中,测量工作必须先行。施工测量就是将设计图纸中的各项元素按规定的精度要求准确无误地测设于实地,作为施工的依据;并在施工过程中进行一系列的测量工作,以保证施工按设计要求进行。施工测量俗称“施工放样”(**资源 10-1-1**)。

公路施工测量的主要任务包括:

(1)研究设计图纸并勘察施工现场。根据工程设计的意图及对测量精度的要求,在施工现场找出定测时的各控制桩或点(交点桩、转点桩、主要的里程桩以及水准点)的位置,为施工测量做好充分准备。

(2)恢复公路中线的位置。公路中线定测后,一般情况要过一段时间才能施工,在这段时间内，部分标志桩可能被破坏或丢失。因此，施工前必须进行一次复测工作，以恢复公路中线的位置。

(3)测设施工控制桩。由于定测时设立及恢复的各中桩在施工中都要被挖掉或掩埋，为了在施工中控制中线的位置，需要在不受施工干扰、便于引用及易于保存桩位的地方测设施工控制桩。

(4)复测、加密水准点。水准点是路线高程控制点，在施工前应对被破坏的水准点进行恢复定测；为了便于施工中测量高程，在一定范围内应加密水准点。

(5)路基边桩的放样。根据设计要求，施工前应测设路基的填筑坡脚边桩和路堑的开挖坡顶边桩。

(6)路面施工放样。路基施工后，应测出路基设计高度，放样出铺筑路面的高程，作为路面铺设依据。在路面施工中，讲究层层放线、层层操平。层层放线是指每施工一层路面结构层都要放出该层的路面中心线和边缘线，有时为了精确做出路拱，还要放出路面左右高程各1/4的宽度线桩；层层操平是指每施工一层路面结构层都要对各控制的断面在其放样的高程控制位置处进行高程测定，以控制各层的施工高程。

另外，公路施工放样还包括对排水设施、附属设施等工程的放样。主要应放出边沟、排水沟、截水沟、跌水井、急流槽、护坡、挡土墙等的位置和开挖或填筑断面线等。

为使放样尽可能准确，上述放样工作仍应遵循测量工作“先控制、后碎部、步步有校核”的基本原则。

第二节 施工测量的基本方法

施工放样时，往往是根据工程设计图纸上待建的建筑物和构筑物的轴线位置、尺寸及其高程，算出待放点位与控制点(或原有建筑物的特征点)之间的距离、角度、高程等测设数据，然后以控制点位为依据，将待放点位在实地标定出来，以便施工。由此可见，不论采用哪种放样方法，施工放样实质上都是通过测设水平距离、水平角和高程(高差)实现的。因此，我们把水平距离放样、水平角放样和高程(高差)放样称为施工放样的基本操作。**(资源 10-2-1)**

一、已知距离的放样(资源 10-2-2 ~ 资源 10-2-6)

距离放样是在量距起点和量距方向确定的条件下，自量距起点沿量距方向丈量已知距离，定出直线另一端点的过程。根据地形条件和精度要求的不同，距离放样可采用不同的丈量工具和方法，通常精度要求不高时可用钢尺或皮尺放样，精度要求高时可用全站仪或测距仪放样。

1. 钢尺放样

当距离值不超过一尺段时，由量距起点沿已知方向拉平尺子，按已知距离值在实地标定点位。如果距离较长时，则按钢尺量距的方法，自量距起点沿已知方向定线，依次丈量各尺段长度并累加，至总长度等于已知距离时标定点位。为避免出错，通常需丈量两次，并取中间位置为放样结果。这种方法只能在精度要求不高的情况下使用,当精度要求较高时,应使用测距仪或全站仪放样。

2. 全站仪(测距仪)放样

如图 10-1 所示,A 为已知点,欲在 AC 方向上定一点 B,使 A、B 间的水平距离等于 D,具体放样方法如下:

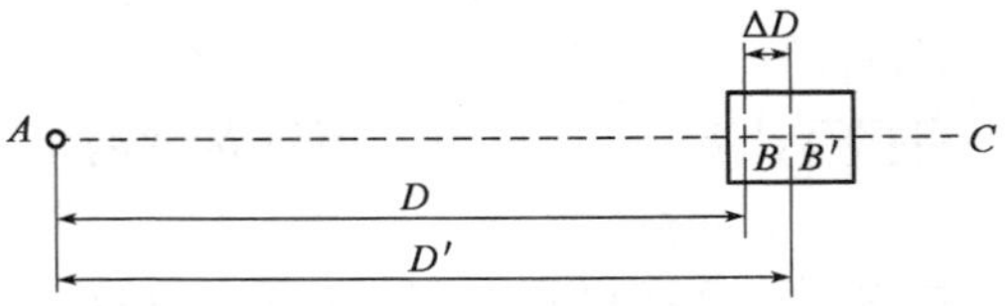

图 10-1 已知距离放样

(1)在已知点 A 安置全站仪,照准 AC 方向,沿 AC 方向在 B 点的大致位置安置棱镜,测定水平距离,根据测得的水平距离与已知水平距离 D 的差值沿 AC 方向移动棱镜,至测得的水平距离与已知水平距离 D 很接近或相等时,钉设标桩(若精度要求不高,此时钉设的标桩位置即可作为 B 点)。

(2)由仪器指挥在桩顶画出 AC 方向线,并在桩顶中心位置画垂直于 AC 方向的短线,交点为 B'。在 B'置棱镜,测定 A、B'间的水平距离 D'。

(3)计算差值 $\Delta D = D - D'$,根据 ΔD 用钢卷尺在桩顶修正点位。

二、已知角度的放样(资源 10-2-7)

角度放样(这里指水平角)也称拨角,是在已知点上安置全站仪,以通过该点的某一固定方向为起始方向,按已知角值把该角的另一个方向测设到地面上。

1. 直接法放样水平角

如图 10-2a)所示,A、B 为已知点,需要放样出 AC 方向,设计水平角(顺时针)$\angle BAC = \beta$。

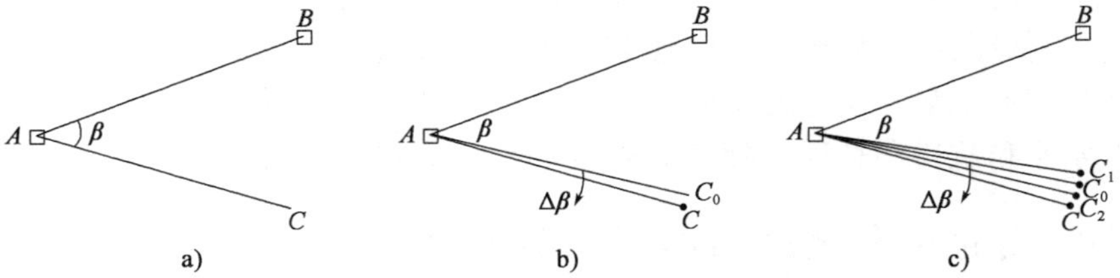

图 10-2 直接法放样水平角

(1)一般方法(盘左放样)

当水平角放样精度要求较低时,可置全站仪于点 A,以盘左位置照准后视点 B,设水平度盘读数为零,再顺时针旋转照准部,使水平度盘读数为 β,则此时视准轴方向即为所求。

将该方向测设到实地上,并于适当位置标定出点位 C_0(先打下木桩,在放样人员的左右指挥下,使定点标志与望远镜竖丝严格重合,然后在桩顶标定出 C_0 点的准确位置)。

理论上,AC_0 方向应该与 AC 方向严格重合,但由于仪器误差等因素的影响,两方向实际上会有一定偏差，出现水平角放样误差 $\Delta\beta$，如图 10-2b）所示。

（2）正倒镜分中法（双盘放样）

在以往习惯中，全站仪盘左位置称为王镜，盘右称为倒镜。水平角放样时，为了消除仪器误差的影响以及校核和提高精度，可用上述同样的操作步骤，分别采用盘左（正镜）、盘右（倒镜）在桩顶标定出两个点位 C_1、C_2，最后取其中点 C_0 作为正式放样结果，如图 10-2c）所示。

虽然正倒镜分中法比一般方法精度高，但放样出的方向和设计方向相比，仍会有微小偏差 $\Delta\beta$。

2. 归化法放样水平角

归化法实质上是将上述直接放样的方向作为过渡方向，再实测放样水平角，并与设计水平角进行比较，把过渡方向归化到较为精确的方向上来。

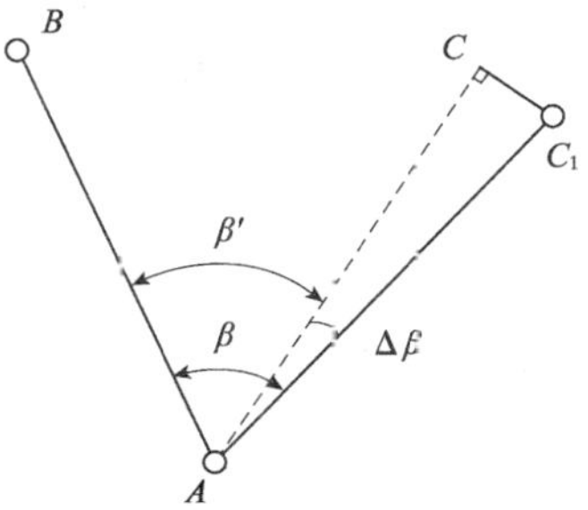

图 10-3　归化法放样水平角

如图 10-3 所示，当采用直接法放样出方向后，选用适当的仪器，采用测回法观测 $\angle BAC$，若干测回（测回数可根据放样精度要求具体确定）后，取角度观测的平均值为 β'，设实测水平角与设计水平角之间的差值为 $\Delta\beta$，则有 $\Delta\beta=\beta'-\beta$。

如果 C 点至 A 点的设计水平距离为 D_{AC}，由于 $\Delta\beta$ 较小（一般以秒为单位），故可用以下公式计算垂距 D_{CC1}：

$$D_{CC1}\approx\frac{\Delta\beta}{\rho''}D_{AC} \tag{10-1}$$

式中：ρ''——206265″。

AC 即为设计方向线。必须注意的是，从 C_0 点起向外还是向内量取垂距，要根据 $\Delta\beta$ 的正负号来决定。若 $\Delta\beta$ 为负值，则从 C_0 点起向外归化，反之，则向内归化。

三、已知高程的放样（资源 10-2-8 ~ 资源 10-2-10）

高程放样的任务是将设计高程测设在指定桩位上。在工程施工中，例如在平整场地、开挖基坑、定路线坡度和定桥墩台的设计高程等场合，经常需要高程放样。高程放样主要采用水准测量的方法，有时也采用钢尺直接量取竖直距离或三角高程的方法。

高程放样时，首先需要在测区内布设一定密度的水准点（临时水准点）作为放样的起算点，然后根据设计高程在实地标定出放样点的高程位置。高程位置的标定措施可根据工程要求及现场条件确定：土石方工程一般用木桩或者钢筋标定放样高程的位置，可用记号笔在木桩侧面画水平线或标定在桩顶上；混凝土及砌筑工程一般用红漆作记号，标定在它们的面壁或模板上；钢结构安装等精度高的工程一般采用调节螺杆进行高程标注。

1. 一般的高程放样

一般情况下，放样高程位置均低于水准仪视线高且不超出水准尺的工作长度。如图 10-4 所示，A 为已知点，其高程为 $H_A=129.387\text{m}$，欲在 B 点定出高程为 $H_B=130.089\text{m}$ 的位置。具体放样过程为：

（1）先在 B 点打一长木桩，将水准仪安置在 A、B 之间，在 A 点立水准尺，后视 A 尺并读数

$a=2.042\text{m}$，计算 B 处水准尺应有的前视读数 b：

$$b=H_i-H_B=(H_A+a)-H_B=129.387+2.042-130.089=1.340(\text{m})$$

(2)靠 B 点木桩侧面竖立水准尺，上下移动水准尺，当水准仪在尺上的读数 b 恰好为 1.340m 时，在木桩侧面紧靠尺底画一横线，此横线即为设计高程 H_B 的位置。

也可在 B 点桩顶竖立水准尺并读取读数 $b'=1.306\text{m}$，再用钢卷尺自桩顶向下量 $\Delta b=b-b'=1.340-1.306=0.034(\text{m})$，即得高程为 H_B 的位置。

为了提高放样精度，放样前应仔细检校水准仪和水准尺；放样时尽可能使前后视距相等；放样后可按水准测量的方法，观测已知点与放样点之间的实际高差，并以此对放样点进行检核和必要的归化改正。

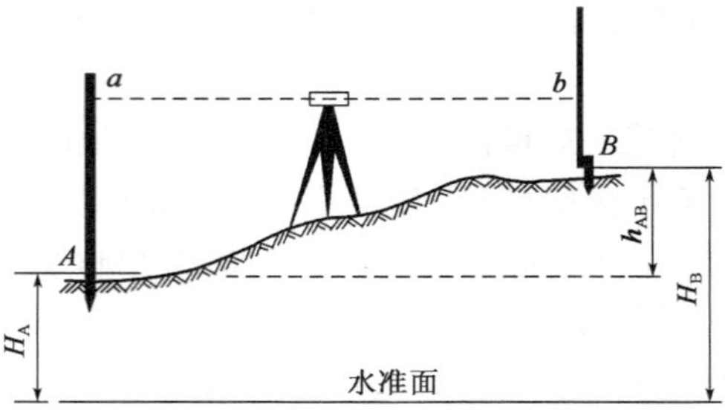

图 10-4　一般高程放样

2. 基坑的高程放样

当基坑开挖较深时，基底设计高程与基坑边已知水准点的高程相差较大并超出水准尺的工作长度时，可采用水准仪配合悬挂钢尺的方法向下传递高程。如图 10-5 所示，A 为已知水准点，其高程为 $H_A=136.548\text{m}$，欲在 B 点定出高程为 $H_B=131.039\text{m}$ 的位置（H_B 应根据放样时基坑实际开挖深度选择，通常取比基底设计高程高出一个定值，如 1m），在基坑边用支架悬挂钢尺，钢尺零端朝下并悬挂 10kg 重物，放样时最好用两台水准仪同时观测。具体方法如下：

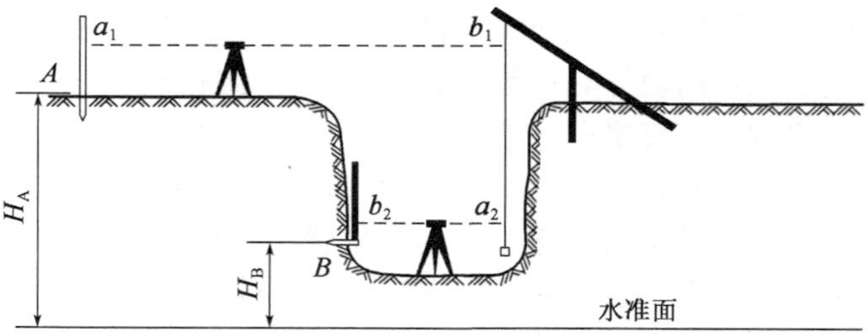

图 10-5　基坑高程放样

(1)在 A 点立水准尺，基坑顶的水准仪后视 A 尺并读数 $a_1=1.447\text{m}$，前视钢尺读数 $b_1=6.851\text{m}$，则钢尺零刻度的高程 $H_0=H_A+a_1-b_1=131.144(\text{m})$。

(2)基坑底的水准仪后视钢尺读数 $a_2=0.968\text{m}$，计算 B 处水准尺应有的前视读数 $b_2=H_0+a_2-H_B=1.073(\text{m})$，上下移动 B 处的水准尺，直到水准仪在尺上的读数 b_2 恰好为 1.073m 时标定点位。

为了控制基坑开挖深度，一般需要在基坑四周定出若干个高程均为 H_B 的点位。如果 H_B

比基底设计高程高出一个定值 ΔH,施工人员就可用长度为 ΔH 的木条方便地检查基底高程是否达到了设计值,在基础砌筑时还可用于控制基础顶面高程。

3. 高墩台的高程放样

当桥梁墩台高出地面较多时,放样高程位置往往高于水准仪的视线高,这时可采用钢尺直接量取垂距或“倒尺”的方法。

如图 10-6 所示,A 为已知点,其高程为 $H_A = 98.324$m,欲在 B 点墩身模板上定出高程为 $H_B = 102.266$m 的位置。待定放样点的高程 H_B 高于仪器视线高程,先在基础顶面或墩身(模板)适当位置选择一点,用水准测量的方法测定其高程值,然后以该点作为起算点,用悬挂钢尺直接量取垂距来标定放样点的高程位置。

当 B 处放样点高程 H_B 的位置高于水准仪视线高,但不超出水准尺工作长度时,可用倒尺法放样。在已知高程点 A 与墩身之间安置水准仪,在 A 点立水准尺,后视 A 尺并读数 $a = 1.732$m,在 B 处靠墩身倒立水准尺,放样点高程 H_B 对应的水准尺读数 $b_{侧} = H_A + a - H_B = -2.210$m,靠 B 点墩身竖立水准尺,上下移动水准尺,当水准仪在尺上的读数 $b_{侧}$ 恰好为 2.210m 时,沿水准尺尺底(零端)画一横线即为高程为 H_B 的位置。

4. 全站仪高程放样

如图 10-7 所示,当水准点和待放样点高差较大,且放样精度要求不高时,可采用全站仪进行高程放样。具体操作步骤如下:

(1)选择地势高且与水准点和待放样点通视的地点安置全站仪,量取仪器高 i、棱镜高 l,并输入全站仪参数,棱镜立于水准点处;

(2)瞄准水准点棱镜,按测距键,测得测站点与水准点高差 Δh_1,则仪器中心高 $H_i = H_{BM} - \Delta h_1$;

(3)保持棱镜高度不变,棱镜从水准点移至放样点,全站仪瞄准棱镜,则放样点与仪器中心高差 $\Delta h_2 = H_B - H_i$,上下移动棱镜,当测距界面高差等于 Δh_2 时,棱镜杆底即为该高程的放样点位置。

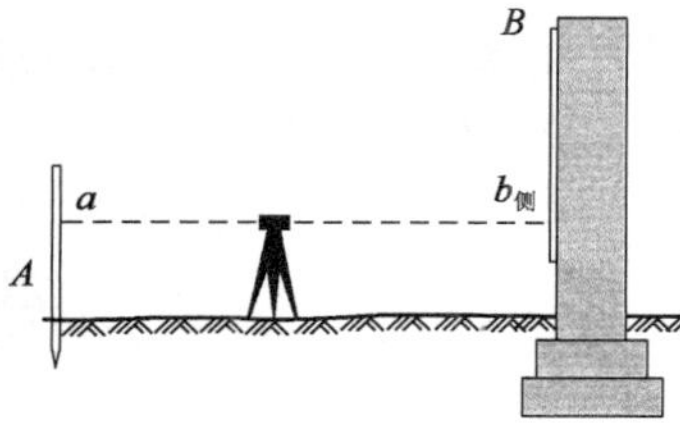

图 10-6 墩台高程放样

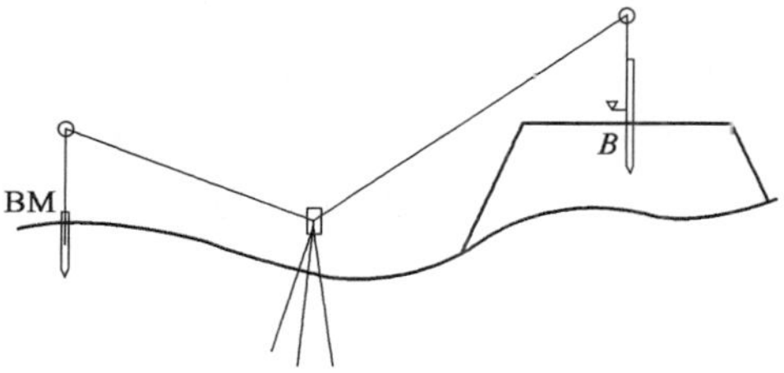

图 10-7 全站仪高程放样

5. 已知设计坡度线的放样

坡度线的测设是根据附近水准点的高程、设计坡度和坡度端点的设计高程,用水准测量的方法将坡度线上各点的设计高程标定在地面上。在道路施工、平整场地及铺设管道等工程中,经常需要在地面上测设设计坡度线。

设计坡度线的放样方法有两种:水平视线法和倾斜视线法。

(1)水平视线法

水平视线法是采用水准仪来测设的。如图 10-8 所示,A、B 为设计坡度线的两端点,其设计高程已知,同时 AB 两点间平距 D 和设计坡度i_{AB}已知。为施工方便,要在 AB 方向上每隔距离 d 钉一木桩,现需要在每个木桩上标出该桩点处设计坡度线的位置。施测方法如下:

①沿 AB 方向用距离放样的方法定出间距为 d 的中间点 1、2、3 的位置,钉木桩;

②依次计算出各桩点按设计坡度的设计高程:$H_i = H_{i-1} + d \cdot i_{AB}$;

③安置水准仪于水准点 BM_5附近,后视水准点读数为 a,计算仪器视线高;

④根据仪器视线高和各桩点设计高程,计算各桩点处水准尺前视读数 b,按"一般高程放样方法"在各桩点处放出该设计高程位置并标注。

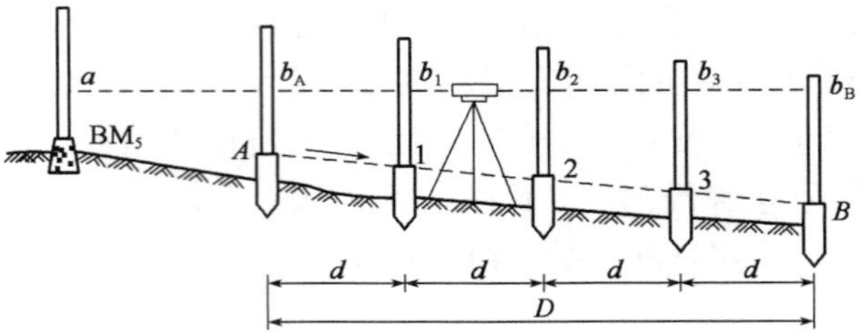

图 10-8 水平视线法放坡度

(2)倾斜视线法

倾斜视线法测设坡度线一般用全站仪,坡度不大时也可采用水准仪。如图 10-9 所示,A、B 为同一坡段上的两点,A 点的设计高程为 H_A,A、B 两点间的水平距离为 D_{AB},要沿 AB 方向测设一条坡度为 i_{AB}的坡度线。施测方法如下:

①计算 B 点的设计高程为$H_B = H_A + D_{AB} \cdot i_{AB}$;

②按"一般的高程放样"所述方法,分别在 A、B 两点测设出高程为 H_A、H_B的位置;

③坡度不大时,将水准仪架在 A 点,使水准仪的一个脚螺旋位于 AB 方向上,另两个脚螺旋的连线与 AB 方向垂直,量出望远镜中心至 A 点(高程为 H_A)的铅垂距离即仪器高 i;

④在 B 点(高程为 H_B)竖立水准尺,用望远镜瞄准 B 点的水准尺,并转动在 AB 方向上的脚螺旋,使十字丝的横丝对准水准尺上读数为 i 处,这时仪器的视线即平行于设计坡度线;

⑤在 A、B 之间的 1、2、3…点立尺,上下移动水准尺,使十字丝的横丝对准水准尺上读数为 i 处,此时尺底的位置即在设计坡度线上。

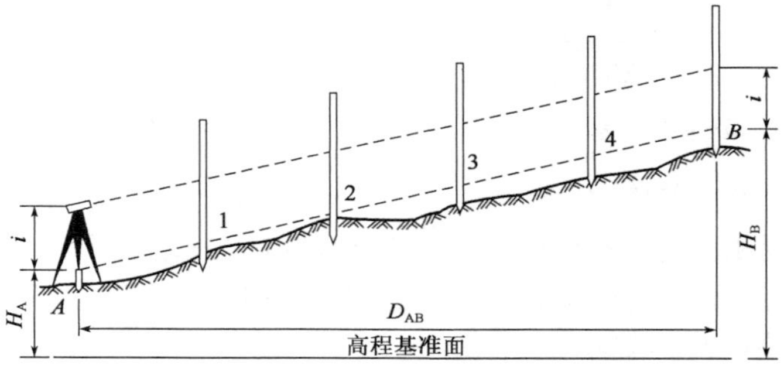

图 10-9 已知设计坡度线放样

当设计坡度较大时，除上述第一步工作必须用水准仪外，其余工作可改用全站仪进行测设。

在已知坡度线放样中，也可用木条代替水准尺。量取仪器高 i 后，选择一根长度适当的木条，由木条底部向上量仪器高 i 并在相应位置画红线；把画有红线的木条立在 B 点（高程为 H_B），调节仪器使十字丝横丝瞄准红线；把画有红线的木条依次立在放样位置 1、2、3…，上下移动木条，直到望远镜十字丝横丝与木条上的红线重合为止，这时木条底部即在设计坡度线上。用木条代替水准尺放样不仅轻便，而且可减少放样出错的概率。

第三节 点的平面位置的测设

任何工程中建筑物的位置、形状和大小，都是通过其特征点在实地上标示出来的。例如圆形建筑物的中心点、矩形建筑物的四个角点、线形建筑物的端点和转折点等。因此，放样建筑物归根结底是放样点位。常用的设计平面点位放样方法有直角坐标法、极坐标法、自由设站法、方向线交会法、距离交会法、前方交会法、轴线交会法、GNSS-RTK 法等。

设地面上至少有两个施工测量控制点，如 A、B…，其坐标已知，实地上也有标志，待定点 P 的设计坐标也为已知。点位放样的任务是在实地上把点 P 标定出来。

相关资源见**资源 10-3-1 ~ 资源 10-3-8**。

一、直角坐标法

直角坐标法是根据已知纵横坐标之差，测设地面点的平面位置。当建筑场地的施工控制网为方格网或建筑基线形式，且量距方便时，宜采用直角坐标法。这时待放样的点 P 与控制点之间的坐标差就是放样元素，如图 10-10 所示。用直角坐标法放样的操作步骤为：

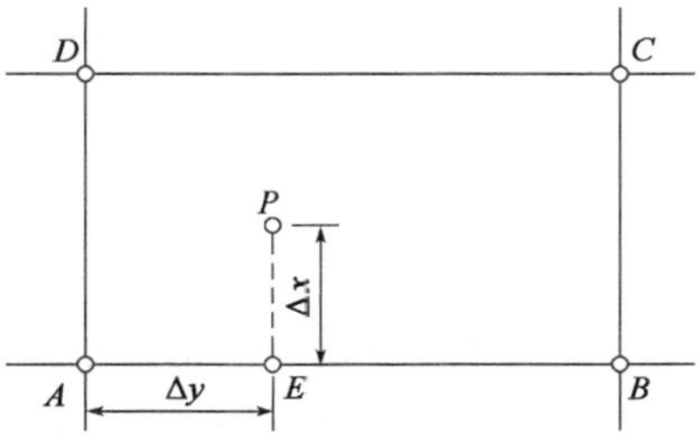

图 10-10　直角坐标法

（1）在 A 点架设全站仪，后视点 B 定线并放样水平距离 $\Delta y = y_P - y_A$，得垂足点 E。

（2）在点 E 架设全站仪，采用水平角放样方法，拨角 90°得方向 EP，并在此方向上放样水平距离 $\Delta x = x_P - x_A$，即得待定点 P。

放样时注意比较 Δx 和 Δy 的大小，先放数值大的方向。

二、极坐标法

极坐标法是根据已知水平角和水平距离测设地面点的平面位置。极坐标法使用灵活，只要在通视条件下都可用，因此是目前施工现场最常用的一种方法。如图 10-11 中已知控制点 $A(X_A, Y_A)$ 和 $B(X_B, Y_B)$，设放样点 P 的设计坐标为 (X_P, Y_P)，用极坐标法放样，具体操作步骤

如下:

(1)根据 A、B、P 点的坐标,利用坐标反算原理计算放样数据 β 和 D:

$$\beta = \alpha_{AP} - \alpha_{AB} \tag{10-2}$$

$$D = \sqrt{(X_P - X_A)^2 + (Y_P - Y_A)^2} \tag{10-3}$$

(2)将全站仪安置于 A 点,后视 B 点,顺时针方向拨角 β 定出 AP 方向,然后沿 AP 方向量距离 D,即得 P 点。

也可用全站仪坐标放样功能直接进行坐标放样。

三、自由设站法

自由设站法实际上是一种边角后方交会方法。如图 10-12 所示,当测区控制点和放样点之间不通视时,可根据测区的现场条件选择最有利于工作开展的 P 点架设仪器,利用全站仪测距、测角的功能,通过对两个已知点 A 和 B 的观测,得到观测数据 D_1、D_2 和 β,按最小二乘法求测站点 P 坐标,再根据测站点、已知点和放样点的坐标,采用极坐标法放样各点,该法称自由设站法。自由设站法加极坐标法是实现施工放样测量一体化的主要方法,达到“一站到位”的工作效果,大大提高了设站的灵活性和便捷性。

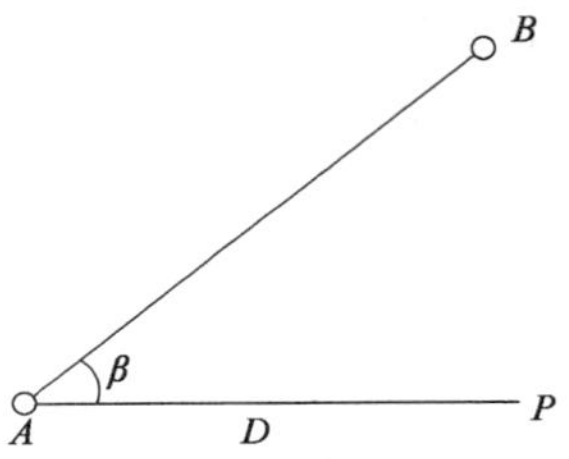

图 10-11　极坐标法

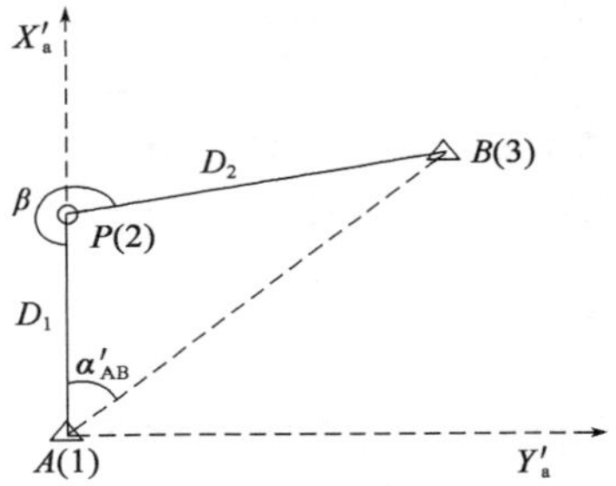

图 10-12　自由设站法

四、方向线交会法

方向线交会法是利用两条互相垂直的方向线相交来定出放样点位的方法。当进行施工控制网为矩形网(矩形网的边与坐标轴平行或垂直)的大型厂矿、厂房立柱定位和基础中心定位时,宜采用方向线交会法。方向线的设立可以用全站仪,也可以用细线绳。

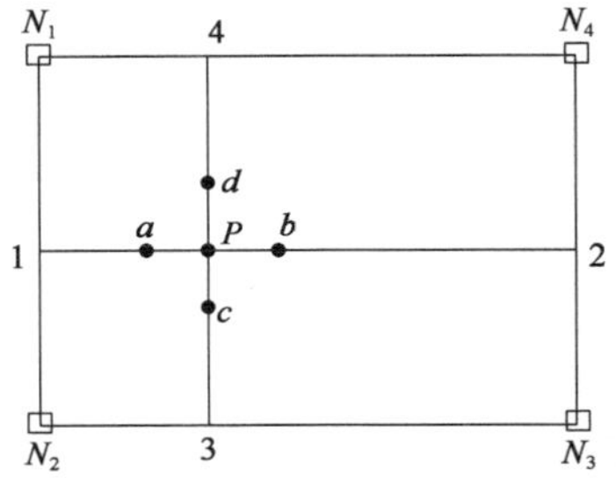

图 10-13　方向线交会法单点放样

图 10-13 所示矩形控制网,N_1、N_2、N_3 和 N_4 是矩形控制网角点,设以 N_2、N_4 为测站点放样点 P,则先用矩形控制网角点 N_2 和 N_4 的坐标和放样点 P 的坐标计算放样元素 Δx 和 Δy,自点 N_2 沿矩形边 N_2N_1 和 N_2N_3 分别量取 $\Delta x_{N_2P} = x_P - x_{N_2}$ 和 $\Delta y_{N_2P} = y_P - y_{N_2}$,得点 1 和点 3,自点 N_4 沿矩形边 N_4N_3 和 N_4N_1 分别量取 $\Delta x_{N_4P} = x_{N_4} - x_P$ 和 $\Delta y_{N_4P} = y_{N_4} - y_P$,得点 2 和点 4。于是就可以在点 1 和点 3 安置全站仪,分别照准点 2 和点 4,得方向线 1—2 和 3—4,两方向线的交点即为放样点 P。

若 P 点要进行基础开挖，其交会点位不能实地直接标出，则可以在基坑开挖范围之外，分别在 1—2、3—4 方向线上设置定位小木桩 a、b 和 c、d，这样便可随时用 a、b 和 c、d 拉线，交会出 P 点位置。为了消除仪器误差，在测设方向线 1—2、3—4 时，应用正倒镜分中法定线，提高定线精度。

如图 10-14 所示，根据厂房矩形控制网上相对应的柱中心线端点，以全站仪定向，用方向线交会法测设柱基中心或柱基定位桩。在施工过程中，各柱基中心线则可以随时将相应的定位桩拉上线绳，恢复其位置。

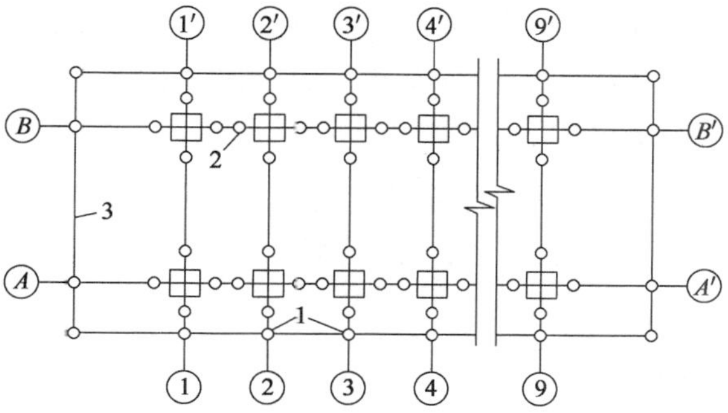

图 10-14 方向线交会法柱基中心定位

五、距离交会法

距离交会法是利用放样点到两已知点的距离交会定点。放样时分别以两已知点为圆心、以相应的距离为半径在实地画弧，两弧线的交点即为放样点位置。此法要求放样点距已知点的距离不超过一整尺长，且地面平整，便于量距。

在公路勘测阶段，需对路线交点进行固定，并在交点附近的建筑物或树木等物体上做标记，量出标记至交点的距离并记录。施工时，可借助建筑物或树木上所做的标记用距离交会法寻找交点的位置。如图 10-15 所示，N_1、N_2 是勘测阶段在房屋上做的标记，JD 是路线交点，利用已知距离 D_1、D_2 交会，可快速找到 JD 点桩位。

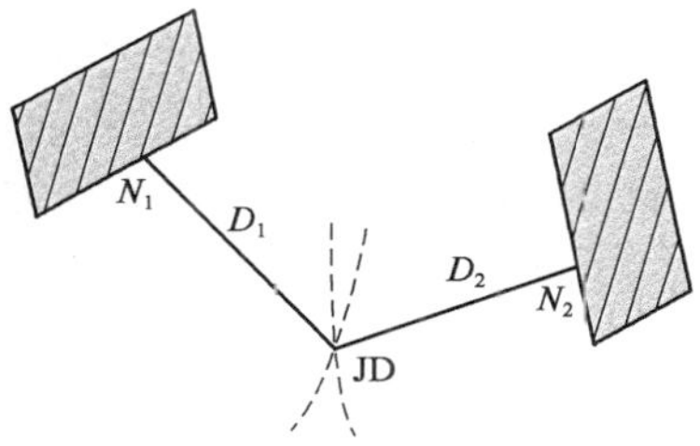

图 10-15 距离交会法

六、前方交会法

前方交会法又称角度交会法，是根据坐标反算求出放样边与定向边之间的夹角 β，以 β 为放样数据来放样点位的方法。当工程设计复杂，放样点离控制点较远，点位放样精度要求较高，不便或不能量距时，采用前方交会法比较方便。

1. *两方向前方交会法放样点位*

如图 10-16 所示，已知控制点 A、B 坐标及点位，放样点 P 的坐标值已知，利用控制点 A、B 放样设计点 P 的位置。具体放样步骤如下。

(1)计算放样数据 α、β

根据 A、B、P 点的坐标,分别计算 AB、AP、BP 的方位角,并按下式计算交会角:

$$\alpha = \alpha_{AB} - \alpha_{AP} \tag{10-4}$$

$$\beta = \alpha_{BP} - \alpha_{BA} \tag{10-5}$$

(2)放样方法

放样时最好采用两台全站仪分别在 A、B 点设站,A 点安置的全站仪后视 B 点,逆时针方向拨角 α,在 P 点两侧钉骑马桩 1 和 1′,在木桩顶用正倒镜分中法得方向线 1—1′;B 点安置的全站仪后视 A 点,顺时针方向拨角 β,同样方法得方向线 2—2′,两方向线的交点即为 P 点的正确位置。

P 点的定位精度主要取决于 α、β 的拨角精度,除此之外,还与交会角 $\angle APB$ 的大小有关。当交会角在 90°左右时,交会精度最高。交会角一般不宜小于 60°或大于 150°。

2. 三方向前方交会法放样点位

有时为了加强检核或提高放样精度,尚需在第三个控制点上放样第三条方向线来交会 P 点,如图 10-17 所示。当进行桥墩台中心放样时,第三个方向最好选用桥轴线方向。

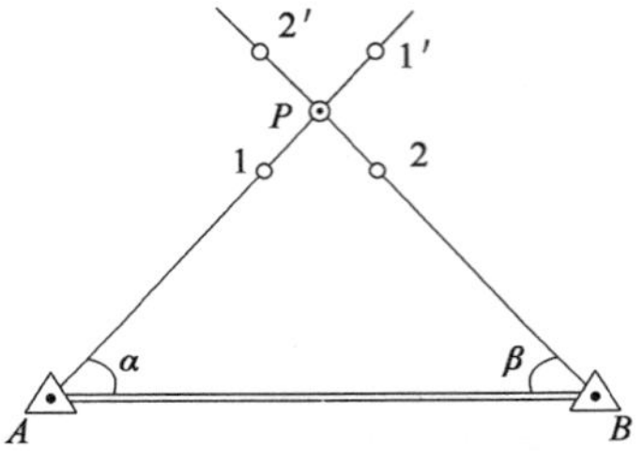

图 10-16 两方向前方交会法放样

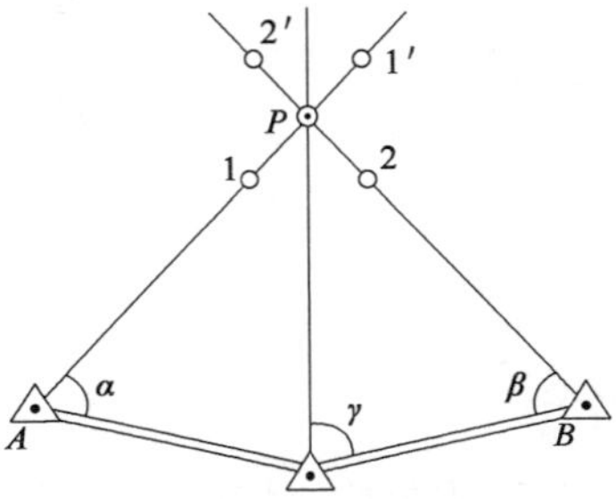

图 10-17 三方向前方交会法放样

理论上这三条方向线应交汇于一点,但由于测量误差的存在,致使三条方向线未交汇于一点,而是两两相交,形成一个示误三角形。一般情况下,可取示误三角形的重心位置(三角形三条边中线的交点)作为放样点 P 的位置,如图 10-18 所示。当放样桥墩台中心位置时,为了确保桥墩台中心在桥轴线垂直方向上的精度,一般取桥轴线以外的另两个方向线的交点在桥轴线方向上的垂足,作为桥墩台中心的放样位置,如图 10-19 所示。

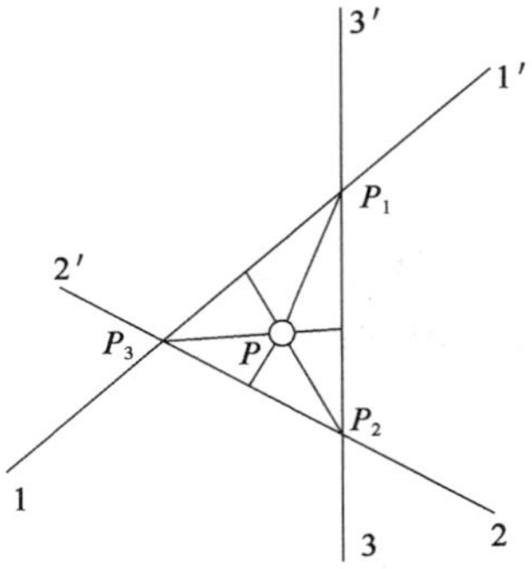

图 10-18 一般情况下示误三角形处理

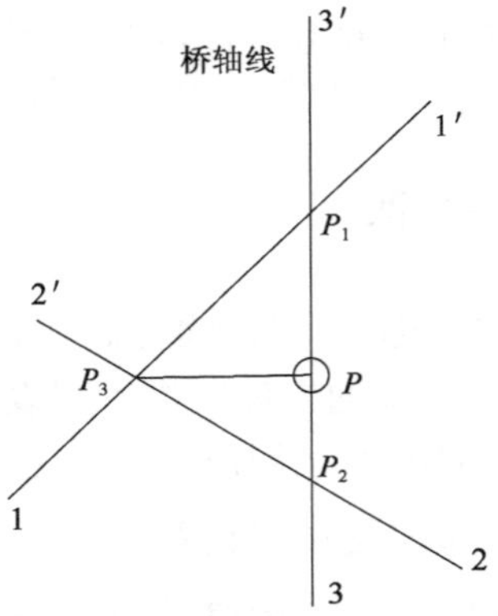

图 10-19 桥墩台放样时示误三角形处理

3. 前方交会固定方向法

在施工过程中，随着工程进展，需多次交会待放点位置时，可通过控制点 A、C、D 或节点 C'、D'把交会方向延伸到待放点另一侧，并用觇标牌固定，加以编号。在以后交会时，只需用全站仪照准觇标牌便可直接定向，见图 10-20。为了使交会方向更为精确，需对延伸方向用归化法进行改正，以提高交会精度。

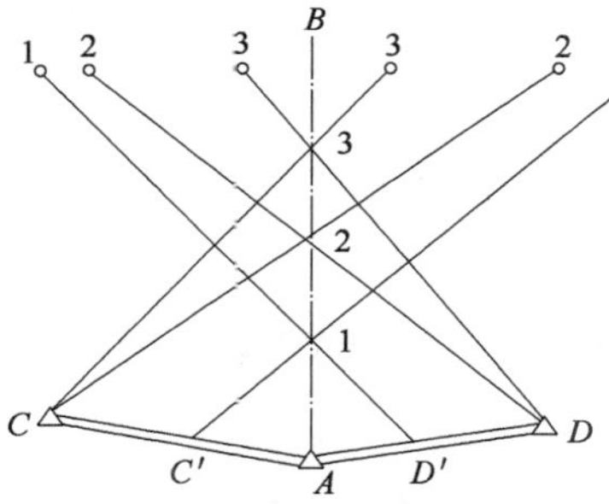

图 10-20 前方交会固定方向法

第四节 公路路线施工测量

道路施工测量就是利用测量仪器和设备，按照设计图纸中的各项元素（如道路平、纵、横元素），依据控制点或路线上控制桩的位置，将道路的“样子”具体地标定在实地，以指导施工作业。道路施工测量主要包括恢复中线测量、施工控制桩放样及路基施工放样测量等内容。

一、恢复中线测量

从路线勘测结束到开始施工这段时间里，由于各种原因，往往有一部分勘测时所设的桩被破坏或丢失，为了保证施工的高效和准确，必须在施工前根据定线条件及有关设计文件，对中线进行一次复核，并将已破坏或丢失的交点桩、里程桩等恢复。其方法与中线测量方法基本相同，在此不再赘述。

另外，对路线水准点除进行必要复核外，在某些情况下，还应增设一定数量的水准点，以满足施工需要。

二、施工控制桩放样

因道路施工时，必然将原测设的中桩挖掉或掩埋，为了在施工中能够有效地控制中桩的位置，就需要在不被施工破坏且便于利用、引测、易于保存桩位的地方测设施工控制桩。常用的测设方法有平行线法和延长线法两种。

1. 平行线法

平行线法是在实际的路基范围以外,测设两排平行于道路中线的施工控制桩,如图 10-21 所示。此法多用于地势平坦、直线段较长的地区。

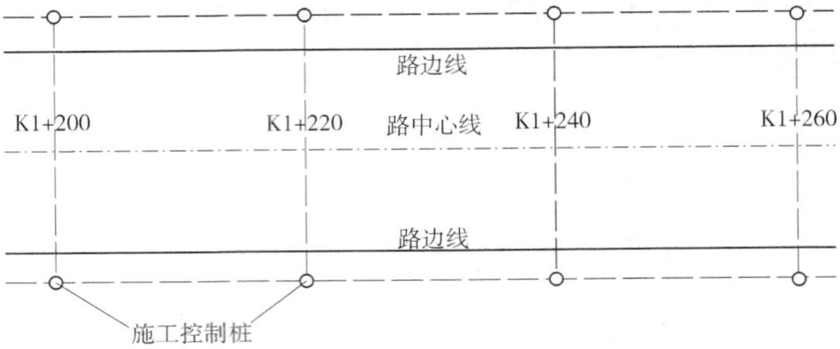

图 10-21 平行线法设置施工控制桩

2. 延长线法

延长线法是在路线转折处的中线延长线上或者在曲线中点与交点的连线的延长线上,测设两个能够控制交点位置的施工控制桩,如图 10-22 所示。控制桩至交点的距离应量出并做记录。此法多用于坡度较大和直线段较短的地区。

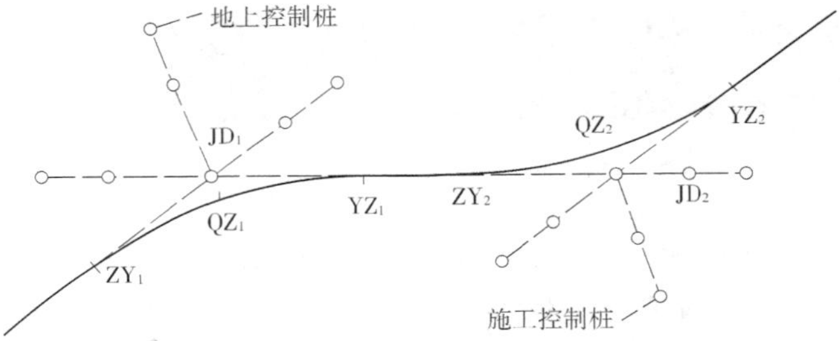

图 10-22 延长线法设置施工控制桩

三、路基施工放样测量(资源 10-4-1、资源 10-4-2)

路基可分为路堤、路堑、半填半挖等多种形式。

不同等级的公路,其路面形式、结构是不同的。高速公路、一级公路是汽车专用公路,通常用中央隔离带分为对向行驶的四车道(当交通量加大时,车道数可按双数增加)。二、三级公路一般在保证汽车正常运行的同时,允许自行车、拖拉机和行人通行,车道为对向行驶的双车道。四级公路一般情况采用 3.5m 宽的单车道路面和 6.5m 宽的路基。当交通量较大时,可采用 6.0m 宽的双车道路面和 7.0m 宽的路基。

路基施工放样的主要工作包括:在地面中桩处标定填挖高度,在现场标定路基边桩的位置(通常称为路基边桩放样),边坡放样和将施工过程中难以保存的桩志移设于施工范围以外(通常称为移桩移点工作)等。

1. 中桩处填挖高度的标定

可参见前述已知高程放样的有关内容,在此不再赘述。

2. 路基边桩的放样

路基边桩的放样就是在地面上将每一个横断面的设计路基边坡线与地面相交的点测设出来，并用桩标定下来，作为路基施工的依据。常用的方法有图解法和解析法。

1）图解法

直接在路基设计的横断面图上，量出中心桩至边桩的距离，然后到现场直接量取距离，定出边桩位置。此法一般用于填挖不大的地区。

2）解析法

根据路基设计的填挖高度、边坡率、路基宽度和横断面地形情况，先计算出路基中心桩至边桩的距离，然后到实地沿横断面方向量出距离，定出边桩的位置。对于平原地区和山区来说，其计算和测设方法是不同的，现分述如下。

（1）平坦地区路基边桩的测设

①填方路基称为路堤，如图 10-23a）所示。路堤边桩至中心桩的距离为：

$$D = \frac{B}{2} + m \cdot h \tag{10-6}$$

②挖方路基称为路堑，如图 10-23b）所示。路堑边桩至中心桩的距离为：

$$D = \frac{B}{2} + s + m \cdot h \tag{10-7}$$

上两式中：B——路基设计宽度；

m——边坡率，1∶m 为路基边坡坡度；

h——填（挖）方高度；

s——路堑边沟顶宽。

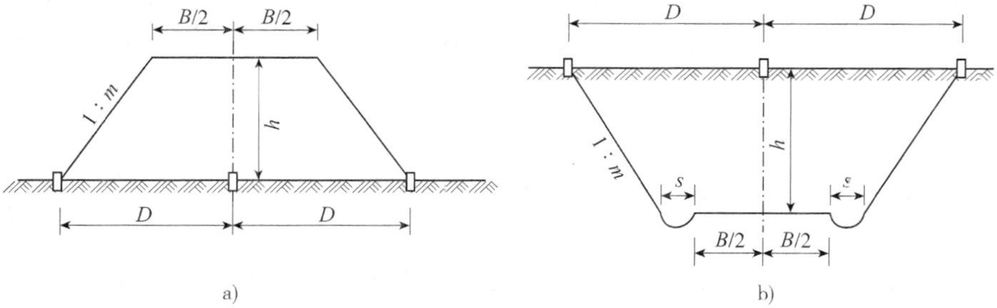

图 10-23 平坦地区路基边桩的测设

（2）山区地段路基边桩的测设

在山区地面倾斜地段，路基边桩至中心桩的距离随着地面坡度的变化而变化。如图 10-24a）所示，路堤边桩至中心桩的距离为：

$$\left.\begin{aligned} &\text{斜坡下侧} \qquad D_{下} = \frac{B}{2} + m(h_{中} + h_{下}) \\ &\text{斜坡上侧} \qquad D_{上} = \frac{B}{2} + m(h_{中} - h_{上}) \end{aligned}\right\} \tag{10-8}$$

如图 10-24b）所示，路堑边桩至中心桩的距离为：

$$
\left.\begin{aligned}
&\text{斜坡下侧} \quad D_{\text{下}} = \frac{B}{2} + s + m(h_{\text{中}} - h_{\text{下}}) \\
&\text{斜坡上侧} \quad D_{\text{上}} = \frac{B}{2} + s + m(h_{\text{中}} + h_{\text{上}})
\end{aligned}\right\} \tag{10-9}
$$

上两式中:$D_{上}$、$D_{下}$——斜坡上、下侧边桩至中桩的平距;

$h_{中}$——中桩处的地面填挖高度,亦为已知设计值;

$h_{上}$、$h_{下}$——斜坡上、下侧边桩处与中桩处的地面高差(均以其绝对值代入),在边桩未定出之前为未知数。

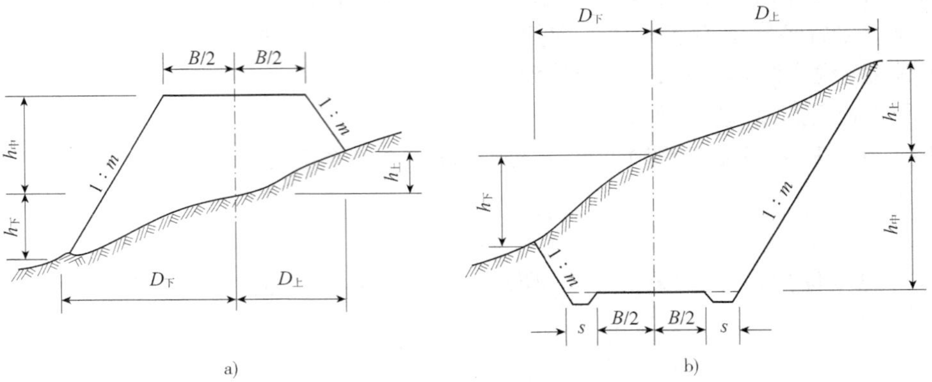

图 10-24 山区地段路基边桩的测设

在实际放样过程中,应采用逐渐趋近法测设边桩。先根据地面实际情况,并参考路基横断面图,估计边桩的位置。然后测出该估计位置与中桩的平距 $D_{上}$、$D_{下}$ 以及高差 $h_{上}$、$h_{下}$,并以此代入式(10-8)或式(10-9),若等式成立或在容许误差范围内,说明估计位置与实际位置相符,即为边桩位置。否则,应根据实测资料重新估计边桩位置,重复上述工作,直至符合要求为止。

3. 边坡放样

有了边桩后,即可确定边坡的位置。可按下述方法测定。

(1)路堤边坡放样

当填土高度较小(如填土高度小于 3m)时,可用长木桩、木板或竹竿标记填土高度,然后用细绳拉起,即为路堤外廓形,如图 10-25a)所示。

当路堤填土较高时,可采用分层填土、逐层挂线的方法进行边坡的放样,如图 10-25b)所示。

(2)路堑边坡放样

路堑边坡放样一般采用两边桩外侧钉设坡度样板的方法,如图 10-25c)所示。

4. 路面放样

路面放样可分为路槽放样和路拱放样。当已知设计高程时,均可按已知高程放样方法进行。此处不再详述。

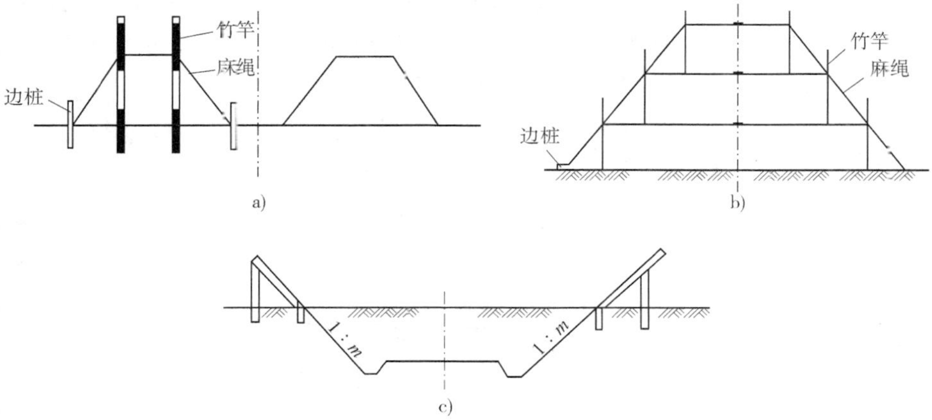

图 10-25　路基边坡放样

思考题与习题

1. 什么是施工测量？道路施工测量主要包括哪些内容？
2. 已知点的平面位置测设有哪几种常用方法？
3. 简述用水准仪进行一般高程放样的方法。
4. 简述月全站仪测设指定坡度的方法。
5. 简述直角坐标法是如何定点的。
6. 简述方向线交会法是如何定点的。
7. 简述三方向角度交会定点的方法。
8. 如图 10-26 所示，用水准仪水平视线法测设坡度为 −6% 的直线，已知 $H_A = 32.461$m，水准尺在 A 点的读数为 0.857m，请计算：

(1) 水准尺在 1、2、3、B 各点上的读数；

(2) 1、2、3、B 点的高程。

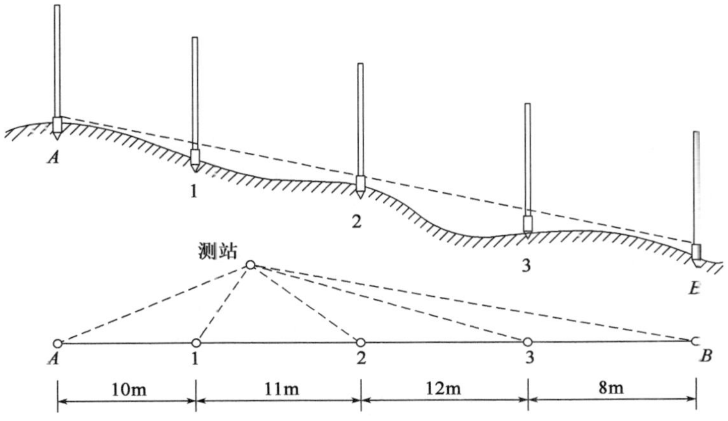

图 10-26　第 8 题图

9.如图10-27所示,已知控制点 A(343.775,677.834)和 B(603.147,599.310),放样点 P(550.364,744.371)。求以 A、B 为测站点,用角度交会法放样 P 点的放样数据 α 和 β。

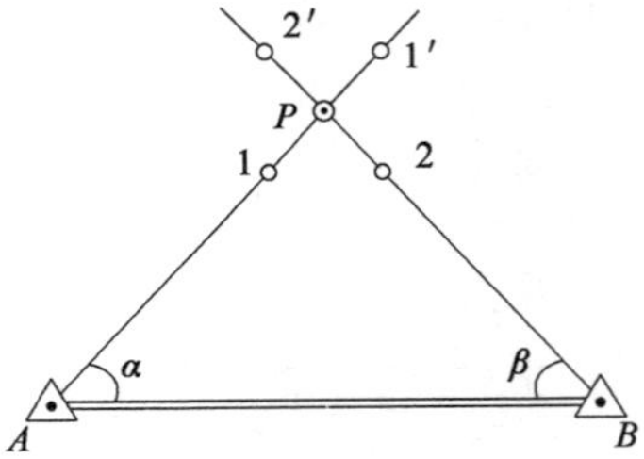

图10-27 第9题图

第十一章
CHAPTER ELEVEN

公路桥梁与隧道施工测量

学习目标

1. 了解桥梁施工测量的工作内容,桥梁施工控制网布设要求及技术规范;
2. 掌握桥梁墩、台中心定位和轴线测设的方法;
3. 了解隧道洞外平面和高程控制测量方法;
4. 掌握隧道洞内施工测量的方法。

技能目标

1. 能够用全站仪进行桥墩、台中心定位和轴线测设;
2. 能够用全站仪进行隧道洞内导线和中线测量;
3. 能够用水准仪完成隧道洞内水准测量。

第一节 概述

桥梁与隧道是公路的重要组成部分。在公路建设中,从投资比重、施工期限、技术要求等诸方面看,桥梁与隧道都处于十分重要的地位。尤其是一些大型或技术复杂的桥梁或隧道,对于一条公路按时按质的建成通车具有很大的作用,甚至起着主要的控制作用。

一、我国公路桥涵与隧道分类

目前,我国公路桥涵是以跨径来进行分类的,隧道是以长度来进行分类的。《公路工程技术标准》(JTG B01—2014)的有关规定,见表 11-1、表 11-2。

桥 涵 分 类　　表 11-1

桥 涵 分 类	多孔跨径总长 L(m)	单孔跨径L_k(m)
特大桥	$L>1000$	$L_k>150$
大桥	$100\leqslant L\leqslant 1000$	$40\leqslant L_k\leqslant 150$
中桥	$30<L<100$	$20\leqslant L_k<40$
小桥	$8\leqslant L\leqslant 30$	$5\leqslant L_k<20$
涵洞	—	$L_k<5$

注:1. 单孔跨径系指标准跨径。
2. 梁式桥、板式桥多孔跨径总长为多孔标准跨径的总长;拱式桥为两岸桥台内起拱线间的距离;其他形式桥为桥面系车道长度。
3. 管涵及箱涵不论管径或跨径大小、孔数多少,均称为涵洞。
4. 标准跨径:梁式桥、板式桥以两桥墩中线间距离或桥墩中线与台背前缘的距离为准;拱式桥和涵洞以净跨径为准。

隧 道 分 类　　表 11-2

隧道分类	特长隧道	长隧道	中隧道	短隧道
隧道长度 L(m)	$L>3000$	$3000\geqslant L>1000$	$1000\geqslant L>500$	$L\leqslant 500$

二、桥梁工程测量

桥梁工程测量主要包括桥位勘测和桥梁施工测量两部分。要经济合理地建造一座桥梁,首先要选好桥址。桥位勘测的目的就是为选择桥址和进行设计提供地形、水文及地质资料,这些资料提供得越详细、全面,就越有利于选出最优的桥址方案和作出经济合理的设计。对于中小桥及技术条件简单、造价比较低廉的桥梁,其桥址位置往往服从于路线的走向,不需单独进行设计,而是包括在路线勘测之内。但对于特大桥梁或技术条件复杂的桥梁,由于其工程量大、造价高、施工期长,则桥位选择合理与否,对造价和使用条件都有极大的影响,所以路线的位置要服从桥梁的位置,为了能够选出最优的桥址,通常需要单独进行勘测。桥梁设计通常需要经过可行性论证、初步设计、施工图设计等几个阶段,各阶段要相应地进行不同的测量工作。在可行性论证阶段,并不单独进行测量工作,而应广泛收集已有的国家地形图,向有关部门调取 1:50000、1:25000 或 1:10000 的地形图。同时,也要收集有关水文、气象、地质、农田水利、交通网规划、建筑材料等各项已有的资料,以便找出桥址的所有可比选方案。

桥位勘测的主要工作包括:桥位控制测量(平面控制测量和高程控制测量)、桥位地形图测绘、桥轴线纵断面测量、桥轴线横断面测量、水文地质调查等。

在桥梁的建筑施工阶段,测量的主要任务是:

(1)对桥梁中线位置桩、三角网基准点(或导线点)、水准点及其测量资料进行检查、核对,若发现桩点不足、不稳或测量精度不符合要求时,应按规范要求对其进行补测、加固、移设或重新测校;

(2)根据施工条件补充水准点;

(3)测定桥墩、桥台的中心位置及墩、台的纵横轴线；

(4)测定并检查各施工部位的平面位置、高程、几何尺寸；

(5)测定锥坡、翼墙及导流构造物的位置等。

三、隧道工程测量

隧道工程测量主要包括隧道勘测和隧道施工测量。其中，隧道勘测的主要工作包括隧道方案的核查与落实、隧道洞顶及连接路线定测、横断面测量、洞外控制测量、地形测量、水工地质调查等。

隧道施工测量的主要任务是：

(1)地面控制测量：在地面上建立平面和高程控制网。

(2)联系测量：将地面上的坐标、方向和高程传到地下，建立地面地下统一坐标系统。

(3)地下控制测量：包括地下平面与高程控制测量。

(4)隧道放样测量：为指导开挖及衬砌施工，需根据隧道设计要求进行中线测设和高程放样测量。

在隧道施工中，尤其是山岭隧道，为了加快工程进度，一般都由隧道两端洞口进行对向开挖。长隧道施工中，往往在两洞口间增加如图11-1所示的平洞、斜井或竖井，以增加掘进工作面。在对向开挖的隧道贯通面上，中线不能吻合，这种偏差称为贯通误差。如图11-2所示，贯通误差包括纵向误差Δt、横向误差Δu、高程误差Δh。其中，纵向误差仅影响隧道中线的长度，施工测量时比较容易满足设计要求，因此，通常重点控制贯通面上的横向误差Δu和高程误差Δh。由于隧道施工的掘进方向在贯通之前无法通视，完全依靠敷设支导线形式的隧道中心线或地下导线指导施工，若因施工测量的一时疏忽或错误引起对向开挖隧道不能正确贯通，就可能造成不可挽回的巨大损失。所以，此项工作应十分细致认真，应特别注意采取多种措施做好校核工作，避免发生错误。

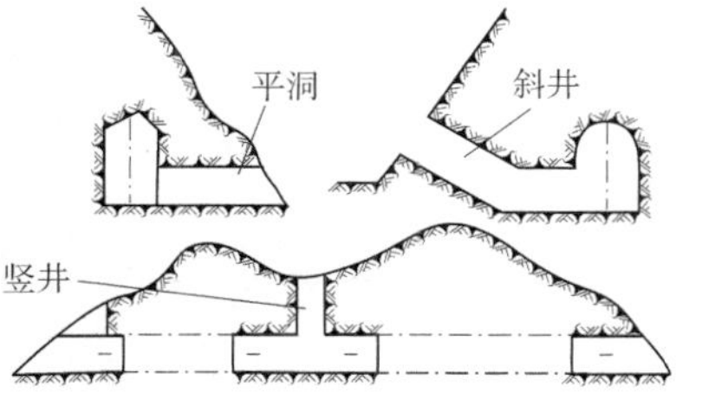

图11-1 隧道的开挖

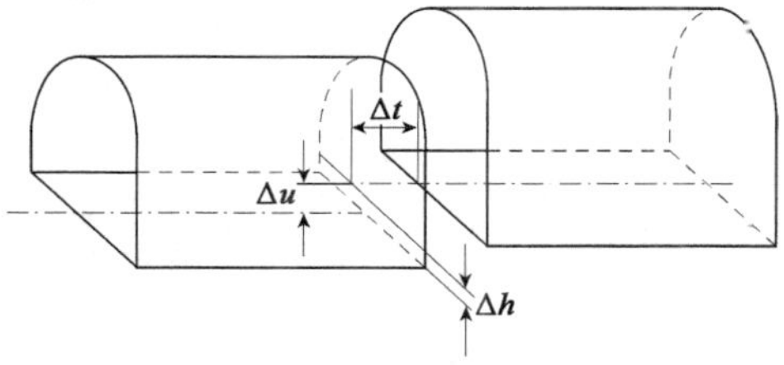

图11-2 隧道贯通误差

为使桥梁与隧道施工测量工作顺利进行，测量人员必须重视测量工作，要有熟练的操作技能、良好的协作精神以及严格遵守测量规范的习惯。测量前必须做好必要的技术和组织准备工作；要熟悉设计文件、图纸和有关测设资料；要与监理单位办理好现场固定桩的交接工作；还应做好测量人员的分工、仪器的校验校正，并制订详细的测量工作计划和实施方案。

桥隧施工测量的技术要求应符合《公路桥涵施工技术规范》(JTG/T 3650—2020)和《公路隧道施工技术规范》(JTG/T 3660—2020)的规定。

第二节 桥梁施工控制测量

一、平面控制测量(资源 11-2-1)

1.施工平面控制网的建立

桥位勘测阶段所建立的平面控制网,在精度方面能满足桥梁定线放样要求时,应予以复测利用,放样点位不足时,可予以补充。如原平面控制网精度不能满足施工定线放样要求,或原平面控制网基点桩已移动或丢失,必须建立施工平面控制网。施工平面控制网的布设,应根据总平面设计和施工地区的地形条件来确定,并应作为整个工程施工设计的一部分。布网时,必须考虑到施工的程序、方法及施工场地的布置情况,可利用桥址地形图,拟订布网方案。

桥梁施工平面控制网的测量方法可分为三角测量和 GNSS 测量。

桥梁施工平面控制网,除了用以精密测定桥梁长度外,还要用它来放样各个桥墩的位置,保证上部结构与下部结构的正确连接,因此十分重要。为防止控制点的标桩被破坏,所布设的点位应画在施工设计的总平面图上,并教育工地上的所有人员注意保护。

较常用的几种三角网图形,如图 11-3 所示。使用时,应对具体情况做具体分析,因地制宜地选择一种。图形的选择主要取决于桥长(或河宽)、设计要求、仪器设备和地形条件。

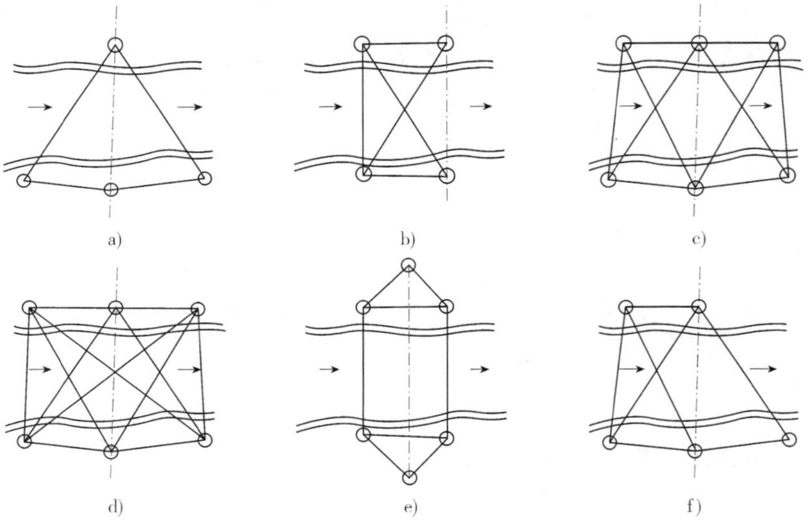

图 11-3 常用的三角网图形

三角网的布设除应满足三角测量本身的需要外,还应遵循以下原则。

1)三角点的设置

(1)构成三角网的各点,应便于采用前方交会法进行墩台放样,并使各点间能互相通视。

(2)桥轴线应作为三角网之一边。两岸中线上应各设一个三角点,使之与桥台相距不远,以便于计算桥梁轴线的长度,并利于墩台放样。

(3)三角点不可设置在可能被河水淹没处、存储材料区、地下水位升降易使之移位处、车辆来往频繁及地势过低须建高塔架方能通视处。

(4)三角网的图形主要根据跨河桥位中线的长度而定,在满足精度的前提下,图形应力求简单,平差计算方便,并具有足够的强度。

(5)单三角形内任一夹角应大于30°且小于120°。

2)基线的设置

(1)基线位置的选择,应满足相应测距方法对地形等因素的要求,一般应设在土质坚实、地形平坦且便于准确丈量的地方。如有纵坡,宜在1/12~1/10之间,与桥轴线的交角宜小于90°或接近垂直。

(2)为提高三角网的精度,使其具有较多的校核条件,通常丈量两条基线,两岸各设一条。若地形不允许,亦可将两条基线设在同一岸。

(3)当采用电磁波测距仪测距时,其基线宜选在地面覆盖物相同的地段,而且基线上不应有树枝、电线等障碍物,应避开高压线等电磁场的干扰。

(4)基线长度一般不小于桥轴线长度的0.7倍,困难地段也不应小于0.5倍。

2. 控制网的技术要求

(1)桥梁平面控制测量等级应根据表6-1确定。

(2)桥梁三角控制网的技术要求,应符合表11-3和表6-9的规定。

桥位三角网技术要求 表11-3

测量等级	平均边长(km)	测角中误差(″)	起始边边长相对中误差	三角形闭合差(″)	测回数		
					DJ_1	DJ_2	DJ_6
二等	3.0	≤±1.0	≤1/250000	≤3.5	≥12	—	—
三等	2.0	≤±1.8	≤1/150000	≤7.0	≥6	≥9	—
四等	1.0	≤±2.5	≤1/100000	≤9.0	≥4	≥6	—
一级	0.5	≤±5.0	≤1/40000	≤15.0	—	≥3	≥4
二级	0.3	≤±10.0	≤1/20000	≤30.0	—	≥1	≥3

(3)GNSS测量控制网的设置精度和作业方法应符合《公路勘测规范》(JTG C10—2007)的规定(表11-4)。基线测量的中误差应小于按式(11-1)计算的标准差。

$$\sigma = \pm\sqrt{a^2 + (b \cdot d)^2} \tag{11-1}$$

式中:σ——标准差,mm;

a——固定误差,mm;

b——比例误差系数,mm/km;

d——基线长度,km。

GNSS控制网的主要技术指标 表11-4

级别	相邻点间平均边长 d(km)	固定误差 a(mm)	比例误差系数 b(mm/km)
二等	3.0	≤5	≤1
三等	2.0	≤5	≤2

续上表

级　别	相邻点间平均边长 d(km)	固定误差 a(mm)	比例误差系数 b(mm/km)
四等	1.0	≤5	≤3
一级	0.5	≤10	≤3
二级	0.3	≤10	≤5

注:各级GNSS控制网每对相邻点间最小距离不应小于平均距离的1/2,最大距离不宜大于平均距离的2倍。

(4)桥梁轴线相对中误差应符合表11-5的规定。

桥梁轴线相对中误差　　表11-5

测量等级	桥轴线相对中误差	测量等级	桥轴线相对中误差
二等	≤1/150000	一级	1/40000
三等	1/100000	二级	1/20000
四等	1/60000		

但对精度有特殊要求的桥梁,其桥轴线和基线精度应按设计要求或另行规定。由于桥梁三角网的主要作用是确定桥长和放样桥墩,因此,应分别根据桥梁架设误差和桥墩定位的精度要求来计算桥梁三角网的必要精度。为安全可靠起见,可采用其中较高者作为桥梁三角网的精度要求,亦可按桥轴线所需精度的1.5倍计算。

(5)采用光电测距仪测量基线时,光电测距仪应按表6-6选用,主要技术要求应符合表6-7的规定。

(6)桥轴线直接丈量的测回数、基线丈量的测回数、用测距仪测量的测回数及三角网水平观测的测回数,按表6-7中的规定执行。

二、高程控制测量

在桥梁施工阶段,除了建立平面控制,尚需建立高程控制。桥梁高程控制网就是在桥址附近设立一系列基本水准点和施工水准点,作为施工阶段高程放样及桥梁运营阶段沉陷观测的依据。因此,在布设水准点时,均应考虑点的密度及高程控制的精度。布设水准点可由国家水准点引入,经复测后使用。桥梁高程控制网所采用的高程基准应与公路路线的高程基准相一致,一般应采用国家高程基准。

基本水准点是桥梁高程的基本控制点。为了获取可靠的高程起算数据,江河两岸的基本水准点应与桥址附近的国家高级水准点进行联测。通过跨河水准测量,将两岸高程联系起来,以此可检校两岸国家水准点有无变动,并从中选取稳固可靠、精度较高的国家水准点作为桥梁高程控制网的高程起算点。

基本水准点在桥梁施工期间用于墩、台的高程放样,在桥梁建成后作为检测桥梁墩、台沉陷变形的依据,因此需永久保留。基本水准点应选在地质条件好、地基稳定、使用方便、施工中不易被破坏的地方。一般在正桥两岸桥头附近都应设置基本水准点,每岸至少应设置一个。如果引桥长于1km时,还应在引桥起、终点及其他合适位置设立。由于桥梁各墩、台在施工中一般是由两岸较为靠近的水准点引测高程,为了确保两岸水准点高程的相对精度,应进行精密跨河水准测量。

为了满足桥梁墩、台施工高程放样的要求,应在基点的基础上设立若干施工水准点。基本水准点是永久性的,它既要满足施工要求,又要满足变形观测时永久使用要求。施工水准点只用于施工阶段,要尽量靠近施工地点,测量等级可略低于基本水准点。

无论是基本水准点还是施工水准点,均要选在地基稳固、使用方便且不易被破坏的地方。根据地形条件、使用期限和精度要求,埋设不同类型的标识。如果地面覆盖层较浅,可埋设普通混凝土、钢管标识或直接设置在岩石上的岩石标识;当地面覆盖层较厚且覆盖物较疏松时,则应埋设深层标识,如管柱标识、钻孔桩标识及基岩标识等。无论采用何种类型的标识,均应在标识上嵌入不锈蚀的铜质或不锈钢凸形标志。标识埋设后不能立即用于水准测量,应有10~15d以上的稳定期,之后才能进行观测。

对于中小桥和涵洞工程,由于工期短、桥型简单、精度要求低于大桥,可以在桥位附近的建筑物上设立水准点,或者采用埋设大木桩作为施工辅助水准点,也可利用路线水准点,但必须加强复核,确保精度符合要求。

所有水准点,包括基本水准点和施工水准点,都应定期进行测量,检验其稳定性,以保证桥梁墩、台及其他施工高程放样测量的精度。在水准点标识埋设初期,检测的时间间隔宜短些,随着标识逐渐稳定,时间间隔可适当放长。

1. 高程控制测量的技术要求

(1)桥梁的高程控制网应按《公路勘测规范》(JTG C10—2007)的规定实施。

(2)水准测量的高差偶然中误差 M_Δ 按式(11-2)计算。

$$M_\Delta = \sqrt{\frac{1}{4n} - \frac{\Delta\Delta}{L}} \tag{11-2}$$

式中:M_Δ——高差偶然中误差,mm;

Δ——水准路线测段往返高差不符值,mm;

L——水准路线长度,km;

n——往返测的水准路线测段数。

(3)水准测量的高差全中误差 M_W 按式(11-3)计算。

$$M_W = \sqrt{\frac{1}{N} \cdot \frac{WW}{L}} \tag{11-3}$$

式中:M_W——高差全中误差,mm;

W——闭合差,mm;

L——计算各闭合差时相应的路线长度,km;

N——附合路线或闭合路线环的个数。

当二、三等水准测量与国家水准点附合时,应进行正常水准面不平行修正。

(4)特大、大、中桥施工时设立的临时水准点,高程偏差(Δh)不得超过按式(11-4)计算的值:

$$\Delta h = \pm 20\sqrt{L} \quad (\text{mm}) \tag{11-4}$$

式中:L——水准点间距离,km。

对单跨跨径≥40m 的 T 形刚构、连续梁、斜拉桥等的偏差(Δh)不得超过按式(11-5)计算的值:

$$\Delta h_1 = \pm 10\sqrt{L} \quad (\text{mm}) \tag{11-5}$$

式中:L——水准点间距离,km。

在山丘区,当平均每公里单程测站多于 25 站时,高程偏差(Δh)不得超过按式(11-6)计算的值:

$$\Delta h_2 = \pm 4\sqrt{n} \quad (\text{mm}) \tag{11-6}$$

式中:n——水准点间单程测站数。

高程偏差在允许值以内时,取平均值为测段间高差,超过允许偏差时应重测。当水准路线跨越江河(或湖塘、宽沟、洼地、山谷等)时,应采用跨河水准测量方法校测。

2. 跨河水准测量

跨河水准测量路线,应选在桥址附近且河面最窄处。为了避免折光影响,水准视线不宜跨过沙滩及施工区密集的地方。观测时间及气候条件,应选在物镜成像最稳定的时刻。此外,根据跨河视线长度的不同,可采用单线过河或双线过河。当跨河视线短于 300m 时采用单线过河,超过 300m 时必须采用双线过河,并在两岸用等精度联测,形成跨河水准闭合环。

(1)选择跨河地点的原则

①应尽可能选在桥址附近河面狭窄的地方,河中有洲渚应予利用,并使跨河视线最短。

②视线尽可能避开草丛、干丘、沙滩、芦苇的上方,以减弱大气折光的影响。

③河两岸仪器的水平视线,距水面的高度应接近相等。当跨河视线长度在 300m 以下时,视线距水面的高度应不小于 2m;跨河视线长度在 300m 以上时,视线距水面的高度应不小于 3m。若视线高度不能满足上述要求时,须埋设高木桩并建造牢固的观测台。

④两岸仪器至水边的一段河岸,其距离应相等,地形、土质也应相似。同时,仪器位置应选在开阔、通风的地方,不能选在墙壁、石堆、山坡前。

⑤当置镜点设在较松软的土质上时,应设立稳固的支架,防止下沉。一般可打三个大木桩以支承脚架,必要时可用长木桩并建站台以提高视线。置尺点应设置木桩,木桩顶面直径应大于 10cm,长度一般应不小于 50cm;打入地下后,要求桩顶高于地面 10cm 以上,并钉上圆帽钉。

(2)跨河水准测量的实施

由于跨河水准的前视、后视的视线长度不能相等且相差很大,同时跨河视线又很长(数百米至几公里),因此仪器的角误差及地球曲率和大气折光误差对高差的影响将很大。为消除或减弱上述误差的影响,跨河水准测量应将仪器与水准尺在两岸的安置点位布设成平行四边形、等腰梯形或 Z 字形,如图 11-4 所示。

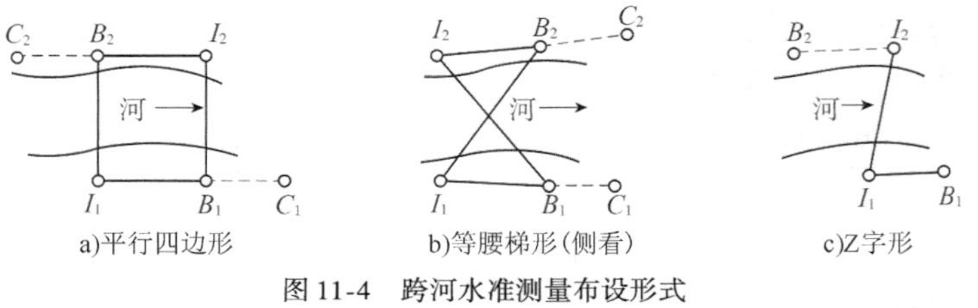

图 11-4 跨河水准测量布设形式

当用两台仪器同时观测时，可采用图 11-4a)、b)所示的形式。图中，I_1、I_2分别为两岸的测站点，安置仪器；B_1、B_2分别为两岸的立尺点，竖立水准尺。跨河视线，I_1B_2与I_2B_1的长度应力求相等；岸上视线，I_1B_1与I_2B_2的长度不得短于 10m，而且应彼此相等。

当用一台仪器观测时，宜采用图 11-4c)所示的形式。图中岸上视线，I_1B_1与I_2B_2的长度应相等，并不得短于 10m。此时，除B_1、B_2要立尺外，测站点I_1、I_2在观测中也要作为立尺点立尺。在I_1、I_2分别观测B_1与I_2两点高差、B_2与I_1两点高差，在两岸以一般水准测量方法分别测出B_2、I_2两点高差，B_1、I_1两点高差，即可求得两立尺点B_1、B_2间的高差。

为了传递高程和检核立尺点的高程是否发生变化，应在距跨河地点不大于 300m 的水准路线上埋设水准标识。

(3)跨河水准测量注意事项

①跨河水准测量最好选在风力微弱、气温变化小的阴天进行。风力在四级以上或风由一岸吹向另一岸时，均不宜观测。

②如果是晴天，观测时间以上午日出后 1h 至上午 9 点半左右，下午 3 点至日落前 1h 为宜。可根据地区季节情况适当调整。阴天时，只要成像清晰稳定，即可观测。

③观测前，应提前将仪器从箱中取出，以适应外界气温。观测时，要用白色测伞遮阳。

④水准尺要用支架撑稳，观测过程中圆水准气泡应严格居中，使尺处于铅垂位置。

⑤仪器在调换河岸时，不得碰动对光螺旋和目镜，以保证两次观测其对岸尺时望远镜视准轴不变。

⑥仪器调岸的同时，水准尺也应调岸，但当一对尺子的零点差相差不大时，则可只在全部测回进行一半时调换一次。

⑦跨河水准测量的全部测回，应平均安排在上午和下午进行。

⑧跨河水准测量前，立尺点应与水准路线上埋设的水准标识进行联测。在跨河水准测量进行过程中，应对其进行检测，以检查立尺点高程有无变动。

第三节 桥梁轴线和墩台中心定位测量

一、桥梁中线测量

桥位中线(桥轴线)及其长度是用来作为设计与测设墩台位置的依据，所以测量桥位中线的目的，是控制中线的长度和方向，从而确保墩台位置正确。因此，保证桥轴线测量的必要精度是十分重要的。

桥涵中线一般用 4 个(中小桥梁可只用 2 个，涵洞可用转角点桩代替)分设于两岸且埋设牢固的桩标固定起来，如图 11-5 所示。选择其中位于地势较高河岸的一个桩标作为全部施工期内架设经纬仪核对墩台位置的依据。如果地势较低，不能在整个施工期内从此桩标上用仪器看到施工中墩台的顶面时，可以在此桩标上搭设坚固的塔架，并将标点位置引上塔架。

小桥和涵洞中线位置的桩间距离及墩间距离，可用钢尺直接丈量。

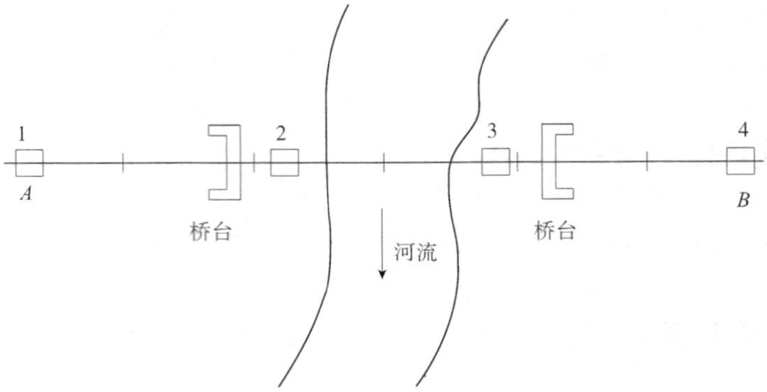

图 11-5 桥梁中线桩平面布置图

大、中桥中线位置桩间距离的检查校核及墩台位置的放样,当有良好的丈量条件(例如桥梁位于旱地、桥侧建有便桥、桥梁处于浅滩部分或冬季河流封冻等)时,均应直接丈量。

当沿桥梁中线直接丈量有困难(例如河面宽阔、常年有水、冬季河流不封冻等)或不能保证必要的精度时,各位置桩间与各墩台间的距离可用光电测距法(目前使用电子全站仪测量更为方便)、三角网法等进行测量。

对于直线桥梁,可以直接采用上述三种方法中任一种进行测量;对于曲线桥梁,应结合曲线桥梁的轴线在曲线上的位置而定。

1. 直接丈量法

沿桥轴线方向地势平坦、旱桥或河水较浅,能够用钢尺直接丈量、通视良好时,可采取直接丈量法测量桥轴线长度。这种方法所用设备简单,精度也可靠,是一般中小桥施工测量中常用的方法。

为了保证施工期间的长度丈量精度和量距精度的一致性,在量距之前应对所用的钢尺进行严格的检定,取得尺长改正数 Δ_1。

用钢尺量距的方法如下:

(1)对中线范围内场地进行清理。

(2)如沿中线两侧的地面平坦时,可在桩标上安置经纬仪,沿桥轴线 AB 方向用经纬仪定线,钉出一系列木桩如图 11-6 所示,桩的标志中心偏离直线最大不得超过 ±1cm,桩顶打至与地面齐平。为了便于丈量,桩间距应比钢尺的全长略短一些(约 2cm)。

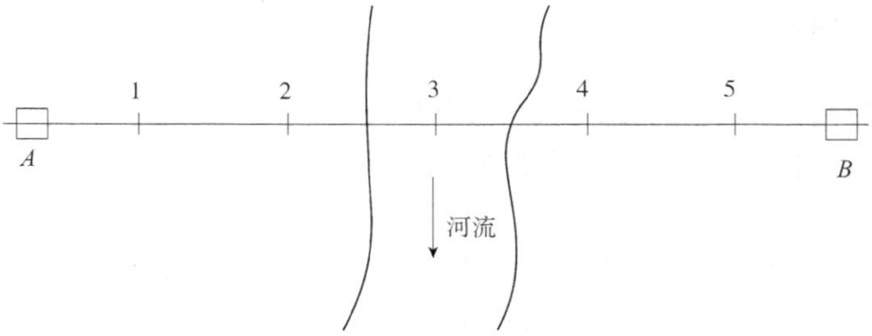

图 11-6 桥梁中线方向定线示意图

(3)用水准仪测出相邻桩顶间的高差,为了校核应测 2 次,读至毫米(mm),两次高差之差应不超过 2mm。

(4)丈量时应对钢尺施以标准拉力，每一尺段可连续测量3次，每次读数时均应变换钢尺的前后位置，以防差错。读数至0.1mm，3次测量结果的较差不得超过1～2mm。在测量距离的同时应记下当时的温度，以便进行温度改正。

(5)计算桥轴线长度。每一尺段的丈量结果应进行尺长改正(Δ_l)、温度改正(Δ_t)及倾斜改正(Δ_h)。取各次丈量结果的平均值，即为桥轴线的长度。

(6)评定丈量的精度。

桥轴线的中误差为：

$$M = \pm \sqrt{\frac{[VV]}{n(n-1)}} \tag{11-7}$$

桥轴线的相对中误差为：

$$\frac{M}{L} = \frac{1}{K} \tag{11-8}$$

上两式中：L——桥轴线的平均长度；

V——桥轴线的平均长度与每次观测值之差；

n——丈量的次数。

丈量结果的相对中误差应满足估算精度的要求。

2. 光电测距法

光电测距时应在气象比较稳定、大气透明度好、附近没有光电信号干扰的情况下进行，而且应在不同的时间进行往返观测。在选择观测时间时，应注意不要使反光镜镜面正对太阳的方向。

当照准方向时，待显示读数变化稳定后，测3～4次，取平均值，此平均值即为斜距。为了得到平距，还应读取垂直角，经倾斜改正后，即为单方向的水平距离观测值(如果用的是电子全站仪，可直接得到平距)。如果往返观测值之差在容许范围之内，则取往返观测值的平均值作为该边的距离观测值。

3. 三角网法

采用直接丈量法有困难，或不能保证必要的精度时，可采用间接丈量法测定桥轴线，如图11-7所示。即把桥轴线作为三角网的一个连接边，测量基线长度AC、AD，用三角测量的原理测量并解算，即可得出桥轴线的长度AB。

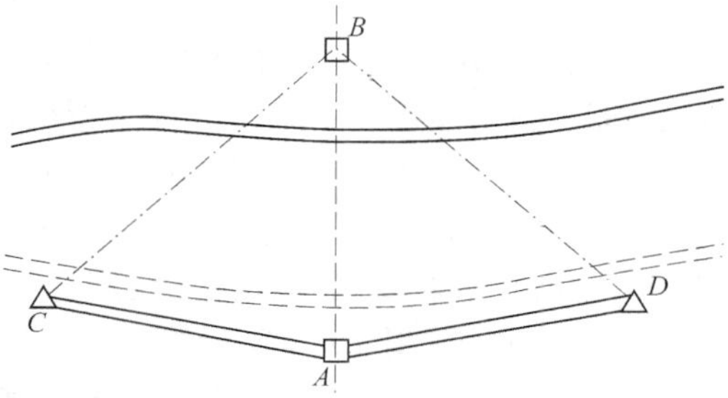

图11-7 桥涵三角网

二、桥梁墩台定位与墩台轴线测量

在桥梁施工测量中，最主要的工作是准确地定出桥梁墩、台的中心位置和它的纵横轴线，这些工作称为墩台定位。直线桥梁墩台定位所依据的原始资料为桥轴线控制桩的里程和墩、台中心的设计里程，根据里程算出它们之间的距离，按照这些距离即可定出墩、台中心的位置。曲线桥所依据的原始资料，除了控制桩及墩、台中心的里程外,尚有桥梁偏角、偏距及墩距或结合曲线要素计算出的墩、台中心的坐标值。

水中桥墩的基础进行施工定位时,由于水中桥墩基础的目标处于不稳定状态,在其上无法保持测量仪器稳定,一般采用方向交会法;如果墩位在干枯或浅水河床上,可用直接定位法;在已稳固的墩台基础上定位,可以采用方向交会法、距离交会法、极坐标法或直角坐标法。

1. 直线桥梁墩台定位

位于直线段上的桥梁,其墩、台中心一般都位于桥轴线上。根据桥轴线控制桩 A、B(图 11-8)及各墩、台中心的里程,即可求得其间的距离。墩位的测设,根据条件可采用直接丈量法、光电测距法、方向交会法、极坐标法或直角坐标法。

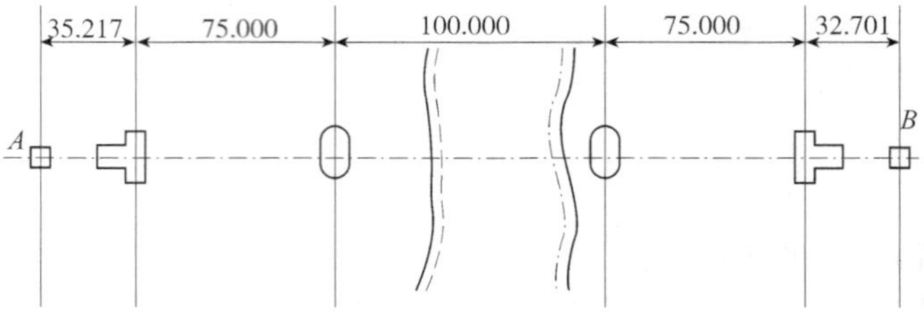

图 11-8　直线桥梁墩台直接丈量定位(尺寸单位:m)

1)直接丈量法

当桥墩位于地势平坦、可以通视、方便通过的地方且可用钢尺丈量时,可采用这种方法,如图 11-8 所示。丈量前要检定钢尺,丈量方法与测定桥轴线相同。不同的只是此处是测设已知长度,在测设前应将尺长改正数、温度改正数以及倾斜改正数考虑在内,将已知长度转化为钢尺丈量长度。为了保证丈量精度,施测时的钢尺拉力应与检定时的钢尺拉力相同。

2)光电测距法

只要墩台中心处能安置反光镜,而且全站仪和反光镜之间能通视,则用此法是迅速方便的。采用全站仪测设时,应输入当时的气压和温度值,以得到气象改正值,用全站仪测出水平距离后,与应有的(即设计的)平距进行比较,看两者是否相等。根据其差值前后移动反光镜,直至两者相符,则反光镜处即为要测设的墩位。

如果采用全站仪进行测设,由于全站仪可以测量水平距离并具备计算功能,因此,通过设定仪器可以直接得出测距差值,具有速度快、效率高的特点。

3)方向交会法

方向交会法是利用三角网的数据,算出各交会角的角度,然后利用 3 台全站仪从不同的点交会,即可得到桥墩台的位置。现介绍两种基本方法:

(1)一岸交会施测法。如图 11-9a)所示,在原设三角网中,已知基线 BC 和 BD 长度为 d 和 d_1、基线与桥轴线夹角为 θ_1 和 θ_2、基线上中线控制点 B 至各墩、台的距离,则可计算出各交会角 α_i、β_i,将其制成图表供施工使用。

施测过程中,用 3 台 1″或 2″级全站仪同时自 3 个方向交会,以加快速度。即将两台仪器安置在 C、D 两点,后视 B 点拨出 α_i、β_i 角,再将一台仪器置于 B 点瞄准 A 点,这样 3 条线形成了一误差三角形,再于此误差三角形内取一点作为欲求之墩、台位置(误差三角形内容见下面介绍)。

各交会角应介于 30° ~ 120°之间,而且 $\gamma \geq 90°$(图 11-9),否则需设辅助点 C_1、D_1 以交会靠近 B 端之墩台。

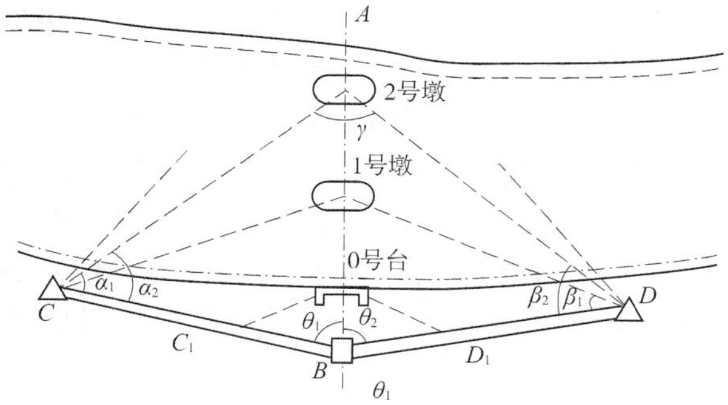

a)一岸交会施测法

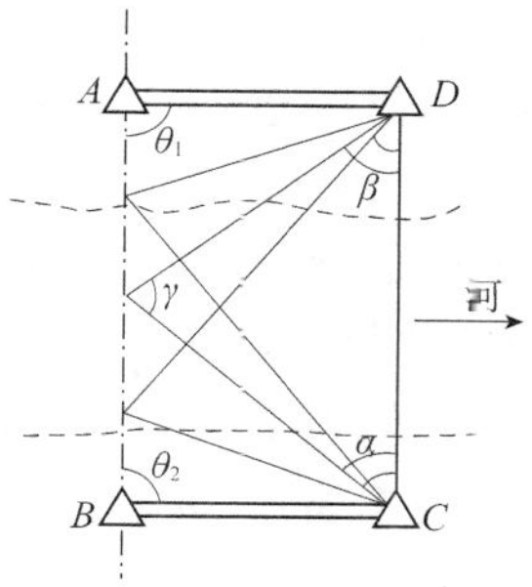

b)两岸交会施测法

图 11-9　交会法控制墩台位置

α、β 角按下列公式计算：

$$\alpha = \arctan \frac{l\sin \theta_1}{d - l\cos \theta_1} \tag{11-9}$$

$$\beta = \arctan \frac{l\sin \theta_2}{d_1 - l\cos \theta_2} \tag{11-10}$$

式中：l——中线控制点 B 至墩中心之距离；

d、d_1——基线长度。

(2)两岸交会施测法。如图 11-9b)所示，在原设三角网中，已知基线 AD 和 BC 的长度，基线与桥轴线夹角 θ_1 和 θ_2，基线上中线控制点 B、A 至各墩、台的距离，则可计算出各交会角 α_i、β_i，将其制成图表供施工使用。

施测时用 3 台 1″或 2″级全站仪同时自 3 个方向交会，以加快速度。将两台全站仪置于 C、D 两点，拨出 α_i、β_i 角，另外一台全站仪置于 B 点(或 A 点)瞄准 A 点(或 B 点)，则与中线构成误差三角形，取点时必须以桥轴线方向为准，在其他两个方向线的相交处作垂直桥轴线的交点，即为欲求之墩心位置。交会角 α_i、β_i 应介于 30° ~120°之间，中间墩之交角 γ 宜在 60° ~90°之间。

(3)交会误差的改正与检查——误差三角形。自基线端点(或置镜点)所得两条视线之交点必然会偏出桥轴线一微小距离，或左或右，此误差三角形的改正与检查简述如下。如图 11-10 所示(两岸交会亦同理)，置镜于 C、D 两点，拨出 α_i、β_i 角，两交会线与桥轴中线构成误差三角形，以桥轴线方向为准，将两交会线的交点投影于桥轴线上得一点，即为桥墩中心位置。误差三角形的边长 P_1P_2、P_1P_3 对墩身底部不宜超过 2.5cm，对墩顶不宜超过 1.5cm。

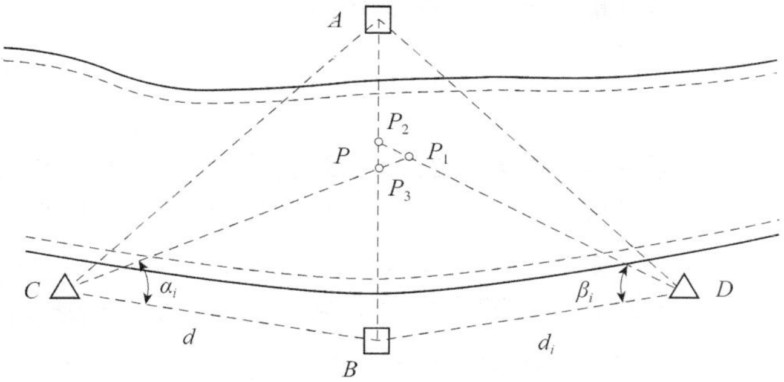

图 11-10　方向交会法的误差三角形

利用此法可就地在桩上(或墩台砌体上),用折尺或三角板进行。如误差三角形过锐,则应先找出三角形的重心,然后将重心点投影于桥轴线上,投影点即为墩台中心。

交会误差的检查:如图 11-10 所示,在得出 P 点后,置镜于 C、D 点,测量 $\angle BCP$ 及 $\angle BDP$ 各 2 ~ 3 个测回。设观测结果为 α' 及 β'。根据 α' 及 β' 值计算 BP 的距离(如按 α' 及 β' 值分别计算的 BP 不同时,取其平均值)。设理论上该墩台中心至 B 点距离为 BP',则 $BP' - BP$ 为该墩交会点在桥轴线上的误差。此值应在容许误差范围内(砌体墩台容许误差为 2cm,混凝土墩台容许误差为 1cm),如超过规定容许误差时,应根据误差值从 P 点沿中轴线量取得出 P',则 P' 为桥墩、台中心。

在桥墩施工中,随着桥墩的逐渐筑高,中心的放样工作需要重复进行,而且要求迅速和准确。为此,在第一次求得正确的桥墩中心位置 P_i 以后,将 CP_i 和 DP_i 方向线延长到对岸,设立固定的瞄准标志 C' 和 D',如图 11-11 所示。以后每次进行方向交会放样时,从 C、D 点直接瞄准 C'、D' 点,即可恢复点的交会方向。

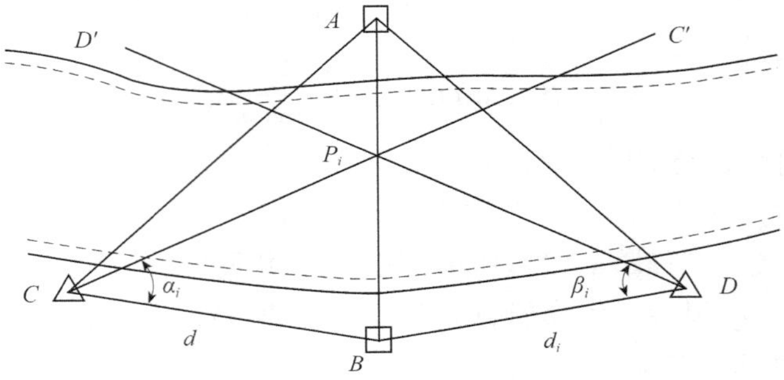

图 11-11 方向交会法的固定瞄准标志

4)极坐标法或直角坐标法

在使用全站仪并在被测设点位上可以安置棱镜的条件下,若用坐标法放出桥墩中心位置,则更为精确和方便。

对于极坐标法,原则上可以将仪器置于任何控制点上,按计算的放样数据——角度和距离测设点位。

对于全站仪,还可以根据测站点、后视点以及待放点的直角坐标,自动计算出待放点相对于测站点的极坐标数据,再以此测设点位。

但若是测设桥墩中心位置,最好是将仪器安置于桥轴线点 A 或 B 上(以图 11-11 为例),瞄准另一轴线点作为定向,然后指挥棱镜安置在该方向上测设 AP_i 或 BP_i 的距离,即可定出桥墩中心位置 P_i 点。

2. 曲线桥梁墩台定位

在山岭地区,路线设弯道较多,桥位要随路线而定,需要架设曲线桥。在现代化的高速公路上,为了使路线顺畅,也需要修建曲线桥,在设计时往往根据具体条件采用不同的处理方法。一是预制安装的简支梁(板)桥梁,线形虽然是曲线,但各孔的梁或板仍采用直线,将各孔的梁或板连接起来实际是折线,各墩的中心即是折线的交点;二是为了美观、协调和线形的顺畅,根据路线的需要设计成弯拱、弯板或弯梁桥,就地浇筑的弯梁(板)以及预制安装的弯梁(板)等。立交桥中的匝道多采用此种形式。

由于跨径、曲线半径、缓和曲线的不同和设置超高、加宽等因素的变化，曲线桥的布置也不尽相同。因此在测量之前，必须详细了解设计文件及有关图表资料，并复核设计图中有关数据，然后进行现场的测量工作。

曲线桥梁墩台中心放样的方法主要有偏角法、支距法、坐标法、交会法和综合法等。对位于干旱河沟的曲线桥，一般采用偏角法、支距法和坐标法进行定位；对部分或全部位于水中不能直接丈量的曲线桥墩台，则可采用交会法和综合法进行定位。

曲线桥墩台中线的测量方法：

1）偏角法

位于干旱河沟的桥梁，可根据设计平面图按精密导线测设方法，用全站仪以偏角法来测定墩台中心位置，并根据各墩的横向中心线与梁的中心线的偏角，定出墩台横向中心线并设立护桩。即对设计图纸中给定的有关参数和墩台中心距 L、外偏距 E 进行复核无误后，自桥梁一端的台后开始，按顺序逐墩台测角、量距进行定位，最后应闭合至另一台后的已知控制点上。量距的要求同前面所述。

2）坐标法

如果采用全站仪进行定位，可以使用坐标法，首先沿桥中线附近布设一组导线，然后根据各墩台中心的理论坐标与邻近的导线点坐标差（应为同一坐标系），求出导线点与墩台中心连线的方位和距离。置镜于该导线点，拨角测距即可定出墩台中心，并可用偏角法进行复核。

3）交会法

凡属曲线大桥和有水不能直接丈量的桥墩、台，均应布设控制三角网，用前方交会法控制墩位。对三角网的要求、测设和计算如前所述。

4）综合法

（1）一部分为直线，一部分为曲线，曲线在岸上或浅滩上，如图 11-12a）所示。测量时，由基线 A、B、C 三角点上交会河中两墩，施测的详细方法见前部分内容。对岸曲线上的桥台可自曲线起点（也即三角点 D）用精密导线直接丈量法测定，本岸桥台用直接丈量法或由辅助点 A'、B'交会亦可。

（2）一部分为直线，一部分为曲线，曲线起点（或终点）在河中，如图 11-12b）所示。在直线延长线上设 D 点，从三角网 $BACD$ 中测算 AD 长度，AD 减去 A 至曲线起点距离得 t_1，再计算 F 点在切线上的投影 x 及支距 y，由 D 点在直线上丈量 t_1-x 得 H 点，量支距 y 得 F 点。同样，用支距法定出 E 墩，或置镜于 F 点，用偏角法定出 E 墩。

（3）桥梁全部在曲线上，如图 11-12c）所示。这时，应先在室内按比例绘制出全桥在曲线上的平面位置图，拟定 AB 辅助切线。AB 最好切于某一墩中心，以减少部分计算。选择 A、B（或 A'、B'）点要能通视各墩，便于交会。然后算出：曲线起点至 A 点距离，曲线终点至 B 点距离，偏角 α_1、α_2，AB 长度，AB 至各墩之垂足 E'、F'、G'…之间的距离，$E'E$、$F'F$、$G'G$…各墩的切线支距。再进行现场实测，由起点和终点引出 A、B 两点；设置基线 AD、BC，从三角网 $ABCD$ 中测算 AB 长，量出 α_1、α_2 角值。测算值与图上算得值不符时，应检查错误，改正后重测。只有当这些数值无误后，方能计算由 C、D 三角点至 E'、F'、G'…点之交会角 α_i、β_i，以交会出各墩垂足，再从垂足用支距法引出墩中心。如支距过长，可算出墩中心坐标，由 C、D 点直接交会。桥台位于岸上，用偏角法或切线支距法测设均可。

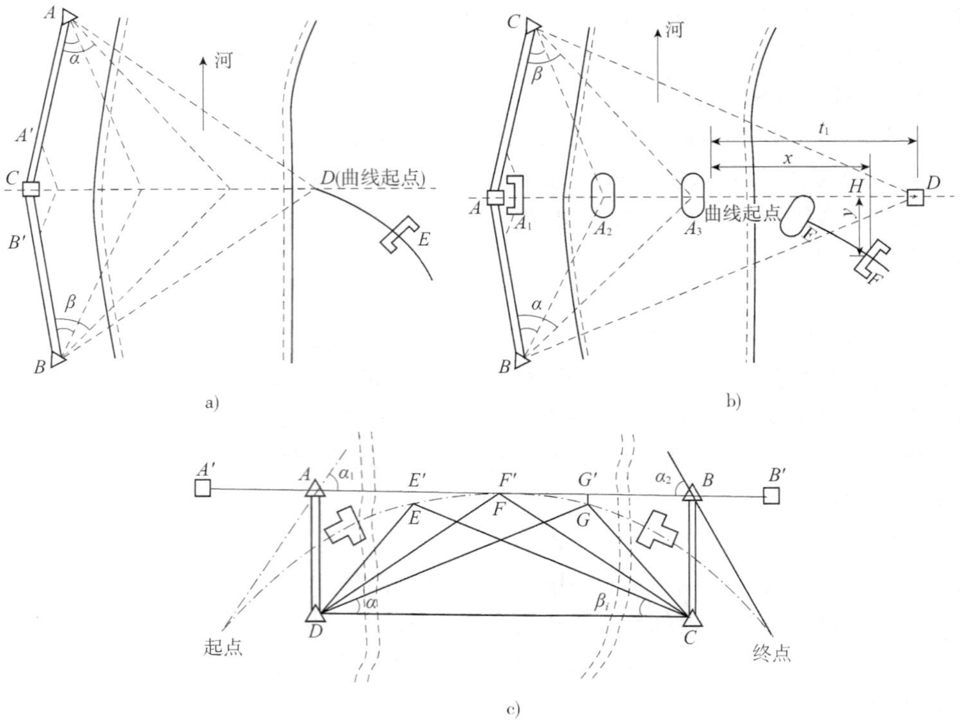

图 11-12 曲线桥墩台放样

一般路线设计中,常用圆曲线和缓和曲线,它们的曲线要素有较为固定的计算公式。

在设计文件已给定墩、台定位有关数据时,只需重新复核无误即可按其进行放样定位。但数据通常并不能满足施工的需要,应按路线测设资料、曲线有关要素,求出各墩台中心为顶点的直线,再用偏角进行定位。

对于坐标值的计算,一般在直角坐标系中的应用较为普遍、简便。可以先建立以墩台中心为原点、切线及法线方向为坐标轴的局部坐标系,在局部坐标系中确立待放点局部坐标值;再利用墩台中心的路线坐标值将局部坐标值转换至路线坐标中。

三、墩台纵横轴线测量

墩台中心测设定位以后,尚需测设墩台的纵横轴线,作为墩台细部放样的依据。在直线桥上,墩台的横轴线与桥的纵轴线重合,而且各墩台一致。所以,可以利用桥轴线两端控制桩来标志横轴线的方向,而不再另行测设标志桩。

在测设桥墩台纵轴线时,应将全站仪安置在墩台中心点上,然后盘左、盘右以桥轴线方向作为后视,然后旋转 90°(或 270°),取其平均位置作为纵轴线方向,如图 11-13 所示。因为在施工过程中,经常要在墩台上恢复纵横轴线的位置,所以应于桥轴线两侧各布设两个固定的护桩。

对于水中的桥墩,因不能架设仪器,也不能钉设护桩,则暂不测设轴线,等筑岛、围堰或沉井露出水面以后,再利用它们钉设护桩,准确地测设出墩台中心及纵横轴线。

对于曲线桥,由于路线中线是曲线,而所用的梁板是直的,因此路线中线与梁的中线不能完全一致,如图 11-14 所示。梁在曲线上的布置是使各跨梁的中线连接起来,成为与路中线相符合的折线,这条折线成为桥梁的工作线。墩、台中心一般就位于这条折线转折角的顶点上。放样曲线桥的墩、台中心,就是测设这些顶点的位置。在桥梁设计中,梁中心线的两端并不位于路线中线上,而是向曲线外侧偏移一段距离 E,这段距离称为偏距;相邻两跨梁中心线的交角 α 称为偏角;每段折线的长度 L 称为桥梁中心距。这些数据在桥梁设计图纸上已经标定出来,可直接查用。

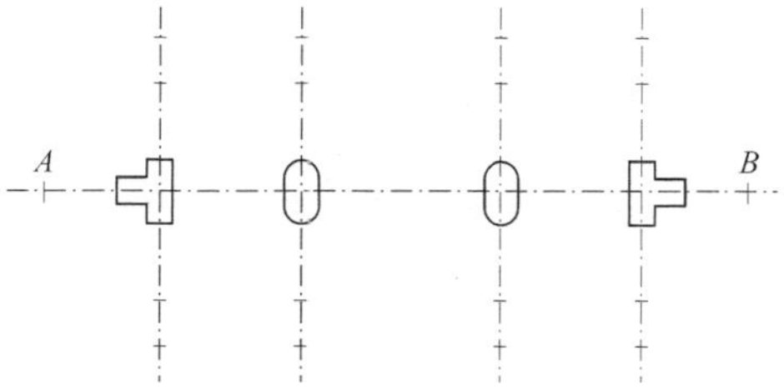

图 11-13　直线桥梁纵横轴线

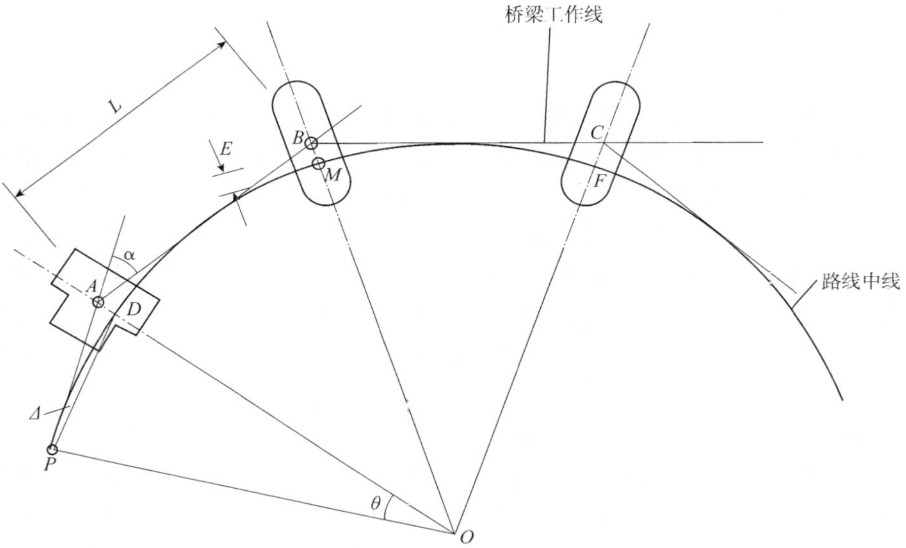

图 11-14　预制安装曲线桥梁桥墩纵横轴线

曲线桥在设计时,根据施工工艺可设计成预制板装配曲线桥或者现浇曲线桥。对于前者,桥墩台中心与路线中线不重合,桥墩台中心与路线中线有一个偏距 E,如图 11-14 所示;对于后者(图 11-15),注意放样时桥墩台中心与路线中线应重合。

预制板装配曲线桥放样时,可根据墩台标准跨径计算墩台横轴线与路线中线的交点坐标,放出交点后,再沿横轴线方向量取偏距 E,得墩台中心位置,或者直接计算墩台中心的坐标,直接放样墩台中心位置;对于现浇曲线桥,因为路线中线与桥墩台中心重合,可以计算墩台中心的坐标,根据坐标放样墩台中心位置。

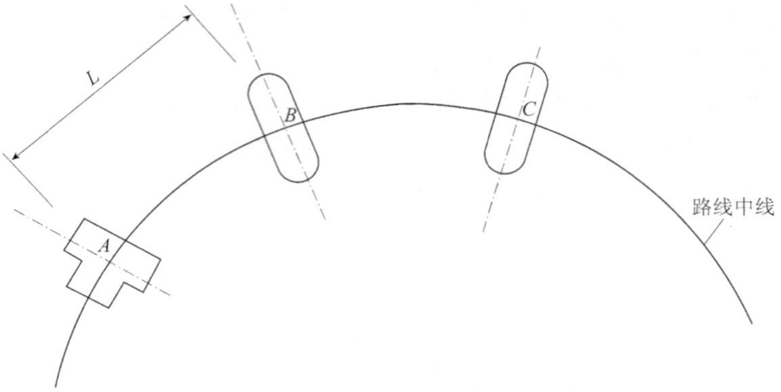

图 11-15 现浇曲线桥梁桥墩纵横轴线

第四节 隧道施工测量

一、概述(资源 11-4-1)

隧道的设计位置,一般在定测时已初步标定在地表面上,施工前先进行复测,检查并确认各洞口的中线控制桩。当隧道位于直线上时,两端洞口应各确定一个中线控制桩,以两桩连线作为隧道洞内的中线;当隧道位于曲线上时,应在两端洞口的切线上各确认两个控制桩,两桩间距应大于 200m。以控制桩所形成的两条切线的交角和曲线要素为准,来测定洞内中线的位置。由于定测时测定的转向角、曲线要素的精度以及直线控制桩方向的精度较低,满足不了隧道贯通精度的要求,所以施工前要进行地面控制测量。地面控制测量的作用,是在隧道各开挖口之间建立一精密的控制网,以便根据它进行隧道的洞内控制测量或中线测量,保证隧道的准确贯通。

地面控制测量分为平面控制测量和高程控制测量,也称洞外控制测量。其内容和第八章的内容没有本质的区别,在公路勘测阶段已经完成控制网的布设,并已将公路中线在实地进行了放线。在公路隧道施工阶段,首先需要对勘测阶段的控制网进行复核,以确保控制测量准确。原勘测阶段的控制网,如前所述,已不能满足施工需要,为保证隧道施工需要,可单独进行施工测量的设计。测量设计内容一般包括控制点的布设形式、实测方法、测设结果,并对贯通误差等是否满足设计要求进行说明。隧道施工测量,分洞外控制测量和洞内控制测量。

隧道施工测量,首先要建立洞外平面和高程控制网,每一开挖洞口附近都应设立平面控制点及水准点,以此将各开挖面联系起来,作为开挖放样的依据。随着坑道的向前掘进,必须将洞口控制桩坐标、方向以及洞口水准点的高程传递到洞内,再用导线测量的方法建立洞内的平面控制,用水准测量方法建立高程控制。根据洞内控制点的坐标及高程,来指导开挖方向,并作为洞内衬砌及建筑物放样的依据。隧道贯通后,必然产生平面及高程的贯通误差,此时需进行中线调整。设有竖井的隧道还需专门进行竖井测量。在隧道所有的施工项目完成后,要进行竣工测量,并在施工过程中和竣工后对隧道及有关建筑物进行沉陷和位移的观测。

1. 公路隧道洞外平面控制测量

隧道平面控制测量的主要任务，是测定各洞口控制点的平面位置，将设计方向导向地下，指引隧道开挖，并能按规定的精度进行贯通。

地面控制测量主要内容是：对设计单位所交付的洞外中线方向及长度和水准基点高程等进行复核；同时，按测量设计的形式进行控制点布设。

为准确测定隧道各部位置和为隧道施工准备条件，应做好洞外控制测量，设置各开挖洞口的引测投点，以利施工时据以进行洞内控制测量。因此，平面控制网站的选点工作，应结合隧道平面线形及洞口（包括辅助坑道口）的投点，结合地形地物，在确保精度的前提下，充分考虑观测条件、测站稳定程度。各测站应埋设混凝土金属标桩。

洞口投点的位置，应便于引测进洞，尽量避免施工干扰。各掘进洞口至少设1个投点，并尽量纳入控制网内。只有在条件不允许时，方可用插点形式与控制网联系。

当洞口位于曲线上时，应在曲线上或曲线附近增设1个投点，以利于拨角进洞；当洞口位于直线上时，也可于洞口前后各设1个测点，其间距不宜小于200m，以便沿隧道中线延伸直线进洞。

公路隧道洞外平面控制测量参考精度，见表11-6、表11-7。

洞外平面控制测量参考精度（一） 表11-6

测量方法	两开挖洞口间距离（km）	测角中误差（″）	最弱边边长相对中误差	起始边边长相对中误差	基线中误差
三角测量	4~6	2	$\frac{1}{20000}$	$\frac{1}{30000}$	$\frac{1}{45000}$
	2~4	2	$\frac{1}{15000}$	$\frac{1}{20000}$	$\frac{1}{30000}$
	1.5~2	2.5	$\frac{1}{15000}$	$\frac{1}{20000}$	$\frac{1}{30000}$
	<1.5	4	$\frac{1}{10000}$	$\frac{1}{15000}$	$\frac{1}{25000}$

注：表列精度按下列情况考虑。

1. 按洞口投点为三角网端点且距洞口为200m。
2. 起始边至最弱边的三角形个数不多于7个。
3. 一组测量。

洞外平面控制测量参考精度（二） 表11-7

测量方法	两开挖洞口间距离		测角中误差（″）	导线边最小长度（m）		导线边长相对中误差	
	直线隧道	曲线隧道		直线隧道	曲线隧道	直线隧道	曲线隧道
导线测量	4~6	2.5~4	2	500	150	$\frac{1}{5000}$	$\frac{1}{15000}$
	3~4	1.5~2.5	2.5	400	150	$\frac{1}{3500}$	$\frac{1}{10000}$
	2~3	1.0~1.5	4.0	300	150	$\frac{1}{3500}$	$\frac{1}{10000}$
	<2	<1.6	10.0	200	150	$\frac{1}{2500}$	$\frac{1}{10000}$

隧道洞外平面控制测量的主要任务是:测定相向开挖洞口各控制点的相对位置,并和路线中心线联系,以便根据洞口控制点进行开挖,使隧道按设计的方向和坡度及规定的精度贯通。

2. 隧道洞外平面控制测量方法

隧道洞外平面控制测量的主要任务是测定洞口控制点的平面位置,并同路线中线联系,以便根据洞口控制点位置,按设计方向和坡度对隧道进行掘进,使隧道以规定的精度贯通。根据隧道的分级和地形状况,洞外平面控制测量方法通常有中线法、精密导线法、三角锁法及卫星定位(GNSS)法等。

1)中线法

对于长度较短的直线隧道,可以采用中线法定线。中线法就是在隧道洞顶地面上用直接定线的方法,把隧道的中线每隔一定的距离用控制桩精确地标定在地面上,作为隧道施工引测进洞的依据。由于洞口两点不通视,需要在洞顶地面上反复校核中线控制桩是否精确地敷设在路线中线上。通常采用正倒镜分中延长直线法从一端洞口的控制点向另一端洞口延长直线。一般直线隧道短于1000m,曲线隧道短于500m时,可采用中线作为控制。

对地形、地质条件简单的中、短隧道,采用敷设中线法进行洞外平面控制测量时,必须遵守下列规定:

(1)使用1″级全站仪时,全站仪的两倍视轴差$2c$的绝对值应不大于30″,使用2″级全站仪时应不大于40″。超过上述限值时,必须进行视轴校正。

(2)对于直线隧道,可直接在地表沿隧道中线用经纬仪正倒镜延伸直线法进行敷设。每个转点间距视测量仪器及地形而定,一般宜在200~1000m,而且前后相邻导线长度之比不宜过大。以正倒镜法延伸直线钉转点桩时,应观测两次,两个分中点的横向差在每100m距离小于±5mm时,可用两个分中点的中点作为前方导线点的位置。

(3)曲线隧道可用其切线及虚交点法的基线组成控制测量的导线,以联系两端洞口投点,导线偏角亦采用两次正镜法敷设。

(4)水平距离测量,宜优先考虑采用全站仪,也可采用经过检定的钢尺或2m横基尺,并且应满足测距精度要求。

(5)采用敷设中线法作平面控制测量时,可与隧道洞顶轴线定测工作同时进行,但应按规定布设各开挖洞口应设置的洞口投点。

如图11-16所示,图中A、D为定测时路线的中线点(也是隧道洞口的控制桩),B、C…为隧道洞顶的中线控制桩,可按如下方法进行测设。

在A点安置全站仪,根据概略方向在洞顶地面上定出B'点,搬仪器到B'点,采用正倒镜分中法延长直线AB'到C'点,同法继续延长该直线,直到另一洞口控制桩D点的近旁D'点。在延长直线的同时,用全站仪测距法测定AB'、$B'C'$和$C'D$的距离。此时,D、D'两点必定不重合。量取D、D'两点的距离DD'。按比例关系计算出C点偏离中线的距离CC':

$$CC' = \frac{AC'}{AD'} \cdot DD' \tag{11-11}$$

在C'点沿垂直于$C'D'$的方向量取距离CC'定出C点,将仪器安置于C点,用正倒镜分中法，延长直线 DC 到 B 点，同法继续延长该直线，直到另一洞口控制桩 A 点的近旁得 A' 点，若 A' 点与 A 点重合（或在容许误差范围内），则测设完成。否则，用同样的方法进行第二次趋近，直至 B、C 等点精确位于 A、D 方向上为止。B、C 等点即可作为隧道掘进方向的定向点，A、B、C、D 的分段距离应用全站仪测定，测距的相对误差不应大于 1/5000。

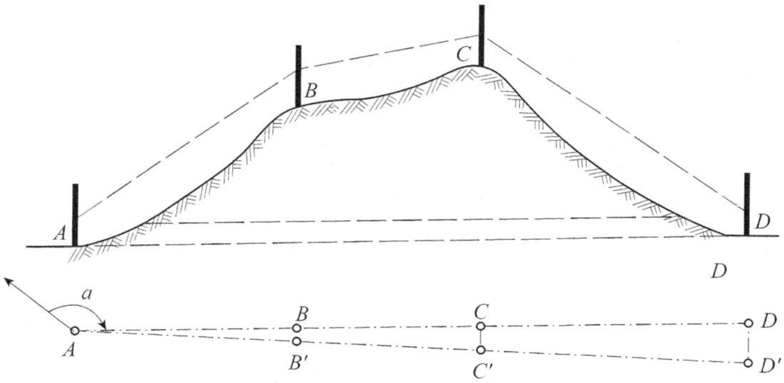

图 11-16　中线法地面控制

施工时，将仪器安置于隧道洞口控制桩 A 或 D 上，照准定向点 B 或 C，即可向洞内延伸直线。

2）精密导线法

地面导线的测算方法与本书第六章的导线测量基本相同，但其要求较高，所以测角和量测边长均应用较精密的仪器和方法，而且导线的布设须按隧道工程的要求来确定。直线隧道的导线应尽量沿两洞口连线的方向，布设成直伸形式，因直伸导线的量距误差主要影响隧道的长度，而对横向贯通误差影响较小。在曲线隧道测设中，当两端洞口附近为曲线时，则两端应沿其端点的切线布设导线点；中部为直线时，则中部应沿中线布设导线点；当整个隧道在曲线上时，应尽量沿两端洞口的连线布设导线点。导线应尽可能通过隧道两端洞口及各辅助坑道的进洞点，并使这些点成为主导线点。每个洞口应有不少于 3 个、彼此联系的平面控制点，以利于检测和补测。必要时，可将导线布设成主副导线闭合环，对副导线只测水平角而不测距。

导线法比较灵活、方便，对地形的适应性较好，在目前全站仪已经普及的情况下，该方法是隧道洞外控制形式的首选方案。

精密导线应组成多边形闭合环。它可以是独立闭合导线，也可以与国家三角点相连。导线水平角的观测，应以总测回数的奇数测回和偶数测回，分别观测导线前进方向的左角和右角，以检查测角错误；将它们换算为左角或右角后再取平均值，可以提高测角精度。为了增加检核条件和提高测角精度评定的可行性，导线环的个数不宜太少，一般不应少于 4 个；每个环的边数不宜太多，一般以 4 ~ 6 条边为宜。

在进行导线边长丈量时，应尽量接近于全站仪的最佳测程，而且边长不应短于 300m；导线尽量以直伸形式布设，减少转折角的个数，以减弱边长误差和测角误差对隧道横向贯通误差的影响。

具体应遵守下列规定：

（1）精密导线法一般是采用由正副导线组成的若干个导线环组成的控制网。主导线应沿两洞口连线方向敷设，每1～3个主导线边应与副导线联系。主导线边长视地形及测量仪具而定，一般不宜短于300m，相邻边长不宜相差过大，须测水平角及边长；副导线应按测角方便选定，一般只测水平角，不测边长。洞口投点，应为主导线点，不宜另外设立。

(2)主导线各边测距，应优先采用短程光电测距仪。测量边长时，必须按照下列规定进行：主导线采用短程光电测距仪测量边长时，每边应往返测量一次，各照准一次，应取3个读数，其最大较差小于5mm时，取平均值。各边边长相对中误差不得大于设计规定值。一般以其精度最低者预计隧道贯通横向中误差。

(3)主导线各边边长观测值，经各项改正后应归算到隧道平均高程处。环形导线网用简单平差法进行平差。导线桩位置以坐标法表示导线起始坐标值及坐标方位角，一般宜与隧道两端路线联系，便于贯通误差计算。实测的洞顶中线应以导线计算值为准进行核对，断链桩应置于控制测量范围以外的整数桩上。

隧道洞外精密导线法测量与《测量学》教材所讲的导线测量法相同，但隧道洞外导线测量的精度要求较高。测角和测边使用较精密的光电测距仪器。

(4)在直线隧道中，导线应尽量沿两洞口连接的方向布设成直伸式，因为直伸式导线量距误差只影响隧道的长度，而对横向贯通误差影响很小。

(5)在曲线隧道中，当两端洞口附近为曲线而中部为直线的隧道时，两端曲线部分可沿中线布设导线点；当整个隧道都在曲线上时，宜沿两端洞口的连接线布设导线点。如受地形、地物限制，可以离开中线或两洞口的连接线，但不宜离开过远。同时，曲线隧道的导线还应尽可能通过洞外曲线起讫点或交点桩，这样曲线交点上的总偏角可根据导线测量结果计算出来。据此，可将定测时所测得的总偏角加以修正，再用所求得的较精确的数值求算曲线元素。导线尽可能通过隧道两端洞口及辅助坑道口的进出洞点，使这些点能成为主导线点。若受条件限制，辅助坑道口的进洞点不便直接联系为主导线点时，可作支导线点(即副导线点)，这些点至少与两个主导线点联测，以保证精度。

(6)为了提高导线测量的精度和增加校核条件，一般将导线布置成多边形闭合环。当丈量距离困难时，可布设成主副导线闭合环，副导线只测其转折角而不量距离。

洞外导线测量量距精度要求较高，一般要求为1/5000～1/10000。在山岭地区，要求采用全站仪测角和测距，容易满足精度要求。

3)三角锁法

对于长隧道、曲线隧道及上、下行隧道的施工控制网，由于地形起伏多变，要求更高，故以布设三角锁为宜。测定三角锁的全部角度和若干条边长或全部边长，使之成为边角网。三角网的点位精度比导线高，有利于控制隧道的横向贯通误差，如图11-17所示。

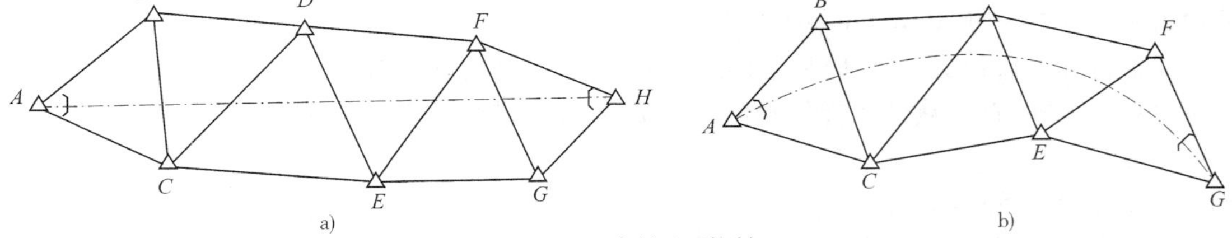

图11-17 三角锁地面控制

布设三角锁时，先根据隧道平面图拟定三角网，然后实地选点，用三角测量的方法建立隧道施工控制网。

用三角锁法布设隧道施工控制网时，一般布置成与路线同一方向延伸，隧道全长及各进洞点均包括在控制范围内，三角点应分布均匀，并考虑施工引测方便和使误差最小。基线不应离隧道轴线太远，否则将增加三角锁中三角形的个数，从而降低三角锁最远边推算的精度。

隧道三角锁的图形，取决于隧道中线的形状、施工方法以及地形条件。

直线隧道以单锁为主，三角点尽量靠近中线，条件许可时，可利用隧道中线作为三角锁的一边，以减少测量误差对横向贯通的影响。曲线隧道三角锁以沿两端洞口的连线方向布设较为有利，较短的曲线隧道可布设成中点多边形锁；长的曲线隧道，包括一部分是直线、一部分是曲线的隧道，可布设成任意形式的三角锁。

三角锁控制测量，必须重视三角网点位置的选择。布设时，应配合地形及隧道平面线形，对布点位置要做周密考虑，以保证达到以下各项要求：

(1)三角锁宜沿两洞口连线方向敷设，邻近隧道中线一侧的三角锁各边，宜尽量垂直于贯通面，避免较大的曲折。当地形、气候或其他特殊情况不允许时，方可少许离开隧道方向布设。

(2)三角锁的组成，以采用单三角形为主，近似等边三角形为佳。地形不许可时，也可采用任意三角形，其求距角应尽量接近60°，不宜小于30°，特别困难情况下应不小于25°。为配合地形，可部分采用大地四边形，以提高图形强度。为适应曲线隧道线形，个别图形也可采用中点多边形。

(3)组成三角锁的三角形个数宜少，起始边至最弱边的三角形个数不宜超过6个，否则应增设起始边。全隧道三角形个数，一般不宜超过12个。

(4)三角锁一般宜在中部设置一条起始边(或基线网扩大边)。必要时，可在较远处另设一条起始边以便检核，起始边长度不宜小于三角网最大边长的1/3。增列基线条件时，起始边应分设于锁的两端。

(5)洞口投点(包括辅助坑道洞口)，如因地形不允许定为三角点时，可采用插点形式与三角锁联系，而且以简单三角形联系为佳。

(6)三角点的位置，在确保精度的前提下，应稳固、便于施测，而且对邻近三角点有良好的通视条件，易于设立需长期保存的标志。

4)全球导航卫星系统(GNSS)法

用全球导航卫星系统(GNSS)的定位技术做隧道施工的地面平面控制时，只需要在洞口布设洞口控制点和定向点，除了洞口点及其定向点之间因需要通视而应做施工定向观测之外，洞口与其他洞口之间的点不需要通视，与国家控制点之间的联测也不需要通视。因此，地面控制点的布设灵活方便，而且其定位精度目前已能超过常规的平面控制网，加之其他优点，GNSS定位技术将在隧道施工测量的地面控制测量中被广泛应用。

二、隧道洞外地面高程控制测量

隧道高程控制测量的任务，是按照规定的精度，施测隧道洞口(包括隧道的进出口、竖井口、斜井口和坑道口等)附近水准点的高程，作为高程引测进洞的依据。保证按规定精度在高程方面正确贯通，并使隧道工程在高程方面按要求的精度正确修建。高程控制采用二、三、四、五等水准测量,当山势陡峻采用四、五等水准测量困难时,亦可采用全站仪三角高程的方法测定各洞口高程。多数隧道采用三、四等水准测量。

水准路线应选择在连接两端洞口最平坦和最短的地段,以期达到设站少、观测快、精度高的要求。水准路线应尽量直接经过辅助坑道附近,以减少联测工作。每一洞口埋设的水准点应不少于2个,两个水准点间的高差,以能安置一次水准仪即可联测为宜;两端洞口之间的距离大于1km时,应在中间增设临时水准点,水准点间距以不大于1km为宜。而且,根据两洞口点间的高差和距离,可以确定隧道底面的设计坡度,并按设计坡度控制隧道底面开挖的高程。

当布设地面导线时,若使用全站仪,则采用三角高程测量较为方便。一般规定,当两开挖洞口之间的水准路线长度短于10km时,容许高差不符值 $\Delta h \leqslant \pm 30\sqrt{L}$(mm)($L$为单程路线长度,单位为km)。如高差不符值在限差以内,取其平均值作为测段之间的高差。

三、隧道洞口掘进方向标定

洞外平面和高程控制测量完成以后,施工时,可按坐标反算的方法(洞口点的设计坐标和高程已知),求得洞内设计点和洞口附近控制点之间的距离、角度和高差关系(测设数据)。根据这些测设数据,可采用极坐标法或其他方法测设洞内设计点位,从而指导隧道施工。

1.掘进方向测设数据的计算

以三角锁平面控制测量结果为例。

(1)直线隧道。如图11-18所示为一直线隧道,洞口控制桩A、G位于三角网的两端,各三角点的坐标已求得,设为(x_i, y_i),S_1、S_2为从A点洞口进洞后的第一、二个里程桩,T_1、T_2为从G点洞口进洞后的第一、二个里程桩。为求得A点洞口隧道中线掘进方向及掘进后测设中线里程桩S_1,需计算下列极坐标法测设数据:

$$\begin{cases} \alpha_{AB} = \arctan \dfrac{y_B - y_A}{x_B - x_A} \\ \alpha_{AG} = \arctan \dfrac{y_G - y_A}{x_G - x_A} \\ \beta_A = \alpha_{AG} - \alpha_{AB} \\ D_{AS_1} = \sqrt{(x_{S_1} - x_A)^2 + (y_{S_1} - y_A)^2} \end{cases} \tag{11-12}$$

对于G点洞口隧道中线掘进方向及掘进后测设中线里程桩T_1,可做类似的计算。

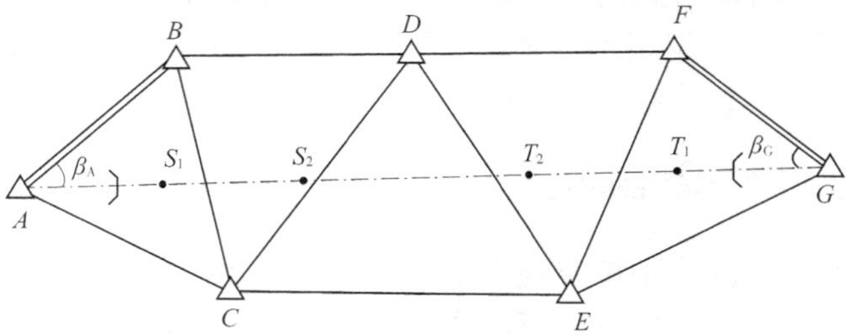

图11-18 直线隧道掘进方向

以上角值应计算到秒，距离应计算到毫米。现场施工时，在实地安置仪器于 A 点，后视 B 点，拨水平角 β_A 即为 AG 进洞方向；同样，置仪器于 G 点，后视 F 点，拨角 $(360° - \beta_G)$ 即为 GA 进洞方向。

(2)设有曲线段的隧道。对于中间设有曲线的隧道，应用三角网控制的曲线隧道。如图 11-19 所示，设各三角点的坐标已求得为 (x_i, y_i)，路线中线转角点 C(又可称为 JD)的坐标和曲线半径 R 已由设计所指定。有了这些数据后，对于直线段可按前述方法进行。当掘进达到曲线段的里程后，可以按照测设道路圆曲线的方法指导隧道的掘进。

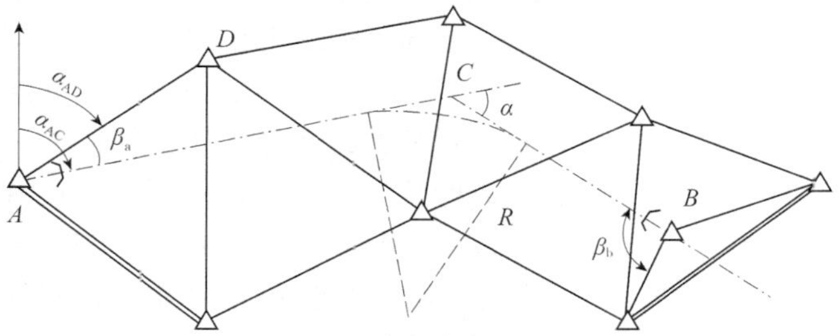

图 11-19　曲线隧道掘进方向

(3)辅助巷道。如图 11-20 所示为直线隧道上设一横向辅助巷道，其中 A、B 为正洞洞口控制桩，E、D 为横洞洞口控制桩，其坐标均已通过设计求出。进洞测设数据计算，主要是算出 ED 线与正洞中线的交角 β_1、E(或 D)点到正洞与横洞交点 C 的距离，以及 A 点到 C 点的距离。

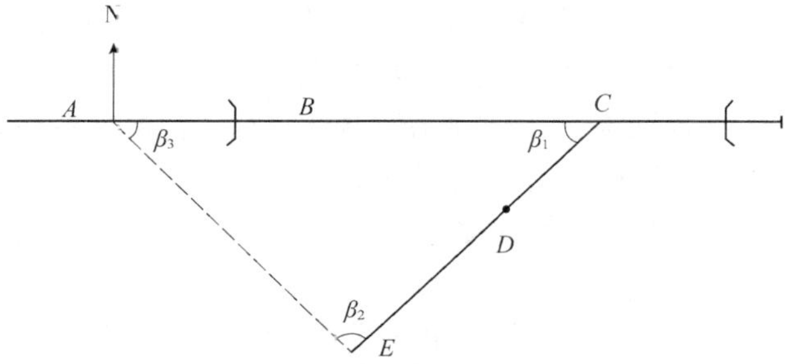

图 11-20　辅助巷道掘进方向

其计算方法如下：

按坐标反算的方法，分别求出 BA、DE、AE 的方位角 α_{BA}、α_{DE}、α_{AE} 以及 AE 的距离 D_{AE} 后，有：

$$\begin{cases} \beta_1 = \alpha_{BA} - \alpha_{DE} \\ \beta_2 = \alpha_{ED} - \alpha_{EA} \\ \beta_3 = \alpha_{AE} - \alpha_{AB} = \alpha_{AE} - \alpha_{BA} \pm 180° \end{cases} \tag{11-13}$$

在 $\triangle ACE$ 中，已知三内角 β_1、β_2、β_3 和一边长 D_{AE}，则根据正弦定理得出：

$$\begin{cases} D_{AC} = \dfrac{D_{AE} \cdot \sin\beta_2}{\sin\beta_1} \\ D_{EC} = \dfrac{D_{AE} \cdot \sin\beta_3}{\sin\beta_1} \end{cases} \tag{11-14}$$

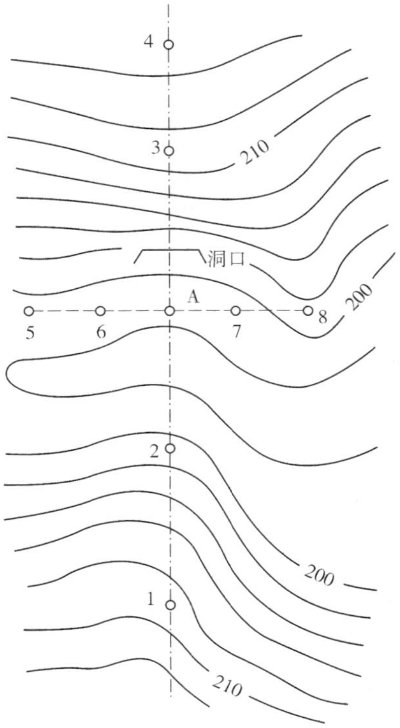

图 11-21 洞口控制点和掘进方向标定

2. 洞口掘进方向的标定

隧道贯通的横向误差主要由测设隧道中线方向的精度所决定,而进洞时的初始方向尤为重要。因此,在隧道洞口,要埋设若干个固定点,将中线方向标定于地面上,作为开始掘进及以后洞内控制点联测的依据。如图 11-21 所示,用 1、2、3、4 桩标定掘进方向,再在洞口点 A 处沿与中线垂直方向上埋设 5、6、7、8 桩。所有标定方向桩均应采用混凝土桩或石桩,埋设在施工中不被破坏的地方,并测定 A 点至 2、3、6、7 等桩位的距离。这样,有了方向桩和相应数据,在洞口控制点和掘进方向标定过程中,可以随时检查或恢复进洞控制点的位置以及进洞中线的方向和里程。在现场无法丈量距离的情况下,则可在各 45°方向再打下两对桩,成"米"字形控制,用四个方向线把进洞控制点的位置固定下来。

四、隧道洞内施工控制测量

地面控制测量完成后,可利用控制点指导隧道开挖进洞。隧道开挖初期,洞内的施工是由进洞测量引进的临时中线点控制的。临时中线延伸一定距离后,需建立正式中线控制或导线控制,以控制隧道的延伸。同时,测设固定水准点,建立与洞外统一的高程系统,作为隧道施工放样的依据,保证隧道在竖向正确贯通。平面控制测量和高程控制测量统称为洞内控制测量。

由于隧道是带状的构造物,导线测量是洞内测量的首选形式。洞内导线测量是建立洞内平面控制的主要方法。将洞外建立的平面控制和高程控制传递到洞内,从而建立洞内控制点。然后利用这些洞内控制点,建立洞内导线点和水准点,对洞内的中线方向及洞内的高程进行标定,以便及时修正隧道中线的偏差、控制掘进方向,保证洞内建筑物的精度和隧道施工中多向掘进的贯通精度。

1. 洞内导线测量

洞内导线测量是建立洞内平面控制的主要形式。临时中线控制隧道开挖至一定的深度后,应立即建立正式中线,以满足控制隧道延伸的需要。正式中线点是通过导线点按极坐标法测设的,因此隧道开挖至一定的距离后,导线测量必须及时跟上。洞内导线的起始点通常都设在隧道洞口、平行坑道口、横洞或斜井口,它们的坐标在建立洞外平面控制时已确定。洞内导线点应尽可能沿路线中线布设。为了提高导线测量的精度和加强对新设置导线点的校核,洞内导线可组成多边形闭合环或主副导线闭合环(副导线只测角、不量边)。主导线点应埋设永久基桩,埋设深度以不易被破坏和便于利用为原则。

图 11-22 所示为导线闭合环形式。图中 0 为洞外平面控制点,1、2、3、4、5、6…为沿隧道中线布设的导线点,其边长为 50~100m,在旁侧并列设立另一导线 1′、2′、3′、4′、5′、6′…,一般每隔两三边闭合一次,形成导线环。每设一对新点,应首先根据观测值求解出所设新点的坐

标。如由5点设立6点,由5′点设立6′点,在角度和边长观测以后,即可根据5点的坐标求6点的坐标,根据5′点的坐标求6′点的坐标,这种导线闭合前的坐标在此称为资用坐标。然后由6、6′点的坐标反算两点间的距离,并与实地量测的距离做比较,以进行实地检核。若比较后未超限,即可根据这些点测设中线点或施工放样。等导线闭合以后进行平差,再算平差后的坐标值。若平差后的坐标值与资用坐标值相差很小(一般为2~3mm),则根据资用坐标测设之中线点可不再改动;若超限,则应按平差后的坐标值来改正中线点的位置。计算到最后一点坐标时,则取平均值作为最后结果。

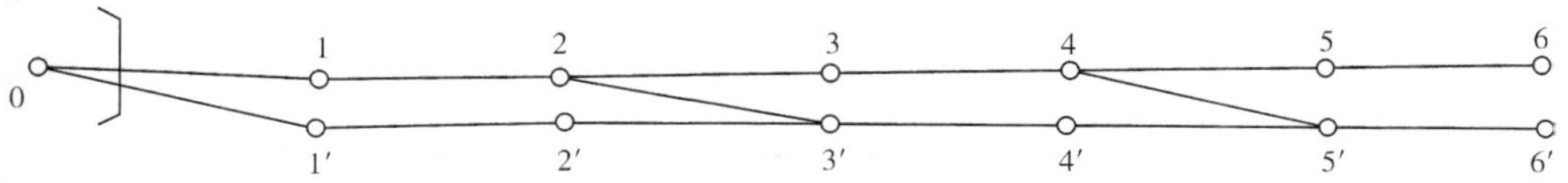

图11-22　导线闭合环

在布设主副导线闭合环时,其形式与导线闭合环基本相同,但主副导线埋设不同的标志。如图11-23所示为主副导线闭合环,图中主导线(以双线表示)传递坐标及方位角,副导线(以单线表示)只测角、不量边,供角度闭合。此法具有上述导线闭合环的优点,即导线环经角度平差以后,可以提高导线端点的横向点位精度,并对水平角度测量做较好的检核,根据角度闭合差还可评定测角精度,同时减少了大量的量距工作。

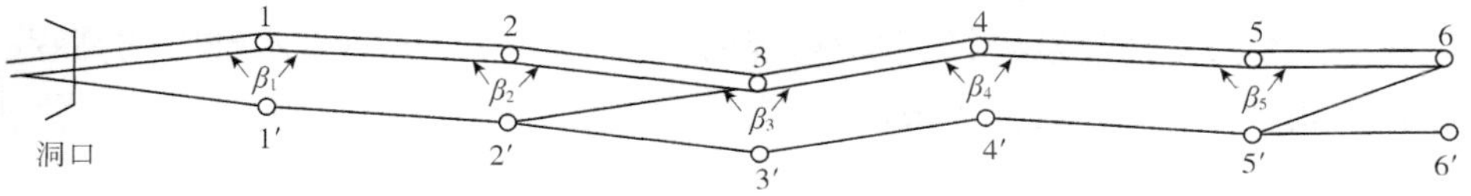

图11-23　主副导线闭合环

角度闭合差分配后,按改正后的角度值计算主导线各点的坐标,最后按主导线点的坐标来测设中线点的位置。

2. 洞内水准测量

洞内水准测量的目的是在洞内建立一个与地面统一的高程系统,作为隧道施工放样的依据,保证隧道在竖向正确贯通。洞内水准测量一般以洞口水准点的高程作为起始依据,通过水平坑道、竖井或斜井等处将高程传递到地下,然后测定各水准点的高程。

洞内水准测量的方法与地面水准测量的方法相同,按三、四等水准测量方法进行。洞内水准路线,应由洞口高程控制点向洞内布设,一般与洞内导线的线路相同,导线点可以兼作水准点,结合洞内施工情况,测点间距以200~500m为宜。需要注意以下两点:一是在隧道贯通之前,水准路线为支线,需要往返观测及多次观测进行校核;二是水准点的设置应与围岩级别相适应,四、五、六级围岩易变形,拱顶下沉较多,宜选在围岩级别高的地方,同级围岩,底板优于边墙、顶板。主要原因是施工爆破震动、机械震动、围岩收敛等会影响水准点的稳定。在顶板设置水准点时应谨慎。

洞内施工用的水准点,应根据洞外、洞内已设定的水准点,按施工需要加设。由于洞内通视条件差,仪器到水准点的距离不宜大于50m,并用目估法使其相等。为使施工方便,在导坑内拱部、边墙施工地段宜每100m设立一个临时水准点,并定期复核。对所有水准点均应定期复核,检测水准点是否因受施工爆破震动等因素而发生变化。

由于洞内工作场地小、施工干扰大,以及施工放样时要测定高程点的部位不同,需采用不同的方法来进行。

放样洞顶高程时,在洞底水准点上正立水准尺,以此为后视点,在洞顶倒立水准尺,以此为前视点,如图 11-24 所示(其他形式参考该类型)。此时两点的高差仍为 $h = a - b$,但应注意:后视读数为正,前视读数为负,然后用常规计算方法,计算洞顶高程。

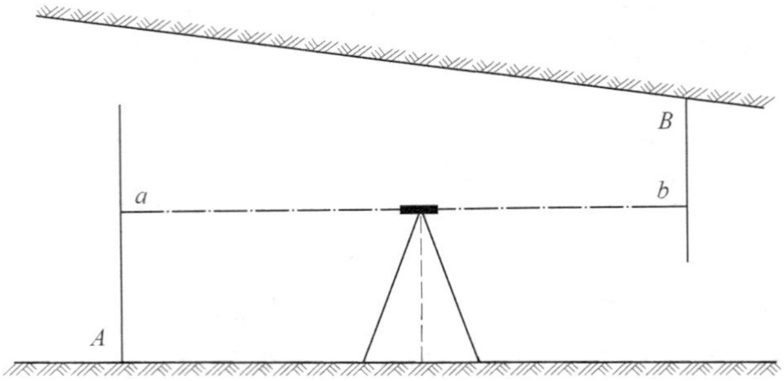

图 11-24　洞内水准测量

隧道贯通后,可在贯通面附近设立一个水准点,由两端洞口引进的水准路线都联测到此点上,这样此水准点便有两个高程数值,二者之差值即实际的高程贯通误差。若此误差在允许范围内,则以水准路线长度的倒数为权,取两高程的加权平均值作为所设水准点的高程。据此,再调整洞内其他水准点的高程,作为最后成果。

五、隧道洞内的中线测量工作

隧道掘进一般采用临时中线来控制。设置在洞内的主要导线点,绝大多数不在贯通理论中线上。为便于日常施工放样,在一定区段内,需根据主导线点测设一定数量位于贯通理论中线上的中线点,作为施工放样的依据。测设中线点一般用坐标法、直角坐标法和极坐标法。

由于洞内导线点和设计的中线里程桩坐标是已知的,用全站仪可以很方便地直接在导线点上架设仪器,放出中线点,再通过中线点与开挖轮廓线等的关系,对隧道进行施工放样。

六、隧道洞内施工中线延伸测量

隧道掘进一般采用临时中线来控制,设立临时中线是为了在平面和高程上控制导坑断面的位置。故导坑内临时中线点间的距离较短,通常在直线上为 10m,在曲线上为 5m。

1. 直线导坑的延伸测量

直线导坑的延伸测量可采用串线法进行,此法是将指导开挖的临时中线点设在洞顶。施测时,在中线方向上悬吊三条垂球线,以眼睛瞄准指导开挖方向。采用该法时,作为标定方向的两条垂球线的间距不宜短于 5m。当直线导坑延伸长度超过 30m 时,应用全站仪检核一次,并用仪器设置一个临时中线点,以后仍用上法目测指示掘进。

用全站仪延伸法,当中线延伸到 20m 或 30m 时,应使用全站仪定正前端临时中线点;仪器定正若干次,达到设置一个正式中线点的长度时,则需设正式中线点。正式中线点的点间距离，在直线上一般为100～200m。临时中线用正倒镜拨角分中定点，距离可用全站仪测距。

另外，对于直线导坑的延伸测量，在有条件的情况下，可配合使用激光指向仪指导掘进方向。

2. 曲线导坑的延伸测量

导坑延伸的曲线测量原理与洞外曲线的测设基本相同，但导坑延伸的曲线测设方法有自己的特点，即由于洞内地域狭窄，施测时必须将曲线分段（一般为5m或10m），以缩短支距、减小偏角，便于施测。下面介绍几种常用的方法。

（1）切线支距法。如图11-25所示，设圆曲线半径为R，分段曲线长为l，则可按式（11-15）计算分段弧长l所对应的圆心角φ、切线长t、弦长c和分段弧长l终点的坐标(x,y)。

$$\begin{cases}\varphi = \dfrac{l}{R}\cdot\dfrac{180}{\pi}\\ t = R\cdot\tan\dfrac{\varphi}{2}\\ c = 2R\cdot\sin\dfrac{\varphi}{2}\\ x = R\cdot\sin\varphi\\ y = R\cdot(1-\cos\varphi)\end{cases}\tag{11-15}$$

将工程数值代入上式求出各物理量后，即可按如下方法进行测设：

在图11-25中，由直线段掘进至B点（ZY点）后，继续按原方向（切线方向）掘进一段距离x，得到K点，再由K点作切线方向的垂线，并量支距y得1点（1点也可由K点及B点分别量支距y和弦长c交会得出）。由B点沿切线方向前量距离t，得P点。再量P点与1点的距离（应等于t），以检查1点的位置是否正确。若正确，则可用P、1两点的连线方向（即过1点的切线方向）指导向前继续掘进。当挖进距离x后，可用设置1点的方法得到2点。如此继续下去。

设置出曲线上一个点后，可用偏角法复核，即将全站仪置于B点，以零读数照准B点的切线方向，拨$\varphi/2$角量弦长c，准确定得1点；再置仪器于1点，正镜读数对零，后视B点，倒镜转动上盘，使读数为φ，即得1点与2点连线的方向，然后从1点量c准确定得2点。同法可得后面各点。

（2）后延弦线偏距法。如图11-26所示，设圆曲线半径为R，分段曲线长为l。则与l所对应的元素：分段弧长l所对应的圆心角φ、切线长t、弦长c和分段弧长l终点的坐标(x,y)均可按切线支距法求得。现场测设时，先用前述的切线支距法定出1点，再用钢尺分别从B点及1点量弦长c及弦线偏距d，交会出2′点；以2′点与1点的连线方向指导开挖，当挖足弦长c距离后，沿2′、1方向线由1点起向前量取弦长c，即可定出曲线上2点。同法测设后面各点。

对于圆曲线，弦线偏距d按下式计算：

$$d = \frac{c^2}{R}\tag{11-16}$$

式中：c——分段弧长l所对应的弦长；

R——圆曲线的半径。

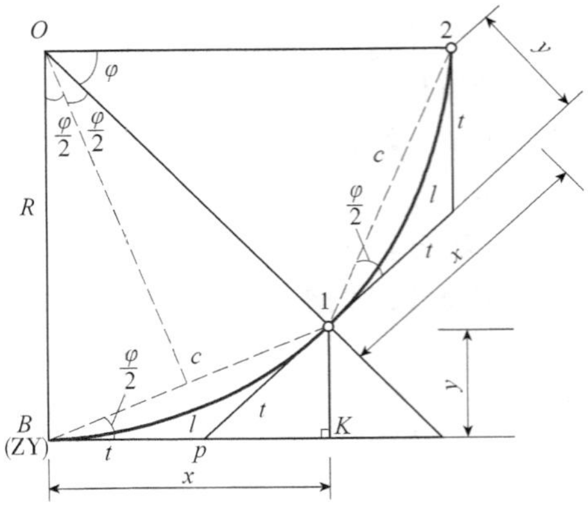

图 11-25 切线支距法

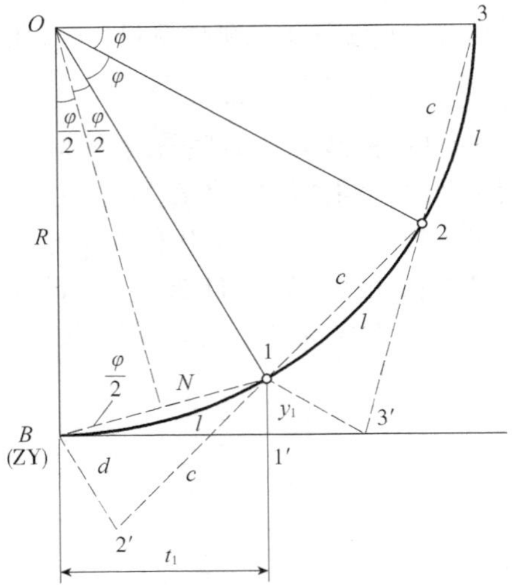

图 11-26 后延弦线偏距法

(3)全站仪坐标法。全站仪坐标法是目前主要采用的方法,该方法方便准确,在对隧道超欠控制方面,较其他方法精度高。可参照第八章圆曲线测设的有关方法内容,在此不再赘述。

七、隧道断面的量测

隧道开挖过程中,要求控制超挖、减少欠挖。测量人员必须及时测量断面尺寸,包括开挖测量断面尺寸和初衬断面尺寸,以指导施工。为使开挖断面能较好地符合设计断面要求,在每次掘进前,应在开挖断面上,根据中线和轨顶高程,标出设计断面尺寸线。需要注意的是,如前所述,模板放样时,允许将设计的衬砌轮廓线扩大5cm,确保衬砌不侵入隧道建筑限界。这样,开挖轮廓线相应扩大5cm,同时要考虑拱顶下沉预留的沉落量,以保证隧道的净空。测量人员必须将上述尺寸计算在内。

随着技术的进步,激光断面仪、免棱镜全站仪在隧道断面中的应用越来越广,仪器通过辐射测量极坐标的方式,能准确迅速地完成断面测量、放样等工作。

分部开挖的隧道在拱部和马口开挖后、全断面开挖的隧道在开挖成型后,应采用断面自动测绘仪或断面支距法测绘断面,检查断面是否符合要求,并用来确定超挖和欠挖工程数量。测量时,根据中线及拱顶外线高程,从上而下每隔0.5m(拱部和曲线地段)和1.0m(直墙地段)向中线左右量测支距(量测支距时,应考虑隧道中心与路线中心的偏移值和施工的预留宽度),以指导开挖及检查断面,并作为立拱架的依据。遇有仰拱的隧道,仰拱断面测量应由设计洞顶高程线每隔0.5m(自中线向左右)向下量出开挖深度。

八、隧道衬砌位置控制

隧道衬砌,不论何种类型均不得侵入隧道建筑界限,否则隧道为不合格工程。因此,各个部位的衬砌放样都必须在线路中线、水平测量正确的基础上完成,使其位置正确、尺寸和高程符合设计要求。具体做法如下:

拱部衬砌是在安装好的拱架模型板上完成的，拱架必须架立在开挖断面符合净空要求及中线水平桩点正确无误的基础上。拱架制作是根据设计的拱架图，在放样台上按1:1的比例放出大样，按大样制作构件拼装而成；拱架在受力后可能发生下沉及内挤，影响隧道净空，因此必须根据地质情况预留加宽和沉落量，一般方法是将拱圈半径加大2～5cm；必要时可提高起拱线和拱顶高程，但边墙基底高程应固定不变，砌筑边墙时，应在此不变高程基础上，加上提高起拱线的数值。

在拱圈衬砌之前，还必须检查拱架和模型板的安装质量及净空尺寸、中线水平是否都合乎要求。在衬砌施工过程中，应随时检查模型板及拱架的状态，发现变形和移动，应停止灌注，立即纠正，以保证净空要求。

衬砌边墙放样、仰拱及铺底施工放样在此不再详细讲述，需要特别指出的是，隧道施工不同于桥梁工程和路基工程，必须保证净空要求，否则隧道为不合格工程。仰拱及铺底施工放样，也要保证基层、路面等结构的厚度，不许抬高路面高程，放样时要特别注意。

第五节 隧道竖井联系测量

在长隧道的施工中，为增加工作面、缩短工期，可用竖井、斜井或平洞来增加施工开挖面。为改善营运通风或施工条件而竖向设置的坑道，称为竖井；按一定倾斜角度设置的坑道，称为斜井；水平设置的坑道，称为平洞。这些坑道也称为辅助坑道。当隧道顶部覆盖层较薄，并且地质条件较好时，可采用竖井配合施工。不论何种形式，都要经由竖井布设导线，构成一个洞内外统一的高程系统，这种导线称为联系导线。其性质属于支线性质，测角量边的精度直接影响隧道的贯通精度，必须多次精密测定，反复校核，确保无误。将地面控制网中的坐标和高程，通过竖井传递到地下，这些工作称竖井联系测量。

施工前，应根据洞外平面控制测量时定出的竖井中心位置和纵横中心线，即十字线，并于每条线的两端各埋设两个混凝土永久桩，该桩距井筒周边50m以外。在开挖过程中，竖井的垂度靠悬挂重锤的铅垂线来控制，开挖深度用钢尺丈量。当竖井挖掘到设计深度，并根据初步中线方向分别向两端掘进十多米后，就必须进行井上和井下的联系测量，把洞顶地面高程和地面控制网中的坐标传递到井下及洞内，指导井下隧道开挖。

1. 竖井定向

竖井定向是指通过竖井将地面控制点的坐标和直线的方位角传递到地下。井口附近地面上导线点的坐标和边的方位角，将作为地下导线测量的起始数据。

竖井定向的方法有连续三角形法和陀螺全站仪竖井定向法等。一般采用连接三角形法。

1）连接三角形法

在竖井中悬挂两根细钢丝，为了减小钢丝的振幅，需将挂在钢丝末端的重锤浸在液体中，以获得阻尼，该液体黏度要恰当，使得重锤不能滞留在某个位置，也不会因为黏度小而振幅衰减缓慢。当钢丝静止时，钢丝上的各点平面坐标相同，据此推算地下控制点的坐标。

如图11-27a)所示,A、B为地面控制点,其坐标是已知的,C、D为地下控制点。为求C、D两点的坐标,在竖井上方O_1、O_2处悬挂两条细钢丝,由于悬挂钢丝点O_1、O_2不能安置仪器,因此选定井上、井下的连接点B和C,从而在井上、井下组成了以O_1O_2为公用边的三角形$\triangle O_1O_2B$和$\triangle O_1O_2C$,一般把这样的三角形称为连接三角形。图11-27b)所示的便是井上、井下连接三角形的平面投影。

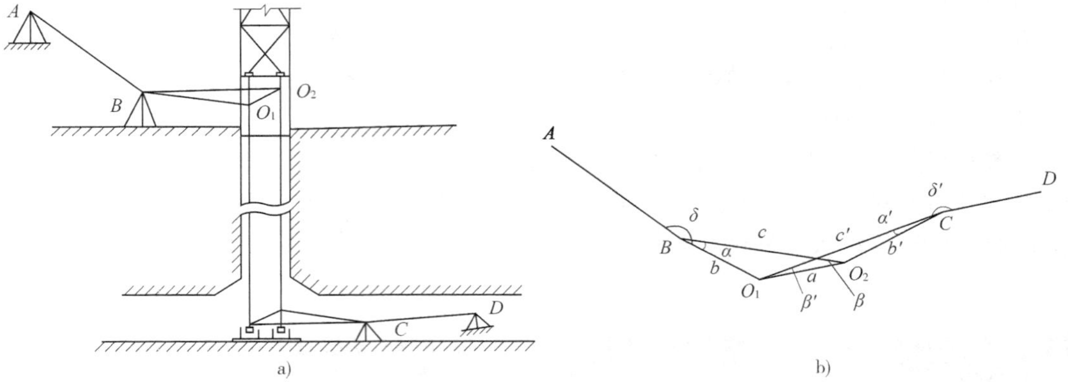

图11-27　竖井定向联系测量及连接三角形法

当已知A、B两点的坐标时,即可推算出AB边的方位角,若再测出地面上$\triangle O_1O_2B$中的$\angle O_1BO_2=\alpha$和三边长a、b、c及连接角$\angle ABO_1=\delta$,便可用三角形的边角关系和第六章的导线测量计算的方法,计算出O_1、O_2两点的平面坐标及其连线的方位角。同样在井下,根据已求得的O_1、O_2坐标及其连线方位角和测得井下$\triangle O_1O_2C$中的$\angle O_1CO_2=\alpha'$,以及三边长a、b'、c',并在C点测出$\angle O_2CD=\delta'$,即可求得井下控制点C及D的平面坐标及CD边的方位角。

洞内导线取得起始点C的坐标及起始边CD边的方位角以后,即可向隧道开挖方向延伸,测设隧道中线点位。

为保证测量精度,在选择井上B和井下C点时,应满足下列要求:

(1)CD和AB的长度应尽量大于20m。

(2)点B与C应尽可能地在O_1O_2延长线上,即角度$\beta(\angle BO_2O_1)$、α及$\beta'(\angle CO_1O_2)$、α'不应大于2°,以构成最有利三角形,称为延伸三角形。

(3)点C和B应适当地靠近较近的垂球线,使b/a及b'/a一般不超过1.5。

2)陀螺全站仪竖井定向法

利用陀螺全站仪可以直接在地面上测定某一方向的真方位角,同时可以利用该点的坐标计算子午线收敛角,计算该点到某一方向的坐标方位角,方便精确地为隧道中线定向。近年来,陀螺全站仪在自动化和高精度等方面有较大的发展,使陀螺全站仪在竖井隧道自动测定方面有了更多的应用。

2. 高程联系测量(导入高程)

高程联系测量的任务是把地面的高程系统经竖井传递到井下高程的起始点。导入高程的方法有钢尺导入法、钢丝导入法、测长器导入法以及光电测距仪导入法。下面仅介绍钢尺导入法和光电测距仪导入法。

1）钢尺导入法

如图 11-28 所示，在竖井地面洞口搭支撑架，将长钢尺悬挂在支撑架上并自由伸入洞内。钢尺下面悬挂一定质量的垂球，待钢尺稳定时，开始测量。假设在离洞口不远处的水准点 A 上立尺，在水准点和洞口之间架设水准仪，分别在水准尺和钢尺上读取中丝读数为 a、b，同时，在地下洞口和地下水准点 B 之间架设水准仪，在钢尺和水准尺上读数分别为 c、d，这时，地下水准点 B 与地面水准点 A 之间的高差为：

$$h_{AB} = (a - b) + (c - d) = (a - d) - (b - c) \tag{11-17}$$

$b - c$ 为井上、井下视线间钢尺的名义长度，实际计算中一般需加上尺长改正、温度改正、拉力改正和钢尺自重改正四项总和 $\sum \Delta l$，因此：

$$h_{AB} = (a - d) - [(b - c) + \sum \Delta l] = (a - d) - (b - c) - \sum \Delta l \tag{11-18}$$

根据地面水准点的高程，可以计算地下水准点的高程：

$$H_B = H_A + h_{AB} \tag{11-19}$$

导入高程均需独立进行两次（第二次需移动钢尺，改变仪器高度），加入各项改正数后，前后两次导入高程之差一般不应超过 5mm。

2）光电测距仪导入法

其具体做法如下：在井口搭一支架，支架可根据全站仪的外部轮廓加工制作，并在测距仪顶端安装专备的直角棱镜，将测距仪安置于支架上，安置中心与井下反射镜的安置中心均应在原投点位置。观测时，使测距头通过直角棱镜瞄准井底的反射棱镜测距，一般应观测 3 ~ 4 测回，每测回读数 3 次，限差应符合《公路勘测规范》（JTG C10—2007）的要求。距离应加气象常数改正（但不需测竖直角倾斜改正）；改正后的距离即为测距仪中心至井底反射棱镜的高差 D_h，然后用一台水准仪分别测出井上基点至测距仪中心的高差及井下基点至井下反射棱镜的高差。按式（11-20），将井上基点的高程传递至井下基点，如图 11-29 所示。

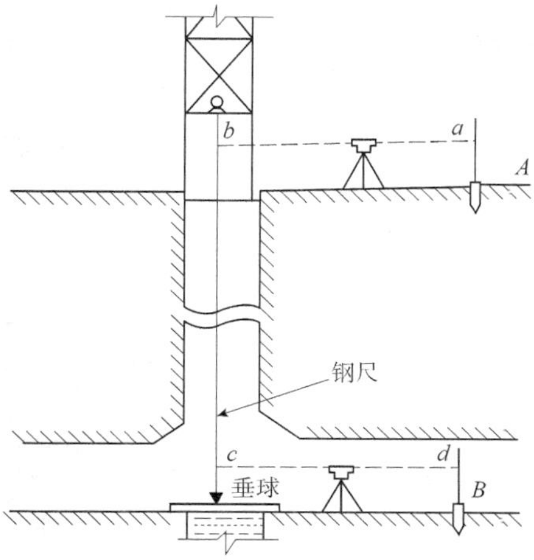

图 11-28 导入高程

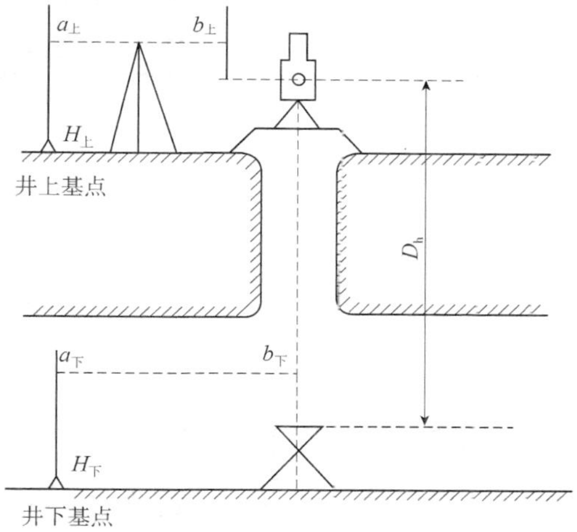

图 11-29 竖井高程传递至井下基点

$$H_下 = H_上 + a_上 - b_上 - D_h + b_下 - a_下 \tag{11-20}$$

式中：$H_下$——井下基点高程；

$H_{上}$——已知井上基点高程;
$a_{上}$——井上用水准仪测量的后视读数;
$b_{上}$——井上用水准仪测量的前视读数;
$a_{下}$——井下用水准仪测量的后视读数;
$b_{下}$——井下用水准仪测量的前视读数;
D_{h}——测距仪中心至井底棱镜的距离。

第六节 隧道贯通测量与贯通误差估计

在隧道施工中,往往采用两个或两个以上的相向或同向的掘进工作面分段掘进,使其按设计的要求在预定的地点彼此接通,称为隧道贯通。由于施工中的各项测量工作都存在误差,从而易使贯通产生偏差。贯通误差在隧道中线方向的投影长度称为纵向贯通误差;在横向即水平垂直于中线方向的投影长度称为横向误差;在高程方向上的投影长度称为高程误差。纵向误差只对贯通在距离上有影响;高程误差对坡度有影响;横向误差对隧道质量有影响,通常称该方向为重要方向。不同的工程对贯通误差有不同的要求。为保证隧道施工在两个或多个开挖面的掘进中,施工中线在贯通面上的横向及高程能满足贯通精度要求,符合路面及纵断面的技术条件,必须进行控制测量及贯通误差的测定和调整。

公路隧道洞内两相向施工中线,在贯通面上的极限误差规定见表11-8。控制测量精度以中误差衡量,最大误差(极限误差)规定为中误差的2倍。由测量误差引起在贯通面上产生贯通误差的影响值,应不大于表中的规定值。

贯通面上贯通误差影响值的分配 表11-8

测量部位	横向中误差(mm)		高程中误差(mm)
	两开挖洞口间长度(m)		
	<3000	3000~6000	
洞外	45	55	25
洞内	60	80	25
全部隧道	75	100	35

注:设有竖井的隧道,应视施测条件按误差分配原理,另行计算各测量部位对贯通面上的横向中误差,不适用本表。

隧道贯通后,应进行实际偏差的测定,以检查其是否超限,必要时还要做一些调整。贯通后的实际偏差常用以下方法测定。

1. 中线延伸法

隧道贯通后,把两个不同掘进面各自引测的地下中线延伸至贯通面,并各钉一临时桩,如图11-30a)所示的A、B两点,丈量出A、B两点之间的距离,即为隧道的实际横向偏差。A、B两临时桩的里程之差，即为隧道的实际纵向偏差。

2. 求坐标法

隧道贯通后，两不同的掘进面共同设一临时桩点，由两个掘进方向各自对该临时点进行测角、量边，如图 11-30b）所示，然后计算临时桩点的坐标。所得的闭合差分别投影至贯通面及其垂直的方向上，得出实际的横向和纵向贯通误差。

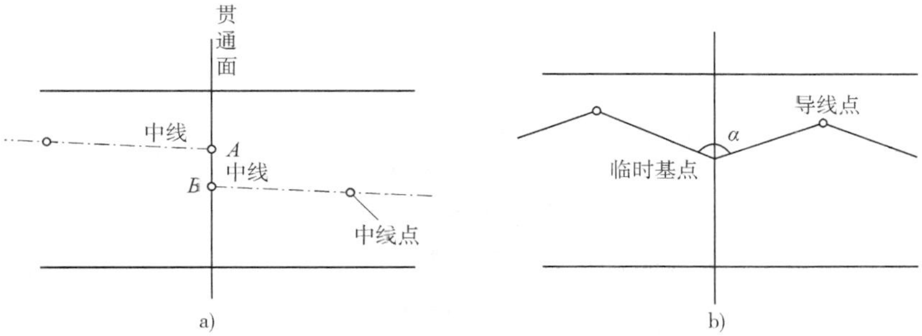

图 11-30 隧道贯通误差测量

隧道贯通后的高程偏差，可按水准测量的方法，由水准路线两端向洞内实测，测定同一临时点或中线点的高程，所测得的高程差值即为实际的高程贯通误差。

公路隧道施工贯通误差的调整方法，采用折线法调整直线段隧道的中线；曲线段隧道，根据实际贯通误差，由曲线的两端向贯通面按比例调整中线；精密导线测量延伸中线时，贯通误差用坐标增量平差来调整。

进行高程贯通误差调整时，贯通点附近的水准点高程，采用由进出口分别引测的高程平均值作为调整后的高程。

公路隧道贯通后，施工中线及高程的实际贯通误差，应在尚未施工衬砌的 100m 地段内调整。该段的开挖及衬砌均应以调整后的中线及高程进行施工放样。

隧道贯通后误差调整如下：

（1）如果调整而产生的转角在 5′以内，作为直线考虑；转角在 5′～25′时，按顶点内移量考虑，见图 11-31 和表 11-9；转折角大于 25′时，则应加设半径为 4000m 的曲线。

（2）隧道调整地段位于圆曲线上，曲线的两端向贯通面按长度比例调整中线（图 11-31）。

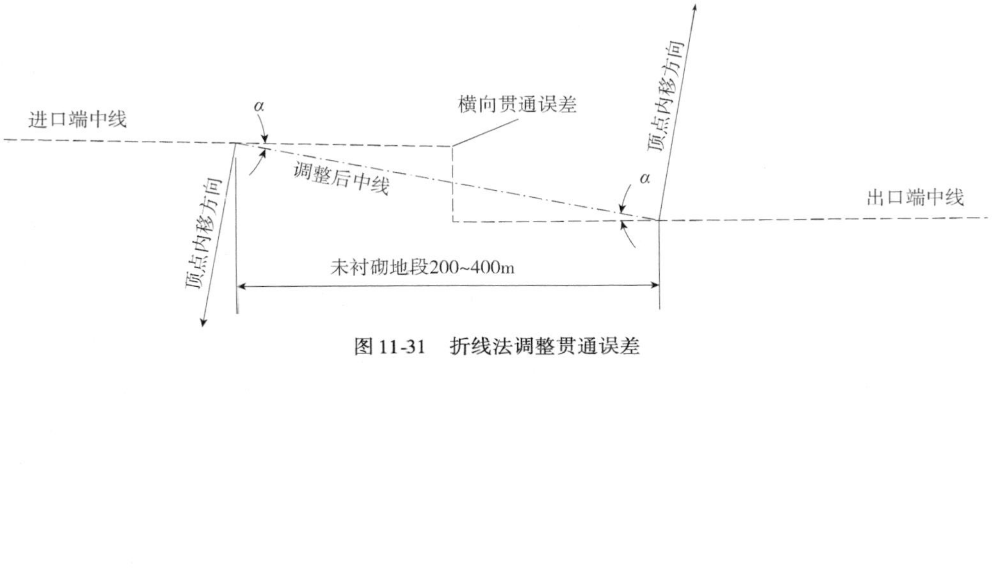

图 11-31 折线法调整贯通误差

贯通误差调整　　表11-9

转折角(′)	内移量(mm)	转折角(′)	内移量(mm)	转折角(′)	内移量(mm)
5	1	15	10	25	26
10	4	20	17		

(3)贯通点附近的水准点高程,采用由进出口分别引测的高程平均值,作为调整后的高程。其他各点按水准路线的长度比例分配,作为施工放样的依据。

思考题与习题

1. 桥梁控制测量的任务是什么?
2. 桥梁工程测量的主要内容是什么?
3. 桥梁平面控制测量的方法有几种?
4. 桥梁平面控制测量的等级?
5. 桥位中线测量的目的是什么?
6. 桥位测量的目的是什么?
7. 什么是墩、台施工定位?
8. 简述桥梁墩台的纵横轴线测设。
9. 简述桥梁墩台定位测量的几种常用方法。
10. 隧道施工测量放样包括的内容有哪些?
11. 洞外平面控制测量方法有哪几种?
12. 洞内施工测量的主要内容包括哪些方面?
13. 竖井高程传递常用测量方法有哪些?
14. 施工贯通误差测定方法有哪些?
15. 什么是竖井联系测量? 它包括哪些内容?

附录
Appendix

参考课程标准

一、课程说明

(1)课程名称:工程测量。

(2)适用专业:交通运输类相关专业。

(3)建议学时(学分):理论教学98学时/6学分+2~3周集中实训/2~3学分。

(4)建议开设学期:第一学期和第二学期。

二、课程性质及定位

1. 课程性质

工程测量是道路运输类相关专业的一门专业基础课程,是一门实践性强、理论与实践紧密结合的课程。本课程培养学生具备交通工程建设中必须掌握的测量基本理论、基本方法和基本技能,以及运用国家现行规范、规程、标准解决工程测量技术相关问题的能力,培养学生动手能力、实践创新能力以及处理实际工程施工测量问题能力,为学生学习后续专业课程和毕业后参加工作奠定基础。本课程教学应使学生达到"1+X"资格证书中相关技术考核的基本要求。

本课程的平行课程有:应用高等数学、工程制图(含CAD)、计算机应用基础。

本课程的后续课程有:测量综合实训、公路设计、桥梁工程等。

2. 课程定位

课程对接的岗位及岗位工作能力要求见附表1。

课程对接的工作岗位及岗位能力要求　　附表1

对接的工作岗位	对接培养的职业岗位能力
测量员	1. 具备熟练使用水准仪、全站仪、GNSS等测量仪器的能力; 2. 具备进行平面控制测量和高程控制测量的能力; 3. 具备进行路桥工程施工测量的能力; 4. 具备地形图测绘的能力

三、课程设计思路

1. 总体思路

由学校专任教师、行业和企业专家合作,构建任务引领型课程体系,紧紧围绕完成工作任务的需要来选择课程内容。从"任务与职业能力"分析出发,设定课程能力培养目标;以"工作项目"为主线,结合"1+X"证书中相关技术考核要求,培养学生的实践动手能力。本课程以道路工程技术类专业学生的就业为导向,根据行业专家对道桥类专业所涵盖的岗位群进行的任务和职业能力分析,同时遵循高等职业院校学生的认知规律,确定本课程的学习任务。

2. 课程设计思路

(1)目标设计

工程测量课程教学目标设计体现目前高等职业教育的最新教学理念,采用凸显职业教育特点的教学方法和评价体系,最终达到高等职业教育培养学生的目标要求,即用职业能力表述课程目标。

(2)内容设计

本课程设计5个项目模块,即:高程控制测量、平面控制测量、地形测量、线路测量和施工测量。

每个项目模块又分为若干个学习任务,围绕每个学习任务又选取若干个学习情境。打破传统的知识传授方式,以学习情境为主线,结合"1+X"证书技能要求,培养学生的实践动手能力。

(3)考核评价设计

采用知识与技能相结合的考核模式,突出专业技能的考核。知识能力考核过程中采用开卷与闭卷相结合的考核方式,对于基础知识的考核采用闭卷,对于能力提升的考核采用开卷。在平时考核中,注重采用口试、作业、实操等多种方式进行考核。

四、课程教学目标

1. 课程总体目标

通过任务引领型的项目活动,使学生具备从事工程测量工作所必需的专业知识、技能及相关的职业能力。使学生在掌握高程控制测量、平面控制测量、地形测量、中线测量的基础上,通过专业课程的学习,能够承担道路和桥梁等工程施工阶段的施工放样测量等工作任务。同时培养学生具有一定的科学文化水平、良好的人文素养、职业道德和创新意识、精益求精的工匠精神、较强的就业能力和可持续发展的能力,其成为能够从事工程测量工作的高素质技术技能人才奠定良好的基础。

2. 课程具体目标(附表2)

课 程 具 体 目 标 附表2

序号	项目模块	知 识 目 标	技 能 目 标	素 质 目 标
1	高程控制测量	1. 熟悉水准测量原理; 2. 掌握水准仪的使用与检校; 3. 掌握普通水准测量及二、三、四等水准测量的观测程序及测量精度评价和成果整理	1. 具备熟练使用水准仪进行水准测量的能力; 2. 具备进行高程控制测量的观测、成果整理和精度评定的能力	1. 坚定拥护中国共产党的领导和社会主义制度,在习近平新时代中国特色社会主义思想指引下,践行社会主义核心价值观,具有深厚的爱国情感和中华民族自豪感。 2. 遵纪守法、崇德向善、诚实守信、尊重生命、热爱劳动,履行道德准则和行为规范,具有社会责任感和社会参与意识。 3. 具有质量意识、环保意识、安全意识、信息素养、工匠精神、创新思维。 4. 勇于奋斗、乐观向上,具有自我管理能力、职业生涯规划的意识,有较强的集体意识和团队合作精神
2	平面控制测量	1. 熟悉角度测量原理; 2. 掌握全站仪的使用与检校; 3. 掌握导线测量外业观测和内业平差计算; 4. 掌握 GNSS 测量方法; 5. 掌握交会定点的数据计算	1. 具备熟练使用全站仪和 GNSS 进行测量的能力; 2. 具备进行平面控制测量的外业观测和内业数据处理的能力	
3	地形测量	1. 掌握地形图基本知识; 2. 掌握数字化测图的外业观测和内业成图方法; 3. 熟悉地形图的应用	具备进行数字化测图和工程识图的能力	
4	线路测量	1. 掌握平曲线主点详细测设原理和数据计算方法; 2. 掌握线路纵断面和横断面测设原理和数据计算方法	1. 具备用全站仪和 RTK 进行平曲线主点详细测设能力; 2. 具备线路纵断面和横断面测设断面绘图能力	
5	施工测量	1. 掌握高程放样和点的平面位置测设原理; 2. 掌握路桥放样数据计算方法和放样方法	1. 具备高程和点的平面位置放样能力; 2. 具备利用常规仪器进行现场放样能力	

五、课程内容与要求

1. 课程教学内容设计(附表3)

课程教学内容设计 附表3

序号	项目模块	任务单元	教 学 内 容	教 学 重 点	学时	
					理论	实践
1	高程控制测量	水准测量原理及水准仪使用	1. 水准测量的原理; 2. 水准仪的构造与基本操作; 3. 水准仪的检验与校正	自动安平水准仪和电子水准仪的操作	4	2
		水准测量实施	普通水准测量实施	外业观测步骤与观测数据的记录与计算	2	2
		高程控制测量	1. 三、四等水准测量; 2. 二等水准测量	外业观测程序及测站精度评定	2	4
		成果整理	高程控制测量内业数据平差计算	内业计算步骤及精度评定	2	

续上表

序号	项目模块	任务单元	教 学 内 容	教 学 重 点	学时	
					理论	实践
2	平面控制测量	角度测量	1. 角度测量原理; 2. 全站仪的构造与基本操作; 3. 水平角观测; 4. 全站仪的检验与校正	全站仪的操作及水平角观测程序	6	4
		距离测量	1. 卷尺量距; 2. 视距测量; 3. 光电测距仪量距; 4. 直线定向	距离测量精度评定及方位角推算	4	
		导线测量	1. 导线测量的外业工作; 2. 导线测量的内业计算	导线测量内业计算步骤及精度评定	6	4
		* GNSS 测量	1. GNSS 测量原理; 2. GNSS 测量作业模式; 3. GNSS 测量工作工程	GNSS 测量观测程序及数据处理	4	2
		交会定点	测角交会和测边交会	交会定点的内业计算	2	
3	地形测量	地形图的基本知识	1. 比例尺; 2. 地形图图式	地物、地貌符号的表示	2	
		数字地形图测绘	1. 数字地形图的外业工作; 2. 数字地形图的内业工作	内业成图软件使用	4	4
		地形图应用	1. 地形图的基本应用; 2. 地形图的工程应用	地形图的工程应用	2	
4	线路测量	中线测量基本知识	1. 定线测量; 2. 路线转角测定; 3. 里程桩设置	定线测量的方法及转角测定	2	
		圆曲线测设	1. 圆曲线测设; 2. 虚交	圆曲线测设数据计算及放样方法	6	4
		缓和曲线测设	缓和曲线测设	缓和曲线测设数据计算及放样方法	6	4
		复曲线测设	复曲线测设	测设数据计算	2	
5	施工测量	道路施工测量	1. 施工测量基本方法; 2. 点的平面位置放样; 3. 公路路线施工测量	高程和点的平面位置放样方法和公路边桩放样方法	4	4
		* 公路桥梁与隧道施工测量	1. 桥梁施工控制测量; 2. 桥轴线及墩台中心定位测量; 3. 隧道施工测量	桥梁控制网布设及桥轴线、墩台中心定位方法	4	
合计(学时)	98				64	34

注:加 * 任务内容各校可根据实际情况选取。

2. 课内试验教学内容设计(附表4)

课内试验教学内容设计 附表4

序号	项目模块	试验名称	学时
1	高程控制测量	1. 水准仪的使用	2
2		2. 闭合水准测量实施	2
3		3. 三、四等水准测量	2
4		4. 二等水准测量	2
5	平面控制测量	1. 全站仪的使用	2
6		2. 水平角观测(测回法)	2
7		3. 闭合导线测量的实施	4
8		*4. GNSS 测量	2
9	地形测量	*1. 数字化测图外业数据采集	2
10		*2. 内业成图软件使用	2
11	线路测量	1. 圆曲线详细测设	4
12		2. 缓和曲线详细测设	4
13	施工测量	1. 高程放样	2
14		2. 点的平面位置放样	2
合计(学时)	34		

注:加*的试验项目各校可根据实际情况选取。

3. 集中实训教学内容设计(附表5)

集中实训教学内容设计 附表5

序号	实训项目模块	任务名称	任务内容	时间安排(天)
1	控制测量实训	平面控制测量	用全站仪导线法按一级导线精度完成导线测量	2.5
2		高程控制测量	用电子水准仪按三等水准测量精度完成高程测量	2.5
3	*地形图测绘实训	地形图外业测量	用全站仪和 RTK 完成碎部点数据采集	3.0
4		地形图内业成图	用 CASS 完成内业成图	2.0
5	线路测量实训	中线放样	用全站仪和 RTK 完成中线详细测设	3.0
6		纵横断面测量	用水准仪法完成基平和中平测量;用水准仪皮尺法完成横断面测量	1.0
7		平面图和纵横断面图绘制	根据实训数据用 CAD 绘制路线平面图和纵横断面图	1.0
合计(天)	15			

注:加*的实训内容各校可根据实际情况选取。

六、教学实施建议

1. 教学组织与设计建议

(1)在教学过程中,应立足于加强学生实际操作能力的培养,采用项目教学,以工作任务引领,提高学生学习兴趣,激发学生的成就动机。

(2)本课程教学的关键是“理论与实践教学一体化”,应选用典型的道路工程建设项目施工过程组织与各生产要素管理为载体,在教学过程中,采用教师示范和学生分组讨论、训练互动,学生提问与教师解答、指导相结合的方式,在“教”与“学”的过程中,培养学生常规工程测量项目的组织实施、现场组织管理能力。

(3)在教学过程中应加大实践实操内容,要紧密结合职业技能证书的考证要求,加强考证中实操项目的训练,在实操过程中提高学生的岗位适应能力。

(4)在教学过程中,要应用教学资源辅助教学,帮助学生熟悉工地现场的施工过程及控制要点。

(5)在教学过程中,要重视本专业领域新技术、新工艺、新材料的发展趋势,贴近工地现场,为学生提供职业生涯发展的空间,努力培养学生参与社会实践的创新精神和职业能力。

(6)教学过程中教师应积极引导学生提升职业素养,提高职业道德。

2. 教学考核评价建议

(1)改革传统的学生评价手段和方法,采用阶段评价、过程性评价与目标评价相结合,理论与实践一体化的评价模式。

(2)注重评价方式的多元性,结合课堂提问、学生作业、平时测验、课间实训、技能竞赛及考试情况,综合评价学生成绩。

(3)本课程的总评成绩 = 平时成绩 + 实训成绩 + 课程综合能力测试成绩。其中,平时成绩占 20%,实训成绩占 20%,课程综合能力测试成绩占 60%。

3. 教学团队建议

建立一支适应本专业的稳定的、开放性的、具有丰富实践施工经验的兼职教师队伍,实现理论教学与实践教学合一、专职教师与兼职教师合一、课堂教学与工地现场教学合一的功能要求。

4. 教学条件建议

教学设施主要包括能够满足正常的课程教学、实习实训所需的专业教室、校内实训室和校外实训基地。专业教室应设有“工程测量理实一体化教室”和“工程测量数据处理教室”。校内实训室应配备自动安平水准仪、电子水准仪、GNSS-RTK、全站仪等测量设备,还应建立测量综合实习场地,使之具备现场教学、试验实训、职业技能证书考证的功能,实现教学与实训合一、教学与培训合一、教学与考证合一,满足学生综合职业能力培养的要求。

参考文献

[1] 许娅娅. 测量学[M]. 5 版. 北京:人民交通出版社股份有限公司,2020.

[2] 顾孝烈,鲍峰,程效军. 测量学[M]. 5 版. 上海:同济大学出版社,2016.

[3] 朱爱民. 测量学[M]. 北京:人民交通出版社股份有限公司,2018.

[4] 刘培文. 公路施工测量技术[M]. 北京:人民交通出版社,2003.

[5] 牛志宏,范海英,般忠. GPS 测量技术[M]. 郑州:黄河水利出版社,2012.

[6] 黄文彬. GPS 测量技术[M]. 北京:测绘出版社,2011.

[7] 吴迪. 工程施工测量(测绘类)[M]. 武汉:武汉理工大学出版社,2017.

[8] 魏斌. 工程测量[M]. 北京:北京理工大学出版社,2020.

[9] 中华人民共和国国家标准. 工程测量规范:GB 50026—2007[S]. 北京:中国计划出版社,2008.

[10] 中华人民共和国国家标准. 国家基本比例尺地图图式 第 1 部分:1:500 1:1000 1:2000 地形图图式:GB/T 20257.1—2017[S]. 北京:中国标准出版社,2017.

[11] 中华人民共和国行业标准. 公路路线设计规范:JTG D20—2017[S]. 北京:人民交通出版社股份有限公司,2018.

[12] 中华人民共和国国家标准. 全球定位系统(GPS)测量规范:GB/T 18314—2009[S]. 北京:中国标准出版社,2009.

[13] 中华人民共和国行业标准. 公路勘测规范:JTG C10—2007[S]. 北京:人民交通出版社,2007.